INTRODUCTION TO THE HISTORY OF MYCOLOGY

# キノコ・カビの研究史
## 人が菌類を知るまで

G.C. エインズワース

小川 眞 訳

京都大学学術出版会

Introduction to the History of Mycology
by G. C. Ainsworth
Copyright © 1976 Cambridge University Press
Japanese translation rights arranged with
the Syndicate of the Press of the University of Cambridge, England
through Tuttle-Mori Agency, Inc., Tokyo

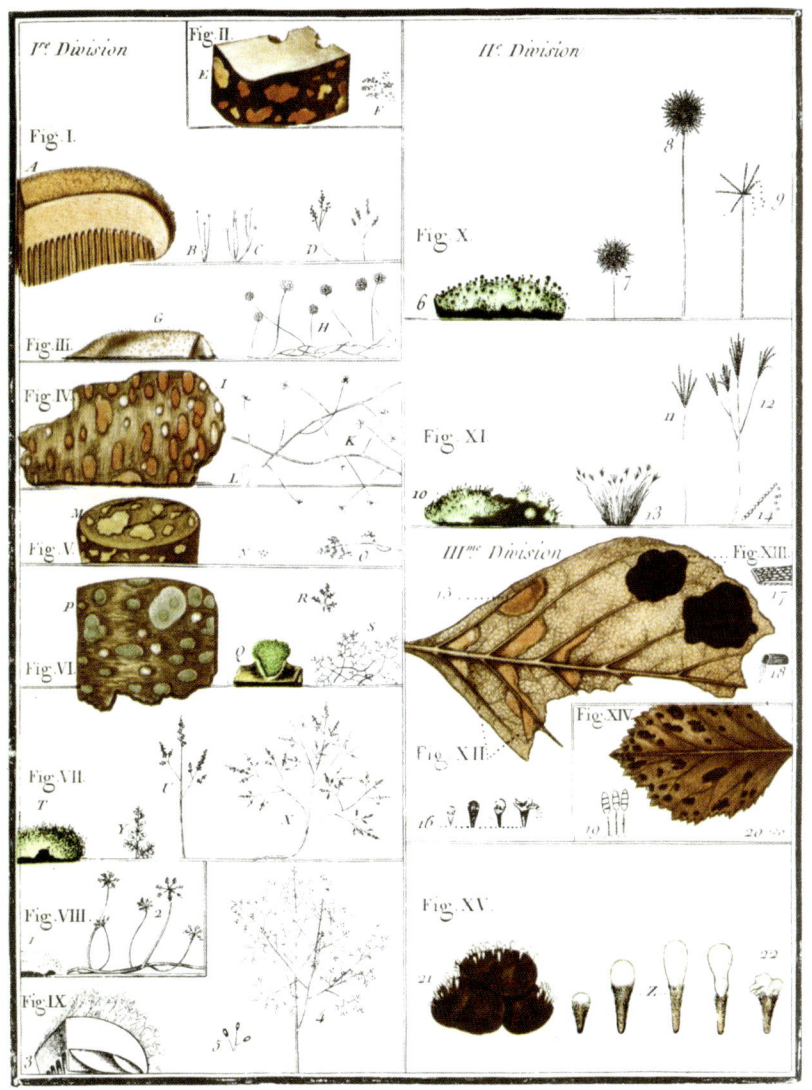

口絵：ピエール・ビュリャール『フランス菌類誌』

# まえがき

　過去200年間、菌学の歴史について一般的に述べたものや菌類研究の特定領域を取り上げて書いたものは多いが、これらの文献は散在しており、中には閲覧できないものも多い。したがって、本書は文献に基づいて菌学の主要な研究領域の発達過程を一冊の本にまとめ上げようとした初めての試みである。いいかえれば、これは「意義ある変革」を記録するのを務めとする科学史家が、菌学の領域でその職責を果したものともいえる。

　菌学の発達史は軽く扱われてきたが、公表された記録を見る限り、過去数十年間は別として、かなり公平に扱われていると思われる。一方、菌学が生物学にとって必須であることは、当然認識されているはずだが、この領域は、菌学者だけでなく、一般の生物学者や科学史家たちが重要で魅力的な生物群の研究史にそれなりの関心を抱くのに比べると、ほとんど無視されてきたように思える。

　記述方法の一つは、すべての事柄を厳密に年代順にまとめながら進める書き方である。本書ではこれに代わるものとして、いくつかの主要な課題を取り上げ、その各々について、始まりから今日にいたるまでの発展の跡をたどって記述する方法を試みた。こうすると、それぞれのテーマが菌学研究に加わった時期を追うことによって、年代記風に整理し、記述することができるからである。その結果、ほとんどの章がいずれも、多少ともまとまった読み物になったと思われる。話の進め方からくる重複は最小限にとどめたので、章を追って読んでいただくと、菌学の歴史的な流れが見えてくるはずである。

　巻末に上げた年表と参考文献は、研究の基盤となったものに限り、折々に活動した研究者たちと、当時話題になったトピックスを強調する形にした。

G. C. エインズワース

トレリガ、デラボール、コーンウォール
1975年4月

# 謝　　辞

　私の菌学史に関する知識の大半は、本書を捧げる二人の菌学者に負うところが大きい。

　第一次世界大戦前、A. H. R. ブラー教授は1914年度の英国菌学会会長として、雑誌の巻頭言の中で菌学の歴史について『ギリシャ・ローマ時代におけるキノコ伝承』という一文を書いている。私はブラーの未発表のタイプ打ちした原稿の大部分を読む機会に恵まれたが、そこから多くの有益な示唆をうることができた。また、菌学者になりたてのころ、自分の研究成果について取りつかれたように長々と話すブラー教授の講義を、何度か我慢して聴いたのを思い出す。

　私がジョン・ラムズボトム博士に初めて会ったのは、今から43年前、英国菌学会主催の秋の菌類観察会に初めて参加したときのことだった。以来、菌学の歴史的側面を扱った幅広い多数の著述（特に、1939年度ロンドン・リンネ協会誌への会長の巻頭言）やともに語り合った事柄、与えられた親切、最後の病の床にあった間も持ち続けてくださった本書への興味など、その存在はいつも私にとって大きな励ましだった。

　さらに、パビア大学植物学研究所長で、かつてスパランツァーニの研究室があった家に住んでいた故ラファエロ・シッフェリ教授にも大変お世話になった。というのは、1955年、英国文化協会の援助でイタリアにある彼の研究所や菌類の研究施設を訪れた際、いくつかの菌学上の貴重な勉強をさせていただいたからである。

　本書を執筆していたここ数年を通して、各方面の方々にお世話になった恩義にははかり知れないものがある。もちろん、この仕事は主要な図書館や博物館抜きではなしえなかったが、わけても、大英博物館や大英自然史博物館（ことに、

その植物部門)、キュー国立菌学研究所、ロンドン・リンネ協会、キュー王立植物園、ウエルカム医学史研究所については、収集品の自由な閲覧を許可されるなど、多大な援助を与えられたことに深謝する。

また、国内外の古書を扱っている多くの古書店、特にメッサーズ・ウエルドン・アンド・ウェズリー社に対しては、数多くの歴史的に重要な菌学関係の古書を斡旋していただいたことに感謝する。

私の質問に答えて原稿に目を通し、その専門分野について多くの情報や助言を与えてくれた多くの友人たち、コリン・ブーズ、マーチン B. エリス、ジョフリー N. グリーンアルフ、フィリップ H. グレゴリー、スタンレイ H. ヒューズ、C. テレンス・インゴールド、ジョアン B. モーア、アラン G. モートン、ジョン A. スティーブンソン、アルフレッド S. サスマン、椿啓介、ジョン・ウエブスターらに感謝する。また、出来上がってくる原稿を次々読み返し、校正を手伝ってくれた妻にも感謝したい。

エクセター大学図書館写真部長、W. G. ホスキン氏が挿絵に使う多くの写真を撮影し、M. G. サミュエルズ夫人が最終原稿をタイプしてくれた。色つきの口絵はウエルカム・トラストの資金援助によった。

引用の許可を与えられたアメリカ植物病理学会、アニュアル・レビュー社、ロンドン・リンネ協会、『ネイチャー』、カナダ王立協会、および挿入した写真や図表などの使用を許可された以下に記す多くの版権所有者や原本の所有者らに感謝する。

アカデミック・プレス (図62)、V. アマジャン教授 (図43)、英国図書館協会 (図14、31c)、大英博物館 (図78)、大英自然史博物館 (図 3、5、44、74、83、87)、イギリス菌学会 (口絵、図36 b、102)、ケンブリッジ大学の植物学部 (図 7、45、46)、および科学定期刊行物図書館 (図50)、オランダ菌類培養センター (図105、106)、国立菌学研究所 (図38、88)、ドイツ菌学会 (図95)、カルロス・ドレクスラー博士 (図89)、エクセター大学 (図29)、ニルス・フリース教授 (図96)、フント植物学文書研究所 (ピッツバーク) (図22)、フィレンツェ大学植物学研究所 (図31 d、34)、F. マリアット博士 (図50)、ナポリ国立博物館 (図 1)、『マイコロジア』(図77)、『ネイチャー』(図58)、オックスフォード大学出版 (図36a、37、55)、G. パシーボア教授 (図90)、キュー王立植物園 (図 2、6、9-13、16、17、19、28、30、

32、41、42、47、56、75、91-92、94)、E. C. ステイクマン教授（図68）、ウエルカム医学史研究所（図8、15、18、97）。

　最後に、本書の完成に向けて有益な批判と助言を与え、綿密な注意を払ってくれたケンブリッジ大学出版の担当者らに謝意を表しておきたい。

■目　次

まえがき
謝辞

1　序論　1

　　菌学の発展とその方向　5

2　菌類の発生とその位置づけ　13

　　発生・初期の見方　13
　　発生・1700–1850年　18
　　菌類の位置づけ　23
　　多形性（プレオモルフィズム）　29
　　二形性（ダイモルフィズム）　34
　　分類学上の位置づけ　35

3　形態と構造　39

　　高等菌類の外部形態　39
　　微小（下等）菌類　58
　　高等菌類の微細構造　66
　　形態形成　79

4　培養と栄養摂取　83

　　ミケーリの観察　85
　　腐生菌、共生菌、寄生菌　91
　　木材腐朽　92
　　地衣類　96
　　菌根　101

純粋培養　106

　　　代謝と代謝産物　113

5　雌雄性、細胞学および遺伝学　117

　　　雌雄性　117

　　　細胞学　124

　　　ヘテロタリズム　128

　　　菌じん類　130

　　　サビキン類とクロボキン類　136

　　　子嚢菌など　137

　　　遺伝学　138

　　　胞子形成と雌雄性の生理学と生化学　142

6　病原性　145

　　　植物に対する病原性　145

　　　植物における疾病の分類　147

　　　コムギ網なまぐさ黒穂病　150

　　　コムギ黒サビ病　155

　　　自然発生論者と病原体論者　160

　　　植物病理学の発展　162

　　　宿主・寄生者相互作用　163

　　　寄生の生理学　165

　　　殺菌剤　166

　　　人と動物に対する病原性　170

　　　全身性真菌症　183

　　　重複寄生菌　189

7　有毒、幻覚性、アレルギーに関わる菌類　191

　　　人と動物に対する菌類の毒性　191

　　　マイコトキシン中毒症　194

麦角中毒　195

　　　家畜のマイコトキシン中毒　198

　　　菌の植物毒素　200

　　　幻覚性キノコ　202

　　　菌によるアレルギー　205

　　　胞子の放出　205

　　　飛散胞子　208

　　　カビアレルギー　211

8　菌類の利用　215

　　　食品として　216

　　　発酵　220

　　　食用酵母　225

　　　チーズ　226

　　　医薬として　226

　　　麦角（エルゴット）　228

　　　抗生物質　229

　　　産業として　234

　　　有機酸　234

　　　脂肪　236

　　　酵素　236

　　　ステロイドの変換　237

9　菌類の分布　239

　　　地理的分布　239

　　　生態的分布　246

　　　土壌菌　246

　　　粘菌　248

　　　洞窟や鉱山、穴蔵などの菌類　249

　　　水生菌　251

昆虫など、無脊椎動物との関係　252
　　　地衣類　254

10　分類　257

　　　リンネ以前　259
　　　リンネ　266
　　　リンネ以後　268
　　　ペルズーン　271
　　　フリース　275
　　　フリース以後　280
　　　種名の分化　283
　　　近年の傾向　285

11　菌学と組織　287

　　　菌学の文献　287
　　　教科書　289
　　　学術雑誌　293
　　　二次出版物　297
　　　大学　300
　　　学会　302
　　　標本館　306
　　　培養菌株の保存（カルチャーコレクション）　307
　　　命名法　311

エピローグ　315

註　317
年表および参考文献　333
訳者あとがき　363
人名索引　367
種名索引　382
事項索引　391

# 1
# 序　論

　菌類は分解者として、地球上の生物圏を支える必須の役割を演じている。その起源は古く、デボン紀（約4億年前）を通じて原始的な陸上植物に腐生菌や寄生菌として随伴し、多様化していった。ほとんど気づかれないまま、多くのさまざまな菌類が発酵飲料のもとやパンだねとして、古くから人間に利用されてきた。菌類が持っている有害な性質も早くから知られており、人が書き残した最も古い記録の中に、菌による作物の被害としか思えない記述が見られる。また、人類は何世紀もの間菌を医療に用いたり、宗教儀式で使ったりしてきた。

　現在通用している菌類の呼称の多くは、古くから使われてきたものだが、そのほとんどは起源があいまいで、時代とともに意味や音が変化している。1847年、チャールス・バダムは「菌学」と「菌類」の語源を明らかにしようとして、以下のように書いている。

　　「ミューケース（Μύκης）」という言葉は、一般にミュークス（mucus 粘液）という語根に由来するというが、たぶん、これはあやしい。古代ギリシャ人はこの言葉を、種類ははっきりしないが、ふだん食卓に並ぶ特定のキノコを指すのに使っていたらしい。この言葉は元来、ある種の少数の仲間に限って使われていたようだが、現在は菌の古典的な総称になっている。現代の植物学用語のマイコロジー（Mycology）は、この言葉に由来するが、その中にはいくつかの大きな分類群が含まれている（顕微鏡でしか見えない微細なものも多い）。しかし、ミューケースという元の用語には、サビキンやクロボキン、カビ、腐朽菌などは、ほとんど含まれていないので、マイコロジーという用語は今日いうところの食用キノコに限られた用語だといわざるをえない。ラテン語のフングス（fungus）もミューケースと同様、普遍的な用語として使われているが、以前は同じようにあいまいだったと思われる。この言葉は、古代ローマ時代に食べていた特定の

キノコや食べると危ないキノコを指す用語として使われていたらしい。暗い言語学者が *funus*（funeral 葬式）から由来するとしたが、ボスは賢明にもこの説を厳しく批判して語源を突き止めた」

『オックスフォード英語辞典』によれば、ラテン語のフングスはギリシャ語のスフォンギス、すなわちスポンジに由来する言葉だが（ちなみに、イタリア語のスプニョーラ spugnola はモレル（アミガサタケ）のこと）、英語のファンガス fungus が使われだしたのは16世紀初頭のことである。ただし、英語化した複数形のファンガシーズ funguses または fungusses は事実上死語になっており、ラテン語の複数形、ファンジャイ fungi（1）が広く使われている。マイコロジー Mycology およびマイコロジスト Mycologist という用語は、1836年に M. J. バークリー師がすでに使っていたらしい。ただし、幾分いいわけめいているが、1860年に出版された彼の有名な本の表題『英国菌学概論（Outline of British fungology）』にはラテン語とギリシャ語の合成語、ファンゴロジー fungology が使われている。

古代ギリシャ人やローマ人たちは、いろんな種類のキノコにそれぞれ違った名前をつけていた（2）。ローマの著述家たちが書いたものの中には、「アガリクム agaricum」（エブリコ *Fomes officinalis*）、「ボレートゥス boletus」（タマゴタケ *Amanita caesarea*）、「ペジカ pezica」（ホコリタケの一種 *Lycoperdon bovista*）、「スイルス suillus」（ヤマドリタケ *Boletus edulis*）、「トゥベラ tubera」（トリュフ—「ミッシー misy」（イモタケ *Terfezia*）とプリニウスがいう「ケラウニウム ceraunium」）（3）などがある。近年これらの名称は、一般に分類学上異質なものか、限定されたものを指す用語として使われている。ただし、いずれも英語の日常語としては残っていないが、いくつかはアガリック agaric やボウリート bolete のように、あるグループの通俗名として生き残っており、一般の読み物や栽培関係の書物などでよく使われている。

イタリア語のフンゴ fungo（複数はフンギ funghi）を例外とすれば、菌類一般について国際的名称である「ファンジャイ fungi」を用いているのは英語だけである。他の多くの言語では、元来ある種の菌に使われていた名称が、菌類全体を表すものになっている。たとえば、ドイツ語のピルツ Pilz（ボレートゥス boletus がなまったもの）という名称は、元来シュバム Schwamm（多孔菌やスポンジ状のも

の) やシンメル Schimmel (カビ) などと区別して使われていたが、今では菌類一般をさす用語になっている。

フランス語のシャンピニョン champignon も同様で、英語の中では唯一、シバフタケ *Marasmius oreades*、の名前、fairy ring champignon (フェアリーリングを作るシャンピニョン) に残っている。マッシュルームはフランス語のムスロン mousseron、すなわちヒカゲウラベニタケ *Clitopilus prunulus* (フランス古語では *moisseron*) から来たというが、一般に流布している「トードスツール toad stool」[4]の由来も、キノコといえばヒキガエルを連想するからだというように、これもいい加減な話である。

時に奇妙な形をした大きなキノコが突然姿を現わしたり、カビが生えたりすると、つい好奇心をそそられる。そのせいか、菌については非科学的な話が多い。キノコはよく民話の題材になっているが、古代ギリシャ、ローマ時代の作家たちから、シェイクスピアを経て、現代の探偵小説やサイエンス・フィクションの著者に至るまで、多くの著作家たちが隠喩として詩や演劇、散文などにしばしばキノコを取り入れてきた。[5]たとえば、少なくとも、サシャ・グイートリが書いた映画『ペテン師』のシナリオの出だしはきわめて菌学的である。また、最近ニューハンプシャーのダートマスカレッジで旗揚げしたバレーグループは、ピロボーラス (クモノスカビ)・ダンス劇団と名乗って公演している。

詩人がキノコを褒め称えた例はきわめて稀で、ウィリアム・ブラウン (1591-1643) の詩はその珍しいものの一つだろう。

    森に沿って谷へと下る。
    透明な水が波立つテームズ川のほとりで
    まるで可憐なユリを奴隷のように従え
    傲慢にそそり立つキノコを見つけた
    銀色の冠をつけたおとなしいデイジーは
    羊飼いの若者たちの胸を飾り
    しとやかなスミレは深く頭をたれ
    にぎやかに通り過ぎる妖精に挨拶しているのに
    私にはどうしても納得がいかない
    なぜ自然はこんな不必要なものを作り出したのかと

陽があたるのはこれだけではないはず
どうすることもできないが、自然の営みを嘆く
美しい花々を日蔭者にしていることを

　ポンペイなどに残るローマ時代のフレスコ画（図1および）に見られる食用キノコの写実的な絵から、17世紀のオランダ人画家、オットー・マルセース・ファン・シュリークが描いたベニタケやサルノコシカケなどの絵や20世紀のポール・ナッシュが描くハラタケの感動的な描写に至るまで、画家たちも画材として多くのキノコを取り上げてきた。[6]
　一方、菌類の自然科学的研究、いわゆる菌学が始まったのは、かなり新しいことである。というのも、菌類の構造や性質を正しくとらえるためには、17世紀に発明された顕微鏡や19世紀後半に考案された純粋培養技術の開発を待たなければならなかったからである。ただし、もし菌学が誕生した年をあえて決めるなら、それは1729年、すなわち当時の最先端を行く萌芽的研究をまとめたピエール・アントニオ・ミケーリの『新しい植物類（Nova plantarum genera）』がフィレンツェで出版された年である。そのころまで菌類に関する知識の集積は、もっぱらアマチュア（特に医術や聖職に携わる人々）の勤勉な仕事に頼っていたが、こ

図　1　ホンペイの壁画に描かれたキノコ（ナポリ国立博物館、8647）

のころから他の生物学分野同様、菌類を専門に扱う領域が生まれ、近代的な発展が始まったといえるだろう。ただ、少なくなったとはいえ、今もアマチュアが菌学の発展に果たしている役割は大きい。

## 菌学の発展とその方向

　あとの章で菌学の主要な分野についてその歴史を紹介するので、ここでは発達の歴史的背景を知ってもらうために、全体の流れを概観するのにとどめる。菌学研究の主流は、広い意味で菌を分類する分類学（11章）である。以前ほどではないにしても、論文数でみれば、菌学という観点で行なわれている研究のおよそ四分の一が分類学に関するもので占められている。このような傾向は、まだ菌類の基本調査が完成には程遠い状態にあるため、当分続くものと思われる。

　菌類に関する文献の出版は300年ほど前までさかのぼるが、最初に印刷された本草書の中に出てくるキノコは（15世紀の終わりごろに出版されたもの）、いくつかの巻の中にでたらめに載せられていた。16世紀末にロベールがハラタケやサルノコシカケ、トリュフなどの仲間をまとめて記載するまで、後世の研究者が分類と称するほどのものはなかった。

　17世紀に入ると、記載される大型キノコの数が急に増え、17世紀末ごろにはジャン・ボーアンとジョン・レイによる集大成が世に出て最高潮に達した。そのころには地衣類を構成する菌類の性質についても知られるようになったという。同時に16世紀末の10年間に性能のいい顕微鏡が発明され、フックやレーウェンフク、マルピーギなどの17世紀の顕微鏡観察者が、いくつかのありふれた微小菌類を記載できるほどになった。そのころから今日に至るまで、未記載だった菌類の調べが急速に進み、ここ10年ほどの間に概数でいえば、年平均で新属が100、新種が1000以上報告されている。

　19世紀の半ばまで、菌類の研究は、2000年も前に古代ギリシャ人やローマ人によって作られた空想にきわめて近い概念に縛られ、菌類の起源について誤った考えに振り回されていた。1588年、デラ・ポルタが初めて菌の胞子を観察し

たが、それから200年もの間、1729年にミケーリが菌は胞子から成長することを実験的に十分証明したにもかかわらず、一般に菌類は自然発生によって生まれるか、病原菌の場合は宿主の罹病組織から突然発生によって生じるものとされていた。しかし、このような見方は、ついにド・バリとその同時代の研究者によって葬り去られることになった。彼らはスパランツァーニやパスツール、ティンダルらが行った古典とされる研究成果からえられた思潮や病原性の実態を容認することにも大きな影響を与えた。

　菌類の起源が確定できなかったために、菌類が動物か、植物か、はては鉱物かといった、いろんな憶測が生れることになった。慣習的に菌類を植物の一部とするのが伝統的なやり方だったが、一世紀ほど前に仮説から発展した考えに従って、ここ25年ほどの間に菌類を植物や動物と明確に異なる生物界に属するものとして扱うべきだと主張する研究者が増え、古い考え方は否定されることになった。

　もうひとつの難しさは、菌類の形態が変わりやすく、一つの種がいくつかの異なった形の胞子を作る点にあった。そのため、19世紀に開発された純粋培養技術を無批判に取り入れた技術者たちが、多くのありふれた複数の菌が、また時には菌と細菌が同種であると断言し、信じ込むまでになってしまった。もっとも、この意見もまたド・バリによって打ち砕かれたが。

　ミケーリが初めの頃真剣に取り組んでいた課題、すなわち「菌類の性」は菌学上の重要課題の一つだったが、これもまた、解決に200年の時を要した。研究が遅れた主な理由は、最初ハラタケなどの大型のキノコを材料にして実証しようとしたためだった。1820年にエーレンベルクがシジギテス・メガロカルプス *Syzygites megalocarpus* の接合胞子の形成を明らかにするまで、間違った考えが一世紀以上も続いた。子嚢菌の性は18世紀中頃までには明らかになっていたが、菌じん類の有性生殖のメカニズムは、1904年にブレイクスリがヘテロタリズム（性的異質接合性）を発見するまで待たねばならなかった。

　栄養要求性に関する実験的証明は、過去100年間注目を集めた研究課題だった。この領域の研究は、麹カビ、アスペルギルス・ニゲル *Aspergillus niger* の基本的な栄養要求性を調べて微量要素の必要性を明らかにした、ローランの古典となった教科書が1869年に出版されたのを契機に始まった。世紀の変わり目には、

成長促進物質の要求性が発見され、この分野の研究は二度の世界大戦の間で頂点に達した。ちなみに、A. S. サスマン教授から教わったことだが、今や栄養要求性の研究は、他の菌学研究領域の支援部門になっているという。このところ、菌類研究のほとんどの領域が急速に、より生理学的もしくは生化学的方向へと広がっているのも事実である。

　菌学の発展は、いくつかの要因、もしくは動機に左右されてきた。おそらく、その中で最も重要な要因は、菌が人間とその生活に直接関与する事象である。多くの場合、人間がキノコに対して最初に抱く興味は食べることだが、早くから毒になるキノコにも気づいていたらしい（7章）。このことは最初の分類が、キノコを食・毒に分けたことによく表れている。

　19世紀前半になると、菌類が動物や人間の病気の原因になるということが証明され（6章）、菌類を病原体と見る医学的興味が盛り上がりを見せたが、19世紀後半には人間の病気の主要な原因が細菌、後にはウイルスによることが明らかになって、菌類に対する興味はほとんど消え失せてしまった。

　19世紀末にはサブローの研究に惹かれて、白癬とその病原菌に対する興味が一時復活したが、医真菌学や獣医真菌学などが独自の発達を遂げたのは、第二次世界大戦後のことだった。19世紀初頭には木材の分解、特に海軍の船舶の劣化に菌が関係していることが明らかになった。また、1840年代にはアイルランドで発生したジャガイモ疫病による社会経済的破綻を通して、植物病害の原因としての菌の重要性が認識されるようになり、植物病原菌の研究が一般菌学の継続的発展に大きく貢献することになった（6章）。これは、菌を学ぶ多くの学生が植物学の教育を受けていたためであり、また、菌類が数の上でも、経済的にも植物病害の最も重要な原因だったからである。

　二つ目の要因は、他の科学分野が菌学に及ぼした影響である。顕花植物の性に関する知識は菌類の性を考える上で助けになったというより、むしろ邪魔になったように思えるが、1838-39年に出た細胞説や1859年以降の進化論の普及、18世紀末のメンデルの法則の再発見と近代遺伝学の誕生、1953年の遺伝子コードの発見などは、いずれも直接菌学に影響を与え、多大な成果をもたらしたといえるだろう。同様に重要なのは、19世紀を通じて進歩した有機化学とそこから派生した生化学の発達だった。

この研究領域は、1896年にブーフナーが発見した酵母による蔗糖のアルコール発酵におけるチマーゼとその働きに関する成果に見られるように、主として菌学に根ざしたものだった。さらに、医学の一部として発達した免疫学は、人間の菌類病の診断や治療に直接適用され、菌類間の親和性を検定するのにも使われ、コンピューターによる統計分類学を可能にした。

　三つ目の要因は研究環境にかかわるもの、すなわち研究に対する財政支援問題だが、これについては最後の章（11章）、菌学研究組織の中で取り上げることにする。すでに述べたように、菌類に関する初期の研究はアマチュアのキノコ愛好家、特に医者や聖職者に支えられており、いわゆる専門家はほとんどいなかった。中にはミケーリのようにフィレンツェの公園管理人として働き、あるいはロバート・フックのように王立科学院の雑用係をしながら研究していた専門家もいたが、多くは生物学者ではなかった。

　さらに、18世紀以降は、研究者の多くが大学教師で、大学が菌学研究の主な資金源になっていた。ただし、長い間この支援は間接的なものにすぎなかった。というのは、大学の講師や教授たちが貢献した菌学研究の多くは個人的興味によるもので、雇用によって義務づけられたものではなかったからである。ごく最近、菌学を講義する講師が任命されるようになったが、菌学専門のポストが与えられる例は、ごく稀である。一方、植物病理学の教授のポストや学部は、1883年にデンマーク、コペンハーゲンの王立獣医・農科大学で植物病理学の教授が任命されて以来、かなり多くなったといわれている。

　菌学に対する国家的支援は大学の場合同様、最初は間接的なものだった。たとえば、パリ科学アカデミーのメンバーで菌学に興味を抱いた何人かは、科学的研究に集中することができるほどの年金を支給されていたという例や、船材の腐朽防止策へのアドバイスに対してジェームス・サワビーに報奨金が与えられていた場合などがこれに当たるだろう。

　菌学に対して多額の資金援助を行なったのは、農業関係の政府機関だったが、それには経済価値が高い作物の病虫害に関する調査研究や対策への助言などに対する報酬の意味が込められていた。人間自身の健康から、家畜や作物の病気へと移行するにつれて、世間の関心が薄くなるのは面白いことで、個人的な医療行為は金になるが、作物の病気は政府任せというわけである。

パスツールの研究成果に刺激されて、醸造業者が菌学者を雇い始めたが、1876年にコペンハーゲンにカールスバーグ研究所が設立されたことは菌学と微生物学にとって画期的な出来事だった[(8)]。それ以後、菌の研究がクエン酸などの発酵食品を扱う製造業を支えることになり、ペニシリウムが生産する抗生物質による治療が始まると、大手の製薬会社がこぞって他の菌でも抗生物質を発見し、新しい医薬品を開発しようと、莫大な資金をつぎ込むようになった。菌学は原子物理学や宇宙物理学、癌の研究などのように、世間の注目を浴びて巨額の研究資金を獲得したことはないが、少なくとも菌学の新しい研究領域については、多くの国で内外の慈善団体や財団などから、なにがしかの公的資金が受けられるようになってきた。

最後に、菌学者に特異な事柄について、少し触れておこう。19世紀の中ごろまで、菌学者の大半はヨーロッパ世界に属していた。その後、菌学の先端研究はフランスやドイツからアメリカ合衆国に移り、今や地理的に見れば、菌学者の広がりは世界的になり、研究者の数は、今も北米やヨーロッパに多いが、インドや日本などでもかなり増えてきた。

ヨーロッパの菌学者たちは、初めのころラテン語で報告を書き、自分たちの名前をラテン語風にしていたため、今でも混乱が見られる。歴史的に見ると、人によって異なるが、初期の菌学者の名前は一様ではない。時にはラテン語名を使い（たとえば、レクルーズ l'Ecluse をクルシウス Clusius）、ある時はあいまいさを避けて、通称を自国語で表記する（バウヒヌス Bauhinus でなく、ボーアン Bauhin）などの混乱が見られた。

第一次世界大戦までは、多くの菌学者が自分で実験して論文を書き、大学教授もまだ実験台に張りついていた。大戦後は、大学の学部や講座の規模が膨らみ、大学院で研究する学生も増えたため、管理業務や旅行、研究室の監督などに優れた教師の時間が取られるようになった。このプレッシャーの結果は、論文の著者数が複数になったことによく表れている。今日では、研究内容がますます複雑化しているため、他分野から専門家を呼び込む必要が生じ、勢い研究チームのメンバーが論文の出版に際して権利を分け合う形になってきた。

この傾向は標準的な公表論文をランダムサンプリングして調べた例を見るとよくわかる。リンダウとシドウの共著『テサウルス（Thesaurus）』をみると、1910

年以前の菌学に関する論文の著者数は平均1.05人だった。ところが、最も個人的な研究とされる分類学ですら、1950年までには1.25人に増加し、1974年には1.50人になった。一方、植物病理学では1950年で、すでに1.43人、1974年には1.9人になり、病理学者や臨床医と共同で研究する機会の多い医真菌学では1974年に2.5人に近づいた。

　共同研究の増加や専門分野の細分化のために、現代の研究者の多くは、かなり優れた人でさえ、より細かな技術的問題に拘泥し、菌学の進歩に大きく貢献できなくなったように思える。そのため、現代科学の解説者にとって、研究内容の一般化を試み、個人の評価を行なうことが、ますます困難になっているのである。この大まかな歴史の最後の部分が、なぜ1950年以前に比べて、不均質で軽いものになったのか、これがその理由の一つである。

　菌学者の研究活動も、その時代の風潮に影響されやすい。過去250年の間、どの時代の論文を見ても、菌学上の知見に有意義な変革を与えるほどの貢献をしたものは少なく、大半は単に新たに提案された考えや手法を利用するか、穴埋めしたにすぎず、歴史の篩にかけられて、残るものがほとんどない有様である。

　極端な例をあげれば、1958年に人間の皮膚や髪の毛につく白癬菌を除くため、菌からとったグリセオフルビンという、一日１グラムで効果の出る経口薬が発見されたが、その後数年間は、薬効を確かめた何百という論文が、世界中の医学や微生物学関係の雑誌に掲載され、国内だけでなく、国際シンポジウムまで何度となく開催された。科学的知識の進歩にはあまり役立たなかったとしても、まぎれもなく、製薬会社は大いに満足したことだろう。ごく最近でも、グリセオフルビンの報告以来、少量でも同様の効果があるという報告が相次いでいる。

　また、同じ分野で土壌中から髪の毛を使って皮膚糸状菌の仲間を釣り上げる方法が紹介されると、同じような報告が山のように出てきたが、その多くはうんざりする程度のものだった。このようにあからさまに批判される機会が少ない科学研究領域でのあり方については、よく注意しておく必要があるように思う。というのは、それによって意義のある発展が約束され、データがさらに集積されるような、いわゆる職人仕事に見られるように、得られた成果は自らの手で実証したものであるべきだという原則は、科学研究にとって必須の事柄と思われるからである。しかし、本書の主題の多くは、世紀を超えて菌類を研究

する研究者たちが当面する、大きな問題の解決や新しい考えのもとになる新奇な発見を重視する現代的視点からは外れている。

　新しい事象の発見は意図してできるものではない（まして買うことはできない）。ただし、疑いもなく、その実行に好都合な条件は孤立、もしくは他者との断絶である。ただし、発見が新しいものであることを実証した研究成果は、しばしば発見者が避けている正統派の大多数から否定されるのが常である。孤立してなされた生物学上の発見の古典的な例の最たるものは、東半球を航海するH. M. S. ビーグル号に乗ったチャールズ・ダーウィンが、孤独な生物学者として、体験を通して思いついた適者生存による種の起源の概念である。

　なお、その20年後、旧世界の熱帯でアルフレッド・ラッセル・ウォーレスが全く別個に同じ考えにたどりついたのである。一方、当時の控えめな表現の一つは、ダーウィンとウォーレスの論文が読み上げられた1858/59年度会議の席上、ロンドン王立科学協会会長が行ったいつの時代にもある批評である。いわく「ここ一年、いわば、その発見が影響を与える科学の領域に、一挙に大変革を起こさせるような衝撃的な発見は何一つ、見られませんでした」。

　また、18世紀の終わりにはセネガルで一人ぼっちだったアダンソンが、事実の相互関係の重要性に気づき、同時代の人は理解できなかったが、今認められている数量分類学の基本を提案した。菌学では、後に先端的な生物学者といわれた独学の人、ミケーリがイタリアの有名大学に関係なく研究し、今ではよく知られている古典的な胞子発芽の実験を行なったが、やはりかなりの不評をこうむった。また、彼が行った900種類に及ぶ菌類の記載は、不必要な分け方をしたというので、リンネの不興を買ったという。1807年のプレボーによる菌類の植物に対する病原性の証明や、少し後のイタリアのバッシによる動物に対する菌の病原性も、ともに孤立したアマチュア研究者によってなされたものだった。

　他にも多くの例があり、今もまだ同じようなことが続いている。たとえば、サビ菌の純粋培養の成功は、穀類のサビ菌を研究していた立派な研究施設からではなく、ノースカロライナ大学、女子短大のカッターから報告された（彼は1962年に突然亡くなったが、その死亡記事を『ミコロギア』に書いた人は迂闊にもこのことに言及しなかった）。10年後、オーストラリアのシドニーの研究者グループからコムギ黒サビ病菌、プキニア・グラミニス *Puccinia graminis* の純粋培養に成功したと

いう報告が出されたが、『ネイチャー』の編集者によってボツにされた。

　孤立は国全体にも及ぶことがある。ソビエト連邦（現ロシア）は政治的にも言語の上からも孤立しており、家畜の菌感染症に関する多くの報告や教科書も、他の国では永い間無視されていた。後にこの病気の重要性が西側世界でも認識されるようになって見直され、今ではこの分野の研究も盛んになっている。孤立は病気や学会出席嫌悪症、旅行嫌いなどの場合にも起こりうる。また、たとえばペニシリンの発見が細菌学者によってなされたように、あるいは研究目的のために菌を材料として使っていた遺伝学者が疑似有性生殖を発見したように、他分野の専門家によって新たな発見がなされる場合も多い。

　一方、おそらく当たっていると思うが、応用研究に携わる研究者や大学で研究する大学院生の場合は、さほど贅沢な施設がなければの話しだが、情報交換が盛んになるので、適度の過密状態も研究成果をあげるのに役立つことがある。ただし、これもある程度、いい指導者の下で魅力的な仕事がなされている研究機関に、研究者がひきよせられたときに生まれるプレッシャーのせいかもしれない。

# 2
# 菌類の発生とその位置づけ

## 発生・初期の見方

　菌類の発生とその分類上の位置づけは、古代から多くの憶測を生んできた。プリニウス (A. D. 23-79) はトリュフに驚いて、その『博物誌 (Naturalis historia)』(XIX, 33-34) に次のように書いている。（〔訳注〕―古代には菌類という呼称はなかったので、この項では菌類をキノコとした。）

　　「よろずの物の中で最もすばらしいのは、根もないのに生きていて、飛び出してくるものがあるという事実である。これはトゥベラ tubera（トリュフ）と呼ばれているもので、その周りは土で覆われ、繊維状のものや髪の毛のような細い糸状の根（カピラメンティス capillamentis）で支えられているわけでもない。また、出てくる場所の土が膨らんで、盛り上がっていることもなく、地面には割れ目もない。これは土にくっついているのではなく、皮に包まれているので、土からできているとはいえない。しかし、それはいわば土から凝固したもので、通常灌木が茂っている乾いた砂地に発生する。大きさは、しばしばマルメロの実ほどにもなり、重さは1ポンドほどである。二種類あって、一つには砂が混じっているので、歯を痛めるが、もうひとつのものは異物（シンケラ sincera）がなく、外側の色が赤から黒、中身が白いので見分けやすく、アフリカ産が最も珍重されている。今のところ、何とも言いようがないのだが、この土からできる変なもの（ビティウム・テラ vitium terrae）は成長するのか、一気にあの球状の大きさになるのか、はたまた、生きているのか、死んでいるのか、などなど、かねがね疑問に思っているが、まだ説明がつかないままである。腐りかけると、木材に似てくる」(1)

　その少しあと（同書XIX, 37）に、彼はまた、こう続けている。

「奇妙なことが一般に信じられているのだが、人々がいうには、これは秋の雨で作られ、成長するには特に雷が必要で、出るのは一年限りだが、春が最高の食べ頃であるという。ある人々は、タネから育つと考えている。というのは、ミュティレネの岸辺で洪水の後によく出るのは、トリュフがたくさん見つかるティアラからタネが洪水で運ばれてくるからだという。これは砂の多い岸辺によく出る」(2)

古典期の著作家たちは、しばしばトリュフを雷と結びつけて描いている。ユウェナリス（A. D. 60-140）は『風刺詩集』V 116-119の中でトリュフのことをほめたたえて雷とのつながりについて書き(3)、プルタルコス（A. D. 46-120）は『食卓歓談集（Symposiacs）』（Ⅳ 問2）の中に、「トリュフがなぜ雷で生えると考えられるか」という長い論文を載せている。それによると、嵐が吹き荒れている間、炎は湿った蒸気から、また耳をつんざく雷鳴は柔らかい雲からやってきて、稲妻の光が大地をうつと、植物に似ても似つかないトリュフが出てくるという(4)。

ロウイ（1974）によると、グアテマラの高地やメキシコ南部にはベニテングタケ *Amanita muscaria* を雷と結びつけて見る伝承があるという。また、ワッソン（1968）によると、ヒンズー教の『リグ・ヴェーダ』に出てくるパルジャナという雷の神は、彼がベニテングタケと同定した「ソーマ」の父親であるという。

土とキノコの発生の関係に注目した説は、ギリシャの医者で、文法学者、詩人でもあったニカンドロス（c. B. C. 185）までさかのぼる。その著書、『アレクシパルマカ（Alexipharmaca 解毒法）』の中で、一般に人がキノコという名で呼んでいるものは、土が腐ってできたものだという(5)。また、オウィディウス（B. C. 43-A. D. 17）は『変身譜（Metamorphosis）』（Ⅶ, 392-393）の中で、もっと想像豊かに、コリントスの古代人たちはこの世の始まりに出てきた生命あるものは、雨の後に生じたキノコから作られたと称していると書いている(6)。

中世を通じて、菌類に関する知識はほとんど進展せず、ルネッサンスの頃になって、印刷技術が発達し、それによって古典期の著述家たちが書いた考えが幅広く普及するようになった。ドイツの本草学者、ジェローム・ボック（ヒエロニムス・トラグス）（1552: 942）は次のように書いている。

「キノコやトリュフは葉でも、根でもなく、花でも、タネでもない。それは

単に土や生きた木、腐った材木など、いろんな腐敗したものからあふれ出した水分である。このことは、詩人のアクィヌムが「雷がちょうどいい具合に汚れたものを昇華させる」といったように、すべてのキノコやトリュフ、なかでも食用になるものは、雷が鳴って雨が降ったときによく出るという事実からも明らかである」[7]

30年後には、イタリア人のアンドレア・チェザルピーノが、かの有名な著書、『植物について (De plantis libri xvi)』1583 (I, xiv 28) の中で以下のように述べている。

「植物にはタネを持たないものがある。それは最も不完全な生き物で、腐ったものから生じる。そのため、自分自身を食べて成長するので、同じものを作ることができない。彼らは植物と無生物の中間にある生き物である。この点でキノコは植物と動物の中間に位置する無脊椎動物に似ており、ウキクサや地衣類、海に生える多くの植物と同類である」[8]

1588年は菌学の発展にとって記念すべき年だった。早熟で多才だったジャンヴァチスタ・デラ・ポルタ (図2) が観察した菌の胞子の図を出版したのは、まさにこの年である。彼は自然科学や記憶術、暗号文字など、多くの分野について膨大な書物を著わしただけでなく、イタリア喜劇を作り、カメラ・オブスクラを発明し、ナポリに自然科学の学校、Accademia Secretorum Naturae を設立した。ちなみに、ジョージ・サートンの言を借りれば、「その学識の幅広さ（その多くはいい加減なものだったが）と有り余る想像力によって、脱線することがなければ、もっといい仕事をしたかもしれない」といえるだろう。彼はその著書『植物格言集 (Phytognomonica)』の中に次のように書いている。[9]

「私はキノコからタネを取るのに成功したが、それはとても小さくて黒く、楕円形の部屋の中か、茎から縁に向かって伸びている溝の中に隠れについていた。特に石の上に生えるものの場合は、いつの間にかどこかにタネが落ちて、毎年生えてくる。したがって、ポルフュリオスが、キノコはタネから生じないのだから、神々の子供だといったのは間違いである。トリュフの場合も、黒いタネが隠れている。そのため、トリュフがよく発生し、それが腐ってしまった林の中に出てくる。私はタン、皮なめし剤やそれを洗った水が捨てられていた

図 2 ジャンバチスタ・デラ・ポルタ (1538-1615), aet. 50. (G. della Porta, 1588)

場所に、キノコが出ているのをよく見かけた（おそらく、タンの花といわれている粘菌のことか）」。
(10)

ところが、この基本的な観察結果も、デラ・ポルタ自身はもちろん、同時代人の著作にも大きな影響を与えなかった。確かに、1662年、J. ゲダールはその著書、『変態と昆虫の博物学 (Metamorphosis et historia naturalis insectorum)』（キノコバエ Mycetophilidae と受け取れるものが初めて記載されている書物）のクモの項に、$Cyathus$ ハタケチャダイゴケの一種を記載し、ペリディオールはそのタネだと書いた。しかし、1704年にジョン・レイはゲダールの解説に同意しながら、冷たく「人々が言うように、ツバメが春を告げるわけではない」〔訳注〕ヘシオドス『仕事と日々』568）と書き加えている（Ray (1686-1704) 3: 17）。ガスパール・ボーアンはその著書、『図譜 (Pinax)』(1623) とその第二版 (1671) で、「キノコは土や生きた木、腐った材木などの腐敗物から出る余計な水分以外のなにものでもない」と書き、あの賢明なロバート・フックでさえ、1665年の『細密画 (Micrographia)』の中で彼はカビとキノコの共通性に気づいていたのだが、同じ見方をしていた。いわく、

「動植物を問わず、皮や肉、血液、体液、ミルク、ブルーチーズなど、また、腐った材木や草、植物の葉や樹皮、根など、いろんな腐ったものの上に生える青いものや白いものなど、毛羽立ったカビの斑点は、すべて小さなさまざまに変形したキノコの仲間以外のなにものでもない。それは腐った物体から役に立つものを摂って、大気の熱によって、ある種の植物体に育つのである」(Observ., XX)

といい、さらに、続けて127頁に次のように結論づけている。

「まず、カビやキノコはいずれもタネを必要としないが、カビの場合は湿り気と温かさがあれば、いつでも腐った肉のような動物質のものや植物体からタネができるらしい……。

次にキノコの場合は、タネがなくても生えるので、体のどの部分にタネらしきものがあるのか判然としない。というのも、いくつかキノコを思い浮かべてみても、タネに当たると思われるものを、まだ一度も見たことがないからである。したがって、キノコがタネから発生するかどうかは（私が知る限り）、まだはっきりしていないと思う。ただ、キノコはそれが作られるのに好都合な物質と、自然のものでも、人工的なものでもよいが、発生する熱とが相まって生じるように思われる」

二、三頁後に（130-131頁）より比喩的に同じ考えを繰り返し述べている。

「この原始的な生命体である植物の性質を見る限り、純粋に機械的な何か他の原因が同時に動く必要があるように思うが、いまだに納得できる回答を見出すことができない。その効果が現れてキノコが発生するには、船が動き出す場合、帆が張られて舵が適当な方向を定め、風が吹いて船がどのコースをとって進むのか決まるように、さまざまな要因が同時に働くことが必要なように思われる」

その10年後、1679年にマルピーギは、その著書、『植物解剖学（Anatome plantarum）』の一節に、他のものに依存して生きる植物を取り上げ、「カビやキノコ、コケなどは、いずれもほかの植物同様、自分自身のタネを持ち、それによって繁殖するか、体の一部が成長して芽生えてくる」と書いた。しかし、このような推測が正当なものとして評価されるには、200年もの歳月が必要だった。

## 発生・1700–1850年

　18世紀初頭以来、常に菌類の発生について正しい見解を持った人や自然発生説に引き込まれながらも、疑問を抱いていた人々はいたが、感染症や腐敗、発酵などに関する研究が発達し、知識が普及するにつれて、さまざまな意見が世に出始めた。その内容は、時に乱暴で間違ってはいたが、菌類の分類上の位置づけについて、多くの仮説が出され、特に原生動物や昆虫との関係を論じるなど、ますます複雑怪奇なものになっていった。以下の解説では、説明に都合がいいようにもつれた論議の筋道を解きほぐしたり、また読みやすくするために取り上げる例を制限したりした。そのため、当時の思潮を単純化しすぎて、一般に流布していた見方を歪曲する結果になり、批判的な見解を持つ人でさえ虚実を見分ける際に抱いたに相違ない難しさを矮小化する結果になったかもしれない。なお、この時代の詳しい事情については、リュチェハームス (1936) とラムズボトム (1941a) の書いたものが、もつれた糸を解きほぐすのに役立つかもしれない。

　1707年にJ. P. ド・トゥルヌフォールはキノコの栽培に関する著書の中で、菌糸体のもとについて正しい推測を述べている。

> 「見たところ、これらの白い糸はキノコのタネ、もしくは胚から発芽してできたもの以外のなにものでもない。また、これらのタネはすべて、ほんのわずか馬糞に含まれていたもので、細い髪の毛のようなものに成長した後なら、注意深く見れば、誰にでもよくわかるはずである」

　4年後の1711年には、マルシャン Jr. がマメザヤタケ *Xylaria polymorpha* の胞子を観察して写生している（その粒は「どこかバニラのタネに似ているが、ずっと小さく、光っていない」）（図3）。彼は注意深く観察して記載し、間違いなくこれは岩生植物であって、菌ではないとしている。

　しかし、菌類の発生については、まだ初期の見方が通用していた。なかでも

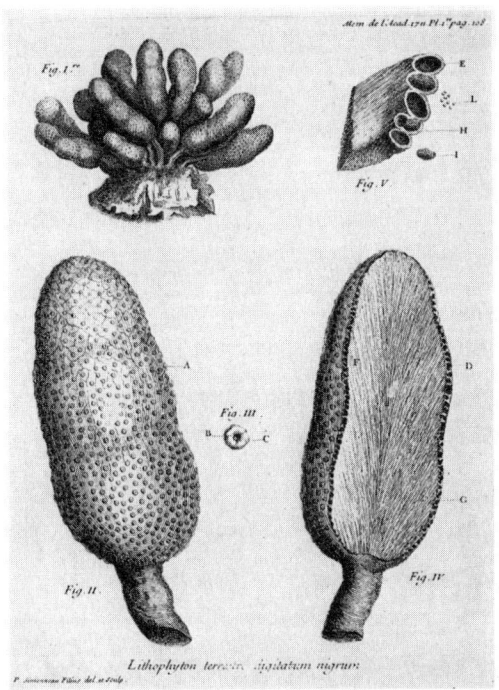

図 3 マメザヤタケ Xylaria polymorpha (Marchant (1711) : pl. i.)

ルイジ・フェルナンド・マルシグリ(軍の高官で引退した後、1710年ごろ科学の進歩のためにボローニャに研究所を設立した人物)が苦労して立てた説が、ようやく1714年になって、その『菌の発生論(Dissertio de generation fungorum)』の中で陽の目を見た。何人かの法皇に仕えた有名な医者で疫学者だったジョヴァンニ・マリア・ランチーシ(論文はこの人に捧げられた)は、菌類が腐敗したものからできる産物で、菌糸体は腐敗物と子実体の中間にあるものとした彼の説を支持し、その論文を補足している。

同じような考え方は、イギリスの聖職者、スティーヴン・ヘイルズ (1727) やディレニウス (1719: 付録71-72頁参照) にも支持された。いわく、

「キノコは、いわば花も種子もない不稔の植物の一種で、腐敗発酵したものから生じ(そのために、主として湿った雨の多い時期に発生し、大部分は柔らかいスポンジ状のものからできている)、発生するもとになった腐った物体に特有の

汁液にみられる特徴を備えている」。

　菌学の発達史上、二番目に大きい画期的成果は、フィレンツェのピエール・アントニオ・ミケーリによるものだった。彼は菌類の多くのグループの胞子を観察しただけでなく、培養実験を試みて、適当な条件を与えれば、胞子から胞子を採ったもとのものと同じ菌が生えることを示し、その研究結果を1729年の『新しい植物類（Nova plantarum genera）』に要約した。

　ミケーリはこのように菌が独立した生物であることを一応証明して見せたが、この考えも一部の人には受け入れられたものの、次の100年間大方の人は疑問を抱いたままだった。ただし、その理由はさまざまである。ミケーリの胞子発芽実験を追試しようとする人もいたが、必ずしも同じように成功するとは限らなかった。たとえば、グレディッチ（1740）やマッツオリ（1743）はミケーリの発見を再確認したが、サイファー（1744）とモンティ（1755）は失敗し、胞子を接種する、しないにかかわらず、カビは植物質のものから生じ、たとえ加熱したものからでも生えると主張した。

　菌類の発生に関するさまざまな見解（年代順にあげると、ブロットナー（1797）やネース・フォン・エーゼンベック（1816）、エーレンベルク（1820a）など）は、たとえそれが間違っていたとしても、著名な権威者の後ろ盾があれば、堂々とまかり通っていた。マンハイムの植物園長だったC. メディクスが1788年に菌類は葉の腐った粘液が濃縮されて結晶化したものだと主張したような的外れの推測や、少なくとも1804年ごろまで菌は流星から来たと信じていたフレンツェルの、さらに想像力に富んだ説は置くとしても、異説の多くは主として自然発生説や突然発生（ヘテロゲネシス）説に関係したものだった。

　生物が自然に生じるという考えは、アリストテレスまでさかのぼるが、J. B. フォン・ヘルモントなどは、その信奉者の中でも最たるもので、16世紀末まで、ネズミは穀物やほろ屑の山の中から自然に生まれてくると信じていたという。1688年にはフランシスコ・レディが腐った肉の中のウジ虫はハエが生んだ卵から出てくるという、今や古典となった自分の実験結果を公表し、18世紀の中ごろには、自然発生説論争も微生物の発生問題に絞られるようになった。

　不完全な無菌培養実験の結果がことを煩雑にしたが、17世紀のスパラン

ツァーニの研究から一世紀後に問題を解決したパスツールやティンダルに至るまでの馴染み深い物語は、ブロック（1938: 62-125）の優れた解説に詳しい。ただし、すでにしばしば書かれており、細菌が主になっているため、本書の主題から外れるので、ここでは触れないこととする。

　サー・ジョン・ヒルの著作の影響のせいか、ウェールズのローマ・カソリック教会の神父で、当時ロンドンに住んでいたターバヴィル・ニーダムは自分自身が行った実験で自然発生の事実を見たと確信し、その熱烈な唱道者の一人になった。後にフランスに暮らした間は、当時同じ考えを主張して『博物誌（Histoire Naturelle）』を書いていた有名なコーント・ド・ビュフォンとともに活動した。

　一方、1769年からパドバ大学の博物学教授だったラッァーロ・スパランツァーニはニーダムとビュフォンの意見に反対を唱え、この論争にきわめて重大な役割を果たすことになった二つの論文を発表した。最初のものは1765年に『ニーダム、ビュフォン両氏の発生説に関する顕微鏡観察による試論（Saggio di osservazione microscopiche concernenti il systema della generazione dei Signori de Needham e Buffon)』という表題で出版された。さらに、これは1769年にニーダムによる批判意見を添えて、修道院長レグレイによってフランス語に翻訳されて出版された。1776年にスパランツァーニは『動植物体に関する小論（Opusculi di fisica animale e vegetabile)』を発表し、その中でニーダムの意見に答えた。これは翌年、J. セネビエによってフランス語に翻訳され、スパランツァーニの見解を支持した哲学者で自然科学者だったジェノバのシャルル・ボネからの手紙を添えて、二巻の書として出版された。菌類を学ぶものにとってとりわけ興味深いのは、スパランツァーニが最後の節でカビのもととその発生について彼自身の観察と実験結果を述べている二冊目の書である。

　スパランツァーニは、明らかにリゾープス・ストロニフェル *Rhizopus stolonifer*（クモノスカビ属）とされる菌を主な材料として実験を行なった。彼は下についている仮根（リゾイド Rhizoid）のことは記載しているが、胞子を出す胞子嚢の形を小さなキノコそのものと思ったのか、キノコらしく描いている（図4参照）。ミケーリと同様、スパランツァーニも湿らせたパンやいろんな果物の切れ端を使って培養実験を行ない、胞子からカビが生じることに加えて、その成長が温

度の影響を受けて最も暑くなる夏に旺盛に伸び、外気にさらされるよりも、湿度を高く保った容器の中に置くと、よく育つことを証明した。

さらに、彼はリゾープス *Rhizopus* が植物と違って、重力にも光にも反応しないことを実験的に示した。また、カビが餌になる基質から出てくる際に、胞子が単に肥料として働く可能性を否定しようとして、栄養を含まないガラスや金属、吸い取り紙、原稿用紙、綿、スポンジなどに胞子を植え、カビの成長に好都合な湿った条件下に置いて実験を行なった。その結果、スポンジの上にわずかに糸状のものが現れた以外、否定的な結果を得た。

また、スパランツァーニは多くの植物の種子が死滅する温度でも胞子が生きていることを実験的に示し、モンティがカビは煮沸した野菜の上でも自然に発生するといったのは、このためだという的を射た示唆を与えた。スパランツァー

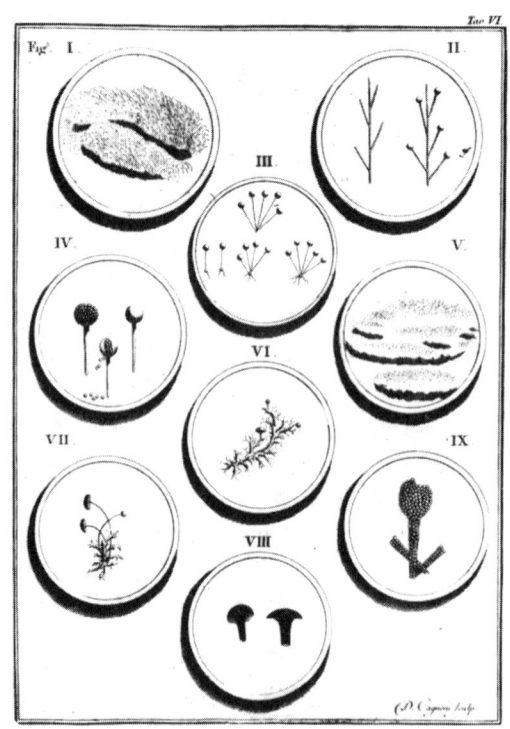

図 4 クモノスカビの一種 *Rhizopus stolonifer*. L. スパランツァーニ (2)（1776, フランス語訳から）

ニ自身、カビが胞子から出てくることを確信していたが、ほかの人々もこれを認めていた。ちなみに、1788年にはジェームズ・ボールトンが次のように書いている。

> 「現在、菌類目に入れられている植物は、自然の気まぐれや腐敗から生じるものとか、偶然生まれた落とし子などと称して、かつては不可解な発生をする生き者と考えられていたが、今ではその両親のタネに由来することがよく知られている」(Bolton (1788-91) I: xiv)

ビュリャール(1791-1812)は同様の考えを示し、エーレンベルク(1820a)は1819年の夏の終わりにリゾープス・ニグリカンス *Rhizopus nigricans*（*R. stolonifer*）が胞子から発生することを観察し、菌類の発生を自然発生説で説明する必要があると思われる例はないといった。菌が胞子から発生する、さらなる証拠はヨセフ・シリンク(1827)が行ったより厳密な実験によって示された。彼は1826年3月20日の朝から3月22日の午後8時にかけて、顕微鏡でアスペルギルス・グラウクス *Aspergillus glaucus* の胞子が発芽して育った菌糸体から、また胞子ができてくるのを観察した(図5)。

スパランツァーニやその後の研究者たちの発見にもかかわらず、少なくともある種の菌が自然発生か、突然発生によって生じるという説は、ペルズーンやネース・フォン・エーゼンベック、E. M. フリースさらにウンガー(1833)やネーゲリ(1842)らにも支持され続けた。このような見解は、6章でかなり詳しく触れるが、特に病原菌を研究していた人々の間に広まっており、菌が病気の原因なのか、結果なのかという疑問は、19世紀の中ごろまで、ついに解かれないままだった。

## 菌類の位置づけ

すでに述べたように、菌類の発生に関する見解は、その分類学上の位置づけに対する考え方、いわば他の生物との関係や菌類どうしの類縁関係、グループ

としての菌類の分類学的位置などと軌を一にして発展していった。

菌類は動物、特に動物界の中の浸滴動物やポリプ、微小動物などといわれている仲間に近いとする考えが優勢だった。1766年、オットー・フォン・ミュンヒハウゼン男爵は自分が行なった実験について以下のように述べている。

「菌類、特にホコリタケ属やカビの仲間は古くなると、黒い埃をまき散らす。これをよく見える拡大鏡で観察すると、中に黒い点を持った半透明の、ポリプに似ていなくもない球体が見える。この埃を水に浮かべて適当な温度に保って

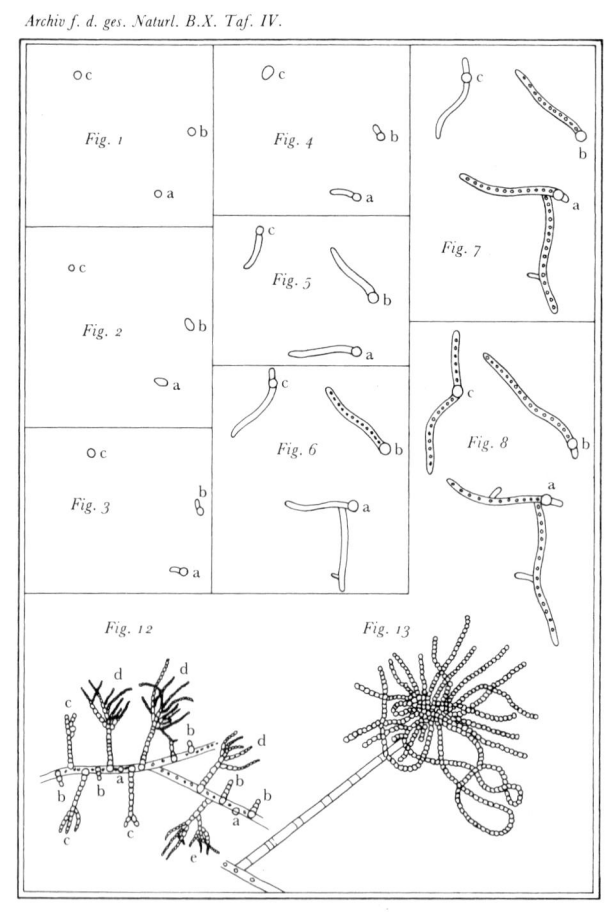

図 5　菌 (*Aspergillus glaucus*) が胞子から胞子へと成長する過程を初めて連続的に見た観察。J. シリンク (1827): pl. 4 (模写)

おくと、その球体は膨らんで卵型になり、動物のように動いた。これらの小動物（ともかく、その形が似ているので、私は動物と呼んでいるが）は水の中を泳ぎまわり、翌日になると、硬い繊維状の塊を作り、そこからカビもしくはキノコが出てきた。菌が成長すると、最初根のように見える白い筋が見えたが、これは実際、ポリプが動き回るための管以外のなにものでもなく、その少し大きいものだった」<sup>(14)</sup>

いい加減な雑誌に掲載されたこの観察結果も、フォン・ミュンヒハウゼンがリンネの知り合いでなかったら、おそらく注意を惹かなかったことだろう。そのころ、リンネは学生に「見えざる世界（Mundes invisibilus）」というテーマを与えていたのである。おかげで、フォン・ミュンヒハウゼンのおかしな発見が、不確実だったことを明らかにしたものと思われ、発芽したクロボ病菌の場合にも同じような顕微鏡サイズの生物が見えるとされてしまった。この証拠に自信を得て、リンネは1767年に出版した自分の『自然の体系（Systema naturae）』（p. 1356）の第12版で虫の項にカオス *Chaos* という属を作った。この属の6種のうち、いろんな黒穂病から出たものをカオス・ウスティラゴ *C. ustilago* とし、ホコリタケ *Lycoperdon*、ハラタケ *Agaricus*、イグチ *Boletus*、ケカビ *Mucor* などの胞子から出たものをカオス・フンゴルム *C. fungorum* と名づけて2種とした。

当時、リンネは、1755年に出た『サンゴ藻の博物学的試論（Essay towards a natural history of Corallines）』で有名になったイギリスの動物学者、ジョン・エリスと文通していた。1767年1月1日付の手紙の中で、リンネは自分の観察結果をエリスに詳しく伝えている。

「菌類について、あなたも取り上げておられるように、多くの場合、コムギやオオムギの穂を積み上げた穀物の山や穀物倉庫の中は、われわれが黒穂とかウスティラゴと呼んでいる黒い粉に満ちています。この粉を夏の池の水温程度のぬるま湯に落として三、四日置いておきます。この水は透明に見えますが、顕微鏡の下についている凸レンズでよく見ると、何千もの小さな虫が入っているのが見えることでしょう。目の錯覚のせいにしないで、まず、これを観察すべきです。カビの仲間であるケカビ *Mucor* のものも、大型キノコのものよりも見にくいと思いますが、全く同じです」<sup>(15)</sup>

同じ年の10月にリンネは、エリスがマッシュルーム *Agaricus campestris* の「タネ」を用いて行なった実験から、この微小な生物は菌類に無関係なアニマルクーラ・インフソリア *animalcula infusoria*（腐敗したものにつく原生動物、滴虫類）であると結論づけたのを聞いて、自分の見解を繰り返している。

　　「アニマルクーラ・インフソリアそのものについて、もし私が完全に間違っていないとしたら、私はカビ、すなわち *Mucor* の生きているタネを見ているのだと思います。しかし、私が思い切って、この意見を発表する前に、あなたのオオヤマネコのようによく見える目を貸してくださるよう、お願いします。誰もが、コショウの煮汁などから出てくるアニマルクーラ・インフソリアに驚いていますが、もし、それがケカビのものだとすれば、問題は解消します。なぜなら、長い間コショウを湿った状態に置くと、ほかのもの同様、カビが生えやすいからです。顕微鏡の助けを借りてウスティラゴの中に小さな虫を見つけてからは、少しぼやけてはいますが、肉眼でもよく見えるようになりました」

これに対してエリスは率直な返事を書いている。

　　「菌のタネが活発に動くという件に関して、あなたの丁重なお手紙を受け取りました。お手紙によると、あなたは菌のタネが活動的になるか、動物になって動き回るとお考えのように見受けられます。しかし、私の実験では全く反対の結果が出ています。多くの場合、淀みや川の水でさえも、あなたがアニマルクーラ・インフソリアと呼んでおいでになる卵か、時には動物そのものを含んでいると、まずお伝えしなければなりません。これは適当な餌に出会うと、すぐ成長して数を増やします」

　次にあげる手紙から推して、リンネはこの結論をある種の鈍感さで受け止めていたように思える。その後もエリスは菌のタネが蠕虫のような動物に変わるという間違った見解に挑み続けた。1773年に出た『紳士の雑誌（Gentleman's Magazine）』（p. 136）に掲載された、王立協会書記マシュー・メイティ博士への公開討論文書に次のように書いている。

　　「高名な人物が実験の結果として新しい発見を紹介すると、人間の通性として、その主張の信憑性を確かめるために同じ実験を繰り返してみようともせず、大方は暗黙のうちに受け入れてしまいがちである。動植物の性質に関して、誰

も考えたことのない驚くべき発見を世間に通用させるといった奇妙で馬鹿げたことが起こるのは、注意の欠如にほかならない。かの有名なフォン・ミュンヒハウゼン男爵が唱えた植物が動物に変化し、また植物になるという新説はその最たるものである」

この「人間の通性」である信じ込みやすさは、科学者にも当てはまることで、今もよく耳にすることである。

当時、ほかの研究者たちも同じように主張していた。リュチェハームス(1936: 178-203)やラムズボトム(1941a: 301-10)らによって繰り返し紹介されているように、1756年にはD. S. A. ビュットナーが傘型のキノコやサルノコシカケの胞子を昆虫の卵だと思い、1768年にはゲオルク・ウィルクがこれを微小動物とし、同じ年にオランダの博物学者のO. F. ミューラーが馬糞から出るミズタマカビ Pilobolus の伸びている胞子嚢柄を細長い白い虫と勘違いしていた[16]。一方、ユーナス・ドリュアンダーは『植物界に帰属すべき菌類 (Fungus regno vegetabile vindicans)』という1776年に出した論文の中で、これらの見解を論駁し、その数年後にはR. ヴィルメ (1784) が再び取り上げている。

これもリュチェハームス(1936: 203-15)やラムズボトム(1941a: 318-25)によって要約されているが、昆虫寄生菌の中でも、特にトウチュウカソウ属 Cordyceps の仲間は、空想をたくましくさせる格好の材料だった。中国人が冬虫夏草 (冬には昆虫で夏には植物になるという意味) と呼んでいるものの標本を北京から取り寄せて、最初にシネンシス・トウチュウカソウ Cordyceps sinensis を紹介したのは、R. A. F. ド・レオミュール (1726) だったが、彼は上向きに出ている菌の子実体を幼虫の根だと勘違いしていた。もうひとつの変な例は1756年にスペインのフランシスコ会の修道僧だったJ. トルビアが最初に記載した「草バエ」vegetable fly だった[17]。王立協会へ出されたウィリアム・ワトソン (1764) の手紙を引用すると。

「草バエはドミニカ島で発見されているが、(羽がなく) 大きさも色もイギリスのどの昆虫よりもミツバチの雄に似ている。5月には土の中に埋もれているが、やがて植物のように成長し始める。7月の終わりごろまでに、木のような形をしたものは最大の大きさに達し、サンゴのような形になる。高さおよそ3

インチで小さなさやを付けているが、それが落ちると幼虫になり、イギリスの虫でも見られるように、やがてハエになる」。

ジョン・ヒル博士は、ワトソンが彼に書き送った草バエの例を検討して次のように答えている。

「マルティニーク島にはクラヴァリア Clavaria という菌の種類がありますが、ここに書かれているものとは種が異なります。それは横に地下茎（sobole）を出します。したがって、私はそれをクラヴァリア・ソボリフェラ Clavaria Sobolifera と呼んでいます。これは腐敗した動物の遺体から出ますが、私が見たものは死んだウマの蹄から出ていました。

マルティニークにはセミもたくさんいますが、昔の人がテッティゴメトラ Tettigometra とよんだ幼虫の状態で落ち葉の下に埋もれて、姿が変わるのを待ちます。季節が狂うと、多くのものが死滅します。クラヴァリアの仲間のタネは、死んだ昆虫の体を居心地のいいベッドにして育ちます。テティゴメトラは大英博物館のセミの展示の中に置かれていますが、クラヴァリアは今回が初めてです。

以上が信ずるに足る事実であり、すべて間違いありません。無学な現地人はハエが植物になったと思うでしょうし、三つ葉の木になったものを描いたスペイン人の絵もありますが、それはこの木を背負って飛んでいる生き物の姿を描いたものです。人間の空想はいい加減なものですが、自然は偉大で不変です」。

とはいえ、本当のところは、ほとんど進歩していなかった。

1790年になって、初めてテオドール・ホルムスキョルド（Holmskiold または Holmskjold）がラテン語とオランダ語で、ヨーロッパに多いサナギタケ Cordyceps militaris を絵入りで記載し、この菌が昆虫寄生性であると明言した。ド・バリ（1867-9年に書き、1887年に自分の教科書の中で要約しているが）がサナギタケの子嚢胞子が幼虫に感染する様子を詳しく描き、寄生菌のその後の生活環について報告した。

## 多形性（プレオモルフィズム）

　菌の雌雄性についてはまだかなりあいまいな点が多かったとはいえ、19世紀半ばになると、菌類は明確に独立したグループで、いわゆるタネで繁殖するという点では高等植物に似るが、自然発生しないものと、一般に認められるようになった。しかし、まだいくつか大切な問題が残されていた。それは、ある種の菌とほかのものとの関係はどうなっているのか、菌の形は変わりうるのか、特に、一つの種が複数のタイプの胞子を作るのかなどという疑問だった。

　最後の疑問に対するエリアス・フリースの見解は、不確かなものだった。1830年に彼は「菌類、なかでも下等なものは小生体（sporidia 胞子）だけでなく、地衣類の緑顆体（gonidium）に似た粒状体でも繁殖できる」という意見を発表した。また、彼はその『菌学体系（Systema mycologicum）』（1821-32, 3: 263）の中で不完全糸状菌網について「胞子を欠いているものは自律的な植物として、完全に削除されるべきだが、同時に毛状のもの（flocci）の間に点在する粒状体のすべてが小生体（sporidia）でないことにも注意を払うべきである。すなわち、毛状のものと見分けがつくものは小生体であり、毛状のものと区別できるきわめて単純な形をしたものが分生子（conidia）である」と書いている。後に（『菌学体系』3: 363）、彼はテュランが指摘した二種類の小生体が同じ植物体上に生じるという事実を、まるでリンネの叫ぶ声が耳のそばで鳴り響いているかのように、否定した。当時、リンネは「結実の仕方が異なる系統は存在しうるが、その場合は同じ性質と能力を持っており、同じ系統が異なる結実の仕方を持つということは、結実があらゆる植物学の基礎であることから考えて、学問の基礎を破壊し、覆すことに等しいのは自明の理である」と主張していたのである。[18] フリースの文章を引用して考察したのち、テュラン兄弟は疑う余地がないと次のように結論づけた。

　「さすが、ウプサラの賢明な菌学者は、子嚢の中に胞子を作る菌と外に胞子

を作るものの間に強い関係があることを見逃さなかった。しかし、彼は単にこの関係を、類似しているが、とるに足りないタイプの集まりか、あるいは正常なものが異常な形態を示しただけでしかないとした。けっしてわれわれが間違っていないとしての話だが、ある特定の菌について、どちらも同じように正常で典型的なのだが、同じ菌がいろんな形をとるとは思わなかったのである」[(19)]

結局、子嚢菌の多形性を納得がいくように解説したのはテュラン兄弟だった。

ルイ・ルネ・テュランは1815年に生まれ、法律を学んだ後、1839年に父親が亡くなるまで書記として働いたが、遺産を相続すると、パリで医学を学んでいた一歳違いの弟、シャルルと一緒に暮らすことにした。ルイはパリにある自然史博物館のアドルフ・テオドール・ブロニャールの助手として働き、シャルルは医学の道を捨てて、兄と一緒に植物学、特に菌学の最も有名になったシリーズ本を手がけることになったが、その天才ぶりは多くの写生図にいかんなく発揮された（図6）。1864年には、ルイの病気が悪化したため、パリを離れて地中海沿岸のイエールに移り住み、そこで残りの人生を静かに過ごすことになった。二人とも敬虔なカソリック教徒で独身だったが、ルイは1884年に、シャルルはその翌年に亡くなった。

先に触れたように、テュラン兄弟が果たした菌学上の最大の貢献は、正確で詳細な観察を積み重ねて、菌の多形性を明らかにしたことだった。まず、1851年から1860年にかけて発表した一連の論文の中で核菌類や盤菌類、担子菌類などを取り上げた。そのすばらしい三巻からなる『菌類の実のつき方選集 (Selecta fungorum carpologia)』(1861-65) の第6章に、『同じ菌の種（タネ）の多様性について』という表題で要約し、「特に同じ菌がいろんな種類の実やタネを、同時に、または連続して作るという事実を証明するため、図を示して解説する」と述べている。なお、このタイトルは英訳本から引用したものである。さらに初期の多形性に関する観察は『菌類の実のつき方選集』の中で、さらにエリシフェイ Erysiphei (vol. 1)（図6参照）、クロサイワイタケ Xylariei、ヴァルセイ Valsei、スフェリエイ Sphaeriei (vol. 2)、ネクトリア Nectriei、ファキディエイ Phacidiei、チャワンタケ Pezizei (vol. 3) などにも広げられた（〔訳注〕グループ名または属名不詳）。

1854年にはアントン・ド・バリも同様の結論に達し、アスペルギルス・グラ

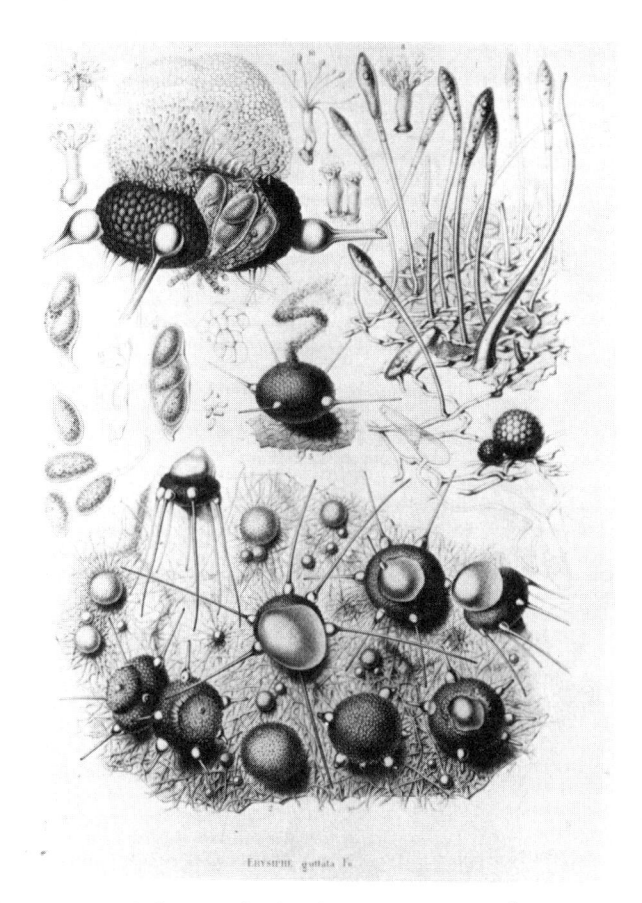

図 6　フィラクチニア　グッタータ *Phyllactinia guttata*(L. R. テュラン と C. テュラン『菌類の実のつき方選集 (Selecta fungorum carpologia)』 1pl. 1 (1861))

ウクス *Aspergillus glaucus* とエウロチウム・ヘルバリオルム *Eurotium herbariorum* との関係を描いている (図 7)。これらの発見や 6 章で紹介するサビ菌の、形が異なるいろんな胞子の相互関係の解明は、批判的な意見も含めて一般に受け入れられたが、優れた研究者の手にかかった場合でさえ、たびたび間違いのもとになった。

　先に述べたように、シリンクはアスペルギルス・グラウクスが胞子から成長して胞子を作る様子を観察していたが、バークリー師は観察して、「不幸なことに菌が一個の胞子から成長するのを実験で確かめるには、上手に操作し、時間

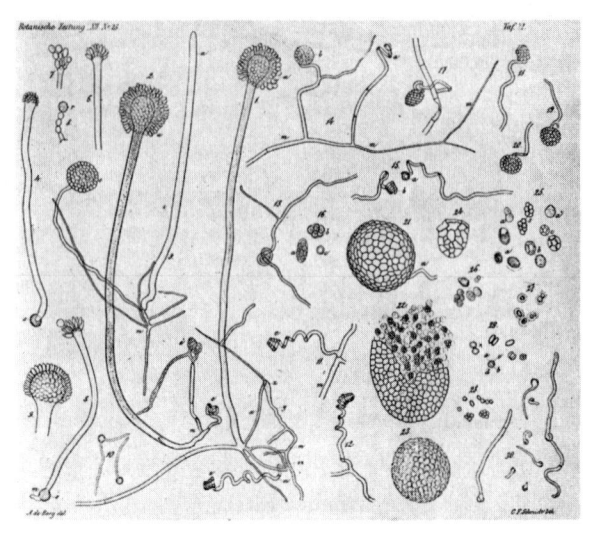

図 7 エウロティウム・ヘルバリオルム *Eurotium herbariorum* とその不完全世代、アスペルギルス・グラウクス *Aspergillus glaucus*（A. de Bary (1854): pl. 11.）

をかけなければならない。数時間の片手間仕事では、このような観察はとうてい無理だ」といっていた。また、それ以上の手法、すなわち純粋培養技術を必要としたが、1837年に F. T. キュッツィングが酵母細胞がスポロトリクム *Sporotrichum* やムコール *Mucor* になると信じ込んだのは、まさに純粋培養ができなかったからである。その20年後に書いているように、バークリーも間違っていたのである。

「私とホフマン氏は、空気の輪に閉じ込められた細胞に囲まれて、液の中で酵母の粒が成長する様子を観察して、これがまさにペニシリウム *Penicillium* の実であると確信した。このペニシリウムは一度ならず発酵する物体の上で成長するのが観察されており、酵母はこの菌の異常な状態にすぎず、全く異なった性質を持ち、液に浸された状態で現れる特異的な成長の形にすぎないことは明らかである。私はまた、遊走子を作るミズカビ属 *Saprolegnia* やワタカビ属 *Achlya* も同様、液体に浸されたときに、ムコールの類が作る一つの形にすぎないと確信している」[21]

この推測や結論は、もっと批判的でなかった人々に比べれば、当たっていたように思える。ショ糖液の中でムコールが出芽によって増殖するという事実を最初に報告したのは、C. A. E. T. ベイルだった。彼は1857年に出した学位論文、『ビールの酵母について（De faece cerevisiae）』で始まる一連の報告の中で、酵母がケカビやペニシリウムやエンプーサ Empusa、イサリア Isaria などに変わり、自分がケカビ Mucor mucedo と同定したエンプーサ・ムサエ Empusa musae がアクリア・プロリフェラ Achlya prolifera に変わるという考えを提出した。1863年には、イギリスの皮膚病学者、W. ティルバリ・フォックスがその著書、『病原菌による皮膚病（Skin disease of parasitic origin）』の中で、「我田引水するわけではないが」と断って、少なくともカビ状のものに関する限り、トルラ Torula sensu Turpin（トルロプシス属 Torulopsis やサッカロミケス属 Saccharomyces のような酵母）だけがそうなるという証拠をあげた。

この手の馬鹿げた話の最たるものは、イェナ大学の植物学教授で多くの著作を出したエルンスト・ハリアーだった。彼は二つの複雑怪奇な機械を考案した。一つは「培養装置」、要するに皿のことだが、その上で培養実験をして成長過程や形の変化を観察するもので、水の中に置いたガラス鐘で封じられていた。「分離装置」は培養した菌を汚染から守り、「培養装置」による結果を見やすくするためのものだった。(22)

彼は、多くの病原細菌はごくありふれた菌類の成長段階の一つにすぎないと信じていた。たとえば、痘疹の球菌はエウロティウム・ヘルバリオルムと、チフス熱の単球菌はリゾープス・ストロニフェル Rhizopus stolonifer と関係があり、淋病の単球菌は未同定のコニオテキウム Coniothecium の成長段階の一つだと信じていた。このようなセンセーショナルな説は、ハリアー自身の著書と科学雑誌や一般向けの読み物で広く世の中に知れわたったが、その後、主にド・バリらによって論駁されて消えていった。ド・バリは自分が書いた教科書の第二版の中で（1887: 127）、わずかな言葉で「多形性の乱用」を戒めて、「このような説、特にハリアーのようなものは単に科学的なスキャンダルとしか言いようがないので、以後注目に値しない」と結論づけた。ハリアーは反省しなかったが、気落ちして残りの人生を植物学よりも哲学や美学の研究にささげたという。

## 二形性（ダイモルフィズム）

　近年、多形性の中で注目されている一つのタイプは、二形性として識別できるものである。二形性では、性別が現れるか否かにかかわらず、自然界で一種の菌がはっきりと見分けられる二つの異なった形態を示して生存している。二形性という用語は特に人間など、高等動物の病原菌に適用されるが、宿主組織の中の病原菌の形態は、純粋培養した際の腐生的なものと形態的に全く異なっている。この形質転換は酵母型から菌糸型への典型的な例である。また、この用語は培養条件を操作することによって、菌糸状のケカビ型から真正酵母型へと変化させた場合にも用いられている。

　人間の真菌症の中でスポロトリコーシス（*Sporothrix schenkii*）やブラストマイコーシス（*Blastomyces dermatitidis*）、パラコッキディオイドマイコーシス（*Paracoccidioides brasiliensis*）とヒストプラスモーシス（*Histoplasma capsulatum*）（馬の流行性リンパ管炎（*H. farciminosum*））などでも、すべて寄生状態では酵母型で、培養すると菌糸型になる病原菌によって発症するが、コッキディオイドマイコーシス（*Coccidioides immitis*）の場合は、寄生状態で球状の胞子嚢様のもの spherules、小球体になる。反対に植物病原菌の場合は、タフリナ属 *Taphrina* のような子嚢菌やクロボ病菌（クロボキン類 Ustilaginales）に見られるように、寄生状態では菌糸型で、純粋培養では酵母型になるものがある。

　菌糸から酵母に変換する際の条件について実験的に研究した例は多い。1908年になるとルッツとシュプレンドレが、スポロトリックス・スケンキイ *Sporothrix schenckii* やブラストミケス・デルマティティディス *Blastomyces dermatitidis*、パラコッキディオイデス・ブラシリエンシス *Paracoccidioides brasiliensis* などでは、温度が変わると形質転換が起こることを初めて報告した。それによると、25℃では菌糸型で37℃では酵母型になったという。一方、ヒストプラズマ・カプスラトゥム *Histoplasma capsulatum* の場合は、血液寒天培地のようなシスチンを含む培地を用いると、37℃で酵母型になったという。また、ヒストプラズマ・

ファルキミノスム *H. farciminosum* (Bullen, 1949) やケカビ Mucor (Barnicki-Garcia & Nickerson, 1962) が酵母の状態になるには二酸化炭素の分圧を高くする必要があり、実験的にコッキディオイデス・インミティス *Coccidioides immitis* に胞子嚢状のもの (spherules, 小球体) を作らせるのにも、同様の条件が必要だという (Henry & O' Hearn, 1957)。

## 分類学上の位置づけ

　1751年にリンネがその著書、『植物学 (Philosophia botanica)』の最初の頁に記した自然界を三つの生物界、すなわち「成長する鉱物界」「成長し、生活する植物界」「成長し、生活して知覚する動物界」に分ける考え方は、その後長い間権威を保っていた。では、いったい菌類はどこに属しているのだろう。菌類群の分類学上の位置づけについては10章で取り上げるので、ここでは、問いに答えて、ほかの生物と菌類との分類学的関係について少し話を進めてみよう。

　本草学者の時代から菌類は、たとえサンゴなどの生物と混同されることはあっても、植物と深く関わっているとされていた。1728年になると、アントアーヌ・ド・ジュシューがパリの科学アカデミーで読んでもらうために、『植物の新しい分類法に関して、キノコの類だけでなく、地衣類も含めた菌類に特化された分類群を設ける必要性について』という表題の論文を送った。彼はその中で、地衣類と菌類は植物の一つの網 class (Fungus) の中の二つの節 section にまとめるべきだと主張した。この見解は1753年に出たリンネの『植物の種 (Species plantarum)』の中で提案された「地衣類を藻類の一種」とする考えよりは、かなり進んだものだった。1789年ごろアントアーヌ・ド・ジュシューの甥のアントアーヌ・ローラン・ド・ジュシューが、その著書『植物の属 (Genera plantarum)』の中で次のように書いている。

　　「部分的に動物に類似している菌類は植物状態で成長し始め、両者の中間型のようになる。また、ある種の藻類と一致する特徴を備えてはいるが、その構

造や花をつけること、性質などの点で他の植物と全く異なっている」[23]

その4年後にはビュリャールが菌類を植物とする見解に対して、次のように戦いを挑んだ。

「植物界を設けておいて、その中で菌類に正当な居場所を与えることを頑なに拒む者や、すべての菌が腐ったものから生じ、全く種子をつけず、判別できるほどの定まった形質を持たないなどと主張する者たちが、菌類の成長を追って詳しく解析し、菌類を体系化して他のものと比較するのが厄介だと思っているのなら、まさに、彼らはその過ちを恥じるべきである」[24]

これについて、ペルズーン（1793）も同じような意見を表明している。

奇妙な石のキノコとされていたタマチョレイタケ *Polyporus tuberaster* や浸滴虫類などとの関係が、幾人かの研究者を間違った考えに走らせた。すでに述べたように、マルシャン（1711）はマメザヤタケ *Xylaria polymorph* を「地上性の石植物」と書いており、ヴィルメはこの菌の形があまりにも変化に富んでいるのに驚いて、1783年に動物に近い石植物（psedo-zoo-lithophytes）として、鉱物の中に置くのが最も適当だと結論づけた（Villemet, 1784）。

同じ年、ネッカー（1783）はリンネの有性生殖に基づく体系から菌類を外すべきだと考え、自分がこれに先立つ8年の間主張してきたように、菌類は動物、植物、鉱物と明らかに異なる生物界、中間型生物界 Regnum mesumale の中で中間型生物 intermediate organisms（mésymaux）として取り扱われるべきだと主張した。また、V. ピッコ（1788）は菌類の動物的特性は十分証明されたと考え、リヒテンシュタインは1803年に菌類をとらえどころのない動物的植物（aerial zoophyte）とした。しかし、すでにそのころまでに、「菌類は植物である」という見解が正統派の意見としてまかり通っており、その後多くの人によって修正されはしたが、今日に至るまで最も広く受け入れられている。

生きているものを動物と植物に分けることは、イヌとオークの木の違いがはっきりしているように、日常生活のレベルでは常識となっている。しかし、生物学者の誰もが不満を抱いているように、知識の量が増えるにつれて、この二大別する分類体系を支持するのが難しくなってきた。ここ一世紀以上にわ

表 1　最近提案され、認められている生物界と菌類の位置づけ

| Haeckel<br>([1866*]1894) | Copeland<br>([1938*]1956) | Barkley<br>([1939*]1970) | Whittaker<br>([1947*]1969) |
| --- | --- | --- | --- |
| | | VIRA | |
| PROTOPHYTA | MYCHOTA | MONERA | MONERA |
| PROTOZOA | PROTOCTISTA | PROTISTA | PROTISTA |
| METAPHYTA<br>Phylum:<br>　Thallophyta<br>　　(Algae, Mycetes<br>　　[Fungi], Lichenes) | Phylum: Inophyta<br>　[Fungi] | Phylum: Mycophyta<br>　[Fungi] | FUNGI |
| Phyla: Diaphyta,<br>　Anthophyta | PLANTAE | PLANTAE | PLANTAE |
| METAZOA | ANIMALIA | ANIMALIA | ANIMALIA |

Names of kingdoms (in small capitals) at one level are synonymous or approximately so.
* Date at which the system was first introduced.

たって、地球上の生物多様性を目の当たりにしてきた生物学者たちは、別の生物界を設ける必要性を痛感している。19世紀に出た最も偉大な改革者は、イエナ大学で40年以上教授を務めたドイツの動物学者、エルンスト・ハインリッヒ・ヘッケルだった。彼は4界説を発展させて、30年ほどの間一時期を画し、その後に出されたH. F. コープランドやF. A. バークレイ、R. H. ホイッタカーらの4ないし5界説の基礎を築いたのである。

　表1に示した四つの分類体系には、著者たちが菌類に割り振った位置が示されている。ヘッケルが試みた菌類の配列は従来どおりのもので、菌類は植物界の中の藻類や地衣類を含む葉状植物門 Thallophyta に置かれていた。他の3人はいずれも菌類を植物界から外し、バークレイとコープランドは原生生物界 Protista の門の一つとしたが(25)(一般に多くの菌類が多元性起源であると信じられていることから)、ホイッタカーはより進んだ真核生物が異なった栄養摂取法、すなわち植物は光合成を、動物は消化を、菌類は吸収を主とするという点で識別できるとして、菌類に対して原生生物と明瞭に一線を画した菌界を設けた。

　ここで改めて、これらの配置に関する議論を詳細に取り上げる必要はないだろう。その詳細についてはコープランド(1956)とホイッタカー(1969)の総説

を参照されたい。また、菌類の位置づけに関するG. W. マーチン（1955, 1968）による二つの優れた総説を、補足して繰り返す必要もないだろう。菌類と藻類の関係についての推測など、系統学的検討については菌類分類学の発展について触れる10章で取り上げることとする。歴史的観点からすると、菌類の分類学上の位置づけは今もなお新鮮な話題だが、いまだに菌類を植物と捉え続けている傾向は、権威主義の惰性と進歩する知識を無視しがちな保守主義の典型的な例といえるだろう。

# 3
# 形態と構造

　菌類は初めのころ、主として否定的な表現で描かれていた。アリストテレスの有名な弟子で、菌類のことを初めて記述したギリシャの哲学者テオプラストス（B. C. 300頃）は、その著書『植物誌（Historia plantarum）』（I, 1.2）の中でトリュフのことを取り上げ、それが「根も、茎も、枝も、芽も、葉も、花も、実もなく、樹皮も、髄も、繊維も、蔓も持たないもの」と書き、この言葉が時代を超えて伝わっていった。それから2000年たったころ、ガスパール・ボーアンが書いた『植物学劇場図録（Pinax theatrici botanici）』第二版（1671: 369）、菌類の項の冒頭に同様の考えが繰り返されている。いわく「確かに、たとえばキノコやトリュフは植物でなく、根でもなく、花でもなく、種子でもない」と。

## 高等菌類の外部形態

　初期の菌類の記載は不正確で、図版がないため、外部の特徴からでさえ自信を持って判別できるものはまれである。序に書いたように、ギリシャやローマの著述家たちは確かにハラタケやサルノコシカケ、トリュフ（トゥベル Tuber とテルフェジア Terfezia を含む種）などを見分けていた。有名なヴェスビオス火山の噴火で大プリニウスが死んだ紀元後79年から、ずっと埋もれていたポンペイの壁に描かれたフレスコ画にある最古の写実的なキノコの絵（図1）(1)（おそらく食用にされ、それぞれ同定されていたもの）(2)を見ても、ローマ人がキノコを判別していたのは確かである。

　本草学者（通常、医者は医薬にする植物に興味を示すものだが）は菌類にほとんど

関心を払わず、古典的な見分け方を守っていた。15世紀の終わりごろになって、本草書が印刷されるようになると、本草学者が自ら観察して次第に高等菌類の正確な図版を作るようになった。このようにして外部形態が明瞭に描かれ、同定が容易になったのである。

キノコの初期の木版画は、1491年に出た『健康の源（Ortus sanitatis）』の中の6個のハラタケ（図8）や2個のトリュフ（どこかイグチに似ている）[3]のように稚拙なものだったが、1526年の『本草大全（The grete herball）』にはコナラ属（*Quercus*）の木を取り囲んでいるキノコ（muscherons）の輪が描かれている（図9）。おそらく、これは「オークの根元にはボレートゥス boletus（*Amanita*）の中でも最も上等のキノコ（〔訳注〕タマゴタケか）が生える」といったプリニウスの記述

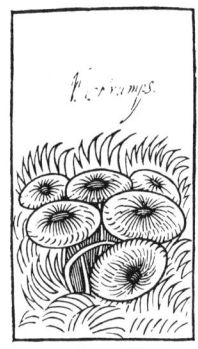

図 8　初めて出された菌の木版画（「健康の源（Ortus sanitatis）」1491, cap. cciii.）

図 9　「本草大全（The grete herbal）」1526にあるキノコ 'Muscherons' の図

*3* 形態と構造　41

を象徴的に描いたものと思われる。

　イタリアのピエランドレア・マッティオリは1560年に出版した本草書（ディオスコリデスの解説に基づくもの）の中に、質の高い三枚の図を載せている。黒トリュフや白トリュフの図、カラマツ *Larix* から出ているエブリコ *Fomes officinalis*（図10）の図などは、書物に載った間違いなく同定できる最初の図版である。3番目のもの（図11）は、多くのキノコを面白く配置したもので、あるグループは切り株につき、ほかのものは地上生である。また、図の中にヘビが二匹いるのは、ディオスコリデスが記述し、プリニウスが色づけしたのだが、毒キノコは蛇が吐く毒気を持っており、「ヘビの歯の近く」（Gerarde, 1633の言葉）に生えたキノ

図 10　エブリコ（'Agaricum'（*Fomes officinalis*）（P. A. Mattioli (1560): 341)

図 11　キノコの一群（P. A. Mattioli（1560）: 545）

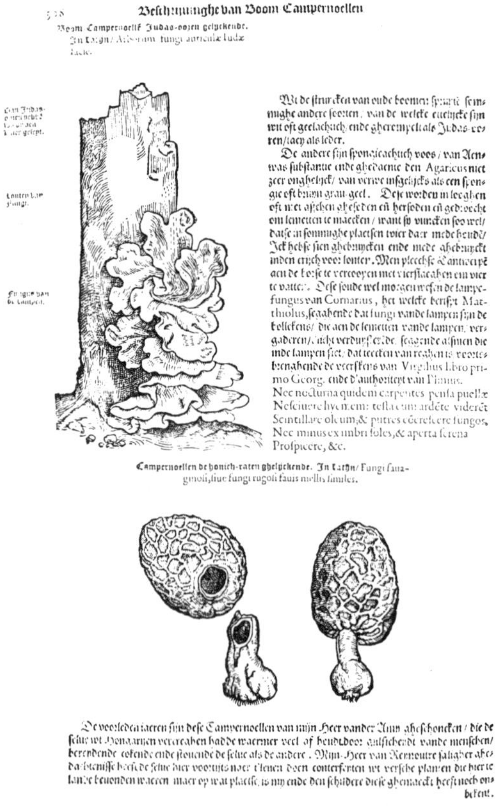

図 12　木の切り株から出たキクラゲ（*Hirneola auricula-judae*）と二つのアミガサタケ（*Morchella*）（M. de l' Obel（1581）: 308）

コは避けるべきだという言い伝えによっている。

　マティアス・ド・ロベール（ロベリウス）(1581) の『雑学 (Kruydtboeck)』に載っている図版はかなり進歩したものである。キノコのヒダが明瞭に描かれ、アミガサタケ *Morchella* やキクラゲ *Hirneola auricula-judae*（図12）、アンズタケ *Cantharellus cibarius*（図13）、ホコリタケ *Bovista* などの特徴をよく捉えており、初めてトリュフ *Tubera* を菌類に加えている。さらに、1562年にはオランダの医者、アドリアン・ヨンゲ (H. ユニウス) によって記載されて描かれたスッポンタケ（卵と子実体、図14参照）の図がある。彼は初めて出版された菌学書の中で、このキノ

図　13　アンズタケ（*Cantharellus cibarius*）の木版画（M. de l'Obel (1581)：307）（図21と比較）

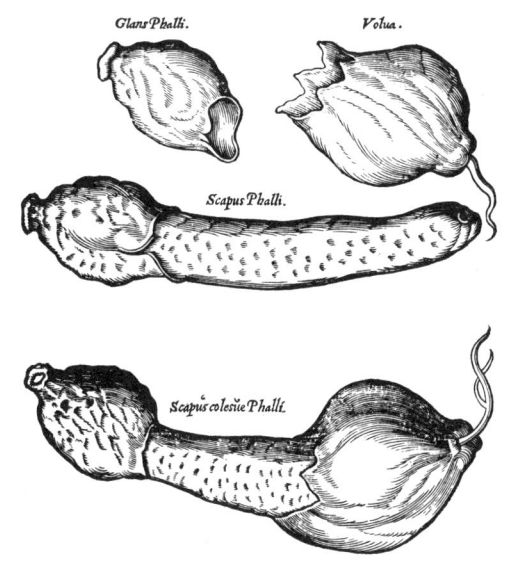

図　14　スッポンタケ（*Phallus*）（A. Jonghe 1562; 1601年版から）

コにファルス Phallus（陰茎）の名を与えた。<sup>(4)</sup>

ロベールは1538年、フランスのリール県に生まれ、イギリスと大陸で医者として働いた後、イギリスに戻り、ジェームズⅠ世王の植物学担当官になった。彼の『雑学（Kruydtboeck）』(先に『系統不詳の植物に関する研究（Plantae seu stirpium historia)』(1576) として出版された) はいずれもアントワープの有名なプランタン・プレス社から出版された。この本に載った図の版木は、1583年のランベルト・ドドゥーンスや1601年のクルシウスなど、オランダやベルギーで同時代人の本草書によく使われ、ジェラードの『本草（Herball）』(1633) や、1640年にイギリスで出版されたジョン・パーキンソンの『植物劇場（Theatrum botanicum）』でも使われた。最後に精選した図版（新しい版木による）が、1651年にジャン・ボーアンが著わした『世界の植物誌（Historia plantarum universalis)』に完全な形で出ている。

ロベールに続いて、ジュール-シャルル・レスクルーズ（またはレクルーズ、ラテン名化するとクルシウス）が『希少植物誌（Rariorum plantarum historia）』(1601)を出して菌学に大きく貢献した。クルシウス（図15）は1526年にフランス北部のアラスに生まれ、モンペリエ大学でギヨム・ロンドレの弟子になり、植物学と医学を学んだが、一度も医師の資格を取ろうとしなかった。その後は植物学者、

図　15　カロルス・クルシウス（Jules-Charles l'Éscluse）(1526-1609)

文筆家、人道主義者として気ままに過ごしたが、彼の人生は病苦にさいなまれ、貧困との闘いに明け暮れる日々の連続だった。彼は卓越した言語学者で、その翻訳書の中にはフランダースのドドゥーンスが書いた本草書をクリストフ・プランタン（フランスの出版者）のためにフランス語に訳したものや、ポルトガルのガルシア・デ・オルタの本草書をラテン語に訳したものなどがある。1573年には皇帝マクシミリアンⅡ世に招かれてウィーンへ出向いたが、後に宗教上の見解の相違から宮廷での寵を失い、旅を続けた後、フランクフルトに落ち着いた。晩年ライデン大学教授の称号を許され、1609年にライデンで没した。

　クルシウスが菌学に大きく貢献する基礎を築いたのは、ウィーンに滞在した14年間だった。クルシウスは彼のパトロンだったボルディザル・デ・バティヤーニの教会付司祭、イストヴァン・デ・バイテと組んで、かつてのローマ時代のパンノニア州、すなわち現在のオーストリア、ハンガリー、ユーゴスラビアなどに当たる地域の菌類を採集し、水彩画の専門家に子実体を描かせたが、これはバティヤーニ自身が直接監督した仕事だったという。その成果は、86枚の水彩画と一枚の油絵（後に加えられたもの）（図98参照）を含む87枚の図版からなる収集品を載せたユニークな『クルシウス全書（Clusius Codex）』（「レスクルーズのコード」「全書」）だった。クルシウスはライデン大学で過ごした晩年に、初期の仕事を加えて再編し、菌類に関する未公表の観察結果をその最終章に加え、生涯の傑作としてすばらしい二折版の『希少植物誌（Rariorum plantarum historia）』を1601年に出版した。その表題は下記のとおりである。

FVNGORVM<br>
IN PANNONIIS OBSERVATORVM<br>
BREVIS HISTORIA,<br>
A<br>
CAROLO CLVSIO ATREBATE<br>
CONSCRIPTA

（パンノニアで観察した植物に関する小論、ベルギー生まれのカロルス・クルシウス著）

　この『全書』は図版の基礎になるはずのものだったが、出版社がうっかり間

違えて悪いほうの版木を用いてしまった。75年ほどたって、この『全書』はファン・ステルベーク（48頁参照）の所有になり、その図版の多くが1675年に出版された彼の『菌類劇場（Theatrum fungorum）』に使われることになった。『全書』は、その後ライデン大学図書館で発見されるまで、200年ほどの間姿を消していたが、1900年にハンガリーのイストヴァンフィが『希少植物誌（Rariorum plantarum historia）』の菌類の項と合わせて、この図版の質の良い複製を出版し、その中に『全書』とクルシウスやファン・ステルベークの出版物との関わりに関する徹底した調査結果やその他の資料を掲載した。

　『全書』そのものはなくなったが、クルシウスが1601年に出した著書は名高い出版物の一つである。57属に分けられた105種が確認されており、ロベールから引いた2種（アミガサタケ Morchella esculenta と Bovista nigrescens）以外、33種の図版はすべて原図である。残りのロベール（1581）から採った図版は、出版社の希望で元のフランドル語の記載をラテン語に翻訳し、補遺として再版された。これは G. デラ・ポルタによる『植物指針（Phytognomonica）』の第二版に載っている「菌類について」の項を下敷きにしたものである。

　この図版ではヒラタケ Pleurotus ostreatus の茎にそったヒダ（図16）やカラカサタケ Lepiota procera のツバ（図17）が改めて詳細に描かれている。また、しばしば子実体を上や下から見た図もあるので（図16参照）、傘型のキノコとイグチの類を容易に見分けることができる。さらに、ホウキタケ Ramaria botrytis（図17）やアンドンタケの一種 Clathrus cancellatus（付録として）が初めて描かれた。

　二人のボーアン（バウヒヌス）、ジャン（ヨハンネス）（図18）とガスパール（カス

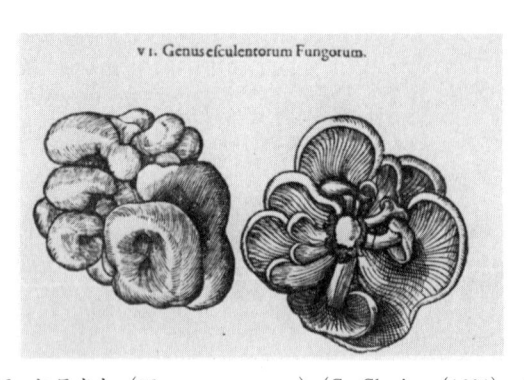

図 16　ヒラタケ（*Pleurotus ostreatus*）（C. Clusius（1601）: 216）

図 17 カラカサタケ（*Lepiota procera* 左）とホウキタケ（*Ramaria botrytis* 右）（C. Clusius（1601）：274）

図 18 ジャン・ボーアン（1541–1613）

パルス）の兄弟、はその暮らしぶりも仕事もよく似ていたので、時々見間違えられた。リンネは、まぎれもなく兄弟がよく似ているのを知っていたらしく、二枚の小葉、もしくはほとんど同じ大きさの裂片に特徴があるマメ科植物に、兄弟の功績を記念してバウヒニア *Bauhinia* という属名をつけた。

兄弟は宗教上の問題で亡命したフランス人を両親としてスイスで生まれ、父

親同様医者になって広く旅をし、植物分類学への偉大な貢献で記憶されるまでになった。二人はともに多くの未発表資料を残した。ガスパールは、その著書、『ΠΙΝΑΞ〔〔訳注〕ギリシャ語のピナクスは図または記録のこと〕theatri botanici（植物学劇場図録）』1623（第二版、1671）でつとに名高く、広範な植物名索引が彼の死の一年前に出版された。既知の植物の記載を網羅しようとしたジャンの大作『世界の植物誌（Histoire universelle des plantes）』は、彼の死後世に出ることになった。1619年に彼の養継子のJ. H. シェルレがその抄本を出したが、D. シャブレが編纂した『世界の植物誌（Historia plantarum universalis）』という書名の普及版は1650–51年まで出版されないままだった。

　この二折本の大作には5000種の植物が記載されており、第3巻11章は、大地の分泌物（Excrementa terrae）として分類された菌類に割かれており、43枚の木版画が添えられている。その多くはロベールとクルシウスのものから再録されているが（そっくりそのままのように見えるが、縮小されて縦二列に印刷されている）、そのうち12枚は新しく、質の高い彫りである。これらのうち、セント・ジョージのキノコ *Tricholoma georgii* とハラタケ *Agaricus campestris* については、成長段階の異なるものが描写されており（図19）、アンズタケ *Cantharellus cibarius* の厚いヒダやタマゴタケ *Amanita caesarea* のツボがはっきりと描かれているだけでなく、ホコリタケの一種 *Lycoperdon bovista* やヤマイグチ *Boletus scaber* の管孔なども初めて描かれた。寄せ集めではあっても、添えられているラテン

図 19　ムケロン muceron と呼ばれている春に出るキノコで、芳香があって食用になる（*Tricholoma georgi*）（左）と草原のキノコという傘の上が白く、ヒダの赤みがかったもの（*Agaricus campestris*）（右）。ジャン・ボーアン（1651: 814）から引用。

語の記載はこれに先立つものに比べると、かなり詳しく、本草学者が菌類を扱った中では最高のものといえるだろう。

その後、菌類の図版は印刷技術の進歩によって、大いに改良された。それは原画を銅板に手で彫りつけ、インクを塗って紙を重ね、これを二つの金属ローラーの間を通して圧力をかけ、原画を写す方法だった。後に、この手彫りは蠟を塗った銅板の表面に鉄筆で絵を描き、それを酸に浸して露出している銅板の表面に線を入れる方法に変わった。この方法の欠点は木版印刷の場合同様、文章と同時に印刷できないため、図は図で別に印刷しなければならないことだった。しかし、図版の仕上がりはずっときれいになり、より詳細に描けるという点で格段に優れていた。銅版画は1665年に出されたフックの『細密画（Micrographia）』（図29参照）で使われたが、キノコ類の図版で最初に使われたのは、1675

図 20　F. ファン・ステルベークの『菌類劇場（Theatrum fungorum）』（1675）の扉絵。著者の姿が描かれている。

年に出たステルベークの『菌類劇場（Theatrum fungorum）』（図20）だった。

　フランドル地方の貴族の出で司祭だったフランス・ファン・ステルベークはアントワープに生まれ、生涯の大半をそこで過ごして亡くなった。1655年に叙階式を終えてから以後8年の間、持病に悩まされ、植物、わけても菌類に強い関心を示し、間もなく専門家として高い評価を得るようになった。

　彼はフランドル地方の植物学者たちと親しく交わり、1663年5月にはファン・ステルベークの庭園にある珍しい植物を褒めていたジョン・レイが訪れた。1672年にはアントワープの薬剤師でアマチュア植物学者だったアドリアーン・ダヴィットが（彼は『菌類劇場（Theatrum fungorum）』の著者が書いた序文に、お追従だらけの讃辞にあふれたソネットを寄せた人物）、当時ライデン大学の植物学教授だったシェン博士が所有していた有名な『Code de l' Éscluse（クルシウス全書）』をファン・ステルベークに献呈した。

　聞くところによると、ファン・ステルベークは『全書』の挿絵を『菌類劇場（Theatrum fungorum）』の図版のタネにしたが、二、三のもの以外はすべて自然のものを直接観察して描いたと称していた。ただし、イストヴァンフィ（1900）によると、135枚の菌じん類の図版のうち70枚ほどがクルシウスの『全書』から、7枚が『希少植物誌』から、14枚ほどがロベールとジャン・ボーアンのものから引かれているという。図版の多くは（図97参照）、多少不満足なものもあるが、概して上質で、文章は通常のようにラテン語でなく、フランドル語で書かれたが、新しい内容が盛り込まれている。

　その後50年の間に出版された図版入り著書の中で注目に値するものには、次のようなものがある。それらは1694年に出たJ. P. ド・トゥルヌフォールによる6枚の図版（ツチグリの類 *Geastrum* とケシボウズタケの類 *Tulostoma* を含む）（図98）が高等菌類に充てられている『植物学原理（Élémens de botanique）』、1967年に出たタマチョレイタケ *Polyporus tuberaster* の図が初めて載っているP. ボッコネーによる『希少草木博物館（Museo di piante rare）』、1727年に出たクロード・オーブリが描いた78種の菌の美しい図が載っているセバスチャン・ヴァヤーンによる『パリ周辺に見られる植物の解題（Botanicon Parisiense ou dénoument des plantes qui se trouvent aux environs de Paris）』（図21参照）、並びに1729年に出たこの時代の先端をゆく卓越した著作で、菌学誕生の記念碑ともいうべきP. A. ミケーリ

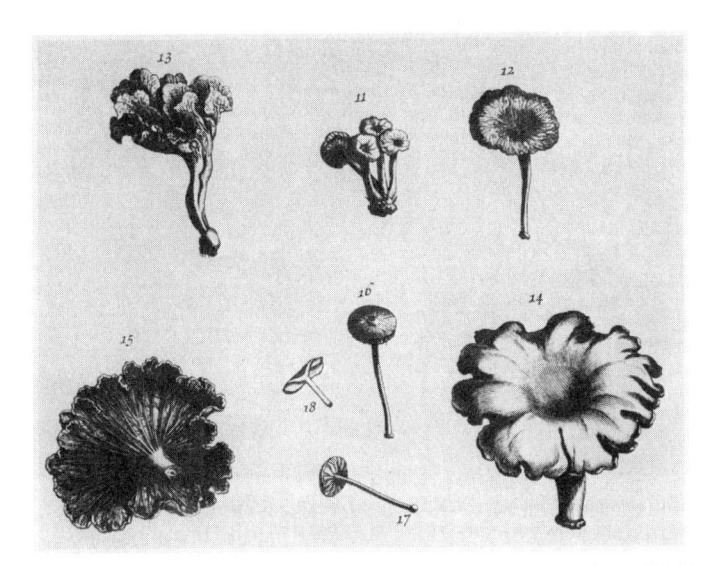

図 21 アンズタケ *Cantharellus cibarius*（14、15）の銅版画（同じ種を描いた図13と比較）とクロード・オーブリーが描いたラッパタケの一種 *Craterellus sinuosus*（11–13）ヴァヤーン（1727: pl. 11）から。

による『新しい植物類（Nova plantarum genera）』などである。

　ピエール・アントニオ・ミケーリ(7)（図22参照）は1679年にフィレンツェに生まれたが、庶民の出で十分な教育を受けていなかった。伝えるところによると、親は本屋にしたかったそうだが、独学でラテン語を学び、取り立てて働くあてもなかったが、植物の研究に没頭したという。カスティリアのコスモ伯爵の仲介で宮廷に出入りすることになり、1706年にはメディチ家の後継者でトスカナ大公になった、コスモ三世付の植物専門官に任命され、フィレンツェの公園管理者（〔訳注〕ボーボリ公園）になった。この仕事を通じて植物学の研究を続け、国際的に名を知られるまでになった。彼はたびたび旅に出て植物採集を行ったが、1736年の秋、請け負っていた北イタリアでの採集旅行の途次、胸膜炎にかかり、独身のまま年明けにフィレンツェで亡くなった。亡骸はフィレンツェのサンタクロス教会に葬られたが、墓碑銘（図23）（ブラーによる英訳1915b: II）には次のように書かれている。

　　「ピエール・アントニオ・ミケーリは57年と22日の間、穏やかで幸せな人生

図 22　ピエール・アントニオ・ミケーリ（1679-1737）

図 23　フィレンツェのサンタクロス教会にある P. A. ミケーリの記念碑

を送り、優れた博物学者として、またトスカナ地方の植物学の先達として、その研究と著作によって広く知られ、賢明さと優しい穏やかな性格で同時代の人々に深く愛された。1737年1月2日に帰らぬ人となった。友人たちが寄付を募り、ここにその徳をたたえて墓碑を建てる」

その後ミケーリの胸像は、ウフィツイ美術館のレディとガレノスの像の間に並べて置かれ、フィレンツェとローマにはその徳をたたえて名づけられた街路が今も残っている。

1700年のこと、トスカナ大公はド・トゥルヌフォールの『植物学への手引き (Institutiones rei herbariae)』がパリで出版されるとすぐ、まだ若いミケーリにその三巻を贈った。1729年に出版され、彼の名を不滅のものにした『トゥルヌフォールの手法に従って分類された新しい植物類 (Nova plantarum genera juxta Tournefortii methodum disposita)』(図24) という書物のタイトルとその簡潔な記述からも明らかなように、ド・トゥルヌフォールの書は生涯を通じてミケーリに大きな影響を与えた。

そこには植物のすべてのグループが網羅されているが、特にミケーリが強い

> NOVA
> PLANTARVM GENERA
> IVXTA
> TOVRNEFORTII METHODVM DISPOSITA
>
> Quibus Plantæ MDCCCC recensentur, scilicet fere MCCCC nondum observatæ, reliquæ suis sedibus restitutæ; quarum vero figuram exhibere visum fuit, ex ad DL æneis Tabulis CVIII. graphice expressæ sunt; Adnotationibus, atque Observationibus, præcipue Fungorum, Mucorum, affiniumque Plantarum sationem, ortum, & incrementum spectantibus, interdum adiectis.
>
> REGIAE CELSITVDINI
> IOANNIS GASTONIS
> MAGNI ETRVRIAE DVCIS.
>
> AVCTORE
> PETRO ANTONIO MICHELIO FLOR.
> EIVSDEM R. C. BOTANICO.
>
> FLORENTIÆ. MDCCXXVIIII.
> Typis BERNARDI PAPERINII, Typographi R. C. MAGNÆ PRINCIPIS
> VIDUÆ AB ETRURIA.
>
> Propè Ecclesiam Sancti Apollinaris, sub Signo Palladis, & Herculis.
> SUPERIORUM PERMISSU.
>
> Fig. 24. Title-page of P. A. Micheli's *Nova plantarum genera*, 1729.

図 24 P. A. ミケーリによる『新しい植物類(Nova plantarum genera)』(1729) の見開き頁

興味を示したカレックス *Carex* 属と緑色植物の中でも蘚苔類が取り上げられていた。しかし、この書が菌学の古典とされているのは、その表題を『キノコ・カビとそれに関連する植物の起源と成長、およびその育て方に関する補足的記述と観察』として、菌類を特別扱いしていたからである。

『新しい植物類(Nova plantarum genera)』に列挙されている1900種の植物のうち(初めて観察されたのが1400種)、900種が菌類で、108枚の銅版画のうち73枚ほどが菌類と地衣類にあてられており、そのうち40枚がキノコ類で、かなり正確に描写されている。彼が記載して描写し、命名した新しい分類群にはアスペルギルス属 *Aspergillus* やボトリティス属 *Botrytis*、サルノコシカケ属 *Polyporus*、アカ

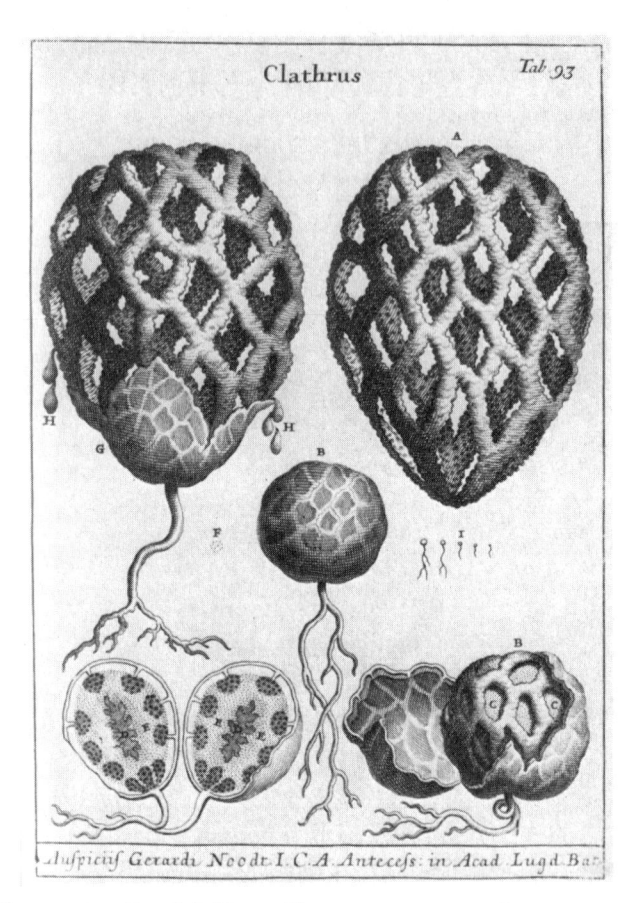

図 25 アンドンタケ属の一種 *Clathrus cancellatus* (P. A. Micheli (1729): pl. 93)

カゴタケ属 *Clathrus*（図25）、ヒメツチグリ属 *Geaster* など、耳慣れた属名が並んでいる。また、彼はフィレンツェ大学の解剖学教授だったトマソ・プッチーニの名にちなんで、プキニア *Puccinia* の属名（ギムノスポランギユウム *Gymnosporangium* に）をつけ、タマハジキタケ *Sphaerobolus*（カルポボルス *Carpobolus* として）を初めて描き、グレバが外れていく様子を描いた。

また、彼は菌類のあらゆる分類群について胞子を観察し、黒い胞子を作るハラタケのヒダの表面に担子胞子が4個ずつつくことを明らかにし、初めて子嚢について記載し、胞子から菌を培養した。さらに、彼はハラタケの子実体につ

いている菌糸束を描き（Micheli (1729) : tab. 75)、ヒダの縁についている毛（彼はこれを花弁のない花と称した）やシスティディア（彼によれば、透明な物体（corpori diaphani）といい、ある種では円錐形、他のものではピラミッド形だという）を記載して図を描いた。また、ヒトヨタケ属 *Coprinus* のヒダから突き出ているシスティディアの働きは、胞子の飛散に都合がいいようにヒダを離しておくためである考えていた。彼は「システィディアは、ヒダが互いにくっつかないように、ヒダの間にできるタネがその成長過程で邪魔されないように、また、落ちるべき時にだけ落下するように、自然の賢明な計らいで作られたものである。また、成熟して落下するタネと一緒に同じものが地上に落ちる」と書いている。[8]

ミケーリは財政的に本を出版するのが苦しかったらしく、『新しい植物類（Nova plantarum genera）』の序文に、図版の費用を負担した人を含む200人ほどのパトロンの名前をあげ（ミケーリが一枚の図版に払った費用は42ジュリオス、イギリスの1ギニーに当たる）、図版には彼らの貢献をたたえて、それぞれ名前が記されている。その中には、ウイリアム・シェラード（オックスフォード大学の植物学、シェラディアン講座の創立者）とその弟、ジェームズ（薬屋でロンドン近郊のエルタムにあった植物園の所有者、ディリーニアスがこの植物園の採集品目録を編集）の名があった。1717年にウイリアム・シェラードがフィレンツェを訪れた際、ミケーリに深く傾倒し、兄弟はその後も文通を続けていた。

もう一人の有力なパトロンはキプリアーノ・アントニオ・タルジオーニ（後にタルジオーニ–トツェッティ）で、ミケーリの死後、彼は息子のジョヴァンニ・タルジオーニ–トツェッティとともに1381スクードで彼の図書、標本、化石などを購入したが、その中には『新しい植物類（Nova plantarum genera）』の次の版（ジョヴァンニ・タルジオーニ–トツェッティによって4巻にされた）に使われた海生植物の60枚の銅版も含まれていた。[9] キプリアーノ・タルジオーニ–トツェッティはその収集品をほとんど使わなかったが、1748年にミケーリが作ったフィレンツェの公園の植物目録、『フィレンツェ王立公園の植物目録（Catalogus plantarum horti caesarei Florentini)』を世に出した。その後、これらの資料はジョヴァンニの息子のオッタヴァニオと孫のアントニオに受け継がれ、今その74巻の原稿はフィレンツェ大学の図書館に収められている。1863年に大英博物館がアントニオの未亡人から15ポンドでミケーリ自身が写した『新しい植物類（Nova plantarum gen-

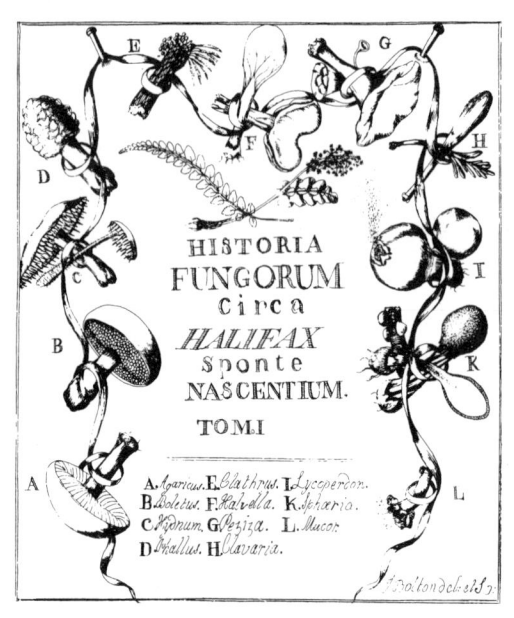

図 26 ジェームス・ボールトンによる『ハリファックス市周辺に生えるキノコの研究（An history of funguses growing about Halifax）』（1788）の見開き頁

era)』のコピーを買い取ったが、それには多くの原図が添えられていた。[10]

　18世紀半ばごろまでは、高等菌類の形態的特徴はもっぱら写生図によっていた。[11] そのため、図版集の出版が相次ぎ、今も多くの図書収集家たちが探しているそうだが、18世紀後半と19世紀初頭には、手書きの芸術的な絵を入れた図鑑が各地域から多数出版された。その中でも、次のようなものが有名である。1755年にイタリアのジョヴァンニ・アントニオ・バッタッラが出したモノクロのきれいな図版が入った『アリミヌム周辺のキノコの研究（Fungorum agri Ariminensis historia)』やレーゲンスバーグで福音教会派の司祭だったヤコブ・クリスチャン・シェイファが1762-74年に出した『バイエルン、パラチナータ、レーゲンスバーグ周辺に生えるキノコの図鑑（Fungorum qui in Bavaria et Palatinata circa Ratisbonam nascuntur icons)』の全4巻、1788-91年に、たぶん絵の先生だったジェームズ・ボールトンが自分で見たものをそのまま銅板に写した『ハリファックス周辺に生えるキノコの研究（An history of funguses growing about Halifax）』（図27）（図は描き直されて配置も変わっているが、これはドイツ語に翻訳された最初で唯一

図 27 ホウライタケ属の一種 *Marasmius peronatus*（J. Bolton（1788–91）：I, pl. 58）

のイギリスの菌学書）および1797–1815年に有名な植物画の基礎を作り上げたジェームス・サワビーが出した『イギリスの菌類・キノコの彩色図鑑（Coloured figures of English fungi or mushrooms）』などがある。

なお、ピエール・ビュリャールが1791–1812年に出した、383枚の図版と広範な内容を盛り込んだ『フランスのキノコ研究（Histoire des champignons de la France）』は、著者自身が考案した方法による色刷り図版（口絵参照）を載せた最初の菌学書だった。この伝統は色刷り石版印刷の導入とともに伝えられ、後に写真印刷へと進展した。さらに、1905–10年に出た小さな盤菌類など、下等な菌類を含むエミール・ブーディエの『菌類図譜（Icones mycologicae）』のような図鑑や1935–41年にヤコブ・ランゲが出した5巻の『キノコのフロラ（Flora agaricina）』のコロタイプ版などに受け継がれた。いずれも科学的価値は低いが、近代印刷術の見事な見本である。

## 微小（下等）菌類

　微小菌類の形態や高等菌類の微細構造を知るには、顕微鏡が不可欠であり、その発明は菌学と微生物学の発達にとって基盤そのものだった（図28）[13]。顕微鏡の歴史の中で、初めのころ最も有名だった人物の一人は、多才なロバート・フックである。ジョン・オーブリによると「中肉中背で少し背中が曲がり、青白い顔をしていつもうつむき加減で、頭が大きかった。眼は大きくて飛び出しており、落ち着いた灰色だった。髪はしなやかな褐色で、しっとりしてきれいな巻き毛だった」[14]という。

　フックは王立科学協会の事務局長を永年務め、自分で考案して作った顕微鏡でいろんな物を観察し、サミュエル・ピープスが「これまで目にした本の中で、最も独創的なもの」といった『細密画（Micrographia）』にそれを記載した。ちなみに、ピープスは朝の2時まで日記を書いていた人物。一枚の図（図29）には初めて描かれた微小菌類のケカビ *Mucor* の胞子嚢とバラのサビ菌 *Phragmidium mucronatum* の冬胞子が描かれているが、どちらにも注意深く縮尺目盛が付けられていることに注意されたい。

　もう一人の有名な顕微鏡の先駆者は、呉服商で紳士用服飾品を扱っていたアントニー・ファン・レーウェンフクだが、彼は後にデルフトの名誉市民会議議長を務め、生涯を送った故郷のデルフトで1723年に90歳で亡くなった。ファン・レーウェンフクはロバート・フック同様、自分でレンズを作り、単純な構造の顕微鏡を製作した。彼は一枚もしくは二枚のレンズを銀または金の板に固定し、対象物をネジで動かして焦点を合わせるように工夫し、40倍から200倍もしくはそれ以上に拡大できるようにした。彼が死んだときには、247台の完成した顕微鏡（それぞれが一つの対物レンズを備えていた）と172枚の予備のレンズが残されていた。

　ファン・レーウェンフクは独りで多くの微生物を観察し、その「きわめて小さな生き物を観察する特殊な方法」をけっして明かさず、「自分のためだけに」

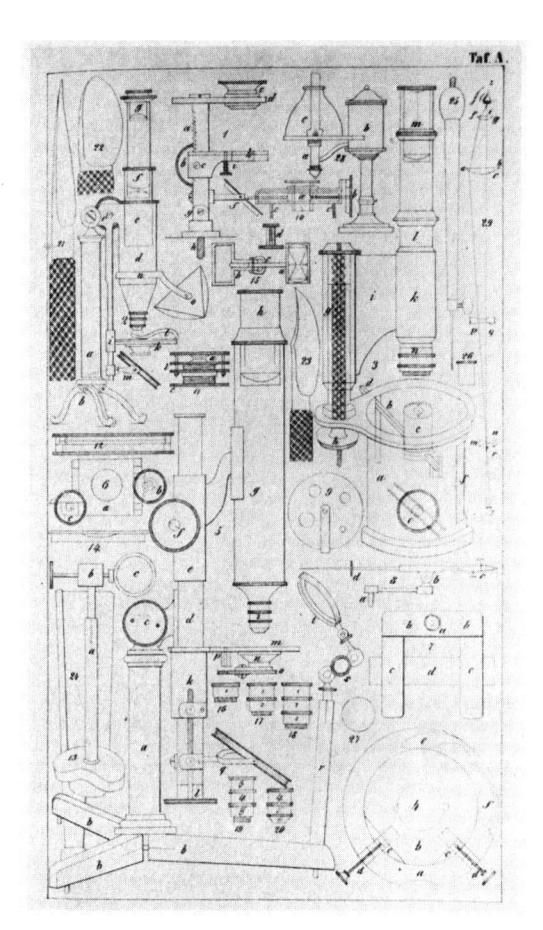

図　28　顕微鏡発明家たちの作った装置。J. C. コルダの『菌学研究入門（Anleitung zum Studium der Mykologie）』1842から。この図にはウィーンのプレッスルが作った単純な顕微鏡（fig. 1）から、パリのシュヴァリエ（fig. 2）やベルリンのプレッスル（fig. 3）、プレッスルとジークの手になる複雑なもの（fig. 5）まで載せられている。

顕微鏡を使ったが（ドベルによる学術書（1932）を参照）、外国人会員に選ばれていたロンドン王立協会へ一連の長い手紙を送って自分の観察結果を報告した。

　王立協会への18番目の手紙（1676年10月9日付）と39番目の手紙（1683年9月17日付）に書いたように、ファン・レーウェンフクは「コショウ水」や自分の歯についている細菌を発見したことで、つとに有名になった。また、彼はいくつかの菌を観察した。最初の手紙（1673年）の中で、カビ（おそらくケカビ属 *Mucor sp.*）

図 29 微小菌類を最初に描いた図　ケカビ属 *Mocor* とバラのサビ菌 *Phragmidium mucronatum*（R. Hooke「Micrographia（細密画）」1665, pl. 12）

「上の絵……毛羽立ったカビの姿以外のなにものでもない。私が見たものはおそらく羊皮紙だと思うが、小さな本の赤い表紙に斑点が出て、白く変色していたものからとった」

「下の絵にある卵型のもの……バラの葉の一部を表わしたもので、塚状のものについている小さな卵型のものの大きさについては、図左上の Figure X とした c マークを参照」（R. Hooke (1665): 125, 122）

やハチの口器と眼、シラミなどについて記述している。ただ、菌学上最も有意義だった観察は、発酵したビールの中の酵母、サッカロミケス・ケレヴィシアエ *Saccharomyces cerevisiae* の発見である。ビールを二つのきれいな小さいグラスに注いでも、無数の小さな粒のためにそれが濁って見えることに気づいて、次のように書いている。

「私には、そのいくつかが完全な球形に、あるものは不定型に、あるものは他のものよりも大きく、先のものが二つ、三つ、四つとつながったように見えた。他のものは6個の球からできており、これが酵母の完成した球体である」
（1680年6月14日付の32番目の手紙、チャップマン（1931）参照）

いずれにしろ、ファン・レーウェンフクが単独の酵母細胞と出芽によって集合体になったものを初めて観察したということは明らかである。

その前年、ボローニャ大学の医学部教授だったマルチェロ・マルピーギは、自分の二折本『植物解剖学（Anatome plantarum）』（1679年に王立協会から出版）第二部の一枚の図版を菌類に割き、1種（彼がキノコと称した傘型のもの）以外は、すべて腐ったチーズや傷んだメロンの果皮、レモン、オレンジ、木材、パンなどに生える、ごくありふれたカビ（Mucedo）に充てた。その中にはリゾープス・ストロニフェル *Rhizopus stolonifer* やケカビ *Mucor* に近いカビ、不確かだが、ペニシリウム *Penicillium* やボトリティス *Botrytis* などが含まれている。また、描かれたものの中には菌糸の一部や明らかに隔壁と思われるものも見られる。

マルピーギの図版は1729年にミケーリが出版したものに比べると見劣りするが、すでに述べたように、ミケーリがつけたアスペルギルスやボトリティス、ムコールなどの属名は、そのまま今日でも通用している。

ミケーリは粘菌類の図も描いたが、その中にはマメホコリ *Lycogala* やムキラゴ *Mucilago*（彼はもう二つ名前をつけているが）、ウツボホコリ *Arcyria*（クラトロイデス *Clathroides* として）、ムラサキホコリ *Stemonitis*（クラトロイダストラム *Clathroidastrum* として）などの属やレティキュラリア *Reticularia* やフーリゴ *Fuligo* などの属も含まれている。後年、リスター（1912）はミケーリが命名したプキニア・ラモーサ *Puccinia ramosa* をツノホコリの一種 *Ceratiomyxa fruticulosa* と同定し、彼が書いたムキラゴ *Mucilago* の一種の特徴、すなわち「白くて枝の多い繊維状の根に似たもの」（Micheli, 1729: 216）は、プラスモディウムに関する初めての記載例だという。なお、粘菌類に関する唯一の詳細な記載は、この二年前にフランス人のJ. マルシャン（自分の父親にちなんでコケ類にマルカンティア *Marchantia* と言う属名をつけた）によってフーリゴ・セプティカ *Fuligo septica*「タンニンの花」についてなされていたが、彼はこれをスポンジの一種として分類していた

(Marchant 1727)。

次の100年間を通じて、数多くの微小菌類が記載・命名され、胞子の形や隔壁などについて多くのことが知られるようになったが、高等菌類については子実体の大きさだけが数量化され、記述内容の多くは質的なものにとどまっていた。1920年代を過ぎるころまで、ペルズーンやフリースといった近代菌類分類学の基礎を築いた人々ですら、微細構造についてほとんど注意を払わなかった。その主な理由は、16世紀末にかなり複雑な顕微鏡が開発されてはいたが、その後の200年間ほとんど進歩しなかったためである。

初期の顕微鏡には対物レンズの球面収差と色収差に大きな欠陥があったため、フランスのJ. L. V. シュヴァリエとC. –L. シュヴァリエらが上質の対物レンズを開発する1830年まで、待たなければならなかった。1840年にジョヴァンニ・バティスタ・アミチ (1784–1860) が水浸対物レンズを考案したが、1878年にイエナのツァイス社がE. アッベ (1840–1908) の発明による油浸対物レンズと集光装置（初め細菌学者、ロベルト・コッホのためにアッベが考案）を取り入れ、1886年に球面収差と色収差を除いた対物レンズを合わせた顕微鏡の製造を始めるまで、現代型の顕微鏡は世に出なかった。

図版にスケールを入れるというフックの例に倣うか、ファン・レーウェンフクがしたように、調べた物体の大きさを測ろうとする研究者はほとんどいなかった。A. C. J. コルダは胞子の大きさに通常「パリインチ（=27.9mm）」に基いて、略記号の「p. p.」または「p. p. p.」を、一貫して用いた最初の菌学者だった。小さな物体の長さを示すのによく用いられたもうひとつの単位は、「線 line」(2.1167mm=1/12インチ) だったが、パリライン（Parisier Linie または P. L.）は、それよりわずかに長かった (2.2558mm)。その後、「ミクロン」（1ミリの千分の一）が基準単位となり、1857年にW. F. R. スリンガーが生物学の記述でこの単位を示すのに$\mu$の記号を取り入れた。現在は国際基準に基づいて$\mu$mが使われている。

微小菌類のことを多少とも記載した多くの研究者の報告を、ここで詳細に紹介するのは不適切だろう。ただ、数人の著名な菌学者とこの分野に関する主な報告のいくつかを紹介すれば十分と思われるが、それもほかの話題の中に出たときに譲ろう。

18世紀と19世紀の変わり目には、H. F. リンクやペルズーン、フリース、モンターニュ、J. H. レヴェイエ、ネース・フォン・エーゼンベックなど、多くの人が微小菌類の研究に大きく貢献したが、中でも形態に関する研究を新しい段階に導いたのは A. C. J. コルダだった。彼が独特の方法で描いた何百という微小菌類の図版が入った5巻の二折本、『普通に見られる菌類の図鑑 (Icones fungorum hucusque cognitorum)』を1837年と1840年にプラハで出版したことは特筆に値する（図30参照）。

　1851年に出た H. F. ボノルデンの『手引き (Handbuch)』は、テュラン兄弟の多くの立派な本と並んで、いまだに微小菌類を学ぶ学生たちに使われている。テュランらの著作のうち、サビキンとクロボキン（Tulasne, 1847, 1854）や麦角菌（Tulasne, 1853）（図76参照）に関する報告および1861年から1865にかけて出版された名著、『菌の実のつき方選集 (Selecta fungorum carpologia)』に載っている図などは、芸術性の高さで他にぬきんでている（図6）。これに続いてアントン・ド・バリと M. ウォローニンによる『菌類形態学および生理学に寄せて (Beiträge zur Morphologie und Physiologie der Pilze)』（5部、1864–81）やオスカー・ブレフェルトによる14部の『菌学全般にわたる研究 (Untersuchungen aus dem gesamtgebiete der Mykologie)』が1872年から1902年にかけて出版されたが、その中には数多くのきわめて美しい原図が載せられている（図81）。

　先に述べたように、デラ・ポルタが初めて胞子を観察し、ミケーリが自分の見た菌類の胞子をすべて記録した。この二人はともに、その後継者たち同様、胞子のことを「タネ」と呼んでいたが、胞子という用語は1788年にヘードヴィヒが胞子、spora といい出すまで使われていなかった。ただし、彼は自分が胞子嚢と呼んだ生殖巣の中で「タネ」が成長して胞子ができるとして、*Agaricus*（ハラタケの仲間）を記載する際にスポラ spora とセーメン semen という用語を交互に使っている。しかし、その後胞子という用語は、隠花植物で広く使われるようになり、1808年には L. C. M. リシャールが胞子と種子の根本的な相違をはっきり認めて、「胞子はその形成過程だけでなく、胚がないことでも種子と異なっている」と書いた。このことは1819年に出た彼の息子、アシル・リシャールによる『植物学の新要素 (Nouveaux élémens de botanique)』の中に述べられている。

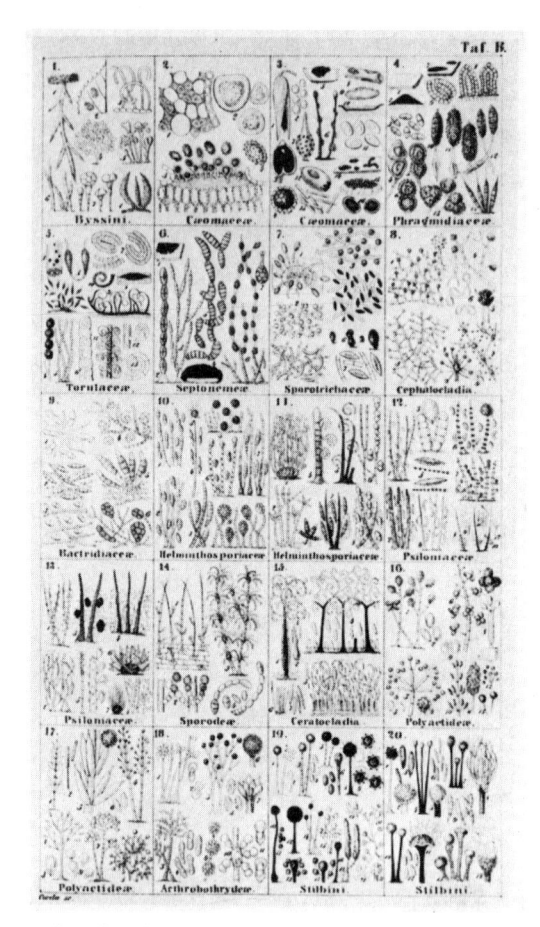

図 30　図版B微小菌類の図。　A. C. J. Corda の八折本『入門書 (An-leitung)』(1842) から。彼の二折本『図譜 (Icones)』の図版には90種以上の微小菌類の図が載っている。

　それにもかかわらず、1886年を過ぎてもテュランらは胞子という用語は不必要だとする考えに固執していた。というのも、すべての胞子は「胚とみなされる。それはただ一つの細胞か、数個が集まったものからできており、純然たる組織を持ったその両親の姿を再現できる」と主張していたからである。このような見解は菌学者が胞子という用語を広く受け入れる妨げにはならず、その後100年の間に100以上の名称（その多くが今も使われている）が、形の異なる胞子やその形成過程、機能などを区別するために作りだされた。[15]

運動性のある胞子（遊走子）を菌類で最初に観察したのはベネディクト・プレボー（1807）だが、彼は水の中のポルトラカ・オレラケア *Portulaca oleracea* についたシロサビキン属 *Albugo*（おそらく *A. portulacae*）の一種の胞子嚢から遊走子が出てくる様子をはっきりと書いている。[16]

「時には40から50分ぐらいのこともあるが、水に浸して一、二時間たつと、疑いもなく温度に応じて、実際私が見ている間に12から16°Ｒに変わり、全体が首の部分が取れたときの瓶に似ているが、その大きなへこんだ先端部分が開いた。しばらくすると、一つの粒が外に出て、すぐ２、３、４、５、６個と続いて出てきた。多くの場合、それはすぐくっついてボールのようになり、しばらく一緒に動いていたが、そのうち離れて、無数のボールのように、いやもっと敏捷に動き出した」[17]

不完全菌の場合、運動性のない胞子の変異幅が最も大きくなるが、P. A. サッカルドはこれらの菌を分類するのに1880年代後半に提案した仮の分類体系に関して、『菌類集成（Sylloge Fungorum）』の中で、胞子の形や隔壁のでき方、色などを用いている。その後、この胞子の基本的な分け方は大きく変更されることなく、不完全菌に関する知見が広がった。その後、1953年に S. J. ヒューズが独創的な論文を発表するに至って新時代が開けたが、彼はその論文の中で自分自身の観察結果を加えながら、ポール・ヴュイールマンやE. W. メイソンら、不完全菌の研究者の意見を統合し、分生子と分生子嚢の発達の仕方に基づいて、不完全菌を八つの主要な分類群に分けることを提案した。この新しい見方は不完全菌の再検討を促し（キューの国立菌学研究所の M. B. エリスによる黒色の胞子を作る属に関するわかりやすくてすばらしい教科書など）、最近出されたコエロミケーテス coelomycetes のスチール写真なども、微小菌類の基本的な構造を明らかにすることによって、分類学に影響を与えている。

## 高等菌類の微細構造

　テオプラストス（『植物誌（Historia plantarum）』I, 5.3）は、キノコの茎は一様になめらかで、節やとげ、仕切りなどがないといったが、この問題は顕微鏡の出現まで2000年ほどの間そのまま残され、それ以後も、高等菌類に特有の顕微鏡的特徴が明らかにされるのに、また200年ほどの歳月を要した。
　ロバート・フックがキノコの内部構造に初めて着目し、其の『細密画（Micrographia）』のスポンジの項に、以下のように書いている。

　　「私は数種類のキノコを調べてみたが、それらの組織は、いわば細い無数の繊維が集まって、ある種の布地を作った時のように織られて、もつれ合ったものからできていることを発見した。特に、木から出ているキノコ（キクラゲの一種か、もしくはspunk（ホクチ）の名で知られているもの）のかけらを調べてみると、その組織は細い糸が互いに絡み合って繋がった藪のように見えるきわめて繊細な組織からできていた。また、太い部分、いわば茎の場合は、そこから小さな枝が出ており、それはロープの端のようで、太さの違ういろんなロープが引きちぎられるか、ねじ切られた時のように、ロープから無数の細いコードが出て、これが細い線になり、さらに糸へと、奇妙なまとまりを見せ、互いに編みあわされていた。私がはっきり見ることができた繊維は一様で丸く、透明な管状で、いたるところで互いに交差しており、水平方向や垂直方向に伸びているようには見えなかった」

　その後、1678年に父のマルシャンが、1707年にはド・トゥルヌフォールが馬糞の中の菌の糸を観察し、マルシグリ（1714）と N. J. ネッカー（『菌学概論（Traité sur la mycotologie）』1783）も菌糸の束に気づいていたが、彼らはこれを腐った植物体が菌へと変化する途中にできたものと考えた。ネッカーはこの構造物にカルキティウム carcithium という用語を充てて、いろんな形態を描いている。1830年には L. トラティニック（1804-6）が、子実体、Fruchtkörper（fruit-body または encarpium）と対比して、Shwammegewächs にあたる用語としてラテン語

の菌糸体、ミュケリウム mycelium という用語を提案し、それ以後、菌糸体（マイセリウム）という言葉が用いられるようになった。なお、菌糸体の要素単位に初めてハイファ hypha という用語を用いたのは C. L. ヴィルデナウ（1810）だった。

栄養繁殖するスクレロチウム sclerotium、菌核の説明はもっと大変だった。1790年にトーデが *sclerotium* という用語を8種の菌の属名として初めて提案し、その後何人かの研究者がこの属に多くの種を加えた。レヴェイエが1843年に出した菌核に関する小さな本の中で指摘したように、虫こぶ（彼はトウモロコシやスズメノヒエなどを含むイネ科植物につく麦角菌も加えていた）のような植物の病気に関わるものや未熟なキノコ、ほかの菌や異名など、40種以上の名前を除きはしたが、フリースはその『菌学体系（Systema mycologicum）』の中で50種以上をこの属に入れていた。

菌核の構造とその範囲を検討した結果、レヴェイエはその菌糸体を四つの基本形、すなわち、filamenteux（繊維状）、membraneux（膜状）、tuberculeux（塊茎状）、pulpeux（果肉状）に分けることを提案し、菌核には「これらの形態だけがあって、固有のグループとはみなされない」と主張した。菌核の中で最もよく知られているタマチョレイタケ *Polyporus tuberaster*、いわゆる菌石は古くから議論の的になっており、ド・バリがその教科書（de Bary, 1887: 30-43）の中で菌核を取り上げて解説し、C. ボンマー（1894）が菌核と菌糸束の研究を幅広く行って的確にまとめあげた。

過去100年の間、医真菌学者たちは菌腫として知られている人間や動物の真菌症に特異的な菌の小粒体または粒状体に興味を持ち続けてきた。これらの粒状物は菌核に似ており、宿主・病原体相互作用によって感染組織の中で大きくなるとされている。菌腫の古い記録は、ヘンリー・ヴァンダイク・カーターが（1874年に出た彼の本によると、当時ボンベイの医学校で生理学と解剖学の教授だった）インドで記載したもので、黒い粒を作るマドゥレラ・ミケトミ *Madurella mycetomi* によって起こるマドゥラ脚に関する記述である。菌腫はほかの菌類や放線菌の感染によっても発症するが、エミール・ブラン（1906）の学位論文やマーゴウとマレイ（1973）の共著による単行本などに出ているように、粒状物の色が病原体によって異なるのが特徴である。アスペルギルス属の菌、特にアスペルギルス・

フミガートゥス Aspergillus fumigatus は肺などの器官にアスペルギルス症を発症させ、化膿はしないが、これも過去にはしばしば菌腫とみなされていた。

ミケーリ（1729）は地衣類（図36、52、56）やトリュフ（図102、Tuber）、いろんな核菌類などの子嚢や子嚢胞子を描いた。ただし、出版された図版に載っている子嚢の細部は、現在大英博物館にある『新しい植物類（Nova plantarum genera)』のミケーリ自身の手になる写本の図版に近いと思われる原図ほど鮮明でも、正確でもない。トリュフの子嚢を描いた原図は出版されたもの（図31a）とほとんど変わりがない。ミケーリの原本の図56（Lichen-Agaricus）や fig. I（マメザヤタケの一種 Xylaria hypoxylon を描いたもの）では、子嚢の細胞壁は不明瞭だが、胞子を表わすＳ字マークのついた小さな点の列は（〔訳注〕図では不明瞭）、原図では6ないし7個の胞子が縦に並んだ3列として描かれている。

最も印象的なのは、原本の図56と fig. I に見られるように、例外的に300×100ミクロンにもなる大きな胞子を作る地衣類、ペルトゥサリア属 Pertusaria、ミケーリがいうリケノイデス属 Lichenoides の一種を描いたものである。出版された図版の一部を図31ｂとして、ミケーリの原図（図31ｃ：出版されたものと左右反対）と比べるために載せたが、原図では一つの子嚢に4個の胞子が入っている状態が明瞭に描かれている。さらにすばらしい図版は、フィレンツェにあるミケーリの原稿に残されているもので、これはリケノイデス Lichenoides を観察して描いた子嚢と子嚢胞子の見事で明快な初期の写生図である（図31d）。

しかし、子嚢胞子の問題は、ヘードヴィヒが1788年に確かな証拠を公表するまで残された。彼は盤菌類で子嚢胞子が入った子嚢を観察し、その器官（彼はこれらにパラフィセス（側枝）paraphyses という用語を用いたが）を描いて記載し（図32）、8個の胞子を特徴にして、この仲間にオクトスポラ Octospora という属名を与えた。彼はまた、子嚢に以前蘚苔類の胞子嚢に使っていたテーカ theca という用語を用いた。その後テーカはネース・フォン・エーゼンベック（1816）によって菌学では子嚢、アスカス ascus に替えられた。エーゼンベックはテーカという用語は隠花植物に限定すべきだと主張し、「Thecae という用語がよく使われているが、まだこれが蘚苔類の胞子嚢にも使われているので、よりふさわしいアスキ Asci 子嚢か、シュロイヘ Schläuche 胞果という用語に置き換えたほうが良いと思っている」という。このようにして子嚢胞子のことは次第に明らかに

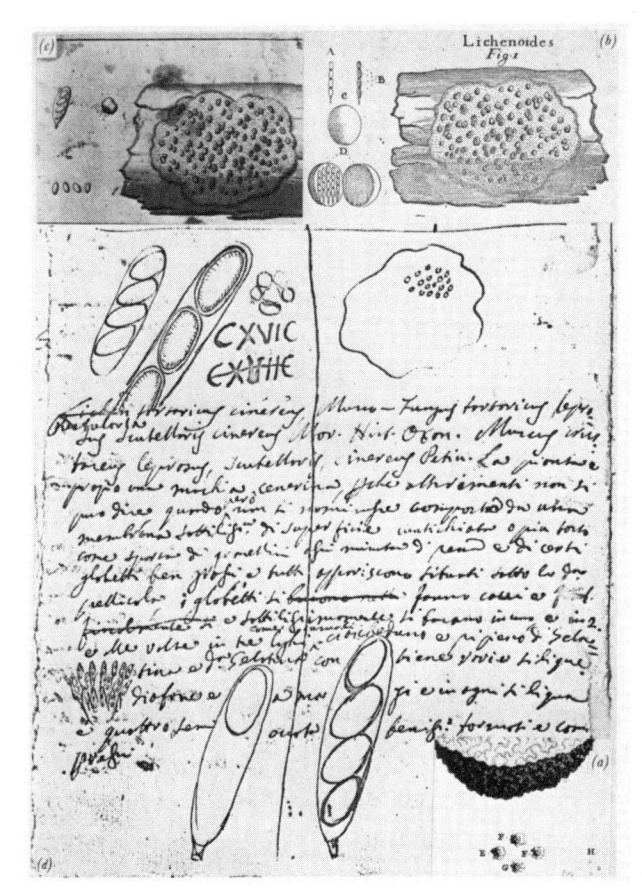

図 31 子嚢と子嚢胞子を描いた P. A. ミケーリの図版。(a) トリュフの子実体の一部を切った図と子嚢と子嚢胞子(図中の E. F. G)(Micheli (1729): pl. 102)。(b)-(d) リケノイデス *Lichenoides* [*Pertusaria*]。(b) は Micheli (1729) pl. 56, fig. 1 の部分。(c) はミケーリの(b)と同じものの原図(大英博物館所蔵)。(d) はフィレンツェにあるミケーリの原稿(vol. 50 p. 105)からとったもの。リケノイデス *Lichenoides* の子嚢と子嚢胞子を描く。

なっていったが、担子胞子の場合はもっと厄介だった。

　ミケーリはヒトヨタケのように黒い胞子を作るキノコのヒダの表面を観察して、胞子が4個ついていることに気づいていたが(図33, 34)、ヒダの表面と縁にあるシスティディアのことに触れながら、担子胞子のでき方については何の考えも示さなかった。シェイファ(1759)が性能の良いレンズでハラタケやイグチ、

図 32　アラゲコベニチャワンタケ *Scutellinia scutellata* の子嚢と子嚢胞子（J. Hedwig（1788）pl. 3の部分）

スリコギタケなどを調べ、「無数の花のような丸い胞子が糸状の軸の上に乗っている（fadennähnlichen Fusse und Stiele）」のに気づいて記載したのが、胞子柄を見た最初の例である。

しかし、O. F. ミューラーが1780年にその『デンマークの植物相（Icones florae Danicae）』（Fasc. xiv, tab. 834）の中で、ササクレヒトヨタケ *Coprinus comatus* について記載する際、4個の胞子の配列だけでなく、その下にある担子柄を含めて子実層の表面を描くまで、詳しいことはわからなかった。なお、彼は側枝 paraphysis についても記載している。

1794年にはペルズーンが子実層という用語を提案し、盤菌類と菌じん類をまとめて、6番目の目になるヒメノテキウム目 Hymenothecium を作り、その特徴を「thecae（子嚢）が一様に並んで膜状になっている花托」を持ったものといい、子嚢の中に胞子を作るための器官、すなわちヒダの表面を覆う子実層を分類上の新しい概念として取り入れた。それから二年たっても、彼はコウヤクタケ属の一種 *Corticium caesium* の4個の胞子の配列を明らかにどうでもいいものと思っていた節がある（Persoon（1796-9）1: 15）。

リンク（1809: 35-37）はもっと断定的だった。彼はペルズーンの分類法を取り

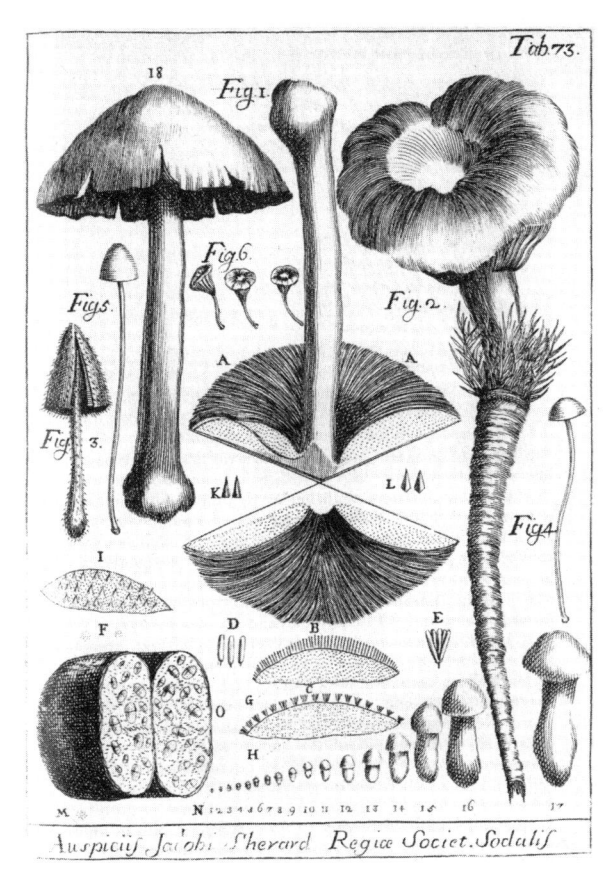

図 33 ミケーリが描いた菌じん類子実体の成長と構造。図1に子実体の成長と構造がすべて描かれている。BとCはヒダの縁にある毛（ミケーリによると花弁のない花）。Hは並んでいる4個の担子胞子。Iはヒダの表面から突き出ているシスティディア。KとLは切り離したシスティディア。Nの1-7は子実体の成長過程。(Micheli 1729: pl. 73)

入れて、菌じん類の胞子は疑いもなくテーカエ thecae の中でできると主張し、ヒトヨタケ属 *Coprinus* が4個の胞子を持っているのは、それぞれのテーカに胞子が4個できるからだといった。実に、その後25年もの間、この説に異を唱える者が出なかったのである。

どの研究者も（ディトマー1813、ネース1816、ペルズーン1818、フリース1921、1830、デマジエール1828、クロムホルツ1833およびクロッチ1833らを含む）菌じん類の子実層を調べて記載しているが、R. K. グレヴィルが1823-8年に出した『スコットラ

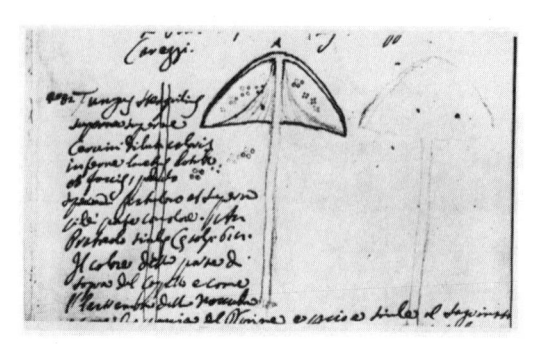

図 34　ヒトヨタケ、*Coprinus* のヒダの表面にある4個の胞子の状態。(P. A. Micheli, MS., vol. 15: 38, Florence)

ンドの隠花植物相 (Scottish cryptogamic flora)』の中でしたように、子嚢に入った胞子のきれいな図を描いていた。また、C. ヴィッタディーニはその著書『トリュフ概論 (Monographia tuberacearum)』の中で一個の胞子と4個の胞子をつけた担子器を描いている。彼は、前者について内部にある胞子を描き、後者についてボヴィスタ属 *Bovista* の菌で内部に形成された胞子が外へ出る様子を詳細に描いている。1838年に出た J. シュトルムの『ドイツの植物誌 (Deutschlands Flora)』(3, Taf. 49)の中で、コルダは4個の胞子の配列を胞子形成の一連の過程で起こることだと説明している。ところが、その後1836年から1838年にかけて急激な変化があり、7人ほどの研究者がそれぞれ別個に担子器の構造を明らかにした。

ベルリンのF. M. アシェルゾンは、1836年に出した研究ノートに書いたように、数種の高等菌類の胞子は子嚢の中で作られるのではなく、通常管状のものから突き出ている、小さな4本の茎の先端にできるという事実を初めて観察した人物だった。彼は図を描かなかったので、子実層の構造を最初に明らかにした栄誉は医師のJ. H. レヴェイエに与えられることになった。彼はその観察結果を1837年5月17日付でパリ学術振興会へ報告したが、その論文はその年の末に出版され、担子器 basidium とシスティディア cystidium という用語を編み出した古典的な論文となった(図35)。彼はペルズーンが自分の結論に同意してくれるまで、いかに何度も実験を繰り返したか、また、顕微鏡を使って研究した多くの菌学者たちが、どうしてこのように普遍的で、たやすく見られるものを見過ごしたのか理解に苦しむと語っている。

同じころ、イギリスではM. J. バークリー師が、それまで使っていたものよりもずっと強力な二重レンズを入手して、菌じん類の胞子形成について同様の結論に達した（図35）。ちなみに、その上等の顕微鏡は1868年にキュー王立植物園の園長になったJ. D. フーカーからの贈り物だった。なお、この結果は1838年に『菌じん類の傘型と棍棒型の子実体形成について（On the fructification of the pileate and clavate tribes of Hymenomycetous Fungi)』というタイトルの論文として発表され、彼は翌年同じ方法で腹菌類でも同様のことが起こるとした。

ところで、バークリーがこれに先立つ二年前、この事実を発見しそうになっていたというのは面白いことである。彼はハラタケ属の一種 Agaricus prunulus について「ヒダは垂れ下がって狭く、多少とも叉状で、きわめて小さな円錐形の乳頭状突起に覆われ、その先端には4個の針状のものがついている。バラ色で楕円形の胞子 sporules が、時々この針の先に乗っている」(Berkeley, 1836: 76) と書いている。

1837年にはコルダがヒトヨタケ属の一種 Coprinus petasiformis の担子胞子と担子器を正確に描いて記載し、クロッチ（1838）も25種の担子菌類について同様の報告を行なった。これに関連のある最後で最も長い論文は、二枚の図版に担子胞子と担子器の142枚の写生図（図35）を載せたギーセンのP. フェーブスによるもので、原稿は1838年3月6日に提出されたが、1842年まで印刷されなかった。しかし、フェーブスは1838年に出した彼の『ドイツの有毒隠花植物（Deutschlands kryptogamische Giftgewächse)』の中で、正確に担子器（彼のいう支柱 Träger）と4個一組の胞子を描いている。

担子器の構造が明らかになった過程は、科学的発見がたどる道程の好例だといえる。科学に限らず、しばしば知識の進歩は、その時代を牛耳っている権威によって、また、その権威に対する服従のために、さらには教師なら誰でもよく知っていることだが、期待されるものを見つけようとする行為によって足を引っ張られる場合が多い。正しいが、その時代の常識に合致しない観察結果は無視されるか、その意味が理解されないままに終わってしまいがちである。そしてついには、数人の研究者が新しいか、さもなければ改良された技術によって、同時に公平で客観的な観察を行ない、それぞれ別個に問題の解決にたどり着くというわけである。しかし、たとえそうであったとしても、古い考えがい

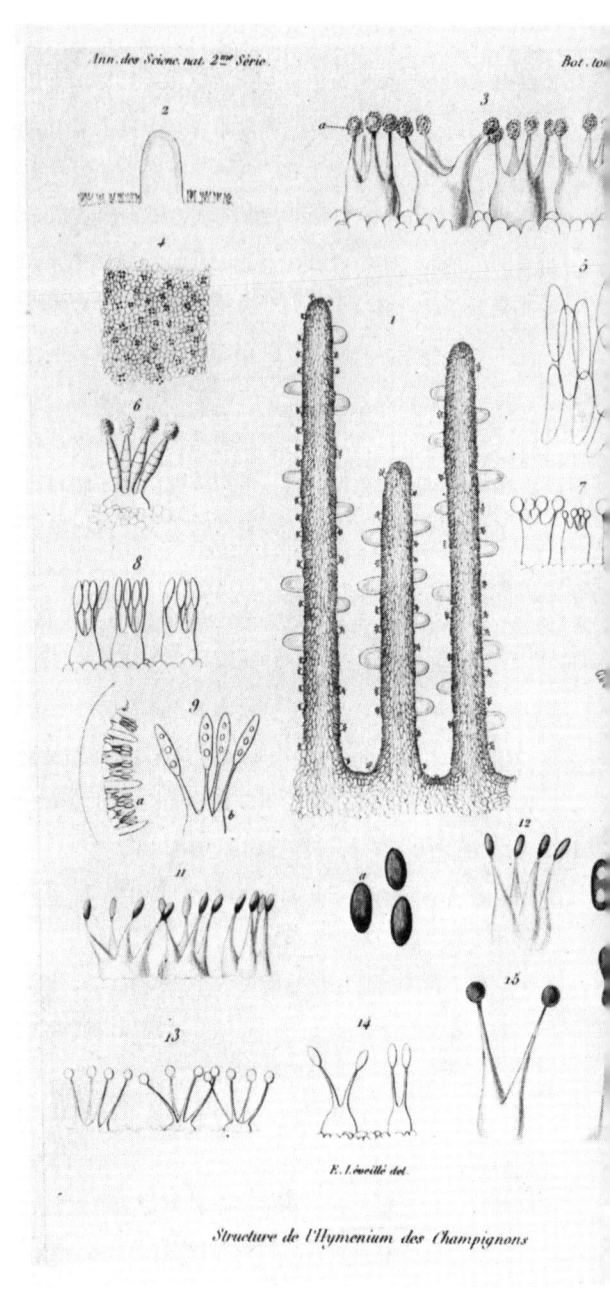

図 35 子実層の図解。レヴェイェ（1837: pl. 8, 図の左）バーク

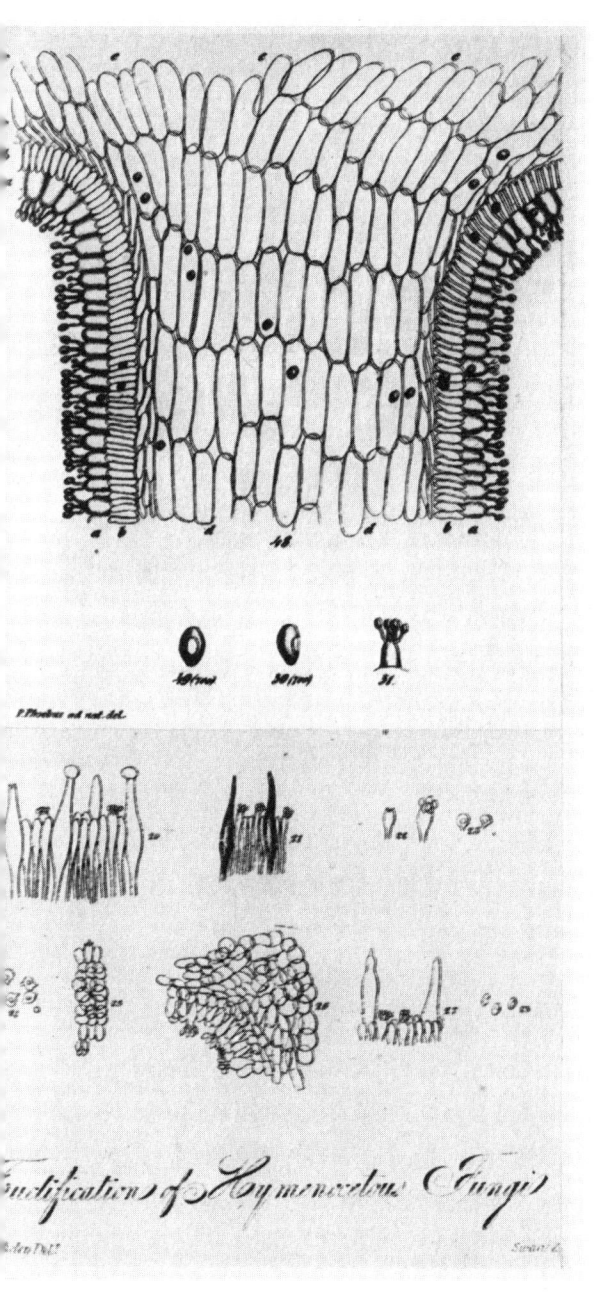

8a: pl. 4 の部分、右下) フェーブス (1842: pl. 56 の部分、右上)

つまでも横行し、なかなか真実が一般に受け入れられるまでに至らないというのが常である。

　1849年になってもフリースは、本物の胞子はすぐ消えてしまう子嚢の中で形成されるものと信じていた。H. シャハト（1852）は子嚢胞子と担子胞子の差はほとんど問題にならないと考え、1856年になっても、H. ホフマンはまだそのように思っていた。また、自分の教科書の第二版で、ド・バリ（1887: 341）は1859年にナラタケ Armillaria mellea のヒダで観察した寄生菌のエンドミケス・デキピエンス Endomyces decipiens の子嚢の状態について確信がなかった。その結果、彼は「担子菌類は現存する完全な子嚢菌類の分生子型である」と推測することになってしまった。

　高等菌類の基本的な構造が解明されるにつれて、微小菌類で見たように、知識が拡大する時期もあったが、その間基本的に重要なものはほとんど見られず、高等菌類の構造に関する知識が次第に増えていった。このことは特に菌じん類で顕著だった。1000種以上の菌が取り上げられ、子実体の外部形態や、フリースなど19世紀初頭の分類学者たちによって取り上げられた、子実層の外形の基本型などがよく記載されるようになった。

　同時代人の間で際立っていたのは、フランスの薬剤師だったナルシス-テオフィル・パトゥイヤールで、彼は1887年に図版入りの『ヨーロッパの菌じん類（Les Hyménomycetés d' Europe）』を刊行し、まだ基本的にはフリース派だったが、4枚の図版をキノコの外部形態ではなく、子実体の顕微鏡的微細構造に充てた。次の大きな突破口は、ファヨ（1889）の研究のような初期のものに端を発している。

　この分野を開拓するきっかけになったのは、ケンブリッジ大学の菌学教授、E. J. H. コーナーが1932年に提案した菌糸分析法（菌糸を微細形態で見分ける方法）だった。彼は多孔菌の子実体が三種類の主要なタイプの菌糸、すなわち形成菌糸（generative hypha）、骨格菌糸（skeletal hypha）および膠着菌糸（binding hypha）からできおり（Corner, 1932a）（図36a）、子実体によっては形成菌糸だけからできている一菌糸型、骨格菌糸も加わった二菌糸型、三種類の菌糸からできている三菌糸型があることを明らかにした（Corner, 1932b）（図36b）。コーナーの考えとその用語は広く受け入れられ、たとえば彼自身がシロソウメンタケ科

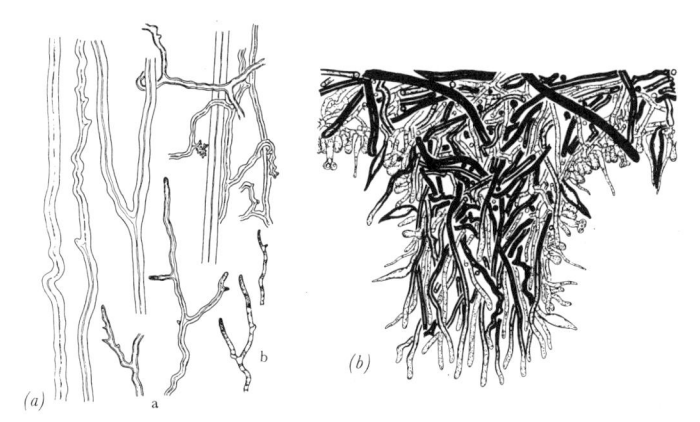

図 36　菌糸の形態分析。(a)ポリスティクトゥス・クサントプス *Polystictus xanthopus*「成熟した子実体からとった膠着菌糸をつけた4本の骨格菌糸。a. 子実体原基からとった膠着菌糸の断片。b. 管孔の部分からとった細い形成菌糸の断片。(E. H. J. Corner (1932a)：text-fig. 2.) (b) フォーメス　レヴィガトゥス *Fomes levigatus*, 形成菌糸と骨格菌糸が見える成長している子実体の管孔周辺の切片。(E. H. J. Corner (1932a)：text-fig. 9.)

Clavariaceae (Corner, 1950) で行ったように、この概念は他の菌のグループにも広げられた。

　菌糸分析法は1946年に、G. H. カニンガムがニュージーランドとオーストラリアのヒダナシタケ目の研究に基本的な方法として採用して以来、分類学上の一つの基準法となっている。この方法は子実体の顕微鏡的微細構造に着目して、多様な起源を持っているが、見かけ上きわめて類似した子実体が出現するという収斂進化の重要性を考えるのに役立っている。その結果、不完全菌の場合同様、菌じん類の分類体系も流動的な状態にある。

　1932年のノーベル賞受賞者でオランダの物理学者、F. ゼルニケが開発した、[19]
生きているものを染色せず、そのまま観察できる位相差顕微鏡によって、研究はさらに進展したが、菌類の形や造りをより深く研究するのに貢献したのは、1950年頃から菌学研究の常套手段となった透過型電子顕微鏡（たとえば、Gregory & Nixon (1950) 参照）とその数年後に出た走査型電子顕微鏡である。[20]この研究領域も最近ではごくありふれた分野になっている。

　透過型電子顕微鏡による研究結果から、一般に菌類の細胞もほかの真核生物

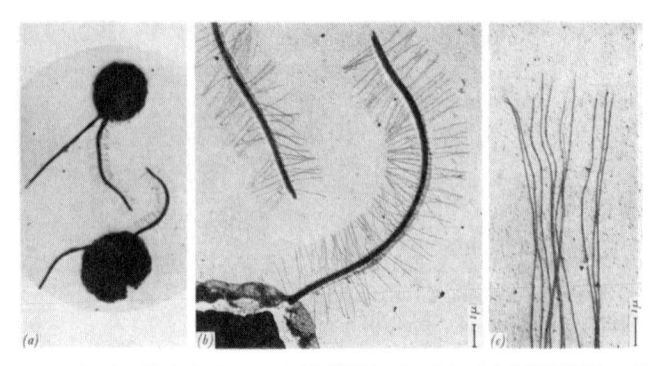

図 37 鞭毛の構造を写した電子顕微鏡写真。(a)-(b)光学顕微鏡で見て可視光で写したミズカビ Saprolegnia ferax の鞭毛（×1200）(a)。電子顕微鏡で撮った写真(b)。前方にある鞭型鞭毛と後方にある羽型鞭毛に注意。(c)はフクロカビ属の一種 Olpidium brassicae の鞭型鞭毛をばらしたもので、11本の筋が見える。(I. Manton et al.（1951）: pl. 1, figs. 1, 2; pl. 3, fig. 27)

に類似した微細構造を持つことが明らかになった。一つの面白い発見は、子嚢菌の場合と違って、担子菌の菌糸の隔壁が隣り合った細胞の間の核の移動は妨げるが、細胞質はつながっているという複雑な構造、すなわちドリポア dolipore（たる型孔）になっていることだった(Moor & McAlear, 1962)。もうひとつは、リード大学のイレーネ・マントンとその共同研究者たち（Manton et al., 1952）の成果で、彼らは2本の鞭毛を持つミズカビ属 Saprolegnia の前方のものが羽型（flimmer(tinsel または Flimmergeissel)type)で、後方のものが鞭型(whiplash(Peitschgeissel) type)（図37a, b）である事実を明らかにした。さらに、菌類の鞭毛が動植物のものと同様、羽型でも鞭型でも中心にある2本の繊維を9本の繊維が囲む11本の縦配列の繊維からできていることを示した（図37c）。走査型電子顕微鏡で得られた結果は、D. N. ペグラーと T. W. ヤング（1971）が著わしたハラタケ目の胞子の形態に関する研究報告に見られるように、分類学研究に大きく貢献するものと思われる。

## 形態形成

　長い間、菌類の形や構造に関する研究は基本的に記述的なもので、それは今も続いているが、最近は形態形成の研究に刺激されて、よりダイナミックに展開し始めている。形態形成に関する知識は現在四つの研究分野から得られている。形態学者や分類学者たちは静的な記述に代えて、子嚢果や担子菌の子実体、胞子などの器官が形成される動的過程を記載するようになった。また、生理学者は菌類の形態が表れるための外的要因を実験的に研究し、遺伝学者は遺伝的要因を解明しようとし、化学者は形態形成のもとになる生化学的メカニズムを解明しようと試みている。これらの研究に多くの研究者が携わり、個人やグループとして取り組んでいるので、細部の知識は確かによく集積されたが、まだ一般化できる段階には至っていない。ここではいくつかの主要なテーマに限って述べることにしよう。詳細については、この分野の専門家がたえず新しい研究成果を取り入れて書いているので、入手しやすい総説を参照されたい。[21]

　当然のことながら、形態形成の研究が発展してきた背景には深い根がある。たとえば、1729年にミケーリはいくつかのキノコについて、その成長過程を写生し（図33）、フェアリーリング（菌輪）は人目を引くためか、長い間おとぎ話の種だった。[22] 1791年にエラスムス・ダーウィンは雷が落ちたところにフェアリーリングができると信じていたが、[23]その翌年、フェアリーリングがシバフタケ *Marasmius oreades*（フェアリーリングを作るキノコ）という菌の成長に関係があると、初めて指摘したのは、イギリスの医者で植物学者だったウイリアム・ウィザリングだったらしい。[24]

　1870と80年代を通じて、ロザムステッド農業試験場のJ. H. ギルバートとJ. B. ローズがフェアリーリングの発生とその化学的変化を研究し、その後1911年にジェシー・M. ベイリスがフェアリーリングの成長率を測定して以来、数多くの研究報告が出るようになった。その中で最も有名なのは、アメリカのコロラド州でシャンツとピーマイゼル（1917）が行った調査で、彼らは何世紀にもわ

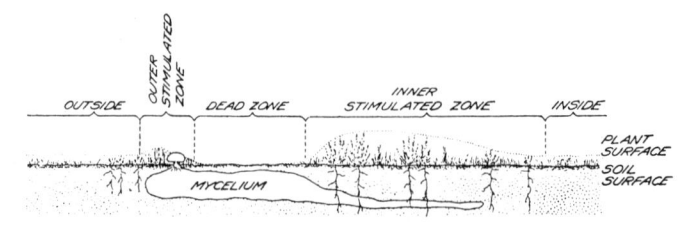

図 38　ハラタケ属の一種 *Agaricus tabularis* のフェアリーリング（菌輪）の構造。(H. L. Piemeisel (1917): fig. 4)

たって広がっている菌輪について記載し、よく知られているように、広がり続ける菌の巨大なコロニーが草や周辺の植生に及ぼす影響について詳細な報告を行なった（図38）。最近になって、バーネットとエヴァンズ（1966）が100年から150年生と思われるシバフタケの菌輪について、その遺伝的組成を調べ、どの菌輪でも二つ以上の交配型が見いだせなかったので、菌糸体はいずれも遺伝的に均質だと推定できるだけの証拠が得られたと考えた。

　菌類の形態形成研究における最近の展開は、チュービンゲン大学の植物学教授だったゲオルク・クレプスの研究とその考えから出発している。それは1896に出版された彼の古典的な論文『二、三の藻類と菌類の繁殖条件について（Die Bedingungen der Fortpflanzung bei einigen Algen und Pilzen）』に始まり、その後の出版物（例えばKlebs, 1898-1900）の中でさらに進展した。クレプスは、生細胞は三つの要因に支配されるとし、それらは特異的な構造（同一条件下で特異な生物が示す安定した表現型を保証する遺伝的基盤と彼が考えたもの）、内部条件（生物体全体の細胞間にある複雑な相互関係）および外的条件（環境条件）であるとした。彼の菌類に関する実験の多くはミズカビ属 *Saprolegnia* を使って行ったものだった。

　先にも触れたように、菌の形態形成に関する知見は、きわめて幅広い特異的な問題を解くための多様な研究手法を駆使して、初めて手に入れることができる。多くの菌類が単一の胞子から成長することから、胞子は形態形成を研究するための格好の出発点であり、胞子発芽を決める条件はド・バリがその二冊の教科書の中で解説して以来、内容を深めながら総説のお気に入りのテーマとなっている。[25]

　当初は環境要因に関心が集まったが、それは胞子発芽を決める外的要因に関するものだった。この傾向は次第に内部要因の研究へと移り、A. S. サスマン

と H. O. ハーバーソン (1966) の著書に表れているように、胞子の休眠や寿命、生存率などを決める要因に関する研究が最近の研究動向を特徴づけている。

他の問題について、生存率を研究する中で胞子発芽の際に多くの胞子が発芽阻害物質を出すことがわかり、50年ほど前の観察結果が説明できるようになった。また、いろんな種の胞子が、低濃度の時よりも高濃度で発芽しにくくなる事実もたびたび確認された。このような阻害物質は揮発性か、不揮発性のいずれかしい。多くのことが化学的に明らかにされたが、生態や進化との関係については、まだ評価できるほどの成果がない。

基本的な事柄で、まだ解かれていない課題は、菌糸の先端成長のメカニズムだが、これは細胞壁の化学性と微細構造に関わる問題だった。これについては、1927年から1942年にかけて E. S. カースルが行った藻菌類の胞子柄の成長に関する研究が脚光を浴び、その後 M. デルブルックがその成長過程に及ぼす光の影響を詳しく検討した。

もうひとつの関連課題は、二形性 (30頁参照)、すなわち特定の環境条件下で多くの菌に見られる菌糸 (M) から酵母 (Y) への形質転換である。この形質転換のメカニズムは、1950年代にアメリカの微生物学者、W. J. ニッカーソンとその共同研究者によるカンジダ・アルビカンス *Candida albicans* の研究から得られた説得力のある証拠によって明らかになった (Nickerson (1963) による総説を参照)。それによると、二形性は細胞壁の蛋白質を構成する、ある種のサルフヒドリル (－SH) グループの酸化・還元状態に関係しており、それはプロテイン・リダクターゼの存在下で進む還元のための水素供給いかんによっていることがわかった。

なお、1940年にキンタニラとバッレが観察したヒトヨタケ属の一種 *Coprinus fimetarius* の矮性型や、1952年にメアリ・ミッチェルと H. K. ミッチェルが研究したアカパンカビ *Neurospora* のゆっくり成長する「のろまな」突然変異体、およびサッカロミケス・ケレヴィシアエ *Saccharomyces cerevisiae* の比較的「ちっぽけな」突然変異体 (Ephrussi, 1953) などでわかったことだが、これらはいずれも核外遺伝 (細胞質遺伝または染色体によらない遺伝) によってコントロールされる形質発現の例である。

細胞性粘菌、アクラシス類 (Acrasiales) の形態形成に関する研究は、この粘菌

の構造が単純で実験材料としても便利なため、大方の関心を集めている。アクラシン acrasin という走化性物質の効果によって変形菌が集合して変形体を作り、その後累積子実体 (sorocarps) になるという知見は、プリンストン大学のJ. T. ボナーが編纂した二冊の書によくまとめられているが、この研究成果はケニス・レイパーに負うところが多いという (Bonner, 1959)。

水生菌もこの分野では格好の実験材料である。イーストランシングにあるミシガン州立大学のE. C. カンティーノの精力的な研究によってブラストクラディエラ Blastocladiella の成長過程がよくわかるようになった（彼はボナーやレイパー兄弟、ラルフ・エマーソンらと同じように、アメリカの優れた菌学教師、ハーヴァード大学のH. ウエストンJrの弟子の一人だった）。また、彼は自分の仕事をまとめてしばしば総説として報告している。5章で触れるように、類縁菌に関する同様の優れた業績が、コウマクノウキン Allomyces（ツボカビ目）の性別がホルモンの働きによって決まるという報告などに見られる。

当然のことながら、より複雑な子嚢菌類や担子菌類については、さほど進歩がなかった。ただし、ハラタケ目など、高等菌類の子実体の成長過程に関する詳細な解剖学的研究の成果を要約したA. F. M. レインダース (1963) の著書を含め、いくつかの有名な研究がある。より実証的な研究例としては、ケンブリッジ大学のS. D. ギャレットやバーミンガム大学のギリアン・M. バトラーなどが行った担子菌類の菌糸束や根状菌糸束に関する研究、ロンドンのバークベックカレッジのB. E. プランキットがエノキタケ Collybia veltipes とオツネンタケモドキ Polyporellus brumalis の子実体について行った研究などが知られている。なお、近年子嚢菌や担子菌だけでなく、ほかの菌類についても胞子形成をコントロールする遺伝的要因や環境条件の影響に注目する研究が増えている。終わりに、話は菌類の成長の始まりでも、終わりでもある胞子に戻るが、そのグループの分類に大きな影響を与えた不完全菌類の胞子形成に関する研究にも目を通しておく必要があるだろう。

# 4
# 培養と栄養摂取

　キノコの栽培がいつ、どこで始まったのかは定かでない。古くから日本でシイタケ（食用のシイタケ Lentinus edodes）が栽培されていたところからすると、おそらく2000年ほど前に極東地域で始まったのかもしれない（〔訳注〕中国では宋代 (A. D. 960-1127) に始まる）。ヨーロッパでは、ようやく17世紀中頃になって、古典期の著述家が書いた大型キノコの栽培に関する「どうすればキノコが生えるか」といった類の案内書が出始めた。それもジャンバチスタ・デラ・ポルタの1658年版の英訳本『科学の豊かさと喜びを伝える自然の魔法（Natural magic where in are set forth all the riches and delights of the natural sciences)』[1]（ラテン語の初版はイタリアで1589年に出版された）を焼き直したもののようだった。そこには次のように書かれている。

　「ディオスコリデスらも書いているように、白いポプラの木や黒い木の樹皮を刻んで小さなかけらにして肥しをやった畑か、溝に播いておくと、いろんな食べられるキノコが一年中出てくる。また、彼は場所について言及し、特に古い錆びた鉄や朽ちた布切れが埋まっている場所によく生えるが、ヘビの巣穴近くか、悪臭がする植物のそばに出ているものは、ことに有害であるという。タレンティウムはこのことをさらに詳しく述べている。彼がいうには、黒いポプラの幹を切り刻んで土に埋め、その上に水に浸したパン種をかけておくと、ポプラにつくキノコがすぐ出てくるそうである。さらに加えて、雨雲が出て雨が降りそうになったとき、高地や丘陵地でムギの刈り株やわらが多いところに火をつけると、雨のあとに自然にキノコが生えてくる。ただし、もし、火をつけた後で雨模様だった雲が雨を降らせなかったときは、薄い木綿の布切れを水に浸して、火をつけておいた跡に雨を降らすように少しずつ水を撒いておく。するとキノコが出てくるが、夕立のような激しい雨があった時に比べると、出方

はさほど良くない」

フランスでマッシュルーム栽培が発達したのも、ちょうどこのころのことで、日記作家で文章家、後に王立協会会員になったジョン・エヴリンが1658年にフィロケーポス（庭を愛する人）という筆名でド・ボンヌフォンの『フランスの園芸家（Le jardinière françois）』(1650)を英訳し、「ベッド（菌床）マッシュルーム」の作り方を書いている。

「まず、指4本ほどの厚さにわらと肥やしを積んで、ラバかロバの糞のベッドを作らなければならない。ベッドが十分熱くなったら、台所で調理したマッシュルームの削りかすや屑、古いものや虫が食ったものなども加えて洗った水と一緒に播く。このようにしてベッドを作っておくと、短期間に上等のキノコが群がって出てくるだろう。同じベッドから二、三年続けて収穫できるが、これをまた使って新しいベッドを作ることもできる」

1707年にはド・トゥルヌフォールがフランス学術協会へ論文を送り、パリのキノコ栽培法に関するより詳細で技術的な解説、いうところの「キノコは他の植物同様、タネから生じるという考えによく合致した」方法を伝えた。彼はその中で1678年に馬糞でマッシュルームを栽培する方法を学術協会に知らせたのは、マルシャンだったと述べている。基本的には現在行なわれているものと同様だが、ド・トゥルヌフォールは野外でよく切り返して作った安定した堆肥を畝にして土で覆い、カビのついた馬糞の堆肥をばらまくという方法を紹介した。彼は完熟した堆肥は目には見えないが、常にマッシュルームのタネを持っていると信じていたらしく、それは「キノコの微妙な匂い」を出す、きわめて繊細な白い枝分かれした毛または繊維となって成長するといい、本の付図（図83参照）にマッシュルームが成長する様子を描いている。

それから24年たって、フィリップ・ミラーが1731年に出版した『園芸家必携（Gardener's Dictionary）』初版のマッシュルームの項に、ロンドン近郊で栽培して売っている園芸家の実用的な方法を記述している。彼が書いているベッドの作り方について、注釈を加える必要はないが、種菌が取れるベッドが手近にない場合は、

「8月から9月にかけて、キノコが見つかるまで草の育ちがよい牧場を探し回らなければならない。キノコが出ていたら、その根元の土を掘ってみる。すると若いマッシュルーム、いわばキノコの子供にあたる小さな白い塊がたくさん入った土が見つかる。これを注意深く集め、その周りの土と一緒に塊のまま保存しておくとよい」

という。この「マッシュルーム入りの土の塊」を、「およそ6インチ間隔」で準備したベッドに埋め込み、馬糞で覆っておくと書いている。

マッシュルーム栽培は、新しい種菌（古いベッドからとったものでなく、野外から集めたもの）であっても、種菌を安定させるのがきわめて難しかったため、長い間不安定な事業だった。純粋培養技術が発達するにつれて純粋培養した種菌が使えるようになり、19世紀の終わりごろにはキノコ栽培も運任せの仕事といわれなくなった。一方、この不安定さも大規模な商業的キノコ栽培事業の邪魔にはならなかった。

## ミケーリの観察

菌類の培養について、一風変わった実験を試みたのはアントニオ・ミケーリだった。彼は1718年に年間を通じて、いろんなキノコとカビの胞子をさまざまな培地に播き、環境条件を変えて培養する、一連の基本的な実験を行なった。その実験結果は11年後に『新しい植物類（Nova plantarum genera）』（pp. 136-139）の中に一連の観察として要約されている。ここでは関連のある図をつけて、ブラー（1915b）による英訳文を引用する。

観察 Ⅰ

「1718年6月10日、私は町の近くの田舎で、ボーボリ庭園と呼ばれている大公家の遊園地の森では見かけたことのない種類のキノコをたくさん採集した。これはいろんな種類のキノコからタネをとるためにしたことである。それからモチノキ属、コナラ属、ゲッケイジュ属、トネリコ属などの、傷んだり、腐っ

たりしていない落ちたばかりの葉を拾ってきて、自分の部屋のテーブルの上に少し間隔をおいて広げた。それから、種類の違う葉の上に、ある種の葉には一種類の菌を、ほかの葉には数種類のキノコを立てたり寝かせたりして置いた。これは、単に葉の上にキノコのタネを落とさせようと思ったからである。三、四時間たってから、どの葉にもタネをつけるためだけでなく、それが一か所に固まらないようにするため、葉をひっくり返した。このようにして、できるだけ多くのタネが集められたのを見届けてから、キノコを捨てて葉をそれぞれ二つに分け、半分をボーボリ庭園の茂みの中に運んで地面に置き、残りを町の郊外にあるオリベット山の森に運んだ。私はこれらすべての葉をキノコが出そうな場所、すなわち菌のタネで覆われたところと違って、日蔭の半分腐りかかった落ち葉の中に置き、すでにタネがついた葉や周囲の葉と互いに混じりあわないように注意した。8月20日から9月4日にかけて数日雨の日があったので、積んで置いた葉に何か変わったことがないかと思って、9月20日にオリベット山へ出かけ、翌日にボーボリ庭園に行ってみた。ボーボリ庭園では、印をつけておいた葉、特にモチノキとゲッケイジュの葉の上でタネがキビの粒ほどの大きさに育ち、その縁は薄く真白になり、毛細管か毛根のようになっていたので、私は菌がすでに成長し始めたものと思った。事実そのとおりで、二、三日後にはある葉の上で綿毛状のものからカサが出かかっているのが見え、ほかのものでも明らかにキノコの形そのものが見られた［Micheli (1729), tab. 77, G–K］。10月8日、出てきたキノコの成長を見るためだけでなく、できれば、なぜほかの葉には出てこないのか、そのわけを知りたいと思って同じ場所へ行ってみた。その原因は容易につかめなかったが、すでに出たものの成長を、全く手を触れずに肉眼で観察するため、たびたび出かけた。10月の末ごろ、数日間雨の日と晴れの日が交互に続いたので、ついにキノコが大きくなり、いくつか葉の上に出てきた。これは葉の塊に播きつけたタネから生まれたものだった。このような観察を夏の初めと秋に数回繰り返したが、タネからの成長は常に天候に左右され、いつもうまい具合に晴れと雨の日が来るとは限らないので、キノコが出てこないか、発生が早まったり、遅れたり、発生量が多かったり、少なかったりする場合を何度も経験したものである。タネを播くことについて、私はまだあらゆることを試してみたわけではないので、断定的なことはいえないが、自分でタネを播いて、そこからキノコが出てきたのは確かだから、それで十分である。ただし、もし、誰かが利益を上げるためにキノコの確かな栽培法を知り

たいと思うなら、園芸家がやっているフランスで床（Couches）と呼ばれている馬糞を方形に積む方法を試すように勧めたい。彼らはこの堆肥の山からハラタケを取っているが、このキノコは彼らが考えているように熱い堆肥からではなく、タネから出てくるのである。このタネは自然に馬糞か、土か、方形の堆肥に混ぜるものなどに混じっているらしい。堆肥を作る方法はクィンティネウスがその著書（lib. VI, pp. 292, 327, 333）に書いているが、ド・トゥルヌフォールの記述（Comm. Ac. R. Sc., An. 1707, pag. 72）のほうがより正確である」

観察 II

「同じ年（1718）の11月5日に、メロン（*Pepo oblongus*）の果肉を長さ4インチ、幅と厚さ2インチほどの大きさに切り取った。次に、ごく柔らかいブラッシでケカビ *Mucor* の黒い頭の部分からタネを集めた（図39F）。それからメロンの表面の一方側だけにそれを塗りつけ、風や太陽光線にさらされない場所に置いた。同月10日に見ると、菌をつけた場所はどこも白くなり、そこから白い木綿糸のようなきわめて細い毛が生えていた。12日には高さ1インチほどになって灰色がかり、毛状の糸に白い頭ができ始めた。14日になると、ほかの糸も同じような頭をつけていた。15日には、ついにすべての頭が黒くなり、その後タネが熟した」（図39fig. 1）

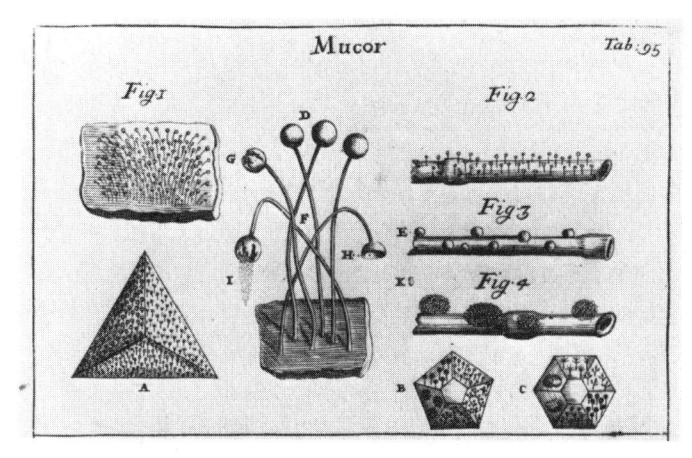

図 39 ケカビ *Mucor*（Fig. D, F, G, H, I）と果物の切れ端に培養したケカビ *Mucor* とボトリティス *Botrytis* およびアスペルギルス *Aspergillus*（P. A. Micheli（1729）: part of pl. 95）

観察 Ⅲ

「先の実験でケカビの頭にできたタネを、16日に同じメロンのほかの面に塗りつけ、その反対側に青灰色の頭と丸いタネをつくるアスペルギルス (図40) のタネを塗りつけた。先に述べたように、どちらの側でも同じ間をおいて発芽し、成長して全く同じタネを作った。いつも次々とできてくる植物の新しいタネを使って、同様の実験を数回繰り返してみたが、それから別の植物が出てきたのを見たことがない」

観察 Ⅳ

「12月6日、先のものと形と大きさが同じメロンの切れ端を作った。それに互いに離して5本の溝を切り、そこにタネが熟して頭が黒くなったケカビのついたイチジクの小片を植えつけた。8日にはケカビがたくさん頭を垂れ、タネを落とした穴の周りで低くなっていた。そして12日にはメロンの切れ端の全表面がケカビに覆われ、同月18日にはタネが完熟した。19日には先に書いたメロンの表面のある部分に白い毛が現れ、別の部分には灰色の毛が生えてきたが、これは偶然メロンのどこか別の場所にあったタネから生えたものらしい。20日にはこれが成長して、枝分かれした灰色の丸いタネを作るボトリティスに変わり、もうひとつは青灰色の頭と丸いタネをつけるアスペルギルスになった。私が植えつけたタネから出てきた黒い頭のものはすぐ消滅した」

観察 Ⅴ

「11月4日、私は二切れのメロンの側面に、枝分かれした灰色の丸い頭を作るボトリティス (図40) のタネを植えつけた。それから一切れを促成栽培用ハウスに置き、もうひとつは窓を開け放った小部屋に置いた。7日には二つの試験片で同じように、タネで覆われた側面に普通鮫皮と呼んでいるものに似た粒々、もしくは切っておいて何日かたったナシに出てくるような、ただし、それよりもまばらに散らばった粒々が現れた。8日には、これらの粒々がきわめて小さな目に見えないほどの毛に成長したが、それは特に促成栽培用ハウスに置いたメロンの切れ端に現れた。9日の夕方には、切れ端の両側でこの毛が増え、まるで霜が降りたか、壁に出てくる硝石のようになった。一方、ボトリティスのタネをつけなかったメロンの切れ端の上側はまだそのままだった。13日には、菌をつけた両側面の毛に頭がつき、私がタネをとったのと寸分違わない青みがかった灰白色の頭になったが、別種のボトリティスやケカビの植物体は一つも

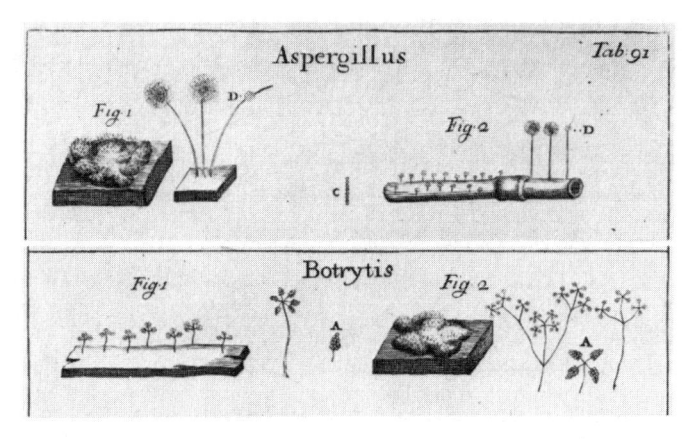

図 40　アスペルギルス *Aspergillus* とボトリティス *Botrytis*（P. A. Micheli（1729）: parts of pl. 91）

出てこなかった。とはいえ、促成栽培用ハウスに置かなかったメロンの切れ端の上面には、ある種の白い毛の塊が生じ、18日には正真正銘の植物体になり、20日には成熟し、黒くて光る頭ができたことからケカビだと知れたが、誰もこの菌を植えつけていないので、偶然そこにタネが落ちてきたのだろう」

観察　Ⅵ

「11月1日、球状で青みがかった灰白色の頭を持つアスペルギルス（図40）のタネを同じメロンの二つの切れ端に植えつけた。4日に観察したが、変化なし。8日の夕方には、メロンの表面が先に鮫皮かナシのようだといったものに似た粒々状態になり、覆っている毛があまりにも多いために霜が降りたように見えた。13日にはその毛が成長して、最後の仕上げにかかり、頭を突き出してアスペルギルスそのものになったが、18日には消えてしまった。一方、菌を植えつけたメロンの切れ端でアスペルギルスのタネがつかなかった、ごく小さな部分には、明らかにほかの植物が生じ、24日に成熟した。これは間違いなく、枝分かれした灰色のボトリティスで丸いタネをつけていた。また、27日には、18日にアスペルギルスが完全に成熟していた場所に、イネ科植物の穂のように枝分かれして丸いタネをつけるきわめて細くて白いアスペルギルスが現れた。これらの植物はいずれも、偶然メロンの切れ端の上に落ちてきたタネから生じたものだった」

## 観察 Ⅶ

「12月13日、私はメロンの切れ端を三角形のピラミッド型にした。それからマルメロとスピナと呼ばれているほとんど熟したナシを選んでピラミッド型にし、てっぺんを切り取って、マルメロは基部が五角形に、ナシは六角形になるように整えた。そして、それぞれの面にケカビ、アスペルギルス、ボトリティスのタネをそれぞれ少し離して植えつけた。要するに、描いた図（図39）の中にケカビを A. B. C. として示したように、メロンの切れ端には3種類のタネを植えつけ、マルメロには5面に5種類を、ナシには6面に6種類をそれぞれ植えつけた。観察したところ、植えつけたすべての種類が、この月の4日から5日、もしくは6日にかけて発芽し始めた。それらは各々そのタネから植物体へと成長し、あるものは10日に、あるものは12日に、あるものは13日に、最後は15日に成熟状態に達し、それぞれのタネを作った。私はこのタネを別々にとっておき、何度も同じ方法で植えつけてタネを作らせ、いつもそれぞれの植物について、一回だけでなく何度も観察し、成長や成熟の遅速はあったとしても、いつでも同じ決まった成長状態を観察することができた。こういった時間のずれは、おそらく実験した時期や場所、培地にしたものの構造、さらには播いたタネが熟し過ぎていたか、未熟だったかなど、いろんな原因によると思われる」

ミケーリがいかに独創的で明敏であったかということは、この観察結果からも明らかである。微小菌類を使った彼の実験は見事に成功していた。新鮮な果物の切り口に起こりやすい微生物汚染は接種源を多くすることで抑えられており、最初の培養でも次の培養でも同じものが生じており、汚染が基質のうえに偶然落ちてきたものによって起こることをはっきりと認めている（観察Ⅳ、Ⅴ、Ⅵ）。観察Ⅰにあるキノコを使った彼の実験は当然成功とはいえないが、彼は「私は運悪くキノコが生えてこなかった事例をたくさん見たが……」といい、穏やかに「自分でタネを播いて、そこからキノコが出てきたのは確かだから、それで十分である」と締めくくっている。

## 腐生菌、共生菌、寄生菌

　ミケーリの培養実験を追試した後の研究者の中には、たまたま成功したものもいたが、その結果生じた見解の相違についてはすでに2章で触れた。ところで、純粋培養技術が発達して組成のわかる合成培地が使われ、培養菌糸の栄養要求性がきわめて優れた方法によって研究されるようになるまで125年もの長い間、このミケーリの方法が根本的に改良されることはなかったのである。その間ずっと、観察や記載だけが続いたが、ある種の菌は死んだ生物体を腐らせ、あるものは生きたものにつく、つまり現代用語でいえば、あるものは腐生菌で、あるものは寄生菌であることが、ゆっくりと解き明かされていった。

　オックスフォード英語辞典によれば、初め寄生者という用語は、18世紀にキヅタなどの着生植物を指すものとして生物学に取り入れられたそうだが、19世紀になるまで現在のように栄養的に依存するという意味で使われることはなかった。遅くとも、1857年までにバークリーがその著書『隠花植物学（Cryptogamic botany）』の中で菌類を「着生する菌糸体（hysterphytal or epiphytal mycetals）（ごくまれに表面につく（epizoic）か、無機物につくもの）」と述べている。一方、ド・バリ（1866）はその教科書の初版で腐生菌と寄生菌を区別し、2版（1887: 356）で「純腐生菌」「条件寄生菌」（この用語はファン・ティーゲンによる）「純寄生菌」（絶対寄生菌と条件腐生菌を含む）を区分して定義した。腐生菌 saprophyte という用語はド・バリによるが、1932年に G. W. マーチンは腐生菌 saprobe という用語(4)は非病原性の菌類や細菌類、原生動物および植物との関係がほとんどない他の生物に用いるのが適当であるといっている。

　通常寄生という言葉には、少なくとも宿主に害を与えること、つまり病原性という意味が込められている。固着地衣類の研究から、A. B. フランク（1877）は地衣類の葉状体を作っている菌類と藻類が互いに何らかの利益を得るバランスの取れた関係を保っていると考え、これを共生、シンビオーシス symbiosis（Symbiotismus）と称した。後にフランク（1885）は共生関係の特殊なグループを(3)

表すのに、菌根、ミコリーザ mycorrhiza という用語を編み出した。

菌類の寄生性については6章に譲り、ここでは菌類の腐生性や他の生物との共生関係が菌学の発達に与えた影響について述べることとする。

## 木材腐朽

　人間の食べ物や持ち物が腐るのは、いつもカビのせいである。最近まで、この損害は逃れられないこととされ、菌類に対する知識欲をかき立てるまでには至らなかった。この一般的傾向の中で例外とされるのは、古代の記録に残されている建築材の腐朽である。旧約聖書（レビ記14: 33-48）に載っている「家の癩病」（詳しく書かれた防腐法は妥当）は、おそらく、乾腐 dry rot と思われ、古代ギリシャやローマの著述家たちも木材の腐朽に菌が関わっていることに気づいていた。

　17世紀以来、ヨーロッパの海運国では木造軍艦の腐朽が重要課題になり、19世紀初頭になると、イギリスでは定期航路の船の腐朽が「国家的危機」といわれるほど深刻になり、その頂点に達した。木材腐朽と菌との関係が明らかになると、有名な菌学者たちが相談を受けるようになった。また、数多くの文献が一般誌や科学雑誌に載り、緩慢ながら、菌類への関心が高まった。

　イギリス海軍にとって、船材の腐朽は古くて新しい問題だった[5]。たびたび出来ばえが不満足だったこともあって、請負業者が作る船よりも質の高い船を建造するために、ヘンリー八世はウリッヂ、デットフォード、ポーツマスの三港に王立の造船所を設立したが、それでも問題は解決しなかった。サミュエル・ピープス（1684年に召し出されて海軍軍事法廷の長官になった人物）が報告しているように、近年進水した30隻の船の大半が驚くほど腐朽した状態に陥り、ピープス自身が自分の手で「こぶしと同じぐらいの大きさのサルノコシカケ類を集めた」という。しかし、その精力的な行動にも関わらず、問題はますます深刻になっていった。船の寿命は、17世紀中ごろには通常30年とされていたが、100年後には14年になり、ナポレオン戦争のころには8年に落ち、ついには時に0年

になったという。

　これらの損失のもとは二重の原因、すなわち乾燥していない材を使ったことと船内の換気の悪さだった。商船や沿岸を航行する船は海軍の船よりも被害がよほど少なかった。というのは、商船がたびたび荷の積み下ろしをするのに比べて、軍艦は危急存亡の時に大急ぎで大量に造船され（そのため、よく乾いた材木が不足するという不都合が重なった）、平和時は木材腐朽菌が成長するのにきわめて好都合な状態で保管されていた。

　もうひとつは冬の間も定期航路を維持しておく必要があった点である。国王の海軍監査委員会の委員長だったジョン・ノウルズが1821年に指摘したように、すべての軍艦が通常定められている耐久年数をはるかに超えて港に繋留されており、84門の砲を備えたロイヤル・ウイリアム号は建造後94年もたっているが、そのうち90年間は港にとどまっていたという。

　適当に乾燥させた良い木材を使うことと、十分換気することの重要さは早くから認められていた。辺材に対して心材の比率が高い大きな材がとれる、成熟したオークの不足が問題になりだしたのは、宗教改革のころとされている。そのころ宗教改革で台頭した新しい土地所有者たちは、早く収益を上げようとして、カソリック修道院の所有林を乱伐した。また、その後も造船のための用材を切りだす伐採適期や伐採方法、木材の用い方などについても、大いに意見が分かれていた。

　一方、軍務に就いている軍艦の換気方法にも進歩が見られ、その中には船内へ外気を導くための帆布通風筒（デンマークで発明され、1740年ごろイギリスへ導入）を設置する方法や送風機などの装置で強制的に乾燥させる方法（1741年にスティーヴン・ヘイルズが発明）、船内に計画的にストーブを設置する方法などが見られた。そのいくつかは新しく建造され軍艦を乾かすのに適用された。

　100門の砲を装備したクイーン・シャーロット号の有名な事例が、この問題の大きな転換点となった。この船の竜骨は1805年10月に据えられた。1810年の初めには、5月の進水に向けて船を乾燥させておこうと、ストーブが主船倉や弾薬庫、パンなどの貯蔵室、最下甲板などに置かれた。そして艤装を10月までに完了させ、1811年5月にはプリマスへ曳航された。ところが、そこで「多くの肋材や横梁と一緒に、内外に張られているすべての張り板を」取り換えなけれ

ばならないほど、木材がひどく腐っているのが見つかった。

ノウルズの勧めで、ジェームス・サワビーがクイーン・シャーロット号を検査するために召集された（おそらく、菌学者が政府機関に助言を求められたのは、これが初めてだろう）。彼は1812年8月と1813年10月の間に、帝国海軍の名誉長官に3通の報告書を提出した。サワビーはポリア Poria（Boletus hybridus や B. medullapanis）や乾腐菌のセルプラ・ラクリマンス Serpula lacrimans（Auricularia pulverulenta）などを含む多くの菌を見つけ、自分の著書『イギリスの菌類（English Fungi）』から適当な図を選んで添付して報告した。同時に、造船所に運ばれた用材を雨に濡らさず、通気を良くするために、積み上げて保管することや、湿度計を置いて空中湿度を測ることなどを指示し、後にその作業を監督した。また、働いている間中、彼は木材を乾かしておくようにと説得し続けたが、これは船を建造する造船台の上にしっかりした屋根をかけることにつながった。ちなみに、1816年に進水した74門の砲を装備したウェリントン号は、この屋根の下から進水した最初の軍艦である。サワビーは海軍本部から200ギニーの金貨を贈られたが、どうやら彼はこの額では不満だったらしい。一方、クイーン・シャルロッテ号は、ついに1892年につぶれたという。

バークリーは、1860年にポーツマスでプリンス・リージェント号とカロライン号を調べ、チャタムでアレトゥーサ号を調べて、クシロストローマ・ギガンテウム Xylostroma giganteum とポリポールス・ヒブリドゥス Polyporus hybridus を見つけたが、よく住宅の木材を腐らせるセルプラ・ラクリマンス Serpula lacrimans またはコニオフォーラ・プテアナ Coniophora puteana はなかったという。

「汝、松の木をもて汝のために方舟を造り、方舟の中に房を作り、ヤニをもてその内外を塗るべし」（創世記6章14）とノアが神に教えられて以来、永い間木材の腐朽を防ぐ、いろんな方法が試されてきた。古代には、木材を長持ちさせるためにレバノンスギやカラマツ、ビャクシンなどの樹脂が使われ、18世紀から19世紀の初めごろまでは、食塩や明礬、石灰、硫酸銅、鉄、亜鉛、硫化鉱（コーンウォール地方の錫鉱山からとれるヒ素を含んだ鉱石）、植物や石炭からとれるタールなどが、いずれも船の木材腐朽を防ぐための万能薬として推奨されていた。もうひとつのよく行なわれた方法は、塩水または真水に一定期間部材を浸すか、時には船全体を沈めるというものだった。

1811年には、ヤニマツ（リギダマツ）のノコ屑を乾溜すると出る揮発性物質に木材をさらすための乾燥室がウリッジに建設されたが、1812年12月にその工場が爆発して6人の命が奪われ、造船所もひどい損害をこうむったという。ちょうどそのころ、木材腐朽を防ぐ方法について特許申請が増えたため、処理方法の効果を検定する菌検査室 fungus pit なるものがウリッジに設けられた。そこでは薬剤による処理材と未処理材を腐朽材に接触させて、密閉した湿った部屋に保っておく検定方法がとられていた。

　最も有名な特許は1832年に出されたカイアン氏によるもので、木材を塩化水銀溶液に浸すという処理法だった。この方法は彼の名をとってカイアニゼーション法と呼ばれたが、当時ロンドン大学のバークベック・カレッジの創立者だったジョージ・バークベック博士（1835）やミッチェル・ファラデー（1836）の講義の主題にもなったという。ちなみに、ファラデーは王立研究所、化学担当名誉教授の就任演説でもこの話題を取り上げている。

　1860年代初期に装甲軍艦が開発されると、木材腐朽に対する海軍の関心が薄れ、代わって鉄道の枕木の防腐、後には電信柱の保存方法に関心が集まった。この分野では、いわゆるバーネット法（1838年にウイリアム・バーネット卿が出した特許にあるとおり、塩化亜鉛を充填する方法）が一時普及したが、その後1838年の日付でジェームズ・ベセルが特許をとったクレオソートによる処理法が勝ちを制した。[9]その二年前にフランツ・モルがコールタールの油分を入れたシリンダーに、木材を封入して密閉する方法で特許をとり、モルはこの油分の水よりも軽いこの部分をユーピオン Eupion といい、水よりも重い部分をクレオソート Kreosot と呼んでいた。ちなみに、ベセルの特許では特にクレオソートと断ってはいなかった。厳密にいえば、本来クレオソートというのは木材を乾溜して得られる物質につけられた名称なのだが、クレオソートやクレオソート法はコールタールから出てくるものの名称とされて、今も木材防腐に広く使われている。[10]

　木材腐朽と菌の関係を植物病原菌の宿主に対する場合と同じように、正しく説明するのはかなり難しいことだった（6章参照）。1833年、ブルンスヴィック大学教授で篩管やデンプン粒の発見者だったテオドール・ハルティッヒは、樹齢に応じて、また外部の環境が不適切になると、樹木の勢力が衰えると考え、材の細胞内容物が小さなボールか、「単細胞動物　モナド」のように丸くなり、真っ

直ぐに並ぶので、しっかりした材にも菌糸が侵入しやすくなると考えた。ハルティヒはこの菌をニクトミケス *Nyctomyces*（黒い糸 Nachtfaser）と称した。

ハルティヒは外に現れる子実体と腐朽との関係について推測したにすぎないが、それから30年以上たって、ヴィルコムがその著書『森林の微小な敵（Die mikroskopishen Feinde des Waldes)』(1866-7) の中で白色腐朽と褐色腐朽を区別した。

ロバート・ハルティッヒ（テオドールの息子）は植物病原菌の役割を明らかにする一方、1878年に今では古典になった質の高い図版入りの『木材の分解（Zersetzungserscheinungen des Holzes)』を著わし、木材腐朽の研究に新時代を開いた。彼は木材を腐朽する一連の担子菌を記載し、顕微鏡観察と化学的実験を行なって、乾腐菌（*Serpula lacrimans*）のような菌はセルローズを分解してリグニンには触れない（褐色腐朽にあたる）が、白色腐朽の原因になるほかの菌（たとえば *Stereum hirsutum*）などは、木材のすべての成分を分解するという事実を明らかにした。その後は、乾腐菌を扱ったロバート・ハルティヒ（1885）の著書やメッツ（1908）、リヒャルト・ファルク（1912）のものなど、数多くの論文が出版された。また、コンスタンタンとマトリューショ（1894）は木材を分解するエノキタケ *Collybia veltipes* を純粋培養したが、20世紀の研究成果の中で特に重要なものは、カナダのミルドレッド・K. ノーブル（1948）とイギリスのK. St G. カートライトが行った、子実体だけでなく培養菌糸の特性による木材腐朽菌の同定である。

## 地 衣 類

地衣学の長い歴史はアニー・ローレイン・スミス（1921）によってわかりやすく要約されている。[11] 類縁関係は不確かだが、ありふれた大型の地衣類は、100年ほど前まで永い間独立した生物として扱われていた。ド・トゥルヌフォール（1694）はこれに地衣類 Lichen という総称を与え、明瞭な分類群として初めて区分した。オックスフォード大学の植物学者、ロバート・モリソンは1699年に地衣類を Musco-fungus として分類し、菌類の性質があることを主張したが、初期の研究者たちは蘚苔類として扱い、リンネ（1753）は藻類に入れていた。現在、

図 41 エリック・アカリウス（1757-1819）（E. Acharius, 1814, frontispies）

地衣学の創始者として一般に認められているのは、スウェーデンの医師、エリック・アカリウス（図41）で、彼はよく使われている葉状体（地衣体）thallus、子嚢盤（裸子器）apothecium、子嚢殻（被子器）perithecium などの用語（一般にきわめて有用なものとなった）を、子器柄 podetium や粉芽 soredium、裂芽 isidium、頭状体 cephalodium などとともに初めて提案した人である（Acharius, 1803, 1810）。また、彼はしっかりした土台の上に地衣類の分類学をうちたて、地衣類を自分が分けた隠花植物の6グループの一つとした。

ミケーリは38種の地衣類をまとめて図版に取り上げ（Micheli, 1729: tabs. 36-54, 59）、ディレニウスは1741年にその著書『キノコの研究（Historia Muscorum）』の中でいろんな地衣類を美しい銅版画にした。ただし、地衣類の葉状体について正確な記載を行なったのはウォールロス（1825-7, I）だった。彼は無色の繊維が菌糸に似ていることに注目し、緑色の球形細胞を繁殖器官ととらえ、それをゴニディア gonidia と名づけた。ウォールロスはまた、ゴニディアが葉状体の中で一様に配列されているのを homoiomerous（同質）とし、特定の位置に限定されているものを heteromerous（異質）として区分した。また、彼はゴニディアが単細胞藻類に似ていることに注目し、木の幹についている非共生状態の藻類は地衣類から出てきたが、地衣の葉状体に戻れなかった「不幸な子供の細胞」

図 42 サルオガセの類 *Usnea*(J. J. Dillenius,『キノコの研究(Historia muscorum)』1741: pl. 12)

だと考えた。

　一方、テュラン (1852) がゴニディアはゴニディア層の中にある菌糸から芽生えてくると考え、ほかにもこれを認める者がいたため、その見方が20世紀まで続くことになった。1866年になって、ド・バリ (de Bary, 1866: 291) が、地衣類はノストック Nostocaceae や緑藻 Chroococcaceae が完全に結実した形か、子嚢菌に襲われたとき、ノストック Nostocaceae や緑藻 Chroococcaceae がイワノリ属 Collema やエフェベ属 *Ephebe* などの形になるが、いずれにしても典型的な藻類であるという意見を出した。その翌年、当時バーゼル大学の植物学教

図 43　S. シュヴェンデナー（1829-1919）

授だったS. シュヴェンデナー（図43）が地衣類の幅広い解剖学的研究をまとめた画期的な小論文を出版した（Schwendener, 1867）（図44）。その中で彼は緑色と青緑色のゴニディアは確かに藻類だが、どの地衣類でも藻類に寄生している菌類が主役であるという見解を発表した。

　シュヴェンデナーの「二重仮説」は、当時の常識に反するという理由で、また地衣学は常にかなり難解な研究領域だという理由から、ひどい反発を招くことになった。当時、主導的な地衣学者だったフィンランドのW. ニーランダーやスウェーデンのTh. M. フリース、スイスのJ. ミューラー、イギリスのJ. M. クロンビー師などは、いずれもこの仮説を手厳しく批判した。クロンビーは「人騒がせな地衣学上のロマンスか、はたまた囚われの少女のような藻類と、暴君のような主人の菌類の間に起こった不自然なこと」といい、1879年にM. C. クックはこの「二重仮説」のことを「たとえ『19世紀』に受け入れられたとしても、20世紀には必ずや忘れ去られるだろう」とまで断言した[13]。この二重仮説は忘れ去られることはなかった。後に広く一般に受け入れられるまでになったが、地衣類の分類学上の位置に関する問題は残された。

　アメリカの地衣学者、ブルース・フィンクが、1909年に地衣学者や菌学者、著名な植物学者などを含む75人のアメリカ人と同数の外国人に送った質問状に対する答えに基づいて、回答した植物学者の83パーセントが地衣類は特殊な分類群として残し、多くの人（地衣学者は除外されているが）は便宜上からも菌類の中に入れるべきではないと回答したと、1911年に報告している。この考え方は

図 44 『Verh. Schweiz. Naturf. Ges. Aarau』51: 88-9 (1867) に載った地衣類の二重性に関するシュヴェンデナーの報告

今も通用しているが、現在の大勢は分類学上、地衣共生藻類 phycobionts と地衣共生菌類 mycobionts(14) として、それぞれを藻類および菌類として取り扱うべきだという方向に傾いている。

　先に述べたように、シュヴェンデナーは藻類に対する菌類の関係を寄生的であるとした。一方、ラインケ (1873) は、長く健全な生活を続けている生物の相互関係に寄生という用語を使うのは矛盾しているとして、この関係を表わすのに「コンソルテイウム consortium」という用語を提案した。フランクはホモビウム homobium (パートナーの双方がともに完全に独立しているという意味) という用語を使ったが、その翌年 (Frank, 1877) には共生 symbiosis を提案し、これが後にド・バリ (1879) に認められて一般に通用するようになった。エレンキン (1902) は菌が藻類の死細胞か、死にかかっている細胞から栄養を取っているのだから、藻類に対する菌の関係は一種の腐生に当たると主張して、内部腐生性 endosaprophytism という用語を作った。また、F. モロー (1928: chap. 9) が出した藻類が共生菌に寄生しているという意見も、ちょっと独創的で面白い。

　地衣共生藻類は非共生的な状態のものとほとんど見分けがつかないほどで、

分離培養しても正常に成長する。ただし、よく見かけるトレボウクシア Trebouxia 様のゴニディアは適当な共生菌がいないと生きる力を失ってしまう。一方、地衣共生菌類のほうは地衣共生藻類に依存する度合いが強く、分離培養すると胞子を作らなくなる。

シュヴェンデナーの発見からしばらくすると、地衣類を合成しようという試みが増えたが、アーマディヤン（1967）の総説によると、初期の研究の中でスタール（1877）が行ったエンドカルポン Endocarpon の場合やボニエ（1886）が扱ったクサントリア Xanthoria などの属だけで実証性が高く、人工的に地衣類を合成した最初の実験例は E. A. トーマス（1939）のものだという。

1950年以降、地衣類全体とそれを構成している生物を材料にした生理学的研究が復活し、ことに地衣類の栄養摂取と共生藻類の共生菌に対する生理的関係に関する研究が盛んになっている。この発展の様子は主題から外れるが、現在の様子は、以下に示すヘール（1967: 71）の文章から明らかだろう。

「地衣類がそのパートナーを足した以上のものであることは何びとも否定しえないだろう。地衣化現象は植物界には珍しい構造上の改変（たとえば、果托や粉芽）や、いずれの構成体が作るものとも異なる生理的活性物質（地衣酸）などの生産を伴っているのである」

## 菌　根

維管束のある隠花植物と顕花植物に対する菌類の共生関係は、地衣類の場合と逆である。地衣類では、相互関係の中で菌が優位に立っているように見えるが、菌根では多くの場合、顕微鏡による詳細な研究が可能になるまで思いもよらないことだったが、菌は取るに足りない存在だと思われていた。

新しい分野が拓けるときは、用語を提案した研究者が新しい現象の解明に大きな役割を果たすことが多い。この場合は、1885年に A. B. フランクがオークの菌がついた根（Pilzwurzeln）にミコリーザ mycorrhiza（図45）という用語を提

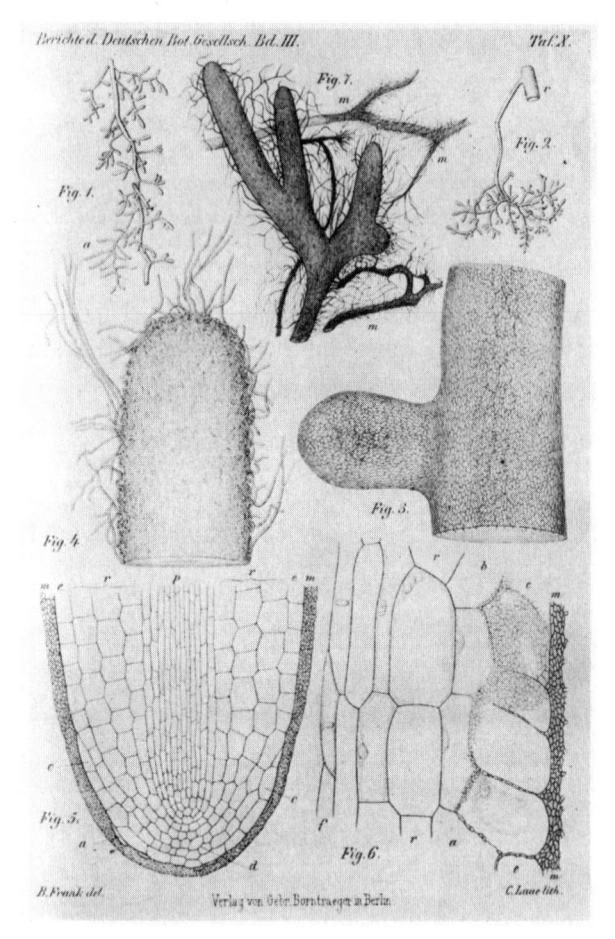

図 45 セイヨウシデ Carpinus betulinus（1-6）とヨーロッパブナ Fagus sylvatica（7）の外生菌根（A. B. Frank（1885）: pl. 10）

案したことに始まる。さらに、二年後にはナラ類や針葉樹などの樹木の菌根を外生 ectotrophic 菌根とし、ラン科やツツジ科の内生 endotrophic 菌根と区別した（Frank, 1887）。

　よく知られているように、フランクはトリュフの栽培技術をプロシアで開発したいというドイツ連邦森林局の要請に沿って、この研究を始めた。トリュフがある種の広葉樹についていることは知られており、当時この関係も、自然状態では寄生的なものと考えられていた。トリュフ栽培に成功したわけではな

かったが、フランクはその相互関係を調べ、菌が必ず樹木の根に感染し、しばしば根を変形させることを確認した。また、彼はこの関係が共利共生の一種であるという結論に達したが、その見解は後に多くの研究者によって実証されることになった。

　樹木の菌根は、早くから数多く記録されていた。1840年にはテオドール・ハルティッヒが菌鞘を観察し、針葉樹のサンゴ状に分かれた根端の皮層細胞の間にできる菌糸の織物様構造にも気づいていたが、細胞間隙を埋める菌糸を導管と勘違いしていた。このいわゆる「ハルテイッヒネット」は、後1865年にO.ニコライによって、また1871年にはファン・ティーゲンによって記載され、ラインケ（1873）が菌由来のものであることを明らかにした。また、ブーディエ（1876）もブナやオーク、クリなどの根とツチダンゴ属 *Elaphomyces* との関係を報告した。

　これより前、E. リーズ（1841）がイチヤクソウの仲間についている「細い菌糸のように見える毛むくじゃらのもの」について記述し、1840年代を通してシャクジョウソウ *Monotropa hypopitys*（黄色い鳥の巣 Yellow bird's nest）の栄養摂取法に関する論争を主導した。翌年にはT. G. ライランズ（1842）がイチヤクソウの根の細胞内と細胞間隙にある菌糸を描き、[15]「細い糸状のものは間違いなく菌のものだが、シャクジョウソウの生活にとって必須の機能を果たしているのではないか」と結論づけた。

　この共生関係を明らかにし、また多くの植物の菌根について広く検討したのはカミエンスキー（1882）だった。彼は研究の結果、菌根菌が寄生的であるとする見解を支持するだけの根拠がないという結論に達した。そのため、カミエンスキーが菌根共生の本当の姿を明らかにした最初の人だとされているが、レイナー（1927: 5-16）が指摘したように、本当の功績は1877年にランの菌根菌が根毛と同じ生理的機能を持っているとしたペッファーにあるといえるだろう。

　19世紀を通じて、最も強く大方の興味をひいたのはランの菌根だった。[16]おそらく気づいていなかったと思うが、リンクが1840年にシュスランの一種 *Goodyera procera* のプロトコルムに入った菌糸を初めて描いている。[17]S. ライセック（1847）はランや他の菌根を広く研究し、共生している菌を分離培養しようと試みたが、当時の技術で分離できたのは、ごくありふれた土壌菌だけだった。一

方、サカネラン Neottia nidus-avis の宿主細胞（Pilzwirthzellen）と消化細胞（Verdauungszellen）の違い（図46）を見つけたのは W. マグヌス（1900）だった。

　ランの菌根の解明は、その研究を永い間手がけて1909年にそれぞれ単行本を出版し、この分野に大きく貢献したノエル・ベルナールと H. ブルゲッフによって完成の域に達した。二人はともに菌根菌を分離して純粋培養したが、ベルナー

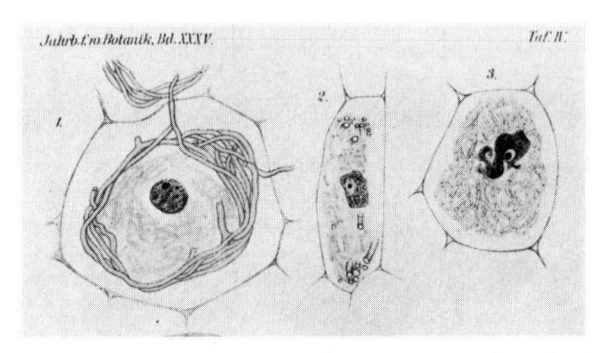

図　46　サカネラン Neottia nidus-avis。左二つは宿主細胞（1-2）と右は消化細胞（W. Magnus（1900）: pl. 4）

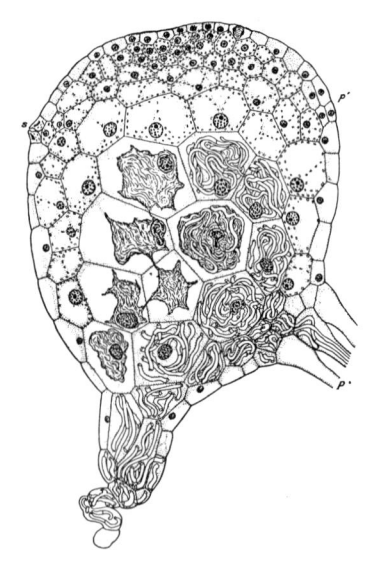

図　47　若いオドントグロッスム属の一種 Odontoglossum crispum x O. adriane の菌根（N. Bernard（1909）: part of pl. 2）

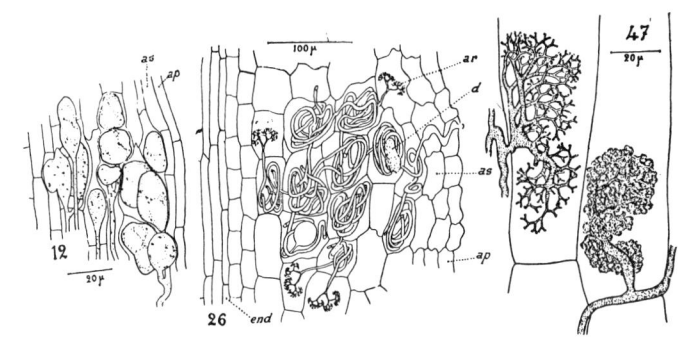

図 48 ＶＡ菌根。ネギ属の一種、*Allium sphaerocephalum* の樹枝状体、アーブスキュール (47, 左) と古くなった樹枝状体、スポランギオール sporangiole (47, 右)。ウメバチソウ属の一種、*Parnassia palustris* の嚢状体、ヴェシキュール (12)。タムス　コンムニス *Tamus communis* のペロトン、またはとぐろ状菌糸 (26)。(G. Gallaud (1904) : pls. 4, 1, 2, in part)

ルは一連のすばらしい研究によって、自分が分離したリゾクトニア属 *Rhizoctonia* の菌 (ブルゲッフはこのグループをオルケオミケーテス *Orcheomycetes* という属にするよう提案) がランの種子発芽を促し、その後幼苗に侵入することを明らかにした。また、ベルナールはランの種子が滅菌したショ糖を含んだ培地上で発芽することを発見したが、その後アメリカのL. ヌードスン (1922-5) がこれを補い、種子からランを育てる栽培技術の礎を築いた。

　ツツジ科植物の菌根については、1907年にシャルロッテ・ターネッツによる論文が公表されて以来、一般の関心が高まったが、彼女自身のものを含むこの分野の研究成果は M. C. レイナー (1927: esp. chap. 6) による総説の中にまとめられている。

　G. ガローは1904年の学位論文の中で、アルム・マクラートゥム *Arum maculatum* (テンナンショウの一種) とパリス・クァドリフォリア *Paris quadrifolia* (ツクバネソウの一種)、コケ植物およびラン科植物の菌根をそれぞれ検討し、4 種類の内生菌根の特徴を明らかにした。また、特に樹枝状体—嚢状体菌根 (ＶＡ菌根) について詳細に記述し、細胞内に入った菌糸の先端が樹枝状に分かれている状態にアーブスキュール arbuscule (樹枝状体) (図48) という用語を用いた。なお、これは古くなると、ヤンスが1897年にスポランギオール sporangioles と称したもの (図48) になる。また、ガローは嚢状体、ヴェシクル vesicles やペロトン pelotons（図48）、またはとぐろ状菌糸塊などを見事に描いている。

## 純粋培養

　純粋培養技術に必須なことは、通常組成の決まった栄養源を含む培地上に、分離する対象となる生物を植えつけ、外部からの微生物汚染、いわゆるコンタミネーションを避けることである。18世紀中頃から「自然発生」を研究する研究者の間では、腐敗しやすい液体を沸騰させて殺菌することが基本とされていた。19世紀中頃には栄養源の入った培地を沸騰させて殺菌したり、沸騰した食塩や塩化カルシウム溶液の入ったウォーターバスか、オイルバスに培地が入った容器を浸けて温度を上げて殺菌したりする方法が、一般的な殺菌法だった。

　イギリスの化学者、ジョン・ティンダルとドイツの細菌学者、フェルディナント・コーンが、それぞれ別個に「不連続滅菌法」（間隔をおいて加熱殺菌する方法、またはティンダリゼーションともいう）を編み出したのは1877年のことだった。ティンダルによると、この殺菌法では殺菌温度が培地の沸点以下であっても、沸点で「5時間連続加熱するよりも、5分間不連続加熱するほうが効果的だった」という。[18]

　17世紀にドニ・パパンが「圧力釜、もしくは骨を軟らかくするための器械」として発明したものを改良した「オートクレーヴ」[19]が、18世紀初頭には市販され、過熱蒸気による殺菌効果を滅菌法に取り入れることができるようになった。また、ロバート・コッホとグスタフ・ヴォルフヒューゲル[20]が熱蒸気による滅菌法を開発して注目を浴びたのも、この時期である。

　初めのころ、殺菌するものを入れた容器は固く密閉されていた。しかし、強く熱した後で空気が混入することがあったので、19世紀初頭には今でも彼の名がついているように、パスツールが胞子をとらえるために先端に小さな口を空けた白鳥の首の形をしたフラスコを考案した。

　1853年に化学者のローエルが綿の繊維を通して空気をろ過すると、過飽和溶液の結晶化が起こらなくなるといったのに端を発して、1854年にはH. G. F.

シュレーダーと T. フォン・ドゥッシュが綿を通した空気は煮沸した溶液を腐敗させないという事実を示した[21]。滅菌された注射液が入ったガラス容器を封じるために綿栓を最初に使ったのは、当時自然発生説を研究していたマンチェスターの医師、ウイリアム・ロバーツ（1874）のようである。その数年後、パスツールはフラスコの口をいつも滅菌したアスベストで封じていたが、これはダニなどが入らないためのちょっとした用心にすぎないといっていた（Pasteur, 1876: 27）。

　菌や細菌などの分離培養技術の大きな進歩は、固形培地なしではとうてい不可能だった。初めてゼラチンで培地を固めることを思いついたのは、1852年当時、カイコの病原菌（*Beauveria bassiana*）の培養を試みていたヴィッタディーニだったと思われる[22]。その後、菌学に純粋培養法を導入するのに力のあったオスカー・ブレフェルト（1872）[23]がゼラチンを使い、次の年には細菌学者のクレプスも使っている。ブレフェルト（1872）は単胞子培養のための希釈法を考案したが、それは胞子懸濁液を少しずつ薄めていって、一滴の水に一個の胞子が入るように顕微鏡下で調整し、それに培地を一滴加えるという方法だった。（6年後には、ジョセフ・リスターが、ブレフェルトの方法に倣って特製の注射器を使った細菌の単細胞培養法を考案した）[24]。1883年にはコッホが細菌類の分離と純粋培養のための培地注入法を発表し、これが菌学の研究にも役立つことが証明された[25]。また、その直後、コッホの共同研究者の妻、ヘス夫人の思いつきで細菌学に寒天が使われることになったという。

　さらに、小さくても技術的にきわめて価値高い二つの発明をあげておこう。1873年には懸滴培養を顕微鏡で検査するための「ファン・ティーゲン・セル」（図49）（Tieghem & Le Monnier, 1873）が紹介され、1887年にはゼラチンや寒天培地で培養するためのガラス皿について、コッホの助手の一人、R. J. ペトリが『コッホのガラス板法の小さな改良について（Eine kleine Modification des Koch'schen Plattenverfahrens）』という論文を書いて詳しく報告した。彼が今よく使われているペトリ皿を発明したのである。

　ジュール・ローラン、フィリップ・ファン・ティーゲン、エミール・デュクローの3人は、1860年代初頭にパリのエコールノルマール（師範学校）にあったパスツールの研究室でともに学んだ最初の学生だったが、それぞれ順番にパス

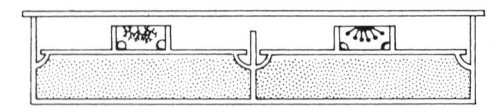

図 49 「ファン・ティーゲン・セル」(P. Van Tieghem & G. Le Monnier (1837): pl. 20, fig. I)

ツールの研究に関連のあるテーマで学位論文を書いた。1864年にファン・ティーゲンが『尿素および尿酸の発酵について』という表題の論文を著わし、翌年デュクローが『アルコール発酵におけるアンモニアの吸収および揮発酸の生成について』という論文を発表した。

ローランは、パリを離れてからもブレストやカンで教職について研究を続けたが、彼の『植物の成長に関する化学的研究』という表題の論文は1860年代の終わりまで世に出なかった。(この報告は1869年の『Annales des Sciences naturelles』に、学位論文は1870年5月22日に発表された) ただ、この論文はテュラン兄弟の『菌類の実のつき方選集 (Selecta fungorum carpologia)』(1861-5) やド・バリの教科書 (1866) の初版本のように、1860年代の菌学の一里塚といえるほど、きわめて優れた業績の一つである。これによって菌類生理学の新たな路線が引かれたともいえるだろう。

ローランの研究は、一定の環境条件下で化学成分組成が決まっている培地上に培養された菌の成長を量的に測定することによって、アスペルギルス・ニゲルのミネラル要求性を明らかにするために行なわれた。まず、予備実験でこのカビの最適成長条件を決め、本実験では一組の蓋をしない浅い磁器製の皿 (16×28×4cm) にそれぞれ1.5リットルの培養液を入れて温度35°C、湿度70パーセントに保った特注のインキュベーター (図50) の中に置き、ド・ソシュールの湿度計で記録を取りながら一連の培養実験を行なった。通常用いた実験方法は、純粋培養した若い菌からとった胞子を培養液の上に軽く塗って接種し、三日後に成長した菌糸体マットを取り除き、この培地に再び菌を接種してさらに三日間培養する方法だった。この操作を繰り返して、それ以上菌糸が成長できないほど培地の栄養分が消耗するまで培養した。培養液を除くために培養した菌糸体マットを強く圧搾し、ゲー－リュサックのオーヴンで初めは50°C、次いで100°Cで乾燥した。ローランはそれぞれの実験区について、実験条件の効果を比較

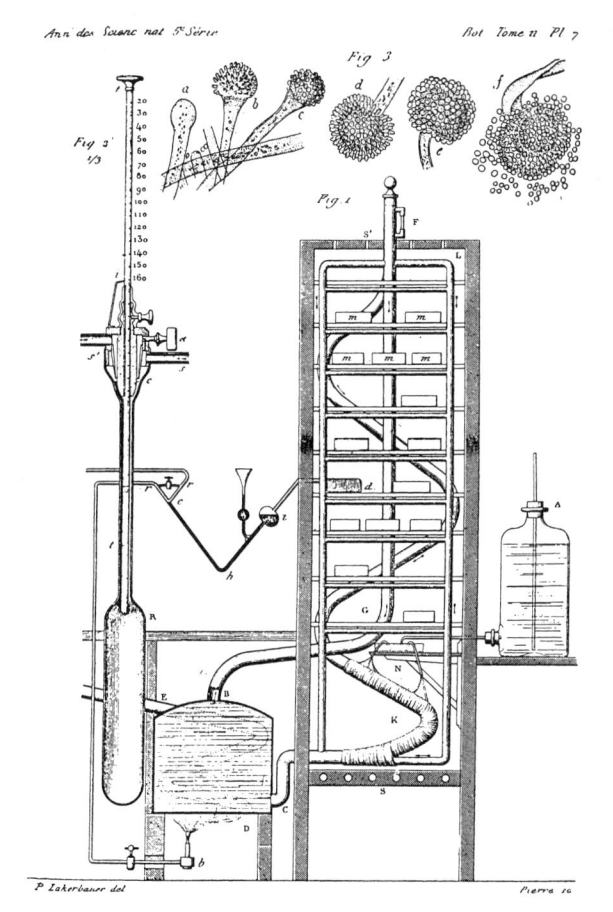

図 50　ローランの培養装置（J. Raulin, 1896）

するために，完全培地を入れた皿で育った菌体量をコントロールとした。6日後にはこの対照区から25グラムの乾燥菌体が得られたが，これは予備実験で得られたものの50倍に相当した。また，ある実験区では一組の培養菌糸の間の成長量の違いを1：1.8から1：1.05に下げることができたという。

　ローランの出発点は，パスツールがペニシリウムなどのカビを培養するために考案した，水1000，ショ糖20，酒石酸アンモニウム2，酵母の灰0.5の培地だった。ローランは試行錯誤の結果，アスペルギルス・ニゲルの成長に最もふさわしい，今でも彼の名がついている合成培地を編み出した。ローランの培地組成は次のとおりである。

| | |
|---|---|
| 水 | 1500cc |
| 氷砂糖 | 70g |
| 酒石酸 | 4 |
| 硝酸アンモニウム | 4 |
| リン酸アンモニウム | 0.60 |
| 炭酸カリウム | 0.60 |
| 炭酸マグネシウム | 0.60 |
| 硫酸アンモニウム | 0.25 |
| 硫酸亜鉛 | 0.07 |
| 硫酸鉄 | 0.07 |
| ケイ酸カリウム | 0.07 |

　ローランは培地の構成成分を順に一つずつ除くか、同量の類似物質に置き換えるかして、カビの成長に及ぼす物質または栄養素ごとの効果をとらえようとした。また、彼は試験区と対照区で得られた乾燥菌体の重量比を求めることと、一つの栄養物または微量要素を使って得られる乾燥菌体重量を計算するという二つのやり方で、その効果を評価したが、これらの値は相対的効果を表わすのには使えるが、絶対的な意味で使ってはならないと強調した。

　ショ糖を除くと、菌体量は65分の1に減り、硝酸アンモニウムを抜くと、24分の1から153分の1に低下した。1グラムのショ糖は1グラムの菌糸体の3分の1量の生産に使われ、1グラムのアンモニア態窒素は17グラムの菌体生産に利用された。比較値はリン酸の場合が182、炭酸カリウムが21、炭酸マグネシウムが91、硫酸が11.4となり、一方、1グラムのリン酸、カリウム、マグネシウム、硫黄は、それぞれ157、64、200、346グラムの菌体量を生産するのに役立つことが明らかになった。

　ローランは硝酸塩（亜硝酸塩やシアン酸塩ではないもの）が同じように窒素源として有効であることを示し、どの硫酸塩もベースとして使われる場合は本質的に有害ではないことを明らかにした。彼はまた、酒石酸がないとカビの成長を妨げる繊毛虫が発生するのはpHの影響であると認め、少量のほかの有機酸や硫酸のような無機酸も酒石酸の代わりになることを見出した。

その後、多くの研究者らによって菌類がかなり幅広い物質を炭素源として利用できることが明らかにされた。窒素源については、ロビンズ（1937）が窒素分子、硝酸態窒素、アンモニア態窒素、有機態窒素、または窒素分子以外の窒素化合物とされるもののうち、三つ（菌類の大多数がこれに当たる）か、二つまたは一つを利用できるか否かによって、菌類を特化した四つのグループに区分した。

ローランの研究で最も面白いのは、その方法が微量要素の効果を検定するのに十分なほど精度が高かった点である。ローランは、混入物による汚染から培地を守ることに細心の注意を払うと、菌糸体の成長量が奇妙に少なくなることや、培地に焼き土の粉や磁器の粉末、木灰などを加えると、成長量が少なかったものでも3倍から4倍に増えることに気づいていた。

彼はまた、このように成長量が増えるのは主な栄養物の添加によるのではなく、亜鉛や鉄などの微量要素によることを明らかにした。さらに、これらの微量要素は互いに置き換えることができず、成長に役立つ亜鉛または鉄の重量に対する有機物重量の比率を計算すると、亜鉛では953倍、鉄では857倍に達することを示した。鉄と亜鉛の役割をマンガンで置き換えようとした彼の試みはあいまいな結果に終わったが、ケイ素をケイ酸ナトリウムの形で与えると、その添加によって菌の成長が促進されることを認めた。完全培地に粉末にした土壌などを与えても、成長が良くなることはなかったので、「これらの純粋と思われる12の成分を組み合わせて作った最高の培地は肥沃な土壌の完璧な実現といえる」かどうかという問題は未解決のままに残された。ローランは、この問題の解決にはより精度の高い化学的手法が必要なことに気づいていたが、1870年以降、彼は菌学に対する興味を失っていった。

とはいえ、それから50年後、アメリカ人のR. A. スタインバーグが有名な一連の研究報告の中で（Steinberg, 1919 et seq）ローランの発見を追認し、モリブデン（Steiberg, 1936）とガリウム（Steinberg, 1938）がともに必須微量要素であること明らかにしたのも、ローランの方法に負うところが大きい。これより前、フランスのベルトランとジャヴィリエ（1911）がマンガンの要求性を明らかにし、マルダー（1938）はごく微量の銅が欠乏すると、アスペルギルス・ニゲルが成長しないことを示していた。このようにして、多くの菌類で微量要素の必要性が一般に認められるようになっていった。[26]

ある種の菌類が「発育因子」(成長物質や補助成長因子、ビタミンなどとして知られているもの)を必要とすることについて、それとなくパスツールが問いを投げかけてはいたが、解明されるまでにはかなり時間がかかった。パスツールはリービヒとの有名な論争の中で、ビール酵母は水とショ糖、酒石酸アンモニウムおよび酵母を焼いた灰で作った合成培地で成長し、増殖すると主張したが、リービヒは反対意見を支持した。両人はともに注意深い実験者だったので、もし1871年に「この目的のために選ばれた委員の前で、リービヒ氏が要求するだけの酵母を、合成培地の中で作ってみせよう」というパスツールの申し出が取り上げられていたら、この意見の不一致も解消していたことだろう。しかし、リービヒは動かず、1873年に亡くなった。

この問題は、ベルギー人の E. ウィルディエが1910年に二人の間の溝を埋めるまでそのままだった。彼はごく少量の酵母細胞でも、麦芽汁に植えつければ十分発酵し、ショ糖を含んだ合成培地上では成長しないが、接種源の量を多くすれば成長することを示した。おそらく、パスツールはリービヒが植えつけたのよりも、大きな針の頭ほどの接種源を使っていたに違いない。ウィルディエは、自分が「ビオス」と呼んだ発育因子はことのほか水溶性で、酵母を焼いた灰には含まれておらず、酵母は増殖・発酵しても、新しいビオスを作らないという事実を示した。結局、ビオスはリービヒの肉汁液、つまり市販のペプトンや酵母を植えつける前の発芽オオムギの煮汁の中に見出された。また、彼はビオスが既知の有機物の範疇に入らないものであるとしたが、後に、生化学的研究によってビオスは複雑な混合物だということになった。

イーストコット (1928) が最初にビオスの一部、ビオス I を $i$-イノシトールと同定し、以後多くの成分が知られるようになった。その中には、サイアミン (アニュリン、ビタミン B1)、ビオチン (ビタミン H)、ピリドキシン (ビタミン B6)、およびパントテン酸などが含まれており、酵母や糸状菌のほとんどがそのすべてを要求する性質を持っているとされている。[27]

ショファー (1934) によって最初フィコミケス・ブラケスレアヌス *Phycomyces blakesleeanus* の必須要素として同定されたサイアミンは、菌類一般が要求する発育因子で、ある菌はサイアミン分子を構成するチアゾールか、ピリミジンのいずれか、または双方を要求し、あるものはサイアミンそのものを必要とする

ことが知られている。

　面白い要求性は、人間の皮膚、特に頭皮に常在する酵母ピティロスポルム・オバーレ *Pityrosporum ovale* がオレイン酸を要求する例である（Benham, 1939）。おそらく、絶対寄生菌であっても、適当な栄養源が与えられれば、試験管内ですべての菌が成長できるはずである。ウドンコ病菌（Erysiphaceae）やサビ病菌（Uredinales）などは、しばしば典型的な植物絶対寄生菌として引き合いに出されるが、前者の試験管培養は依然として胞子発芽の段階にとどまっている。1966-7年にオーストラリアのウイリアムズ、スコットとクールらが、酵母エキスを入れたツァペック-ドックス寒天培地でコムギ黒サビ病菌 *Puccinia graminis f. sp. tritici* の夏胞子から夏胞子と冬胞子を作らせるのに成功したと報告して以来、数種のサビ病菌が培養できるようになり、アメリカのV. M. カッター（1959）が先に報告していた赤星病菌の一種 *Gymnosporangium juniperi-virginianae* の無菌培養も追試・実証されることになった。


## 代謝と代謝産物


　過去25年の間、菌類代謝の基盤となる生化学的反応の解明は、今世紀における菌学発展の中核となっている。この分野での発見は、化学的に多様な菌の代謝産物に関する研究を先導し、また菌学と互いに重なり合ってきた。100年以上にわたって化学者や生化学者の関心を集めてきた、この領域も菌学の重要な一側面になったといえる。

　菌類を扱った最初の化学的研究は、マッシュルームなど、キノコ類の灰分の分析だった。1870年頃から、次第に菌の有機物の化学成分が明らかになり、1896年にはツォップがその教科書の中で菌類の化学的成分組成について、その後に出た伝統的な菌学の教科書よりもずっとわかりやすく解説した。ほとんどドイツの文献によるが、その中で彼は（Zopf, 1890: 116-96）無機成分に加えて菌類で見つかった糖類や脂肪、有機酸、色素、タンパク質（Eiweisstoffe）、酵素（Fermente）などについて、地衣酸などと一緒に解説を試みた。

この分野の研究はその後も続き、1907年にはツェルナーがキノコ類の化学について一冊の本を書くまでになった。菌類の代謝産物については、その後ハロルド・ライストリックとJ. H. バーキンショーや彼らの共同研究者たち（独学の菌学者で、1938年に一般向けの『産業菌学入門（Introduction to industrial mycology）』を著わしたジョージ・スミスなどを含む）が、1931年から1964年にかけて116分冊にのぼる有名な『微生物の生化学的研究（Studies in the biochemistry of microorganisms）』を出版して、その進歩に大きく貢献した。このシリーズの大部分は菌類に充てられ、タンパク質やDNA、種々の貯蔵物質などの主要代謝産物ほどには、代謝過程での役割がはっきりしない二次代謝産物についても、かなりの頁数を割いている。現在知られている菌類の二次代謝産物に関する研究成果については、W. B. ターナー（1971）が生合成過程に沿って上手にまとめている。

　これらの幅広い代謝産物の研究や菌類の代謝活性を工業的に利用しようとする、多くの技術開発研究は（8章参照）菌類の基本的に重要でダイナミックな代謝機構の解明にはさほど役立たなかった。菌類の成長量に対して、合成培地から摂取される炭素の必要量の比率、いわゆる「炭素循環収支」が、ライストリックの研究チームによって200種の菌について測定され、その結果が1931年に報告された。

　この結果から、菌は最適条件に置かれると、きわめて効率よく炭素化合物を利用することがわかったが、菌体の中で炭水化物が代謝される生化学的過程が明らかになったのは、フォスターが糸状菌の化学的活性を見事に調べ上げた1949年末のことだった。その後、多くの研究機関で生化学者のチームが研究を進めた結果、この代謝経路はほかの生物のものと同様であることが明らかになった。

　研究対象は酵母からカビへと移ったが、炭水化物はグルコースに分解された後、必要に応じてエムデン–マイヤーホフ–パルナス Emden–Meyerhof–Parnas（EMP）回路か、ヘキソースリン酸 hexose monophosphate（HMP; pentose phosohate）回路のいずれか、または、まれにエントナー–ドゥドロフ Entner–Douderoff（ED）回路によってピルビン酸に変換されることが明らかとなった。次の段階は、ピルビン酸のトリカルボン酸回路（TCAサイクル、クエン酸回路、クレプスサイクル）への取り込みだが、それは細胞に必須な構成物質を生合成するための

材料を供給するのに重要な役割を果たし、動植物に共通して見られる代謝過程である。さらに、呼吸と結びついて、サイトクロームの働きによる酸素分子への水素（電子）伝達を通して、細胞にかなりのエネルギーを送っている。

# 5
# 雌雄性、細胞学および遺伝学

## 雌 雄 性

　デラ・ポルタが1588年に初めて菌の胞子を観察し、ミケーリが胞子にはタネとしての働きがあるといったことについては、すでに先の章で触れた。ミケーリとその後継者たちは、菌類の胞子には性的な役割があると推測していたが、その謎を解くことはできなかった。顕花植物の雌雄性の解明も手間どり、R. J. カメラリウスが花粉の役割を示す実験結果を発表したのは1694年のことで、その後1世紀半ほどたった1846年になって、ようやくラン科植物の配偶子結合が、アミチによって初めてはっきりと記述されたという状態だった。もちろん、菌類の雌雄性を明らかにすることは、もっと困難だった。

　昔の研究者たちにとって、植物や菌類の性別を想像することは、オシダ属 *Dryopteris filix–mas* とメシダ属 *Athyrium filix–femina* が雄のシダと雌のシダとされていたように、キノコについても雄のキノコ male agarick（エブリコ *Fomes officinalis*）と雌のキノコ female agarick（キコブタケ *Phellinus igniarius*）が識別されていたとおり、しごく当り前のことだった。

　菌の雌雄性の問題を解く鍵は、まず高等菌類、特に菌じん類について、高等植物の生殖器官に匹敵するものを探すことから始まったが、菌じん類の雌雄性を知ることは、ほかのどのグループの場合よりもずっと難しかった。そのため、先入観に基づく間違った解説が一世紀以上も続くことになり、バークリー師が1838年(a)に書いているように、「貧弱な顕微鏡観察には想像の入り込む余地がきわめて多い」状態だった。まず、ヒダの縁の毛とシスティディアについて起こった、二つの誤った観察研究の跡をたどって見ることにしよう。

　菌じん類ではごく普通に見られる特徴だが、ヒダの縁から出ている突起を「花

弁のない花」と称したのはミケーリ (1729) だった。きわめてはっきりと書かれた記載と図は、彼がフングス Fungus と名づけた属 (真中に茎をもっている傘型のキノコ) のもので、その記載には「ヒダの縁には花弁のない花がむき出しで管状の糸のように出ているが、あるキノコでは離れており、ほかのものでは房か、塊のようになっている」と書いてある (図33参照)。また、アガリクム Agaricum (いろんな菌じん類のキノコ) の花は「花弁がなく、茎は一本 (均質な糸からできている) で実はつけず、むき出しで萼や雄しべ、雌しべなどもない」と記載されており (図33)、ヌメリイグチ属 Suillus (Boletus) の花については、図 (図51) をつけて「傘が開いている間は、茎の上部と管の口のところに見える」と記載したが、図では口の周りに7個の「花」がついているなど、あいまいな点が多く、解説も満足のいくものではなかった。

シュミデル (1762) もササクレヒトヨタケ (Coprinus comatus) のヒダの毛を描き、グレディッチ (1753) はミケーリに刺激されて、彼が見つけたたものを見ようと思ったのか、イグチの仲間について五個もしくはそれ以上の「雄しべ」を描き、それぞれが管の口を取り巻く「糸」か、「葯」の端についているいると書いている。また、ハラタケ型のキノコの場合も同様に五個か、それ以上の雄しべが単独か、束状になってヒダの縁に実としてできるとも書いた。シェイファ (1759) は、菌の胞子は無性的に生じる栄養繁殖器官だといったが、その構造を見つけることはできなかった (彼はグレディッチに観察方法を教えてもらおうと手紙を書い

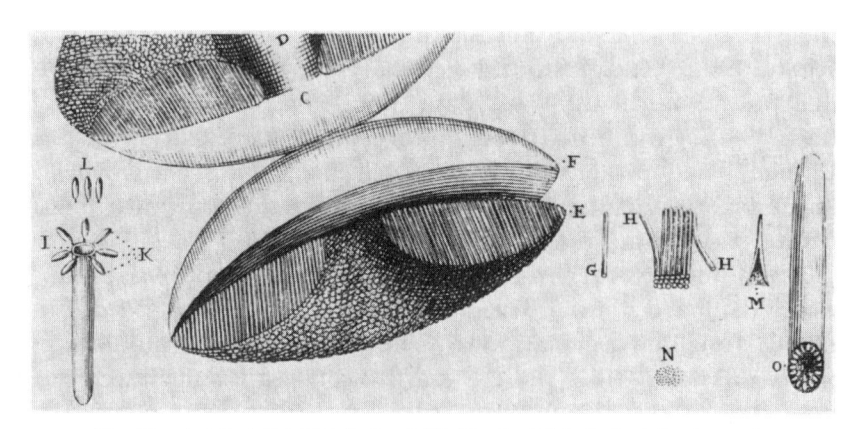

図 51 ヌメリイグチ属のキノコの花 (P. A. Micheli (1729): from pl. 68.)

たといわれている)。また、フォン・ハラーも「彼の後で誰も見たことがない菌の葯のような小さなものを時々観察した」といったが、発見できなかったらしい。[(1)]

　これらの逆行は、シェーファーに従う人々を勇気づけ、J. ゲルトナーがその著書『植物の実と種子（De fructibus et seminibus plantarum）』1788 (p. xv) の中で「純粋に栄養繁殖する無性的な植物の中でも、菌類はその最たるもので……それは本当の種子ではなく、芽で増えるのだから、たとえどんな受精方法が菌類に当てはまるとしても、それは単なる欺瞞とみなすべきである」[(2)]と述べたように、菌類には雌雄性がないと主張させた。しかし、その意見も、リンネが命名法に示したように植物界の24綱（隠花植物）のほとんどで見つかっていた雌雄性に対する一般の興味をそぐまでには至らなかった。

　次いで、研究者たちの関心は、ミケーリが「透明な物体 corpori diaphani」と称した、ビュリャール（1791-1812, I）のいう「精子のような小胞体 vesicules spermatique」、システィディアへと移った。当時、まだ授粉の詳細がよくわからず、花粉は（ビュリャールがある程度論じたように）精液を含んでいると信じられていた。ビュリャールはシスティディアも花粉同様精液を含んでいると信じて、システィディアが胞子に精液を吹きかけている図を描いている。システィディアの役割に関する見方は、その後75年もの間そのままだった。

　コルダ（1834）はミケーリの「透明な物体」を「キノコの葯」と呼び、シュトルムは『ドイツの植物誌（Deutschlands Flora）』(1837, 3: tab. 49) の中でキララタケ Coprinus micaceus の「葯」がその内容物を吐き出している様子を描いた。クロッチ（1838）は「葯」の細胞壁からにじみ出る液汁が、上についている胞子を受精させると信じていた。一方、レヴェイエ（1837）は子実層の構造について古典的で目的論的な説明を試み、システィディウム cystidium という用語を提案し、バークリー（1838a）はシスティディアを胞果 utricle と称したが、二人ともその機能についてはなにも説明しなかった。

　コルダは、自分が「葯」と称していたものは花粉と同じだったという結論に達したため、その著書『菌類図鑑（Icones fungorum）』(1837-54, I) の中で「葯」をポリナリア pollinaria (Pollinarien) という名称に置き換えたが、受精の詳細についてはあいまいなままだった。また、モンターニュはその著書『エクイス（Equisse）』(1841) の中でコルダの考えを受け入れ、胞子を授精させる能力が備って

いると思われる器官の存在を主張したが、コケに比べてある種の菌じん類にポリナリアがないことについては、その器官が見つからない種もきわめて多いと、うまく言い逃れしている。

システィディアの性的役割に関するこのような学説は、システィディアを徹底的に研究して詳しく解説したホフマン (1856) によって吹き飛ばされた。なお、彼は論文の中で初めてかすがい連結 clamp-connection (Schnallenzallen, buckle cell) についても図を入れて解説している（図56）。ホフマンはシスティディアが性的器官というよりも、高等植物の葉や幹に生えている分泌腺のような毛を思わせるもので、性には無関係の器官だとした。

ところが、たとえば1875年になっても G. シーカールのように[3]、誰もこの説を信用しなかった。同じ年にワージントン G. スミスの論文が出るに至って[4]、この間違った意見は頂点に達した。彼はコキララタケ *Coprinus radiatus* の生殖法を研究して、胞子とシスティディアが湿った地面に落ちると、受精が起こると主張し、おそらく混入していた原生動物のようだが、運動性のある精子の図まで描いた。彼はこれがシスティディアから放出されて、胞子を受精させると考えていたのである。菌類の雌雄性が正しく観察されるまでの初期の物語は、この辺でいったん中断しよう。

1818年に、枢密衛生顧問官でベルリン大学教授だったクリスチャン・ゴットフリート・エーレンベルクがハラタケ属の一種 *Agaricus aurantius* Persoon の傘についていたカビを見つけて新しい属を作り、これにシジギテス・メガロカルプス *Syzygites megalocarpus* という種名をつけた。その二年後、彼は (Ehrenberg, 1820b) この菌の2本の菌糸が結合して黒い子実体 (Fruchtwarze) ができる過程を、見事な図（図52）入りで記載した。この生物が動物、植物、藻類、菌類のどれに属するのかという問題を論じた後、接合藻類と比較して菌類であると結論づけ、ケカビ mucors（ネース・フォン・エーゼンベックが1816年に糸状菌 Fadenpilze または気中藻 Luftalgen としたもの）のために提案していたアスコフォラエ Ascophorae という科に分類した。

エーレンベルクはこの接合を有性生殖の過程とみなしたが、スピロギラ *Spirogyra* での接合が、最初1782年に O. F. ミューラーによって観察され、その20年後の1803年には、すでに生殖に関わる現象としてヴォーシェによって確かめ

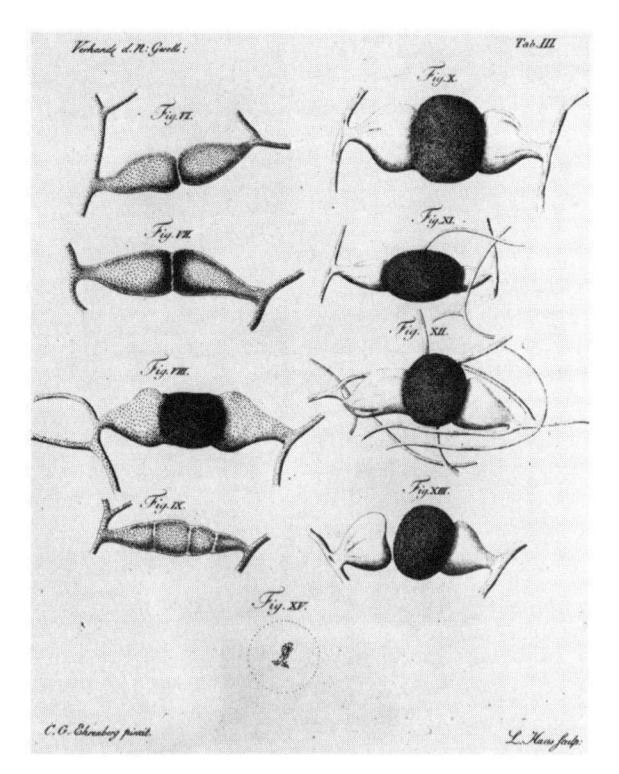

図 52 シジギテス・メガロカルプス *Syzygites megalocarpus* の接合胞子の形成過程（C. G. Ehrenberg（1820 b）: pl. 3.）

られていたため、エーレンベルクが行った観察の意義は、19世紀半ばまで一般には認められなかった。ようやく1860年になって、ド・バリら（de Bary & Woronin（1864–81）参照）がシジギテス・メガロカルプス *Syzygites megalocarpus* での追試結果を発表して、接合が生殖であることを主張し、この融合した胞子にすでに自分がスピロギラ *Spirogyra* で見たものにつけた接合胞子 zygospore という名称を与えた。さらに二年後、ド・バリとヴォローニン（1864–81, 2）がリゾープス・ストロニフェル *Rhizopus stolonifer* の接合胞子を記載し、テュラン兄弟（1867）がムコール・フシゲル *Mucor fusiger* について同様の記載を行なった。

　それより少し前、プリングスハイム（1857–60）がミズカビ目 Saprolegniales の造卵器と造精器（先にシュライデンが1842年に、ネーゲリが1847年に、A. ブラウンが1851年に観察していた）について詳細に記述した一連の論文を発表していた。一方、

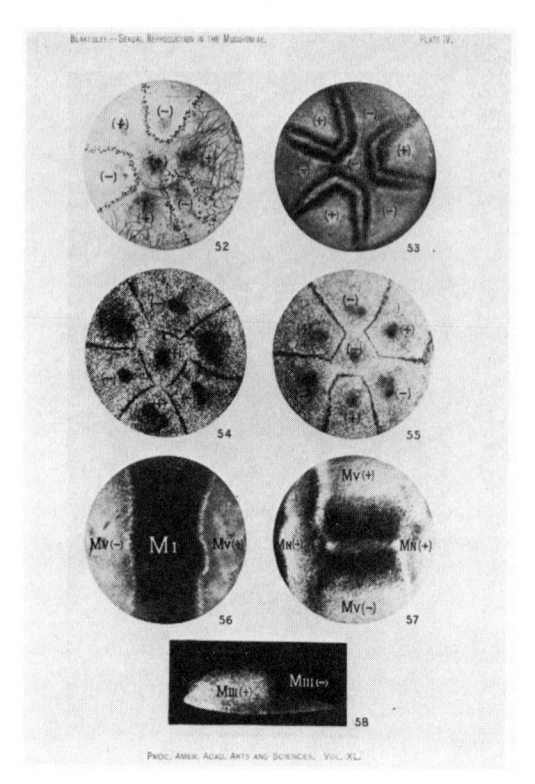

図 53 ケカビに見られるヘテロタリズム（A. F. Blakeslee（1904）：pl. 4.）

ド・バリ（1852）も造卵器と造精器を発見し、シロサビキン属 *Albugo* とツユカビ属 *Peronospora* で遊走子（プレボーが1807年に初めて発見）を再発見していた。

子嚢菌ピロネマ・コンフルエンス *Pyrnema confluens* とエリシフェ・キコラケアルム *Erysiphe cichoracearum* を取り上げ、雌雄の器官の構造を記載して子嚢菌の生殖器官の研究に先鞭をつけたのも、やはりド・バリ（de Bary, 1862a）だった。なお、テュラン兄弟（1867）は、ド・バリが行ったピレネマ属 *Pyrenema* での発見を再確認し、造嚢器と造精器をマクロシスト macrocyst とパラシスト paracyst と呼んで識別した。

子嚢菌と下等菌類における生殖器官の発見は、研究者たちが3番目の最も厄介で見込みのない菌じん類の生殖問題に取りかかるきっかけとなった。これまで子実体にこだわっていた目線が、今や菌糸体に向けられるようになったので

ある。

　1856年、H. ホフマンはハラタケ属の一種、アガリクス・メタトゥス *Agaricus metatus* の茎の基部にある菌糸体から隔壁ができて分離する小さな細胞に注目した。ただし、この細胞が発芽しなかったので、それは地衣類やほかの菌じん類の分裂子（スペルマティア）に相当するもので、おそらく若い菌糸の栄養になるものと考えた。

　エルステッド（1865）はアガリクス・ヴァリアビリス *Agaricus variabilis* の菌糸体について、その基部から伸びあがってくる卵細胞と細長い分裂子について記述し、カルステン（1866）はハラタケ *Agaricus campestris* とアガリクス・ヴァギナトゥス *Agaricus vaginatus* について、子嚢菌で見つかったものを思わせる生殖器官を記載した。1873年、リコンとローツェはこれらの結果を確認できなかったが、コプリヌス・エフェメルス *Coprinus ephemerus* の菌糸体で菌糸融合が起こるのを認めている（Ricon & Roze, 1885-9: 78-80）。

　1875年にマックス・リースがバフンヒトヨタケ *Coprinus stercorarius* の造果器、カルポゴニアと分裂子スペルマティアについて記述した（Rees, 1876参照）。同じ年、ファン・ティーゲンが二つの論文を発表し、最初の論文（1875a）で胞子から出た菌糸には二つの性があって、雄（分裂子）と雌（造果器）の器官を作り、この二つが融合すると子実体ができると主張したが、この意見はたちどころにド・セーヌ[5]とエイダム[6]によって完全に否定された。

　ファン・ティーゲンは二番目の論文（van Tiegehm, 1875b）でこの考えを引っ込め、いわゆる分裂子は発芽して分裂子を作る菌糸体になりうるので、それは分裂子ではないといった。彼はまた、菌糸体でアナストモーシスを観察し、子実体は分裂子のない菌糸体から発生すると主張した。つまるところ、彼は子実体形成が有性生殖によるとしたのである。

　この問題の解決は、ブレフェルト（1876）が純粋培養によって、どのようにしていろんな種類のキノコが、微生物による汚染のない液体培地で胞子から胞子へ成長するかを追跡し、子実体が有性生殖の結果できるという明らかな証拠をつかむことができなかったと報告するまで、待たなければならなかった。彼はこの観察結果を自分の著書『糸状菌の植物学的研究（Botanische Untersuchungen über Schimmel pilze）』（1877, 3: 13）に詳しく書いて出版したが、その中には子実

体が一本の菌糸から生じるバフンヒヨタケ *Coprinus stercorarius* の生活史の詳細な説明が含まれている。ブレフェルトは分裂子スペルマティアを分化する力のない分生子と考えていた。最終的に菌じん類の雌雄性の謎を解き明かしたのは、当時進行中だった細胞学の発達と20世紀初頭に発見されたヘテロタリズムに関する研究の進展だった。余談になるが、その発展の様子を要約しておこう。

## 細 胞 学

19世紀末の四半世紀に発展した、細胞を生命の基本単位と見る「細胞説」は、生物学を大きくまとめあげる概念だった。細胞説の基礎はイギリスの植物学者、ロバート・ブラウンによって築かれた。[7] 彼は1831年にラン科とガガイモ科植物の細胞で見つけたものを核と名づけ、その発見をロンドンのリンネ協会に報告したのである。植物に関しては、イエナ大学の植物学教授だったM. J. シュライデンが1838年に『植物の発生について（On Phytogenesis）』という表題の論文の中で、また動物に関しては、ルーヴァン大学の教授だったテオドール・シュヴァンが1839年に『動植物の成長に関する顕微鏡的研究（Mikroscopische Untersuchungen über die Wachstum der Thiere und Pflanzen）』の中でこの説を取り上げ、精緻に論を展開した。大きく貢献した人たちの中にはフォン・モールやカール・ネーゲリらもいたが、ロバート・レイマークは1842年から1854年の間に動物細胞の増殖は細胞分裂によるのであって、シュヴァンらが考えていたように細胞外で起こるのではないということを明らかにした。[8]

その当時新しいとされ、以後広く受け入れられている専門用語が導入された日付をたどるだけで、容易に細胞説のその後の拡大・発展の様子を知ることができるだろう。ブレスラウ大学の生理学教授だったJ. E. プルキニェは1893年に原形質（プロトプラスム）という用語を作り、1882年にはボン大学の植物学教授だったE. シュトラスブルガーが核原形質（ヌクレオプラスム）に対して細胞質（サイトプラスム）という用語を提案した。その2年後にはシュトラスブルガー

が有糸分裂(マイトーシス mitosis)を3段階にわけて、それぞれを前期(プロフェーズ)、中期(メタフェーズ)、後期(アナフェーズ)とした(1882年にクロマチンという用語を使ったのは W. フレミングである)。なお、1882年にシュトラスブルガーが花粉母細胞と胚嚢で起こるのを認めた染色体の数が減る分裂について、1905年に J. B. ファーマーと J. E. ムーアが減数分裂(マイオーシス meiosis)[9]という用語をあてた。

1888年に染色体クロモゾームという用語を作ったのは、W. ヴァルダイアだった。その後、次第に染色体の独立性や安定性、染色体数の意義などが知られるようになった。1905年には、先に核の状態によって配偶体世代と胞子体世代を区別していたシュトラスブルガーが、染色体が単一か、一対かで特徴づけられる世代に対して、動植物界に共通して使える、単相または単数(ハプロイド)と複相または倍数(ディプロイド)[10]という用語を導入した。これらの有意義な用語はすぐ取り上げられ、世代に対してだけでなく、核や細胞、組織から個体に至るまで、広い範囲で使われることとなった。(この分野について、より深く知りたいと思う人は、植物学史や生物学史に関する書籍をひもといてほしい。)

菌類の核を最初に記録したのはド・バリ(1866)だが、彼は自分の教科書の初版本の中で、アカコウヤクタケ *Corticium amorphum*(*Aleurodiscus amorphus*)(図54)の若い生きている担子柄の中に一つの大きな核があると書いている。次いでシュミッツ(1880)がヘマトキシリン染色法を用いて、すべての菌に核があると報告した。また、シュトラスブルガー(1884)はアルコールで固定した後、明礬ヘマトキシリンで染色する方法を用いて、ハラタケ *Agaricus campestris* の菌糸細胞に核があることを明らかにした。

ローゼン(1892)が担子柄の中で核が融合するのを初めて見つけ、その翌年にはウェイジャー(1893)が同様の観察を行ったが、彼はその前年、初めてキバフンタケ *Stropharia stercoraria*(*S. semiglobata*)の担子器で起こる減数分裂を見ていた。ローゼンと同じように、ウェイジャーも二つ以上の核が担子器の中で二次核を形成するために融合すると信じたが、ダンジャール(1895)[11]がその過ちを正し、ルネ・メール(1902)が学位論文(菌じん類と腹菌類に関する初期の細胞学的研究をまとめ上げた歴史的な概説)で彼の発見を裏づけた。その2年前、メール(1900)は、菌じん類と腹菌類の細胞は子実体が成長して担子器になるまで二核である

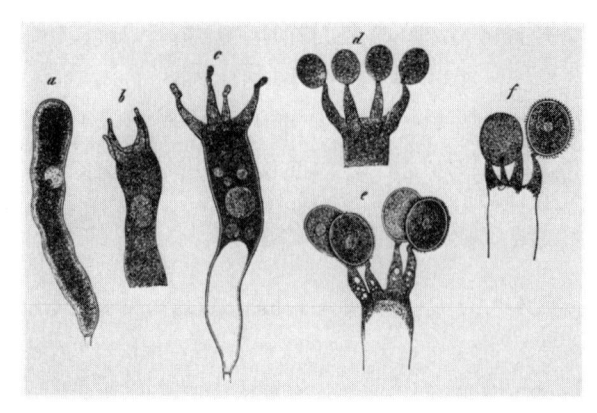

図 54　初めて描かれた菌類の核　アカコウヤクタケの若い生きている担子柄（A. de Bary（1866）: fig. 4.）

こと、つまり同時に個々の細胞の中で共軛有糸分裂（mitoses conjugées）によって二核になることを明らかにした。おそらく、これ以上必要なことは、ジュール（1898: 385）が行ったように、担子器の中で核が分裂する際、紡錘体が主軸に対して縦に配列されるか、横になるかという違いにしたがって菌じん類を横裂担子器と縦裂担子器を作るものに細分することだった。

シュミッツ（1880）が子嚢菌の核を調べ、ダンジャール（1894）がエクソアスクス属 *Exoascus* とチャワンタケ属 *Peziza* の子嚢で核が融合する様子を描いて記述した。その少し後に、当時ボン大学のシュトラスブルガーのもとで研究していたアメリカ人のR. A. ハーパーがスフェロテカ・カスタグネイ *Sphaerotheca castagnei*（Harper, 1895）とピロネマ・コンフルエンス *Pyronema confluens*（Harper, 1900）の核の融合を記録した。これらの菌で、単相世代（栄養菌糸体）と複相世代（受精した造嚢器と造嚢糸）の世代交代があることを示したのも、このハーパーだった。

19世紀後半を通じて、サビ菌の雌雄性の問題が大方の注目を集めた。すでにマイエン（1841）は精子器とサビ胞子堆が雄と雌の器官らしいと示唆していた。初期の研究者たちは精子（精子器で作られる）が発芽しないことに気づいていたが、栄養液の中では精子が少し発芽することを発見したのはテュラン（1875）だった。

ポワローとラチボルスキー（1895）は細胞学的研究を行なって、サビキン類 *Uredinales* の細胞がしばしば対になって分裂した（共軛有糸分裂）二個の核（共軛

核）を持っていることを見出した。また、ダンジャールの学生だったサパン-トルフィ（1896）は、すべてのタイプの胞子が現れるサビ菌の仲間では冬胞子が常に単核で、四個の単核の小生子を作り、それが発芽すると単核の細胞からできた菌糸体になると報告した。さらに、彼はサビ胞子堆を持っている菌糸体が二核になり、サビ胞子も同じようになることを見出し、このような状態は夏胞子や若い冬胞子の場合にも見られるとした。なお、彼が有性生殖とみなしていた核の融合は成熟した冬胞子で起こっていたのである。サパン-トルフィは単核のサビ胞子堆を分生子のようなものと思っていたらしい。

　当時、大英博物館（自然史博物館）で植物部門の助手だったV. H. ブラックマン（1904）（後にロンドン大学のインペリアル・カレッジで科学担当の教授になった）は「雌雄性に関する研究の決め手はサビ胞子堆の初期成長過程」にあることは明らかだと考えた。そこで彼はフラグミディウム・ヴィオラケウム *Phragmidium violaceum* とギムノスポランギウム・クラヴァリイフォルメ *Gymnosporangium clavariiforme* について注意深い完璧な研究を行ない、サパン-トルフィの発見を再確認し、成長しているサビ胞子堆の細胞間で核が移動し、複相になる様子を図に描き（図55参照）、精子器は機能を持たない雄性の細胞だとした。

　要するに、子嚢菌と下等菌類の生殖器官は、20世紀初頭までに記載され、造卵器の中での核の融合や子嚢や担子器の成長過程が明らかになり、有性世代と無性世代が交代することも知られるようになった。二核と複相の違いは観察さ

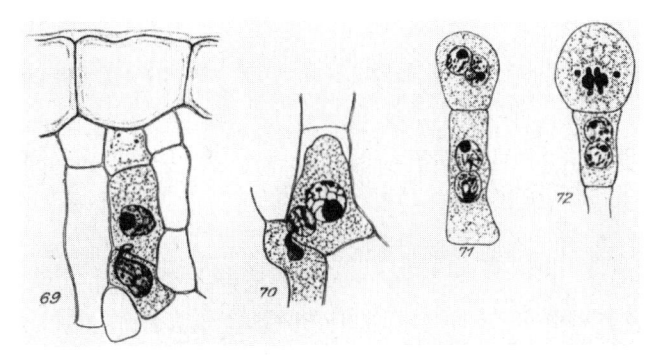

図 55　フラグミディウム　ヴィオラケウム *Phragmidium violaceum* の成長しているサビ胞子堆の細胞間で核が移動し（69、70）、複相化して（71）、サビ胞子ができる（72）（V. H. Blackman（1904）: part of pl. 23.）

れていたが(これらの状態に対する新しい用語はまだ見られなかった)、ブラックマンが気づいていたように、核相交代に関連して見られた形態的に異なる三段階、すなわち「同じ細胞質の中での核の集合と核の減数(融合)および染色体の減数」が一緒に起こるのか、いくつかの分裂に分けられるのか、そのいずれかだった。雌雄性に関する研究のこれ以上の発展は、ヘテロタリズム(異種性)の発見を待たなければならなかった。

## ヘテロタリズム

ヘテロタリズム(性的異質接合性)はハーヴァード大学の若き菌学者、アルバート・フランシス・ブレイクスリ(図104)によって発見されたが、ブレイクスリの研究の要点については、1904年6月3日付の『サイエンス』に載った重要な研究結果の要約文をそのまま引用するのが、最もふさわしいだろう。

「ケカビ類の接合胞子の形成は、個々の種の遺伝的性質によって決まるのであって、間接的ではあっても、けっして外的要因によるものではない。

ケカビ類の種は、接合胞子形成の仕方によって主要な二つのグループ、すなわちホモタリズム(性的同質接合性)とヘテロタリズム(性的異質接合性)に分けることができる。これはそれぞれ高等植物にいう雌雄同株と雌雄異株にあたる。

ホモタリズムのグループでは、接合胞子が同じ葉状体または菌糸体から出る枝から作られ、一個の胞子からできてくる。一般にすべてのケカビ類がこのグループに属していると思われているが、この仲間は種としてはごくわずかで、従来接合胞子を常に作ることができるとされていたものに限られている。………

一方、ほとんどの種が属しているヘテロタリズムのグループでは、接合胞子は必ず性質の異なる葉状体または菌糸体の枝から生じ、一個の胞子を撒いておいても、けっしてできてこない。したがって、ヘテロタリズムの種はどれでも、明らかに異なる二つの系統が集まったもので、その関係を通して接合胞子がで

きてくるのである。もし、一つの種の二つの対立する系統を接種したとき、菌糸体がともに成長できるほど相性が良ければ、対立する系統の菌糸の間に形成された接合胞子の黒い線が、コロニーの接触面にはっきりと見えるはずである（図53）。

　パンにつくごくありふれたカビ、クモノスカビ Rhizopus nigricans（R. stolonifer）は、近年、隠花植物学の初級コースで必ずといっていいほど使われているが、おそらく、これがこの仲間の代表的な種といえるだろう。たまたま二つの系統が交じってできた培養株が、「ハーヴァード株」として10年以上にわたって継代培養され、国内の多くの植物学研究室に送られて授業に使われている。

　個々の種について見ると、性的に異なる系統は、一般に栄養成長の点で多少とも際立った違いを示しており、その成長の良し悪しは、適宜それぞれ（+）か（−）記号を使って表わされている。ただし、その分化についてはまだほとんど研究されていない。………

　ヘテロタリズムの種では、同じものの（+）または（−）の系統に反応しない「中性 neutral」と呼ばれている系統が知られているが、同様の「中性」は培養条件を悪くすると誘発させられることがわかっている。

　接合過程が詳しく追跡されたホモタリズムとヘテロタリズムグループのすべての種で、配偶体が切り離される膨らんだ部分（前配偶子嚢 progametes）は、現在信じられているように、相手に向かって互いに成長しないが、多少とも分化した菌糸（接合枝 zygophores）間の接触によって生じ、正常な場合はいつも始めから癒着している。

　いくつかの種では、接合枝が互いにひきつけあっていること（zygotactic）もわかっている。

　ホモタリズムのグループの中で異形配偶子を作る亜群では、接合枝の菌糸とそこからできてくる配偶子の間にはっきりした一定の相違が見られるが、ほかのホモタリズムの種類やヘテロタリズムのすべての種類では、このような分化が見られない。………

　不完全な交雑は、同じか、もしくは異なる属の中でもヘテロタリズムの種の似つかわしくない系統間、またはホモタリズムの型およびヘテロタリズムの同一系統間に生じ、多くの場合、明瞭な白い線が交雑域に現れる」

　2か月後には『アメリカ人文・自然科学アカデミー会報（Proceedings of the American Academy of Arts and Sciences）』に彼の研究結果の詳細が載り、その後

26年間にわたって膨大な数の論文が出続けた。

1906年、ブレイクスリはホモタリズムのスポロディニア・グランディス *Sporodinia grandis*（*Syzigites megalocarpus*）の接合胞子から、ホモタリズムの胞子嚢胞子だけを作る菌糸が生じることを示した。また、ヘテロタリズムのムコル・ムケド *Mucor mucedo* の接合胞子は胞子嚢胞子が形成される前に性を分化させ、（＋）か（－）いずれかの胞子ができる胞子嚢を作ることを明らかにした。一方、ヘテロタリズムのフィコミケス・ニテンス *Phycomyces nitens* では、（＋）か（－）の胞子が同じ胞子嚢の中で作られ、加えて不安定で（＋）か（－）になる異常なホモタリズムの菌糸を生じる、いくつかのホモタリズムの胞子と胞子嚢胞子があることを報告した。

さらに、（＋）系統と（－）系統の違いを血清学的に検討していた時、ついでにクモノスカビ *Rhizopus stolonifer* の乾燥菌体の水抽出物をウサギに静脈注射すると、強い毒性が現れることを発見した（Blakeslee & Gortner, 1913）。この後、10年ほどの間にブレイクスリのケカビ類に関する発見は、すべて再確認された。

## 菌じん類

ほかの菌類の中で、比較的早くヘテロタリズムが見つかったのは菌じん類だった。1908年から9年にかけて、ミュンヘン大学のカール・フォン・ツボイフ教授の研究室で大学院生だったエルシー M. ウェイクフィールドが菌じん類のスエヒロタケ *Schizophyllum commune* の単胞子培養をしていた時のこと、13培養株のうち3株だけが子実体を形成したという（Wakefield, 1909）。

10年たって、この奇妙な現象を調べるためにヴュルツブルグ大学のハンス・クニープがウェイクフィールドの結果を追試して、その発見が正しいことを確かめ、適性のある不稔系統のコロニーが一つの培養基上で隣り合って接触すると、子実体ができることを明らかにした。また、彼は交配してできた菌糸には、かすがい連結、クランプコネクッションがあることを観察した（図56）が、実はその一、二年前にコウヤクタケ属の一種 *Corticium varians* と *C. serum* について

細胞学的研究を行ない、かすがい連結と共軛核分裂が関係していることを報告していた（Kniep, 1915）。さらに、彼は単胞子培養で作られた子実体の菌糸はかすがい連結を欠き、担子器での減数分裂が有糸分裂に置き換わり、一種類の交配型だけをもった胞子ができることを明らかにした。

1919年11月27日にヴュルツブルグ大学で開かれた医学・生理学会大会で、クニープは菌じん類にヘテロタリズムが認められることを報告した（Kniep, 1920）。ところが、彼は第一次世界大戦のため、マチルド・バンソードがすでに同様の事実を発見し、1917年にフランスの科学アカデミーに報告し、しかもその年に『Comptes Rendus』に論文を投稿して1918年には学位論文で詳細に報告していたという事実に気づいていなかった。一方、バンソードのほうも、自分が見つけた共軛核分裂とかすがい連結形成との関係を、クニープが先に報告していたことを知らなかった。

バンソードはウシグソヒトヨタケ Coprinus fimetarius（C. cinereus）の二つの単胞子培養株、つまりファン・ティーゲン・セルを使って採った4個のうちの生き残ったものを用いて実験した。彼女が $\alpha$、$\beta$ として区別した、これらの培養株はどちらもかすがい連結を欠き、いつまでも子実体を作らないままだったが、交配すると、必ずかすがい連結のある菌糸を出して子実体を作った。その結果、バンソードはウシグソヒトヨタケ C. cinereus もケカビ類の場合と同じように、ヘテロタリズムを表わすとして、これらを $\alpha$ 系統（＋）と $\beta$ 系統（－）で示した。

これらの発見に多くの研究者が興味を示し、特にブラーの名前と関係の深いカナダの弟子たち（イレーネ・マウンス、W. F. ハナ、ドロシー・E. ニュートン（以上は図57）やH. J. ブロディら）やオーストリアのH. ブルンスヴィク、ベルギーのR. ヴァンダンドリー、オランダのA. J. P. オリ、ポルトガルのA. キンタニラ、スエーデンのニルス・フリース（腹菌類のヘテロタリズムを明らかにした）やクニープ自身らが活躍した。ただ、マチルド・バンソードは、その後ポルトガ

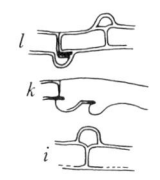

図 56 初めて描かれたかすがい連結の図

図 57 ウィニペッグ、ドミニオン サビ菌研究所の職員。1936年、ブラー教授の退官に際して。後列：（左から右へ）F. グリーニー、J. E. マカチェク (1902-70)、W. A. F. ハグバーグ。 中列：J. W. ウエルシュ、R. パターソン、D. W. ウォデル、T. ジョンソン、A. M. ブラウン、W. ポップ。 前列：B. パターソン、W. F. ハナ (1892-1972)、マーガレット・ニュートン (1887-1971)、A. H. R. ブラー (1874-1944)、J. H. クレイギー、C. H. ゴールドン。

ルやアゾレス諸島などの植物病害の研究に力を注いだが、何か複雑な事情があったらしい。

　菌じん類では、子実体が一、二または四タイプの担子胞子を持つことが明らかになった。この最初のカテゴリーが典型的なホモタリズムである。それはイレーネ・マウンス (1921) がマグソヒトヨタケ *Coprinus sterquilinus* やバフンヒトヨタケ *C. stercorarius*、ニオイコナヒトヨタケ *C. narcoticus* などで示したように、単一胞子から生じたかすがい連結のある菌糸体で子実体形成が見られるという例だった。なお、一タイプの胞子を作る子実体が、ヘテロタリズムの種のある交配型の単一胞子から生じた菌糸体上にできる例は少ない。また、クニープがスエヒロタケ *Schizophyllum commune* で示したように、この子実体を作る菌糸にはかすがい連結がない。

　さらに、ホモタリズムの第二のタイプ（二次ホモタリズム）では、一個の倍数核（一次のホモタリズムに見られるような）ではなく、異なっているが適合性のある交配型の二個の単数核を持つ一個の胞子から子実体が発生するという点で識別で

きることが明らかになった。これは、最初 B. D. ドッジ（1928）が子嚢菌のアカパンカビの一種 *Neurospora tetrasperma* で、二年後にサス（1929）がコプリヌス・エフェメルス f. ビスポールス *Coprinus ephemerus f. bisporus* で発見したことである。

第二のカテゴリーの子実体は、一対のメンデル性因子（Aa）によって決まる二つの交配型（A と a）の担子胞子を持っており、これが二極性ヘテロタリズムの特徴である。これは1923年から1924年にかけて、ヴァンダンドリー（1923）がジンガサタケ *Annellaria separata*（*Panaeolus separata*）で、ブルンスヴィク（1924）がササクレヒトヨタケ *Coprinus comatus* で、ドロシー・ニュートンがワタヒトヨタケ *Coprinus rostrupianus*（*C. flocculosus*）でそれぞれ別個に発見したことである。

第三のカテゴリーの四極性ヘテロタリズムでは、交配が二つの遺伝子座にある二対の因子（Aa と Bb）で決まる。したがって、四つのタイプの胞子は、AB, ab, Ab, aB という遺伝子構成になり、交配は第一、第二、第三、第四クラスの菌糸体の間にだけ見られる。

スエヒロタケ *Schizophyllum commune* とコウヤクタケの一種 *Aleurodiscus polygonius* で四極性のヘテロタリズムを最初に見つけたのもクニープ（1920）だった。彼はまた、出所の異なる子実体の単胞子培養菌糸を使って交配実験を試み、双方の遺伝子座に多様な対立遺伝子（A1，A2，A3，A4などやB1，B2，B3，B4など）が存在することによってさらに複雑さが増すことを見出した。

一、二年のうちに、いろんな菌じん類について多様な対立遺伝子（場合によっては100以上にもなる）のあることが、二極性や四極性のヘテロタリズムの例で明らかになってきた。また、なぜ、異なるヘテロタリズムの種の単胞子培養株（Brunswik（1924）などがいう、いわゆる地理的系統）を交配させると、完全に適合するのかという理由も多様な対立遺伝子の存在によって説明できるようになった。

四分子になった個々の胞子を研究したのもクニープだった。四極性のアレウロディスクス・ポリゴニウス *Aleurodiscus polygonius* の担子器にできる4個の胞子は、ときどき塊になって放出されるが、ゆするとバラバラになって寒天培地の上で成長する。担子器でそれぞれ二つのタイプの胞子、すなわち二個の $A_1B_1$

と二個の$A_2B_2$か、二個の$A_2B_1$と二個の$A_1B_2$のいずれかが見つかったことから、クニープは性の分離が最初の減数分裂の際に起こると推測した。

クニープの研究室にいたフンケ (1924) は、このことを四極性の種であるナヨタケ属 Hypholoma (Psathyrella) とモリノカレバタケ属 Collybia について、ミクロマニピュレータを使って確かめ、可能生のある4個の胞子をすべて備えた担子器を見つけた（これは性の分離が二番目の減数分裂で起こることを意味する）。

ハナ (1925) もザラエノヒトヨタケ Coprinus lagopus（sensu Buller = C. radiatus) で同じことを確認した。ちなみに、ハナとブラーが考案した方法は、若いヒダの表面にカバーグラスを押しつけ、それに付着した無数の4個一組の胞子を乾いた針で一つずつ拾いあげ、適当な寒天培地に移し、出てきた菌糸を交配させるというものだった (Hanna, 1944)。

1930年にブラーは単相（一核）の菌糸体が複相（二核）の菌糸体に変わる過程を表わすのに複相化という便利な言葉を編み出した。これについてはブラーの総説 (1941) を参照されたい。単相菌糸体の一本の菌糸が適合性のあるもうひとつの菌糸と融合する複相化現象は、最初クニープの研究室で発見された。当時、核の移動とかすがい連結の形成過程を研究していたレーフェルト (1923) がコガネコウヤクタケの近縁 Corticium serum (Hypodontia sambuci) とコアカエガマホタケ Typhula erythropus の細胞を観察しようとしていたときに発見したという。

ある一核菌糸が別の一核菌糸と融合する複相化は正常な過程だが、ブラーは1930年にザラエノヒトヨタケ Coprinus radiatus の単相（一核）の菌糸体が複相（二核）の菌糸体と融合する複相化を報告した（図58）。この過程は後にキンタニラ (1937) によって「ブラー現象」と名づけられた。

もうひとつの複相化はオイディウム（分裂子）oidium によるものである。ブレフェルトは多くの菌じん類のオイディウムについて記載したが、これは退化した構造だと考えていた。一方、オイディウムを発芽させたファン・ティーゲンは、これを雄の細胞だとしたが、その機能は不明のままだった。オイディウムは単相の菌糸体だけにできるが、複相化の後ではその形成が止まることを最初に見つけたのはバンソード (1918) だった。たまたま彼女は対峙培養をしていて、単相のコロニーが反対の系統と融合する前に複相になったのを観察したという。彼女はこの現象を、反対の系統のオイディウムが寒天培地上の水の膜を伝って、

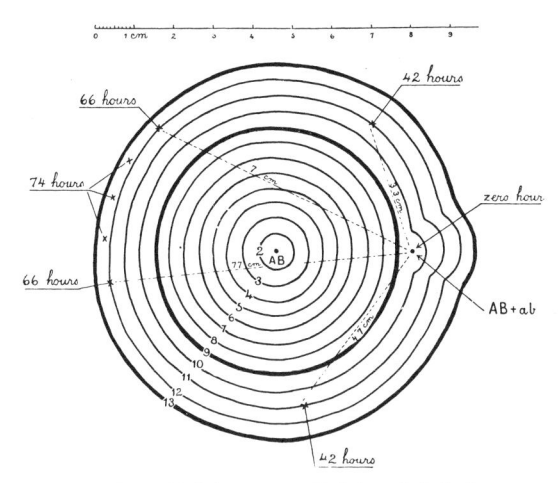

図 58 ブラー現象。二核菌糸による一核菌糸の複相化 (A. H. R. Buller (1930) : fig. 5.)
(図中の説明) 図5 二核菌糸による大きな半数体菌糸 (AB) の複相化。(AB) 菌糸体が成長して9日目に達したとき（内側の太い線で描いた円、No. 9)、(AB) + (ab) の菌糸を少量植えつけた。すると、三日以内に二核菌糸が半数体の菌糸によって複相化した。かすがい連結が特定の時期に見られたところで、交配が見られた。(ab) 核は (AB) 菌糸の中を約64時間の間に7.7センチまたは77ミリ以上、毎時1.2ミリ移動したはずである。実物の三分の二の大きさ。

二つの菌糸体の間を渡り、発芽してもう一方の系統と融合した結果だろうと考えた。ブロディ (1931) はオイディウムがザラエノヒトヨタケ Coprinus radiatus の複相化に関係していることを確認し、次に紹介する、クレイギーによるサビ菌での実験結果に照らして、このような複相化はハエが媒介することによって起こるとした。

## サビキン類とクロボキン類

　1919年にクニープがナデシコ科 Caryophyllaceae の葯につくクロホ病菌（*Ustilago violacea*）は二極性のヘテロタリズムを現わすと報告した。なお、このような状態は、多様な対立形質を欠いているが、後の研究者たちによってクロボキンでは一般的に典型的なものとされた。サビキンの雌雄性を解き明かすのはもっと大変な仕事だった。

　1927年7月、カナダのウィニペグにあるドミニオン　サビ菌研究所のJ. H. クレイギーが、ヒマワリにプキニア・ヘリアンティ *Puccinia helianthi* を単胞子感染させて、それがヘテロタリズムであることを証明し、『ネイチャー』(Craigie, 1927a) で報告した。彼は隔離した状態で単胞子感染させると、柄胞子や柄子蜜を作るサビ柄子器は作られるが、二つ以上の柄子器の小隆起が互いに近い位置にあるか、くっついている時によく見かけるサビ胞子堆は形成されないという事実を発見した。クレイギーは小生子に二つのタイプ、(+)(−)があって、単胞子感染したものが対立する系統であった場合は、菌糸の融合が起こり、次いでサビ胞子堆が形成されるとした。同じ年の11月に『ネイチャー』へ投稿した二番目の論文で、クレイギー (1927b) は、一つのサビ柄子殻から出た胞子が対立する交配型のものに移行すると、サビ胞子堆が形成されると報告し、サビ柄子殻の役割を明らかにした。

　1933年にはクレイギーがプキニア・ヘリアンティ *Puccinia helianthi* について、柄胞子がサビ柄子殻から突き出た曲がりくねった菌糸と融合する図を描き、1938年にはブラーがムギ黒サビ病菌 *P. graminis* について同様の過程を図示して記録した。一方、A. M. ブラウン (1932) はプキニア・ヘリアンティ *Puccinia helianthi* でブラー現象（二核菌糸による一核菌糸の複層化）が起こることを示した。

## 子嚢菌など

　子嚢菌でヘテロタリズムが最初に見つかったのは、B. O. ドッジ (1920) が記載した盤菌類、スイライカビ属、アスコボールス・マグニフィクス *Ascobolus magnificus* でだった。C. L. シアとB. O. ドッジ (1927) がニューロスポラ (アカパンカビ) 属 *Neurospora* の数種はヘテロタリズムだが、4個の胞子を持つニューロスポラ・テトラスペルマ *N. tetrasperma* は、ときにヘテロタリズムの半数体を持つ二次的なホモタリズムになることを示した。F. L. ドレイトン (1932, 1934) はスクレロティニア・グラディオリ *Sclerotinia gladioli* について、単胞子培養の菌糸体に受容体とともにできた小分生子は、ほかの単胞子培養株の適合性のある受容体に移されると精子として働き、子嚢盤の形成を促すとした。

　芽胞形成する酵母のヘテロタリズムの解明には、かなり長い時間を要した。1891年ごろ、E. C. ハンセンがサッカロミコデス・ルドウィギイ *Saccharomycodes ludwigii* の子嚢胞子は発芽すると、互いに融合すると報告した。その数年後、彼の助手だったH. ショニング (1895) がシゾサッカロミケス・オクトスポルス *Schizosaccharomyces octosporus* で子嚢形成前に細胞が結合するのを観察し (図59)、20世紀にはいると、ホフマイスター (1900) と後の研究者たちが、このようなプラスモガミー (細胞質融合) に続いてカリオガミー (核融合) が起こることを確認した。1935年にはØ. ウインゲが酵母における単相世代と複相世代の交代を報告したが、サッカロミケス・ケレヴィシアエ *Saccharomyces cerevisiae* のヘテロタリズムをC. C. リンデグレンとG. リンデグレンが実験的に証明したのは1943年のことだった。また、L. J. ウィッカーハムとK. A. バートンが自然界でも同じ現象が起こることを報告したのは、1952年になってからだった。

　その後も多くの例が報告され、ヘテロタリズムという用語は、性の異なる配偶体または配偶子嚢の存在によって二つのタイプの葉状体が識別できる、ラボウルヴェニア菌類や多くの藻菌類にも適用されるようになった。H. L. K. ホワイトハウス (1949a) はヘテロタリズムに関するすぐれた総説の中で、このタイ

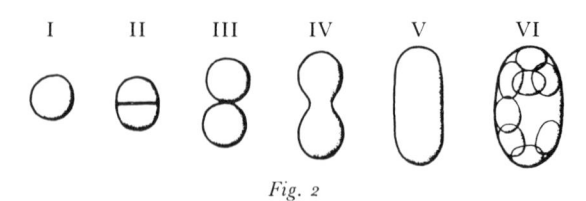

図 59 シゾサッカロミケス オクトスポルス Schizosaccharomyces octosporus における子嚢形成前の細胞結合
　　（子嚢の形成　I　横方向の隔壁ができる少し前の丸い細胞。　II　一時間後。　III　3時間後。　IV　6時間後。　V　10時間後。　VI　17時間後。ここに示した時間は観察開始から数えたもの。倍率は1000倍。）

プのヘテロタリズムを「形態的ヘテロタリズム」(haplo-deoecism) とし、有性生殖でできた二つの葉状体の間に形態的な差異がほとんど見られない場合を「生理的ヘテロタリズム」(haploid compatibility) として区別した。

## 遺 伝 学

　菌類の雌雄性の解明に続く大きな展開の一つは、一般遺伝学の問題を扱う実験的研究の中で、遺伝学者たちが菌を実験材料として用いたことである。ちょうどショウジョウバエが使われたように、ニューロスポラやサッカロミケス、アスペルギルスなどが遺伝学に最も便利な実験材料として取り上げられ、新しい論文が多数世に出ることになった。得られた研究成果の大半は、ほとんど1950年代以降のものだが、菌学史というよりむしろ遺伝学史の領域に属しているため、ここでは触れないことにする（詳細についてはFincham & Day (1963) や Esser & Kuenen (1965) の総説を参照）。ただし、二、三の点は知っておく必要があるだろう。
　ニューロスポラで稔性のある雑種を、最初に報告したのは B. O. ドッジ (1928) だった（図60）。この成果に導かれて、1963年にカール・C. リンデグレンが菌類で初めて染色体の連鎖地図を描き、同年4月にはニューロスポラ・ク

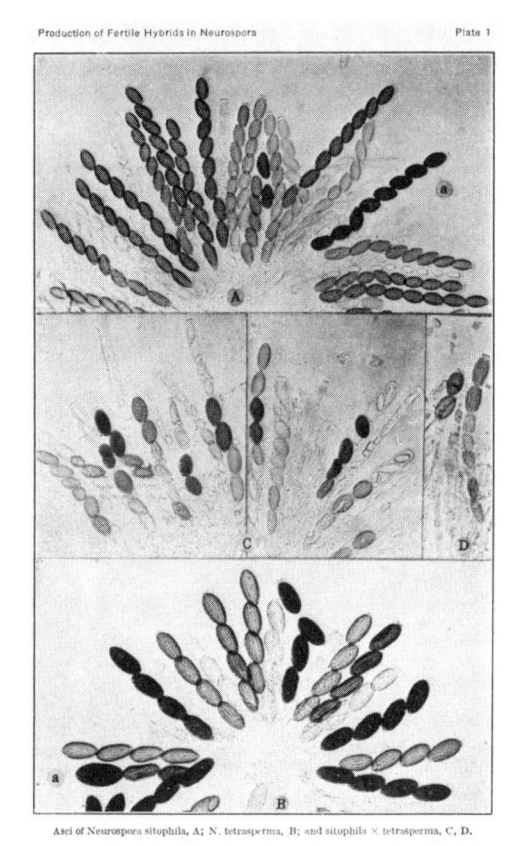

図 60 初めてアカパンカビ Neurospora を用いて行なわれた交雑実験。
(B. O. Dodge (1928): pl. 1)

ラッサ Neurospora crassa の性染色体に関する 6 点地図が『遺伝学雑誌（Journal of Genetics）』に掲載され、わずかに修正されたものが 7 月の『遺伝雑誌（Journal of Heredity）』（図61）に載った。

どの対立遺伝子対についても、子嚢の中の 8 個の子嚢胞子は、分離が第一分裂か、第二分裂のいずれで起こるかによって、六つの異なるパターンになる。そこで、当時性決定因子と形態的特徴を決める五つの単一因子について研究していたリンデグレンは、二回目の減数分裂で起こる遺伝子対の分離からみて、問題になる遺伝子座と紡錘糸付着点（centromere）の間に生じる交叉の数によるが、紡錘糸付着点と六つの遺伝子座の距離を計算することができるとした。

Lindegren: Sex-Chromosomes of Neurospora

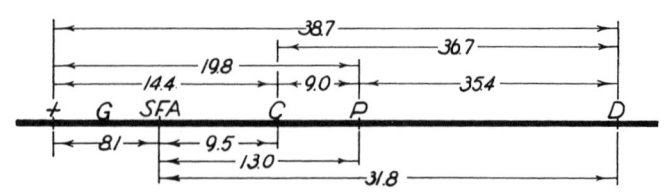

MAP OF THE SEX CHROMOSOME OF NEUROSPORA
Figure 4

Genetical distances in the sex-chromosome determined by data submitted in this paper. All are direct measurements and none is the result of addition or subtraction of two other values. The gene *gap* (G) has been previously (Lindegren[9]) shown to be about 4 units to the left of the spindle-fiber attachment (SFA). Although there are discrepancies due to sampling errors concerning actual distances, all data agree on the seriation of the six loci: the sex-differentiating allels (+/−), the gene *gap* (G), the spindle-fiber attachment (SFA), and the genes *crisp* (C), *pale* (P), and *dirty* (D).

図 61 初めて公表された菌類の染色体地図 (C. C. Lindegren (1936): fig. 4.)
(図中の説明) リンデグレン：アカパンカビの性染色体地図 fig. 4

最近の遺伝生化学における大きな展開には、二つの主要な側面があり、ともに深い根から派生している。菌類の役割は小さいが、一つは遺伝物質の化学的性質に関するものである。この分野は、ヨハン・フリードリッヒ・ミーシュナーが膿汁の細胞 (1868) と魚の精子に「ヌクレイン (nuclein)」(1874) があると報告したことから始まった。20世紀に入ると、マールブルグ大学生理学教授で、1910年にノーベル医学生理学賞を受賞したアルブレヒト・コッセルが、核酸の二つのタイプを「胸腺核酸 (thymus nucleic acid)」(デオキシリボ核酸、DNA) と「酵母核酸 (yeast nucleic acid)」(リボ核酸、RNA) とに分け、1953年に J. D. ワトソンと F. H. C. クリックが DNA の化学構造を明らかにしたことによって、この分野は開花した。

もうひとつは遺伝子の生化学的影響に関する研究分野である。1941年、ビードルとテータムはショウジョウバエで始めた研究を発展させようと、突然変異体ができやすい研究に都合のいい材料を探していて、アカパンカビ *Neurospora* を選ぶことにした。この菌は栄養要求性が単純な上に、優性と劣性による解析がさほど難しくない半数体で、同じ遺伝的組成の無性胞子をたくさん作り、しかも突然変異体の遺伝子解析に使える有性世代 (B. O. Dodge, 1928) を持っている格好の材料だった。

ビードルとテータム (1945) はアカパンカビの培養株に X 線などの放射線を照射して検定し、栄養要求性が変化した380系統 (たとえば、野生種と異なって、ピリ

ドキシンやサイアミン、パラアミノベンゾイックアシッドなどの栄養素を別個に与える、いわゆる最小培地で成長する突然変異株など）を手に入れ、それぞれを解析した結果、これらの突然変異株が一つの遺伝子だけで親株と異なっていることを示した。また、このような系統を用いた交配実験を行なって、適当な組成の培地を入れたプレートに多数の胞子を播くだけで、特殊なタイプの遺伝子を持った子孫の系統を容易に判別できるとした。なお、胞子の色に出る変異についても重要な遺伝子マーカーとして注目した。その後、この方法はサッカロミケスやアスペルギルスなどを含む他の菌にも広く適用され、そこから得られた成果は菌類の代謝経路や遺伝子の働きに関する知見を深める上で大いに役立った。

グラスゴー大学の遺伝学者、G. ポンテコルボと J. A. ローパはアスペルギルス・ニドゥランス Aspergillus nidulans を用いて、有性生殖でない場合でも、彼らが擬似有性的生活環 parasexual cycle と名づけた過程によって遺伝子組み換えが起こることを発見した (Pontecorvo & Roper, 1952)。ポンテコーボ自身の言によると、

「擬似有性的生活環の段階は次のとおりである。(a)異核共存体、ヘテロカリオン内の二つの異なる半数核の融合。(b)その結果生じた二核の異型接合核が、ヘテロカリオン内でもとの半数核とともに増殖。(c)その結果として同核共存体、ホモカリオンの倍数体菌糸から分かれて、一系統として成立。(d)倍数核が増殖する間の有糸分裂による遺伝子組み換え（体細胞組み換え）。(e)倍数核の無性的半数化（単相への還元）」(Pontecorvo, 1956)

アスペルギルス・ニドゥランスは有性世代を持っているが、ポンテコルボとその共同研究者たちは有性生殖の存在がまだ知られていなかったアスペルギルス・ニゲルやペニシリウム・クリソゲナムにも擬似有性的生活環があることを明らかにし、その後、他の研究者たちによって、ほかの菌についてもこの現象の存在が確かめられた。この擬似有性的生活環は、明らかに不完全菌の新しい系統を育種する際に利用できる可能性を含んでいるが、実用化についてはまだ検討中である。

この分野のクライマックスは1958年にポンテコーボの研究室にいたエタ・ケーファーがアスペルギルス・ニドゥランスの8本の染色体について、染色体

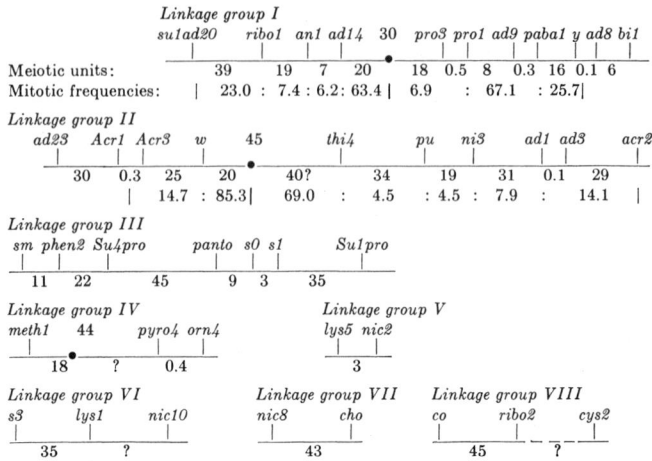

```
                    Linkage group I
                    su1ad20   ribo1  an1 ad14  30  pro3 pro1 ad9 paba1 y ad8 bi1
                    |─────────|──────|───|──●───|───|────|───|────|──|──|─|
Meiotic units:           39       19    7  20     18  0.5   8   0.3  16 0.1 6
Mitotic frequencies: |  23.0  : 7.4 : 6.2: 63.4|  6.9   :   67.1   : 25.7|
     Linkage group II
     ad23  Acr1 Acr3    w        45            thi4         pu   ni3    ad1 ad3     acr2
     |─────|────|───────|────────●─────────────|────────────|────|──────|───|───────|
        30    0.3   25     20          40?          34       19    31    0.1   29
     |   14.7 : 85.3|  69.0    :         4.5     :    4.5 :  7.9   :     14.1    |
     Linkage group III
     sm phen2 Su4pro        panto s0 s1    Su1pro
     |──|─────|──────────────|───|──|──────|
       11  22      45         9   3   35
     Linkage group IV                 Linkage group V
     meth1   44    pyro4 orn4         lys5 nic2
     |───────●─────|─────|            |────|
        18    ?      0.4                 3
     Linkage group VI              Linkage group VII       Linkage group VIII
     s3       lys1    nic10        nic8      cho           co     ribo2      cys2
     |────────|───────|            |─────────|             |──────|──────────|
        35      ?                       43                    45      ?
     FIG. 2. Linkage maps of Aspergillus nidulans based on mitotic and meiotic analysis.
```

図 62　初めて描かれた菌類（エメリケラ　ニドゥランス Emericella nidulans）の染色体地図（Etta Käfer (1958) : fig. 2.）

地図を作り、それを公表したことだった。これは菌類の完璧な染色体地図が初めて公開された例である。なお、その地図のもとになったデータは図62に見られるように、二つの別個の方法、すなわち完全世代（エメリケラ・ニドゥランス Emericella nidulans）の減数分裂の解析と不完全世代（アスペルギルス・ニドゥランス A. nidulans）の有糸分裂の解析によって得られたものだった。[13]

## 胞子形成と雌雄性の生理学と生化学

　すでに形態と栄養の項で触れたように、ここ50年ほどの間に胞子形成と雌雄性に関する研究は、急速に生理・生化学的方向をたどるようになった。一般化するのはかなり難しいが、主流は胞子形成に与える多様な外的要因の影響に関する研究だった。まず、世間の注目を惹いた最大の課題は、栄養条件の効果である。1896年にクレプスがフハイカビを栄養液から蒸留水に移すと、遊走子嚢や遊走子の形成が促進されたと報告し、これが世紀の変わり目を画す大きな話題となった。

今や学生たちにおなじみの実験だが、後にP. クラウセン (1912) が、ピロネマ・コンフルエンス Pyronema confluens の培養株をイヌリンが入った固形培地のプレート上で成長させると子嚢盤の輪を作るが、炭水化物を欠いた培地では菌糸が伸びすぎるという事実を実験によって示した。その後、1931年になるとW. H. ショファーがフィコミケス・ブラケスレアヌス Phycomyces blakesleeanus について (Schopfer, 1934参照)、いくつかの菌は胞子形成のために微量要素のほかに、特殊な成長促進物質を必要とすることを初めて明らかにした。たとえば、ソルダリア・フィミコラ Sordaria fimicola (リリアン・E. ホーカーとその弟子たちによって、メラノスポラ・デストルエンス Melanospora destruens として1936年以降、10年にわたって詳細に研究された) について、この菌が栄養成長にはビオチンを要求し、胞子形成にはサイアミン (またはピリミジンの半分) の添加を必要とすることがわかった。このほか多くの研究例が、ホーカー (1950：5、6章；1957およびエインズワースとサスマン (1965-73) 2：14章) による1966年の総説に紹介されており、温度や水分、ｐＨ、放射線などの外的要因が胞子形成に与える影響なども盛り込まれている。

培養菌糸への日光の周期性による影響は、輪状帯ができることで早くから知られていた。G. G. ヘッジコックが初めて実験的に胞子形成の程度が変わることによって次々と輪状帯が現れることを示したのは1906年のことだった。一方、紫外線照射が胞子形成に刺激的に働くというF. L. スティーブンズの観察結果が1928年に報告され、それがヒントになって、今一般に行なわれているように、菌を同定するため胞子形成しにくい培養株に「黒い光線 (320-340nm の近紫外線)」をあてて胞子形成を促す方法が編み出された。[14]

20世紀における菌学上の一つの大きな発見は、ホルモンによって菌の雌雄性が制御できることを実験的に示したことだが、これはハーヴァード大学のジョンR. レーパーの研究によるものである。フハイカビが性ホルモンをだしているという可能性については、ド・バリがすでに1881年に示唆していたが、ブルゲッフがムコル・ムケドで、その走化性 (彼はそれをジゴトロピズム zygotropism と名づけた) を実験的に証明したと発表したのは、1924年になってからだった。彼は (＋) 系統と (－) 系統の菌糸が接触する前に、双方で接合子柄の形成が始まることを観察し、膜で隔てられていても、互いに接近すると、接合子柄ができ

ること（たがいに誘引すること）を実験的に証明した。

　後に、M. プレンペル (1960) が、この接合子柄の形成には二種類のホルモン、すなわち接合子柄の形成促進と接合子柄の走化性に関わるものがあることを明らかにした。その間、、J. R. レーパーは1939から1950年の間に一連の優れた論文を発表し、その中でワタカビ属の雌雄性について、特にヘテロタリズムのアクリア・アンビセクシュアリス *Achlya ambisexualis* とアクリア・ビセクシュアリス *A. bisexualis* の場合には、複雑なホルモンによる制御が見られるという実験的証拠を示した (Raper (1952) の総説と Machlis (1966) 参照)。彼は雌の菌体から出る二つのホルモンと雄からの二つ、合わせて四つの特殊なホルモン（複合物）が造精器になる菌糸の形成に関与し、他のホルモンが造卵器の原基形成と造精器の菌糸が造卵器へ向かって成長することや造精器と造卵器の間を仕切る隔壁の形成を制御することを明らかにした。

　その後、リーヴァイ (1956) が子嚢菌にも性ホルモンがあることを証明し、サッカロミケス・ケレビシアエでの融合がホルモンの制御下で起こると主張した先人たちの意見を実験的に証明した論文を発表した。また、1956と1957年には G. N. ビスティスがアスコボールス・ステルコラリウス *Ascobolus stercorarius* で複数のホルモンによる雌雄性の制御があると報告した。

# 6
# 病原性

科学知識の発達は、ある程度人間の好奇心や説明したいという欲求によるかもしれないが、より実用的な目的や経済的な動機が大半の科学分野の進歩に弾みをつけているのも事実である。航海術と時間の測定法や地図の作成法の場合同様、人間や動物、ことに植物に多い菌害が菌学の進歩を促したのである。

## 植物に対する病原性

紀元前2000年以上までさかのぼるインドのヴェーダやシュメールの粘土板、古代ギリシャやローマの古典などには、植物の病気を思わせる記述が残されている。これらの記録は往々にして不正確だが、中には害虫による食害や間違いなく菌類による病害を思わせるものがある。

植物病害の大発生についてよくいわれた説明の一つは、ヘブライの預言者アモスが神に代わって告げたように、しばしば神が下した天罰、特に人間の悪業に対する報いによるというものだった。いわく。

「我霜害と黒穂病とをもて汝らを撃ち悩ませり。また、汝らの多くの菜園とブドウ園とイチジクの木とオリーブの木は害虫これを食らえり。しかるに汝らは我に帰らずと主は言いたもう」（旧約聖書アモス書第4章9行）

伝説によると、ローマ人たちは紀元前7世紀ごろ、ローマの二代目の王、ヌマ・ポンピリウスの統治下でロビガリアという祭りを始めたという。この祭りはロビグスというサビ病の神をなだめるために行なわれたもので、毎年4月25

日に祭の行列がローマのフラミニア門を出てミルウィウス橋を渡り、クラウディア道の5番目の里程標まで進み、そこにある神聖な木立の中で祈りを捧げ、神官（flamen quirinalis）が一匹の赤イヌ（おそらく、毛の色が避けたいサビ病の色を思わせたためか）と一頭のヒツジを犠牲に供したという。[(1)]

　もうひとつの説明は、星の悪い影響（テオプラストスによれば、太陽）や魔術、少しばかり合理的なのは、環境要因だった。たとえば、ファラオがモーゼに自分の見た夢を告げて、どのようにして「七つの穂萎びいじけて、東風に焼かれたり」（旧約聖書　創世記41章23行）という有様を見たか語ったように、環境の変化も含まれていた。

　植物の病気に菌が関わっているとされたのは17世紀のことだったが、そのころでさえ、一般に菌は原因というよりも、むしろ結果だと思われていた。確かな実験によって植物に対する菌類の病原性が理解されるようになったのは、18世紀の終わりごろになってからのことである。菌が病気の原因であるという見解は、世紀の変わり目には定説となったが、それから50年もの間、ときどき顔を出す突然発生説や環境要因説の気まぐれな動きを封じ込めることができるほど強くはなかった。

　今日、植物に関する病理学的研究や治療、感染症予防、病原菌によらない障害、害虫による食害などの研究は、人類や家畜に関する医学に比べると、多少一貫性に欠けるように思われる。植物病理学（Plant pathology または Phytopathology）の領域は、病害（disease）と虫害（pest）に大きく分かれており、ときに線虫による病気を含んでいたとしても、感染症と生理障害に限定されているように思われる。

　菌類による病気は植物病理学の中でも比重が重く、かなり長い間、植物病理学者イコール菌学者と思われていたほどである。イギリス連邦で農業省の「菌学諮問官」の呼称が「植物病理学者」に変わったのは、国立農業諮問機構（N. A. A. S.）ができた1946年のことだった。

　植物の病害防除や処置法などの実用課題は、菌学よりも、むしろ植物病理学に属しているので、ここでは重きを置かないこととする。本章では、1750年から1850年にかけて徐々に受け入れられていったことだが、植物に寄生して病気を誘発させる菌類の能力について研究した主要な菌学上の成果をたどり、それ

が菌学の発展に与えた影響に焦点を絞って紹介することにしよう。ただ、初めに植物に現れる障害の分類について触れておくと、課題の展開を理解するのに役立つかもしれない。

## 植物における疾病の分類

　初めて提案された疾病の分類法はわかりやすいものだった。J. S. エルショルツ（1684）は植物の病気は流星か、動物か、害虫によって起こると考えた。(2)1705年には J. P. ド・トゥルヌフォールが、その著書『植物の病気に関する観察（Observations sur les maladies des plantes）』の中で、病気を内部要因によるものと外部要因によるものの二種類に区分した。1723年になると、C. S. アイスファがその学位論文『植物の病気（De morbis plantarum）』の中で、植物の性質について解説し、植物に見られる障害を、それが発生する時期、すなわち発芽期と成長期および成熟期の各段階にそって分類した。1751年にはリンネが、『植物学（Philosophia botanica）』の中でウドンコ病とサビ病、黒穂病、麦角や種々の虫害のタイプを識別して示し（図63）、アダンソン（1763, I: 4）はド・トゥルヌフォール同様、内部要因による病気と外部要因によるものを区別した。

　18世紀末と19世紀前半における植物の疾病に関する分類法は、医学の疾病分類学の強い影響を受けていた。ヨハン・バプティスタ・ツァリンガー（『植物の病気（De morbis plantarum）』1773）は植物の病気を、炎症性の疾病と麻痺または衰弱、悪疾などの五綱に分類した。その翌年オランダの博物学者、ヨハン・クリスチャン・ファブリシウスも同じように「見かけの症状によって綱や属をまとめ、病気の原因によって種を分ける」ことを試みた。たとえば、彼のいう綱Ⅰ「収穫が無くなるもの」には「過剰な液汁」、「黒穂」、「不稔」、「原因不明の落葉」、「倍加」の五つの属があり、三番目の「不稔」属の種には「雨」、「寒さ」、「煙」、「植物の品質劣化」などがあるとした。

　このような傾向はイタリア人のフィリッポ・レにいたって頂点に達した。彼は1817年に自分が書いた『植木の病害に関する理論・実践小論（Saggio teorico-

> 312. Morbofas plantas, vel etiam ætates in Nominibus varietatum affumere, fæpius fuperfluum eft.
>
> Morbofæ plantæ a Botanicis receptæ variæ funt, prout earum morbi.
> *Eryfiphe* Th. eft Mucor albus, capitulis fufcis feffilibus, quo folia afperguntur, frequens in *Humulo*, *Lamio* Fl. fuec. 494. *Galeopfide* Fl. fuec. 491. *Lithofpermo* Fl. fuec. 152. *Acere* Fl. fuec. 303.
> *Rubigo* eft pulvis ferrugineus, foliis fubtus adfperfus, frequens in *Alchemilla* Fl. fuec. 135. *Rubo faxatili* Fl. fuec. 411. *Efula degenere* R. & præfertim in *Senecione* five *Jacobæa fenecionis folio incano perenni*. Hall. jen. 177. inprimis in folo fylvatico uftulato.
> *Clavus* cum Semina enafcuntur in cornicula majora extus nigra, ut in *Secali* & *Caricibus*.
> *Uftilago* cum fructus loco feminum farinam nigram proferunt.
>   *Uftilago Hordei* C. B. *Uftilago Avenæ*. C. B.
>   *Scorzonera pulverifloraH.R.P.Tragopogon abortivum* Læf.
> *Nidus infectorum* cauffatus ab infectis, quæ ova depofuere in plantis unde excrefcentiæ variæ.
>   *Gallæ Querci* e *Glechoma, Cifti, Populi tremulæ, Salicum Hieracii myophori*.
>   Bedeguar *Rofæ*.
>   Folliculi *Piftaciæ, Populi nigræ*.
>   Contorfiones *Ceraftii, Veronicæ, Loti*.
>   Squamationes *Abietis, Salicis rofeæ*.
> *Infecta* fæpe caufant plenitudines & prolificationes florum, *Matricaria Chamæmelum vulgare* Fl. fuec. 702. ab infectis minimis fit prolifera.
> *Carduus caule crifpo* Fl. fuec. 658. cura infectorum gerit flofculos majores, grifeos plenos vel potius prolifero frondofos, piftillis in folia enafcentibus.

図 63 リンネによる植物病の分類 (C. Linnaeus (1751) : 243.)

pratico sulle malattie delle piante)』の第二版の中で、Bulbomania（こぶ病）から Antheromania（？）、Contagio（伝染病）、Morbo del gelso（クワの木の病気）に至る67属（5綱）を作り、多くの種（たとえば Necrosi solare や Necrosi elettrica など）を並べあげた。M. J. バークリー師はこの分類法に魅了されて、1854–57年に出た『園芸家必携（Gardener's Chronicle）』の173項のシリーズに掲載された有名な『野菜の病理学』の中で、レイの体系を一つの枠組みとして採用した。バークリーの属 XLII Parasitae（寄生者）には顕花植物や隠花植物（菌類、苔類、地衣類、藻類）、昆虫などが含まれている。

このころまでに、植物に対する菌類の病原性が理解されるようになり、1858年にはユリウス・ゴットヘルフ・キューンが、『作物の病害、その原因と防除（Die Krankheiten der Kulturgewächse, ihre Ursachen und Verhütung）』を出版した。この著作は、コムギのイヤーコックル（*Tylenchus*（*Anguillulina*）*tritici* という線虫によるコムギの穂の病気）の例を除いて、初めて菌類病に限って書かれた植物病理学書で、その後の教科書のお手本になったものである。

認定される菌類病の数が増えるにつれて、疾病を藻菌類や子嚢菌、担子菌、

不完全菌など、病原体の種類によって分類するのが慣例となったが、これは今も続いているやり方である。1928年になってF. T. ブルックスが出した『植物の病気 (Plant disease)』は植物の病気というよりも、むしろ植物病原菌について書かれた専門書だった。このまとめ方は確かに教えるのに便利で、ウドンコ病菌やサビ病菌、黒穂病菌のような特定のグループを扱った教科書は、植物病理学者にとってきわめて価値の高いものだった（菌類分類学における植物病理学者の大きな貢献が見てとれる）。また、これは多くの農学や栽培学の専門家だけでなく、実践的な植物病理学者にも役立つまとめ方だった。この著作は特定の作物群の病気を扱う多くの教科書の出版につながったが、その一つが1874年に林業関係で始まったロベルト・ハルティッヒによる『樹木の主要病害 (Wichtige Krankheiten der Waldbäume)』の出版である。

すでに述べたように、古典時代から16世紀の本草学者の時代に至るまで、動物や人間についても同じことだが、植物の感染症に対する知識はほとんど進展しなかった。17世紀中ごろ、1665年にロバート・フックはその著書『細密画 (Micrographia)』の中（Obs. xix）でバラのサビ病菌（*Phragmidium mucronatum*）について、次のように書いている。

> 「この植物が出てくる様子は、どこかべと病かウドンコ病を思わせるが、葉の一部がかさぶたのようになって腐り、小さな斑点やかさぶたからは汁が出ている。この腐ったかさぶたから小さな生き物が出てくるが、多分これはカビか、コケのようなものかもしれない。また、カビやコケがしているのと同じやり方だと思うのだが、発生の仕方があいまいで、もっと混じりけのない単純な生き物の類かもしれない」

証明はされていないが、J. P. ド・トゥルヌフォール (1705) は菌が「タネ」から生まれ、タネは湿った状態で発芽し、特に冬の間ガラス室では植物のカビ病の原因になりやすいと確信していたので、それを防ぐために温室を乾燥させるようにと勧めている。この見方はさらに発展したが、その典型的な例は、当時ロンドンに近いテームズ川沿いのテディントン教区の副司祭だったスティーヴン・ヘイルズ師が1727年に自分の著書『Vegetable Staticks』の中でホップのウドンコ病について書いた以下の文章だろう。

「空気が乾いた晴れの日がなく、雨の多い湿った状態が続くと、大量の湿気がホップの周りに漂い、葉の快適な呼吸をかなり妨げ、そのために停滞した体液が悪くなり、カビの瘴気を生むことになり、しばしばよく茂っていたホップ農園が壊滅してしまう結果になる。事実、これは1723年に起こったことである」

ただし、ヘイルズは頑固な自然発生論者ではなかったらしく、次のように述べている。

　「栽培者は、カビまたは瘴気（fen）がどこかの土地を襲うと、瞬く間に辺り全体に広がるのをよく知っている。おそらく、これは素早く成長して、すぐ熟してしまうカビの小さなタネが土地全体に吹き飛ばされるからだろう。このタネが広がるせいで、ある場所が数年続けて瘴気に犯されることになるらしい。つまり前年の瘴気のタネによって。だから、ホップを摘み取った後すぐ、カビのタネが幾分か殺されることを願って、瘴気に犯されたホップの蔓を燃やしてしまうことを勧めたらどうだろう」

1750年から1850年にかけて、植物に対する菌の病原性の解説は、大きく分けて二つの考え方によっていた。一つは自然発生説に基づいたおなじみの説明で、先験的に観察や記録から演繹した説。もうひとつは、実験結果に基づく事実に限定して解説するものだった。当然のことながら、菌類の病原性の実態に大きく貢献したのは、禾穀類のような主要作物の病気であり、中でも、コムギのなまぐさ黒穂病（bunt または stinking smut（*Tilletia caries*））や黒サビ病（black rust（*Puccinia graminis*））などに関する研究は特に重要なものだった。

## コムギ網なまぐさ黒穂病

ウールマンとハンフリー（1924）やG. W. フィッシャーとホートン（1957, 2章）がコムギなまぐさ黒穂病の初期の記録をまとめて、総説を書いている。それによると、この病気は時にサビ病やほかの黒穂病と混同されたが、古代ギリシャ・ローマ時代にもよく知られており、初めはジェローム・ボック（1552）や

ボーアン兄弟などの本草学者たちが手掛けたという。当時の最も一般的なコムギなまぐさ黒穂病の発生に関する説明は、不都合な環境条件によるというものだった。この説は、1733年にジェスロー・タルがその著書『馬耕農業（The horse-hoing husbandry）』の「黒穂病について」という章で、この病気は寒い夏が原因で起こると書いたように、18世紀でもまだ通用していた。

「数本のコムギについて確かめたが、春にガラス室の中で育てたものを自分の温室に置いた飼い葉桶に移し、根の一部を水に浸けておいた。コムギはみな穂をつけたが、実はどれも黒穂になった。よく見ていたが、どの穂にも花は咲かなかった。この黒穂病は上から下りてきた湿気によるのではなく、いつもよく湿っていた土から来たものである」

タルと同時代の人で、ケンブリッジ大学の植物学教授だったリチャード・ブラッドリーは別の考えを持っていた。彼の意見は、「すべての葉枯れ病は昆虫による」というもので、顕微鏡で観察すると、「コムギの黒穂は明らかに昆虫の卵だった」といっていた。この二人はいずれも、コムギを播く前にその種子を塩水に浸せば、病気を防ぐことができると教えていた。

なまぐさ黒穂病の研究だけでなく、植物病理学分野で野外試験を行なったという点でも画期的といえる展開が、フランスのトロアで造幣局長官だったマシュウ・ティレの仕事から始まった。彼は余暇を農業技術の改良にあて、1755年に自分の著作『コムギの穂に関する穀粒の黒化と腐敗の原因およびその防除法に関する学術論文（Dissertation sur la cause qui corrupt et noircit les grains de blés dans le épis; et sur la cause qui prevenir ces accidens）』を出した。ちなみに、彼はこの論文によって、ボルドーの王立文学・科学・芸術アカデミーがコムギのなまぐさ黒穂病の原因究明と治療法に関するすぐれた業績に対して、1750年に提供した賞金を手にした。

ティレは予備実験でなまぐさ黒穂病が過剰な湿気によるとしたタルの説を覆した後、冬播きコムギを使った二つの主な試験のうち、最初の圃場試験を1751年の秋に開始した。まず、コムギに適した24×540フィートの土地を120の小区画に分け、4種類の肥料（ハトの糞、ヒツジの糞、糞便、ラバの糞）をそれぞれ施用した区と無肥料区を設けて、効果を比較した。これらの各区へ、きれいな種子

## EXPÉRIENCES DE 1751-52.

| N. | QUATRIÈME DIVISION. FUMIER DE CHEVAL & DE MULET. | | | | | | CINQUIÈME DIVISION. TERRE NATURELLE. | | | | | |
|---|---|---|---|---|---|---|---|---|---|---|---|---|
| 2. Nov. | 16. Oct. | 22. Oct. | 27. Oct. | 3. Nov. | 10. Nov. | 22. Nov. | 16. Oct. | 22. Oct. | 27. Oct. | 3. Nov. | 10. Nov. | 22. Nov. |
| Moucheté. & noirci. 69 | Noirci. 73 | Moucheté. 77 | Noirci. 81 | Moucheté. 85 | Noirci. 89 | Moucheté. & noirci. 93 | Noirci. 97 | Moucheté. 101 | Nourci. 105 | Moucheté. 109 | Noirci. 113 | Moucheté. & noirci. 117 |
| Mariné. 70 | Mariné. 74 | Mariné. 78 | Mariné. 82 | Mariné. 86 | Mariné. 90 | Mariné. 94 | Mariné. 98 | Mariné. 102 | Mariné. 106 | Mariné. 110 | Mariné. 114 | Mariné. 118 |
| Pur. 71 | Pur. 75 | Pur. 79 | Pur. 83 | Pur. 87 | Pur. 91 | Pur. 95 | Pur. 99 | Pur. 103 | Pur. 107 | Pur. 111 | Pur. 115 | Pur. 119 |
| Chaulé. 72 | Nitré. 76 | Chaulé. 80 | Nitré. 84 | Chaulé. 88 | Nitré. 92 | Chaulé. 96 | Nitré. 100 | Chaulé. 104 | Nitré. 108 | Chaulé. 112 | Nitré. 116 | Chaulé. 120 |

108. Pieds.　　　　　　　108. Pieds.

......|...... entier ........|........ 540. pieds ........

図 64　ティレが初めて行ったコムギなまぐさ黒穂病の圃場試験計画の一部（M. Tillet 1755）

と自然に菌がついた種子、または実験的になまぐさ黒穂病菌の胞子をつけた種子、および食塩や石灰、硝石など、数種類の処方で処理した種子としなかった種子を播いて、施肥の効果と合わせて比較検討した（図64参照）。さらに、5種類の試験区すべてについて、播種時期を変えて処理の異なる種子を6回播種した。

　次の季節（1752-53）には、面積はわずかに狭くなったが、やはり120の小区画を設けて同じような試験を行なった。そこでは、胞子の接種法と種子の処理方法の違いによる影響や汚染されたムギワラ、なまぐさ黒穂病菌の胞子にひどく汚染されたワラを食べた（幾分嫌そうに）スペインのウマの糞、汚染されたワラを混ぜる前と後の堆肥などを土壌に施用してきれいな種子を播いた時の状態などが比較検討された。種子の処理法については、ドクムギやライムギ、オオムギなどを用いた同じような試験区が設けられた。そして1753-54年に最後の補足試験が行なわれた。

　ティレの試験結果から多くのことが明らかになったが、彼の言葉を借りれば（H. B. ハンフリーの翻訳による）、「その通常の原因、すなわちコムギがなまぐさ黒穂病にかかるもとは、罹病したコムギの黒穂の塊の中にある埃」であり、さらに、「最もひどく汚染されたコムギからとった種子でも、私が行った処理に

よって伝染病から守られている」ということだった。

　ティレは同時に、昆虫はなまぐさ黒穂病の原因ではないと確信していた（ただし、彼は実験的な確証なしに麦角病は昆虫が刺すと起こると信じていたが）。彼は裸黒穂病（*Ustilago tritici*）をなまぐさ黒穂病と区別していたが、これらの胞子を自然界にいる菌として同定することはできなかった。彼はなまぐさ黒穂病菌の胞子をホコリタケ *Lycoperdon* のものと同じだと思っていたが、先に引用した文章の後に次のように続けている。

　　「この埃が接種されると、きれいで健全だった種子が急速に病気になり、それに伴って特異的な毒素が伝わる。毒素は埃のもとになる穀粒に移り、一度感染した穀粒は黒い埃に変わり、ほかのコムギの病気の原因になる。黒い穂の頭についている粉自体が種子に感染するなにものかを含んでおり、近くのものにつくと、その上で発芽する」

　この問題に画期的な展開をもたらしたのは、50年後に出たベネディクト・プレボーだった。それまでに、1774年にはファブリシウスが「なまぐさ黒穂病の症状は、その原因になる何ものかがあるという以上に、うまく説明されたことがない」といい、かなりいい線に近づいた。また、1783年にテシエ神父が書いた『禾穀類病概論（Traité des maladies des grains）』には、なまぐさ黒穂病と裸黒穂病の上手な挿絵つきの解説が載っている。

　微生物の病原性を実験的に証明した人として、長く記憶にとどめられているイサック-ベネディクト・プレボーは、スイス人を両親として1777年にジュネーヴに生まれ、22歳の時フランス、ロト県のモントバンで家庭教師に、1810年からはプロテスタント神学校の哲学教授になり、終世この街で暮らした。

　プレボーは独学で科学を学んだが、菌学を始めたのは1797年にモントバン協会の科学部門から、コムギのなまぐさ黒穂病の問題に取り組むよう誘われたのが、きっかけだったという。その10年後にプレボーは『コムギのなまぐさ黒穂病と裸黒穂病の直接原因に関する考察……（Memoires sur la cause immédiate de la carie ou charbon des blés……）』を著わし、その中で「コムギのなまぐさ黒穂病と裸黒穂病の直接原因はウレド uredo か、それに近い仲間の植物である」と述べたが、これが1804年当時彼のたどり着いた結論だった。

プレボーはいろんなサビ病やウドンコ病などの観察結果（その中で初めて遊走子が発芽するのを見た）を記述し、その数行あとにこの仲間を「内部寄生植物」または単に「内生植物」とすべきだと示唆して、自分の観察結果を一般化した。プレボーはティレの研究成果を補足し、その上に植物病理学における室内実験の新基準をうちたてた人だった。

　彼は、胞子発芽（胞子形成過程を図65に示す）を決定する有毒物や齢、前処理、胞子の濃度などを含む外的要因について、一連の注意深くて厳密な実験を行ない、それによって黒穂になった穀粒に詰まっている「粒」の性質を明らかにした。また、広範な接種実験を行なって、感染の決定要因を確定した。彼は土壌中や若いコムギの表面で胞子が発芽する様子を観察し、感染した子房の中で胞子が成熟する過程を記述した。証明できなかったが、菌が幼苗に感染すると、植物が成長するにつれて体内に広がり、子房の中で胞子を作るまでに育つという事実を正しくとらえていた。ちなみに、彼は後に「ブラウン運動」として知られるようになった現象にも気づいていた。また、環境条件が菌の繁殖に好都合になったときだけ、感染が起こることを知っており、この寄生菌がなまぐさ黒穂病の直接原因であると主張した。

　プレボーの論文は出版されたが、ほとんど世の関心を引かなかったが、モン

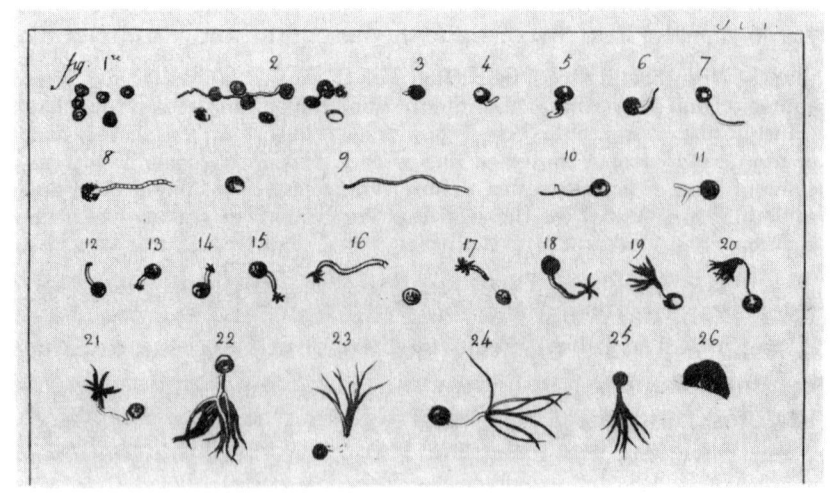

図　65　コムギなまぐさ黒穂病菌（*Tilletia caries*）の胞子発芽（B. Prévost (1807) : part of pl. I.）

トバンのアカデミーは出版された論文を、テシエ神父を審査委員会の報告者として パリの研究所に提出した。この研究は賞賛されはしたが、その意義はよく理解されず、プレボーの死後になって、ようやく研究の本当の価値が認められることになった。中でもテュラン兄弟は黒穂病に関する単行本 (Tulasne, 1847) の中で、この菌にティレティア属 *Tilletia*（なまぐさ黒穂病菌 *T. caries* に代表される属）の名をつけるよう提案した。成果を受け入れるのが遅れた原因の一つは、ド・バリ（1853）でさえ孫引きせざるをえなかったほど、この論文が入手しにくかったという事情による。

　なまぐさ黒穂病菌の生活環は、1859年にキューンがコムギの子葉鞘にこの菌が侵入するのを観察したことによって、ついに完成した。また、1896年にはタスマニアのフランク・マドックスがコムギの花に裸黒穂病菌 (*Ustilago tritici*) が感染するのを記録した。

## コムギ黒サビ病

　黒穂病と同様、サビ病も古代から知られていたが、研究の新時代が始まったのは、二人のイタリア人、ジョヴァンニ・タルジオーニ-トツェッティとフェリチェ・フォンタナがそれぞれ別個に論文を出した1767年のことだった。フィレンツェの医者の息子、G. タルジオーニ-トツェッティはピサで医師免許をとった後、フィレンツェに帰り、そこでミケーリに師事して植物学を学んだ。1737年にミケーリが亡くなると、タルジオーニ-トツェッティはミケーリの原稿を出版したいと思って入手したが（3章註参照）、ほかから委託された大きな書き物に手を取られて、ほとんど約束を果たせなかった。

　タルジオーニ-トツェッティが長い間望んでいたことの一つは、合理的な実践に基づく農業技術の改良で、そのために農業生産性の向上に向けて貢献できる課題の幅広い調査計画を考えていた。1767年に出版された彼の『アリムルギアまたは飢饉の深刻さを軽減すること。貧民を救済するための提案』第1巻（これだけが完成）の5章と最終章は、植物病害の調査結果にあてられており、そこに

は独自の観察結果が盛り込まれている。

その中で彼は多岐にわたる病害を取り上げ、顕微鏡で見た胞子などの構造を描いた石版画を添えて記載した。その中で禾穀類の病気、なかでもサビ病と黒穂病を重点的に取り上げたが、タルジオーニ-トツェッティが出した、「サビ病菌は全く小さな、コムギの皮の中以外では生きられない寄生植物である」という結論は、いつまでも多くの人の記憶にとどまっている。

タルジオーニ-トツェッティは夏胞子堆が表皮の下にできる（コムギのクチクラ層を外側へ押し上げ、「ふくらませて、ついにはきわめて繊細なピカピカ光る割れ目」を作らせる）と記述し、その根元にある菌糸（「非常に繊細で短い根のような毛」が「用意された栄養分をまるで盗むように吸い上げて、コムギを死に至らしめる」）を観察し、夏胞子と冬胞子を写生した。さらに、サビ病は風によって伝播し、適当に湿った気象条件のもとで気孔を通って感染すると結論づけた。

ただし、彼も一つだけ誤りを犯した。それは個々の胞子を「それ自身、タネから生まれるに違いない」小さな植物だと思い込んでいたことである。しかし、「その小ささは、サビ菌の植物体が成熟し、繁茂しているときでさえ、一番よく見える顕微鏡でも見えないほどで、このタネは信じられないぐらい小さいといわざるをえない」という。「肉眼で見分けることはできないが、遠く離れた所へでも風の翼に乗って、空気の流れによってまき散らされるに違いない」と彼が考えたのは、このいわゆる「タネ」だった。

トスカナ地方でコムギのサビ病による深刻な被害が発生したため、ピサ大学哲学教授の職にあった医者で博物学者のフェリチェ・フォンタナが、タルジオーニ-トツェッティと同じように、1766年にコムギのサビ病について研究するよう要請された。彼の観察結果は、翌年小冊子『禾穀類サビ病の胞子の観察（Osservazioni spora la ruggine del grano）』として出版されたが、その内容はタルジオーニ-トツェッティのものと一致していた。1766年6月10日に、彼はサビ菌が「穀物を消費して自分を養っている植物寄生菌の塊」であることを発見し、広く信じられていたように昆虫が原因ではないことを明らかにした。なお、コムギ黒サビ病菌 *Puccinia graminis* の夏胞子（それが棘をつけていたので、大変悩まされたと嘆いている）と冬胞子を全く別物だと思い込んでいたらしいが、その素晴らしい図を描いて記載した。また、菌としての性質を確かめ、イギリスで出た最新情

報に照らしてミズタマカビ *Pilobolus* の胞子と比較検討した。<sup>(4)</sup>フォンタナもタルジオーニ-トツェッティ同様、個々の胞子を「半寄生者」として行動する植物と理解し、いわば「組織が崩れて体液がにじみ出た時だけ、禾穀類につくことができる」ものだと説明した。

　これらの研究結果は興味を持って受け入れられた。フォンタナの観察結果は広く知られるようになったが(1792年には翻訳本がイギリスで出版)、タルジオーニ-トツェッティの業績は間もなく忘れ去られ、その後ド・バリなどの著者たちにも気づかれないまま取り残された。1943年になってようやく、G. ゴイダニック教授が複写機の助けを借りて『Almurgia』の再版を試み、1952年には『植物病理学の古典 (Phytopathological Classics)』のシリーズに、ゴイダニックによる植物病害の章の英訳が伝記を含めて注釈つきで掲載された。

　黒サビ病に現れるタイプは、異なる胞子の間の関係や異種寄生性を持っている点など、この病気を疫学的に研究する上できわめて厄介な問題だった。1805年になると、ジョセフ・バンクス卿が有名な小冊子『コムギの病原体に関する小論 (A short accout of the cause of the disease of corn)』を出版した。ちなみに、その中にはジョージ三世 (百姓ジョージ) の「陛下の植物画家」だったフランシス・バウアが描いた素晴らしい色刷りの二枚の図が載っている。バンクスはその中でサビ菌が寄生植物であることを当然のこととし、フェリチェ・フォンタナが「この悪い雑草について詳細な説明」を与えた最初の人物であると書いている。さらに、フォンタナらと同じように冬胞子を小さな植物だと信じて、「タネ」を弾き飛ばして撒き散らす様子を描いた。また、ド・カンドル (1807) がいったように、夏胞子と冬胞子は遺伝的に関係があると信じていた。

　プレボー (1807) はバラのサビ病 (*Phragmidium mucronatum*) で同じ胞子囊群の中に夏胞子のウレド uredo と冬胞子のプキニア puccinia があるのを見ていた。しかし、この夏胞子と冬胞子の関係に関わる論争は、その後何年も続き、ある研究者は夏胞子が冬胞子に寄生しているといい続けた。

　異種寄生の証明には、もっと長い時間がかかった。コムギ畑の近くに生えているメギの茂みが、コムギの病気を引き起こすことに最初に気づいたのは農民たちだった。かの有名なマサチューセッツ州のメギ法「メギの藪から生ずるイギリスコムギに対する危機防止法」が1755年に議会を通過した。植物病害に対

する法的措置は、初めてここから始まったのである。

　「コムギなど、イギリス産禾穀類の大量枯死がメギ属植物の茂み近くに頻発し、本州の地域住民に莫大な損失と被害を与えていることが、経験を通して認められている。
　よって、州知事、州議会および代議員会は、地域社会と個人のいずれを問わず、何びともその所有する土地にあって生育するメギ属植物の茂みを、西暦1760年6月13日以前、またはその当日に根絶、かつ焼却しなければならないことを法に定める」<sup>(5)</sup>

とし、続いてこの法に背くものに対する罰則を定めた。

その後、コネチカット州やロードアイランド州、フランスなどでも同様の立法措置がとられた。1805年にはバンクスが「植物学者たちは信用していなかったが、農民たちは昔からメギ属植物の茂みの近くにあるコムギが、滅多にこの流行病から逃れられないことをよく心得ていた。ノーフォーク州のロールズビー村にはメギの茂みが多かったので、疫病のロールズビー村という不名誉な名で呼ばれていた」と書いている。さらに、彼は「メギの葉が、コムギのサビ病によく似た、少しい大きめの黄色い寄生菌にやられているさまは、植物を観察する者にとって、これはどう見てもひどいものだ」と続け、「メギの寄生菌とコムギにつく菌が同一種で、そのタネがメギからコムギに移るなどということがありうるだろうか」と疑問を投げかけている。その翌年、ドイツのL. G. ヴィント（1806）が、別個にライムギに対するメギ属の影響に関して同じ結論に達し、報告した。

1805年8月、イギリスの園芸家トーマス・アンドリュー・ナイトがコムギの葉にコムギ黒サビ病菌 *Puccinia graminis* の夏胞子をふりかけ、5日目から日に3ないし5回散水し始め、一週間後に感染を確認したという。彼はメギからとったサビ胞子を三本の植物にふりかけ、そのうちの二本に夏胞子の形成が見られたが、それは接種された葉の上だけではなかった。ただし、この実験は彼が飼っていた「馬鹿なロバが畑に入り、コムギもサビ病もいっしょくたに飲み込んでしまった」時に終わったそうである。ナイトは自分の実験結果を決定的なものではないと思っていたのか、「根がうまく吸収できない時に、もっと葉や茎に水

をかけていれば、どんな場合でもサビ病が出たことだろう」という考えに傾いていた。

　ユトランドのハンメルで校長をしていたデンマーク人のニルス・ペデルセン・ショラーの場合は、もう少しうまくいった。彼は1807年からライムギの黒サビ病とメギの茂みとのつながりを観察し続け、1816年にはメギからとったサビ胞子を露に濡れた健全な植物体に接種して、ライムギに感染させる実験に成功し

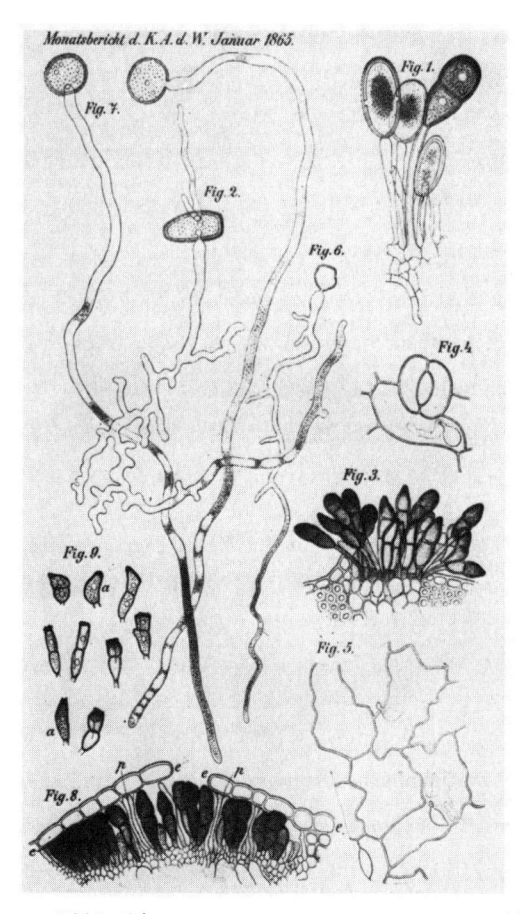

　図　66　コムギ黒さび病 *Puccinia graminis*　Fig. 1．3．コムギにできた夏胞子と冬胞子　Fig. 2．発芽している夏胞子　Fig. 4．5．オオムギの葉に感染する小生子　Fig. 6．発芽しているさび胞子（A. de Bary, 1865 -66）

た。この結果は論争の種になったが、最後にすべての疑問を乗り超えて異種寄生（ド・バリが作った用語。De Bary, 1865: 32）の実態を明らかにしたのは、ド・バリだった（図66）。1865年に、彼は冬胞子からとった小生子をメギに人為的に感染させ、その翌年メギからとったサビ胞子をライムギに感染させることに成功した。

## 自然発生論者と病原体論者

このように研究が進展していた間も、まだ植物病原体の性質やその働きに関する古い間違った考えが生き残り、19世紀中ごろまで世の中にはびこっていた。エリアス・フリースは『菌学体系（Systema）』(1821) の序文で、ウレド・アンテラトゥム Uredo antheratum (*Ustilago violacea*、裸クロホ病菌の一種）は病的な状態にある花粉（Pollen in satu morbosa）以外のなにものでもないと宣言した。彼の言によれば、Mucedineae（カビ）は「病的な状態にある植物についている、とるに足りないもの」というわけである。一方、同じ著書の第3巻の中で、サビ菌やクロボ菌（Hypodermii）の自然発生を信じて、以下のように述べている。

　　「コニオミケーテスの第4類ヒポデルミイ Coniomycetes Ordo IV HYPO-
　　DERMII (Entophiti) は固有の植物ではない。小生子は生きた植物の繊維が徐々
　　に変形したもので、表皮を破って生じた突起である。
　　註──植物の病気はある部分に発生すると、同時に他の部分からも生じてくる」

1833年、フランツ・ウンガーは、自然哲学の影響を受けて書いた重要な教科書『植物の発疹（Die Exantheme Pflanzen）』の中でフリースと同じ見解を披瀝し、病原菌（彼はこれを内生体 entophytes と呼んだが）は病的な状態にある液汁から生じたもので、病気の原因というより、むしろその表れであると主張した。このような意見を持っていたにもかかわらず、ウンガーはフリース同様、菌類を独立した生物のように扱い、プロトミケス *Protomyces* やラムラリア *Ramularia* (= *Ovularia*) などの新属を提案し、菌学にも大いに貢献した。フランスのレヴェイ

エやチュルパン、ド・カンドル、イタリアのレやウンガーの同僚だったドイツのテオドール・ハルティッヒ（1833）やマイエン（1837-8）、ヴィークマン（1839）などは、この自然発生説を支持した人々の中でも有名人の部類だった。

ラスパーユは病原菌のもとは昆虫が刺すことにあるとして、1846年にその著『健康と病気の自然誌 (Histoire naturelle de la santé et la maladie)』の中で次のように書いている。

「エリネウムや黒穂菌、サビ菌の夏胞子、木につく線虫、サビ菌などのもとになる昆虫は、われわれにとって未知のものではなく、ヒゼンダニやアブラムシ、アリマキ、アザミウマなどで、彼らは春になると変なことをし始めるのである」

当時の植物病原菌の役割に関する論争は、1845年にアイルランドの飢饉を引き起こし、言い尽くせない社会経済的損失を与えたジャガイモ疫病の大流行によって、その頂点に達した(6)。諮問を受けた大勢の専門家の中にいた M. J. バークリー師（図67）は1846年1月発行の『ロンドン園芸協会誌 (Journal of the Horticultural Society of London)』に掲載された古典となった論文、「ジャガイモの伝染病に関する植物学的、生理学的観察」の中で「この腐敗はカビが存在した結果であって、腐敗してカビがついたのではない」と述べている。

図 67 マイルズ・ジョセフ・バークリー師 (1803-89)

ジャガイモ疫病の原因についてこのような結論を出したのは、彼が初めてではなかった。バークリーが記録しているように、アメリカのJ. E. テシュマハーやベルギーのC. J. E. モレン博士、フランスのアントワーヌ・ド・パヤン氏らも同じ結論に達しており、1845年8月30日にはJ. F. C. モンターニュ博士がジャガイモ疫病菌を初めて記載し、それにボトリティス・インフェスタンス *Botrytis infestans* という学名をつけたという。ただし、この説はまだ少数意見にすぎなかった。

フランスの菌学者、J. B. H. J. デマジエール（この人もジャガイモ疫病菌を記載し、名前をつけていた）や『園芸家新聞（Gardener's Chronicle）』の編集者でロンドン大学の植物学教授だったジョン・リンドレイ博士らは、このカビは腐敗の結果生じたもので、病気の主な原因は環境条件や生理的状態にあると考えていた。この論争はその後20年も続いたが、1861年と1863年に著書を出して、最終的に自然発生論者を黙らせたのは、またもやド・バリイだった。

## 植物病理学の発展

植物病原菌の重要性が一般に理解されるようになると、1870年代以降のことだが、その後の植物病理学の発展は目覚ましいものだった。経済価値の高い主要作物の多くの病害が、熱帯でも温帯でも知られるようになり、数多くの新しい植物病原菌が記載され、病原菌の生活環や生物学的特性に関する詳細が明らかにされていった。

1880年代に細菌による植物病害が発見され、20世紀初頭にウイルスによる病害が発見された後でも、養分欠乏症による生理障害は残されたが、菌類による感染症は植物の最も重要な病気として、その地位を保ち続けた。教科書や単行本、雑誌の記事なども多くなった。植物病理学の研究成果を掲載する学術専門誌が刊行されるようになり（1891年に発刊された『植物病理学雑誌（Zeitschrift für Pflanzenkrankheiten）』はその最初の専門誌）、植物病理学者たちは専門学会を設立して協力し合うようになった。この活動が菌学に対する興味を呼び覚ますきっ

かけになり、菌類に関する知識が大幅に加わることになった。これらの研究成果の大半は既知の知見を特殊な例に当てはめた追加的なものにとどまるので、ここで詳しく紹介する必要はないだろう。ただし、宿主・寄生者相互作用の解明や合成殺菌剤による菌害の防除法などには、大きな新しい進展が見られたので、多少触れておくことにしよう。

## 宿主・寄生者相互作用

　宿主・寄生者相互作用に関する知識が大幅に進展したのは、感染に対する宿主の抵抗性と寄生菌の宿主特異性の関係が捉えられるようになってからだった。病気に対する感受性が変種の間で大きく異なるという事実は、永い間注目されていた。1657年にR. オースティンがその著書『果樹論（Treatise of fruit-trees）』の中で「クラブアップルの木は、普通癌腫病にかからない」という記録を残し、1806年にはT. A. ナイトが禾穀類のサビ病を避けるには抵抗性のある変種を用いるのがよいと勧めた。

　この分野でのイギリスの研究者による貢献は、20世紀の初めごろケンブリッジ大学にいたローランドH. ビッフェンの研究から始まる。後に彼はそこで農業植物学の教授になり、植物育種研究所の初代所長を務めた。ビッフェンはコムギ黄サビ病（*Puccinia striiformis*）に対するコムギの変種の感受性と抵抗性の遺伝が、メンデルの法則にしたがっていることを明らかにした（Biffen, 1904）。ちなみに、ビッフェンによって開発された有名なコムギの変種はリトル・ジョスとヨーマンである。

　サビ菌が宿主特異性を示すことを最初に示唆したのはJ. シュレーター（1879）だった。1894年にはスウェーデンのヤコブ・エリクソンが、形態的に類似した黒サビ病菌 *Pucinia graminis* の5系統が、コムギ（*Triticum vulgare*）、エンバク、ライムギ、トリティクム・レペンス *T. repens*（コムギの一種）、アイラ・ケスピトーサ *Aira caespitosa*（ヌカススキの一種）またはポア・コンプレッサ *Poa compressa*（スズメノカタビラ）にそれぞれ特異的な病原性を持つことを実験によって

証明した。彼はこれらの系統を分化型 formae speciales とよび、メギを経由してもその性質が保たれていることを見出した。この成果が一般に認められて、20世紀初頭にはほかのサビ菌やウドンコ病菌（Erysiphaeceae）にも適用され、その後多くの菌について分化型が知られるようになった。

ビッフェンが行ったサビ病抵抗性に関する禾穀類の育種研究の成果は、初めのころ、かなり注目された（E. J. バトラー（1905）による）。というのは、禾穀類のサビ病菌が一つの分化型の中でも、宿主特異性の点で重要な差異を表わすことがよく知られていなかったためである。この発見にはミネソタ大学の学生だったエルヴィン・チャールズ・ステイクマンの名前が必ず出てくるが、それは彼のライフワークになる研究テーマだった。ステイクマンの禾穀類のサビ病に対する興味は、学位論文の研究から始まり、彼は1913年に論文を提出して出版し、その後ほぼ半世紀にわたって、この問題を研究し続けた。ステイクマンとピーマイゼルが、コムギ黒サビ病菌 *Puccinia graminis* f. sp. *tritici* には、コムギの一連の品種（栽培種）が宿主として反応した結果、分化してきた数種の生物的分化型が含まれていると報告したのは1917年のことだった。

1922年までに37の生物的分化型（現在は生理的系統とされている）(9)が確認され、ステイクマンとレヴィンはコムギの12品種に接種して分化させたときの実験方法の詳細と得られた宿主の反応タイプの記録を公表した（図68参照）。これは後に禾穀類の病気を扱う研究者の基準法となったものである。また、彼らは異なる系統に番号をつけて判別したが、その後世界中の禾穀類の植物病理学者たちによって認められた新しい系統に番号をつける、このやり方はミネソタ州のセントポールにあったステイクマンの研究室から始まったものである。1962年までに297系統以上が分化しており（Stakman, Stewart & Loegering, 1962参照）、この無数の系統はさらに生態型 biotype に細分され、通常 *Puccinia graminis* f. sp. *tritici* 15 B というように表記されている。

宿主・寄生者相互作用の理解が一段と深まったのは、アメリカの H. H. フローによるアマのサビ病（*Melampsora lini*）に関する研究からである。1940年までにフローはアマのサビ病菌、24の生理的系統を確認し、アマとそのサビ菌を用いた素晴らしい一連の育種実験を通じて、双方の遺伝機構が宿主・寄生者相互関係の決定に与っていることを明らかにした。彼はアマの栽培品種の抵抗性遺

図 68 コムギ黒サビ病菌 Puccinia graminis f. sp. tritici の生理的系統の分化した変異株に対する反応を示した表の一部（E. C. Stakman & M. N. Levine（1922）: table 4）

伝子とサビ菌の病原性遺伝子の数が等しいことに気づき、このことからサビ菌の反応を決める宿主のそれぞれの遺伝子座に対して、病原性か非病原性を決める特異的な関係を持ったサビ菌の遺伝子座があるという結論に達した（Flor, 1956の要約を参照）。1959年にはパーソンが試しにフローの仮説を用いて、ジャガイモとジャガイモ疫病菌にこの現象を広げ、それ以来、他の研究者たちが多くの主要な病気について遺伝子対遺伝子の関係を追及している。

## 寄生の生理学

植物に対する菌類の寄生現象に関する研究、いいかえれば宿主・寄生者相互作用の生理学的研究は、他の多くのテーマ同様、ド・バリから始まった。1886年に彼は、菌核病菌 Sclerotinia sclerotiorum に冒されたニンジンの抽出液が、宿主組織を溶かす熱に不安定な物質を含んでいることを実験によって確かめて報告した。次いで、ウォード（1888）がボトリティス Botrytis を 2 週間から 6 週間培養し、その菌糸体マットをすりつぶして抽出し、似た物質を取り出した。1915年になると、ロンドン大学のカレッジで研究していたウィリアム・ブラウンが、

『寄生の生理学に関する研究（Studies on the physiology of parasitism）』（その後40年間シリーズとして継続）の第一分冊で報告したように、イチゴ灰色カビ病菌 Botrytis cinerea の胞子が発芽した直後の菌糸塊から、より活性の高い物質を取り出した。また、これは彼がいったことだが、その活性物質が中葉を基質として利用しながら植物組織を溶かすことができる酵素であるというウォードの考えを確認した。ブラウンはこの酵素（もしくは後に証明されたように酵素の混合物）をサイテース cytase と呼んだが、この呼称は後にペクチナーゼやプロトペクチナーゼに変わり、さらにポリガラクチュロナーゼやポリメチルガラクチュロナーゼなど、より特殊な名称に置き換えられた。

　この分野に関する知見の概要は、条件寄生菌と絶対寄生菌の双方について、1930年代半ばにブラウン（1936）によって上手にまとめられており、彼の最初の論文が出てから50年後にも総説が出ているので、ここで反復する必要はないだろう。また、1967年には、やはりロンドン大学にいた R. K. S. ウッドがその著書『植物病態生理学（Physiological plant pathology）』の中で最近の成果と研究動向を紹介している。寄生の生理学的研究の最近の動向やこれに関連するトピックスは、1971年に発刊された新しい科学雑誌『植物病態生理学（Physiological plant pathology）』に収録されている。ある種の植物病原菌の代謝産物が植物にとって有毒であるという発見に関する話題は、7章で少し触れることにする。

## 殺　菌　剤

　なまぐさ黒穂病を防ぐためにコムギの種子を塩水に浸すなど、化学的処理で植物の病気による被害を食い止めようとしたごく初期の試みや、同じ病気にたいしてティレが試みたいろんな種子処理法は、すでに紹介したとおりである。また、建築用材の化学的防腐処理についてもすでに述べた。植物病害を抑制するために、治療と予防（または根絶と保護）の両面から見て、効果的な薬剤による処理法の開発が、一般に殺菌剤開発研究の主流だが、その発展過程についてはまだ触れていない。この開発の始まりは19世紀初頭までさかのぼるが、最初に

広く使われたのは硫黄だった。

　硫黄は紀元1世紀にディオスコリデスによって皮膚病の治療に使われるなど、皮膚の感染症に使われたことを示す文献が数多く残されている。1802年にモモウドンコ病の防除に石灰硫黄合剤を使ったのは、ジョージⅢ世の庭師、ウイリアム・フォーサイスだった。また、1834年にはT. A. ナイトがモモの縮葉病菌 (*Taphrina deformans*) とハダニを防除するため、初夏に「石灰と硫黄の花を溶液状にした水を」木にふりかける方法について報告した (Knight, 1842)。マルゲートの庭園管理官だったエドワード・タッカーも同じ処方を使って効果をあげたが、彼は1845年にイギリスで初めてブドウのウドンコ病を記録した人で、バークリーが1847年に病原菌のブドウウドンコ病菌 *Uncinula necator* にオイディウム・トゥッケリ *Oidium tuckeri* という学名をつけて、その功績をたたえている。その後も硫黄の使用は長く続き、今でも硫黄、特に石灰硫黄合剤や1920年代に導入された湿潤性の硫黄を含んだ粉剤などが使われているのをよく見かける。

　1935年以前の半世紀間は銅剤が多く使われていた。多分、1761年にシュルテスが銅剤をコムギなまぐさ黒穂病の薬として使ったのが最初の例と思われるが、同じ目的でテシエ (1783) も銅剤をきわめて高い濃度で使っていた。しかし、レモン汁やミントブランディー、エーテルなどと一緒に、役に立たないものとして消されてしまった。

　胞子に対する銅の高い毒性は、疑いもなくプレボー (1807) によって発見された事実だが、彼はなまぐさ黒穂病を研究していたとき、銅製の蒸留器で作った水の中では、菌の胞子発芽が阻害されることに気づいた。ちなみに、その60年後、ローラン (1869) は銀の皿でアスペルギルス・ニゲルを培養しようとして失敗し、それから高い毒性を持つ化学物質の研究に入ったという。[10]

　そのすぐ後、プレボーは比較的なまぐさ黒穂病にかかっていない二つの農場を見つけたが、そこでは播種する前に銅の容器に石灰を入れてコムギの種子を処理していたという。ここから、なまぐさ黒穂病菌の胞子発芽に対する硫酸銅の効果に関する一連の見事な実験が始まったのである。その結果、彼は硫酸銅の28万分の1溶液 (w/w) が発芽を阻害し、60万分の1でも、100万分の1の低濃度でも明らかに発芽が遅れることを見出した。また、硬水で作った硫酸銅の希釈溶液では、できた沈殿物を除くと毒性が低下することにも気づいていた。

これらの結果に基づいて、彼は実用的な種子処理法を考案して農民に教えたが、何人かがプレボーの教えに従っただけで、その方法は当時さほど普及しなかった。

植物病害防除に銅剤を使うことは、ボルドー大学の植物学教授 P. M. A. ミラルデが「ボルドー液」として有名になった薬剤の製法を発表する1885年になるまで一般化しなかった。1878年にフランスでブドウのべと病（プラスモパラ・ヴィティコーラ Plasmopara viticola）から始まったボルドー液の発明に至る物語はよく知られているが、ミラルデ自身が書いた当時のいきさつを紐解いてみるのも面白いかもしれない（シュナイダーハンの翻訳による）。

「1882年の10月末頃、たまたまメドックのサンジュリアンにあるブドウ畑の中を歩いて横切る機会があった。他のところではかなり以前に落葉しているのに、ここでは道に沿ってずっとブドウの葉が残っているのを見て、少なからず驚いた。その年はかなりべと病が出ていたので、私はすぐ道沿いに葉が残っているのは、病気からブドウを守った何らかの処置のせいだろうと思った。また、ブドウの葉の表面の大部分が粉末状の青白い薄い膜で覆われていたという事実を確かめるために、さっそく実験してみようと思い立った。

シャトー・ボーカーヨンに帰ってから管理人の M. エルネスト・ダヴィドに尋ねてみると、メドック地方ではブドウが熟した時に泥棒に盗まれないように、酢酸銅（緑青）か石灰とまぜた硫酸銅をブドウの葉に塗っておく習慣があるということだった。泥棒は銅の斑点に覆われた葉を見て、その下に隠れている実も同じように汚れていると思って、食べようとしないのだという。銅の塩類がべと病防除の決め手になるかもしれないと思いついたので、即座に思い立って、葉が長持ちしているという事実を M. ダヴィドに話して注意を喚起し、その場で夢を語り合ったものである」

その後2年の間にミラルデは化学者の U. ゲヨンの助けを得て、彼の処方を試して完成させた。彼の推奨する方法を見てみよう。

「水1リットル（井戸水、雨水、川の水でもよい）に市販の硫酸銅8キログラムを溶かす。それから水30リットルに15キログラムの石灰石を入れて、石灰の乳剤を作り、これに硫酸銅溶液を混ぜる。すると、青みがかったペースト状のものができる。作業者はこの混合物の一部をかき回しながら水がめに注ぎ込み、

左手でこれを抱え、右手で小さな刷毛を使って葉の表面に塗る。ただし、ブドウの実にかからないようにたえず注意すること。しかし、どんなやわらかい器官にも害が出ないので、心配する必要はない。

　M．ジョンストンの例では、平均50リットルの薬剤で、ほぼ1ヘクタールに植えられている植物（10000本）を十分処理することができて、経費は合計（材料と労働賃金を含む）50フラン以下だったという」

　ボルドー液の効き目は絶大で、フランスのワイン製造業者はべと病の恐怖から逃れることができた。この薬剤はジャガイモの疫病にも同じように効果的だったので、1902年にミラルデが亡くなると、その功績をたたえてボルドーに彼の銅像が建てられ、1935年にはパリで開かれたシンポジウムで「ボルドー液50周年記念祭」が行なわれた。[11]

　この記念シンポジウムは一つの時代の終わりを告げるものだった。というのは、ボルドー液や1920年代と30年代に導入された塩基性の硫酸塩や塩化物、酸化物のような不揮発性銅化合物は使われ続けたが（今もまだ残っている）、次第に多種多様な有機殺菌剤に置き換えられていったからである。

　その最初のものは、アメリカで1931年に特許を取ったヂチオカーバメイト（ヂチオカルバミン酸の誘導体）系のシリーズだった。ヂチオカーバメイト系殺菌剤の中で、最初で最も有名なものはチラム（tetramethylthiuram disulphide）だった。これに続いてフェルバムとジラムが、少し遅れてナバム、ジネブ、マンネブなどが出た。

　第二次世界大戦後の10年間に商品化された有機合成薬剤には、キノン誘導体のクロラニール（tetrachlorol, 4-benzoquinone）とダイクロン（2, 3-dichloro-1, 4-naphthoquinon）、トリクロロメチールカルボキシマイドのキャプタンやフォルペットなどがある。[12] 抗菌性の抗生物質は主として医薬用に開発され、植物病害の防除に使われたものはほとんど見られなかった。

　より効果のある新しい殺菌剤の開発研究は、殺菌剤の実験的検定手法や菌に対する殺菌剤の作用に関する多くの研究成果と並行している。この分野の研究概要については、J. G. ホースフォール（1945, 1956）が書いた二冊の総説が役に立つだろう。

殺菌剤の開発と適用方法に見られる大きな進展は、作物の菌類病防除用に開発された浸透性殺菌剤である。そのいきさつはR. W. マーシュ（1972）が編纂した一冊の本に匹敵する大部な総説に載っている。なお、これは幅広い分野にわたる大勢の著者によって書かれたもので、その中の1100を超える引用文献はすべて1967年以後に出た論文である。

　1903年にヨウ化カリがストロポリクム症の治療に使われて以来、人や動物の真菌症には効果的な浸透性薬剤が使われてきた。一方、まれに植物に浸透性薬剤を使った初期の試みについても多くの文献が見られ（詳細については、マーシュ（1972）参照）、浸透性殺虫剤の発見については、さらに多くの報告がある。[13]

　最近の目覚ましい発展は、次にあげる三つの主要な開発研究に根ざしている。その一つはイギリスのイーストモーリング試験場にいたW. A. ローチが1930年代に試みた、植物に効果のある溶液を注入して養分欠乏症を治療する方法、もうひとつは医学における抗生物質の開発とそれに続く抗生物質製造業の出現、三つ目は植物毒性の低い浸透性殺菌剤としての可能性を検定するために、化学合成物質から幅広く選んだ有機合成殺菌剤の導入だった。現在市販されている実用性の高い浸透性殺菌剤の一つが、果樹、野菜、温室栽培作物などの病害防除に広く使われているベノミール（methyl（1-butylcarbamoyl） benzimidazol-2-yl-carbamate）である。

## 人と動物に対する病原性

　2章で触れたように、昆虫寄生菌と宿主の関係については、18世紀を通じていろんな憶測が飛び交った。この問題は、イタリアの法律家で後に農業に従事したアゴスティーノ・バッシがほぼ30年も前に研究した結果を1835年に出版するまで、解かれないまま残されていた。

　アゴスティーノ・バッシ（図69）は1773年9月23日にロンバルディアで生まれ、ロディから4マイル離れたマイラゴの学校に入った。ちなみにバッシが生まれる3年前にモーツァルトが初めてここで弦楽四重奏曲を作曲したそうである。

図 69 アゴスティーノ・バッシ (1773–1856)

　それから彼はパヴィア大学で法律を学び、1798年に卒業した後、ロディで町の管財人兼陪席判事の職につき、後に新しいナポレオン体制下で官吏になった。
　才能に恵まれた多くの人と同じように、バッシも生涯病気に悩まされ続けた。特に視力に問題があったので、事務所をたたみ、マイラゴにあった父の農場に引っ込まざるをえなくなった。ところが、その結果1812年には羊の飼育について書いた460頁の素晴らしい本『羊飼いの指南書 (Il pastore bene istruito)』を初めて出版することになったのである。多少健康が回復したので、1815年には役人生活に戻ったが、わずか一年後に引退してマイラゴに引き上げている。その後、1856年に生涯を終えるまで、彼はそこで農業と科学の研究に没頭した。初めは金に困っていたようだが、1838年に従兄弟の一人から財産を相続することになった。ちなみに、この従兄はマイラゴの貧しい仕立屋だったが、軍隊の仕事を引き受けて大金持ちになり、ナポレオンから伯爵の爵位を授けられたという。
　バッシの興味の幅は広く、学生時代には法律学のほか、数学、医学など自然科学のいろんな講義を聴講したが、彼の先生には解剖学者のスカルパ、物理学者のヴォルタ、多才で自然発生の研究でも有名だったラツァーロ・スパランツァーニなどがいた。

そのうちバッシは気分を変えて、1807年に当時イタリアやフランスの養蚕業を襲っていた恐ろしいカイコの硬化病に関する研究を始めることにした。硬化病の原因は環境、すなわち大気の状態や餌、飼育の方法などにあるという見方が広がっていたが、バッシはまずこれらの意見に注意を払うことにした。彼は「あらゆる方法でカイコを育て、最も残酷なやり方で取り扱い、哀れな生き物を千種類の方法で何千となく死なせた」が、硬化病は一つも出なかったという。次に彼はこの病気が酸過多によって起こるという仮説を試すために、リン酸の影響について調べた。しかし、カイコは死んで腐っただけに終わり、死骸は固くならず、表面に硬化病の死後の特徴である白い粉もふいてこなかった。

バッシは紙にくるんだカイコを煙突の中につりさげて火を焚き続け、硬くなった死骸を地下室に置いたり、水で湿らせたりして硬化病の状態を再現させようとした。こうして処理されたカイコは専門家の目を欺くほどだったが、バッシにとって残念だったのは、硬化病で死んだカイコに必ず現れる特徴がなかったという一点だった。要するに「感染力」がなかったのである。というのも、健康なカイコの中にこの死骸をおいても、病気が起こらなかったからである。

この失敗に打ちのめされたバッシは何か月もの間「ひどく落ち込んで、無口になり、何も手につかず、極度の憂鬱症に悩まされた」という。しかし、しばらくすると立ち直り、この流行病が自然状態で発生する過程をよく観察して、そこから得た新しいアイデアに沿って、1816年に再び研究を開始した。彼はこの病気が偶然発生するのでなく、「外から来るなんらかのタネ」によって引き起こされることに気づいたという。間もなく、死んだカイコの表面に噴き出してくる白い粉状のものを顕微鏡で観察し、感染のもとになるものが「隠花植物の一種の病原菌」であることを見出した。ちなみに、彼は高度な顕微鏡を持っていたが、それは死後ロディの町に納められたそうである。

バッシは、長く続けた詳細な、時には優美ともいえる実験によって、この菌が病原体であることを突き止めた。彼はどの齢のカイコも感受性が高く、感染した幼虫は「焼石灰」のようになった後、すなわち死んだ幼虫の体表面で菌の胞子形成が起こった後にだけ、感染力を持つことを明らかにした。さらに、この流行病が自然に発生したとされるどの場合でも、感染したカイコが持ち込まれたか、もしくは汚染された箆などの用具が使われたという事実に行き着くと

図 70　バッシの著書『カイコの病気（Del mal del segno）』1835の表紙

結論づけた。また、彼は病気の防除法の開発にも関わった。

　1833年頃、バッシは自分の仕事を論文にしてパヴィア大学で学位審査してもらおうと考えるようになり、1834年には医学部や哲学部の9人の教授からなる審査委員会で要約した実験結果を報告した。教授たちはその報告に圧倒されたという。委員たちはバッシにサイン入りの証明書を発行したが、それは彼の著書（『カイコの病気、カイコ硬化病（Del mal del segno, calcinaccio o moscardino）』第一部理論1835年、第二部実践1836年）の序文の中に掲載されている（図70）。なお、彼はこの著書の中で研究内容と結論を詳細に記述した。

　この仕事は大方の関心を集めはしたが、毀誉褒貶相半ばした。ミラノ大学の博物学教授だったジュゼッペ・バルサモ―クリヴェッリはこの原因となる菌を同定してボトリティス・バッシアナ *Botrytia bassiana*（現在はボーヴェリア・バッシアナ *Beauveria bassiana*）と名づけ、1838年にはバッシから著書と感染した蛹の標本を贈られていたパリ自然史博物館館長、ヴィクトール・オードワンがバッシの発見を再確認した論文を出版した（図71）。もちろん反論もあって、バッシはかなり神経過敏になっていたようだが、彼の研究成果は根拠がしっかりしていて、先入観にとらわれないゆるぎないものだった。

　カイコの硬化病に関する研究はバッシの主要な業績だった。彼はその翌年、

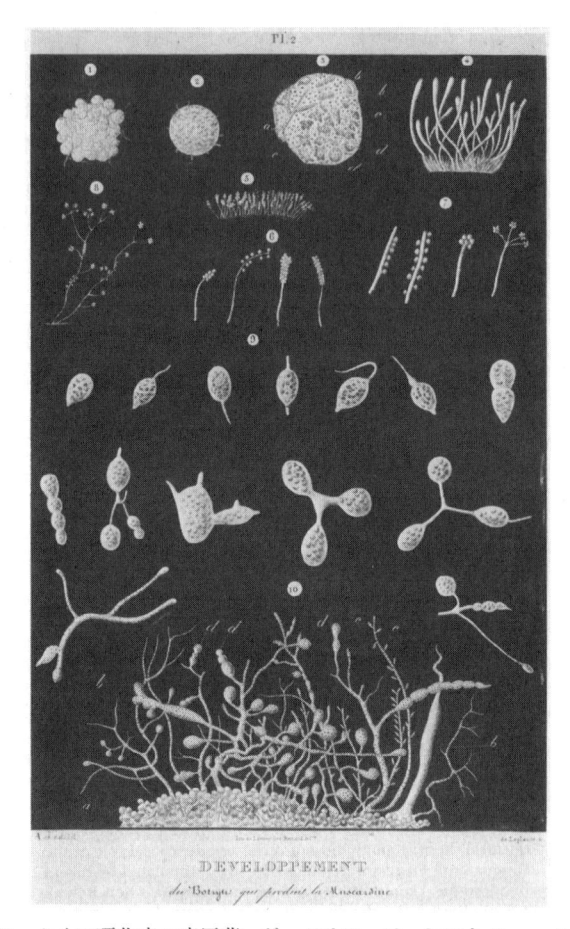

図 71 カイコ硬化病の病原菌、ボーベリア・バッシアナ *Beauveria bassiana*（V. Audouin（1838）: pl. 2）

この病気に関する観察結果をつけ加えて、『Del mal del segno』の第二版（1837）を出版した。彼はまた、ペラグラ（ニコチン酸欠乏症）やコレラのほか、クワやブドウ、ジャガイモの病気など、いろんなテーマについて長い論文を書き残した。彼はイタリアと外国のアカデミーから数多くの栄誉を与えられ、1925年にはパスツールの生誕100年を記念して、バッシの著作集が出版された。[14] なお、この出版事業はムッソリーニが主催した国家委員会の支援によるものだった。

科学史に登場する多くの著名人同様、バッシも当時広がり始めていたアイデアを上手にまとめて結晶化させた人だった。スパランツァーニの自然発生説に

対する見解がバッシに与えた影響については先に触れたが、おそらくバッシは腐敗や病気と菌の関係を度々目にして、よく心得ていたに違いない。

イギリスでは早くも1748年に淡水魚の病気、サーモンディジーズの観察結果が絵入りで記録され、1832年には動物学者のリチャード・オーウエンがロンドン動物園で死んだフラミンゴを解剖して、その肺がカビの菌糸でしわくちゃになっているのを見つけ、体内寄生虫と同じように体内寄生菌がいるとした。バッシが引用しているように、パヴィア大学教授のコンフィグリアーチとブルニヤテッリがこの病気で死んだカイコにはカビ臭があるので、菌が原因ではないかと示唆していたが、そのおかげで原因を探る道が開けたという。ただし、彼の同時代人たちよりも明敏で根気がよかったという点で、栄誉はやはりバッシに与えられるべきである。

バッシが多弁だったのかどうか、書き物を見る限り物静かで時には遠慮がちな人物だったように思える。彼は他人には寛容だったが、馬鹿にされて喜んでいるほどお人好しではなかった。というのは、彼の著書『Del mal del segno』の序文に書いているように、観察用のカイコを飼育する人や使用人に用事を言いつけるときは、いつも「時間を節約し、問題を起こさないよう、科学技術の進歩のために何らかの役に立ってくれると、私に十分な証拠を示してくれる者にだけ仕事を頼むことにしよう」と忠告していた。バッシは「事実が物語る時は、理屈は黙っている。理屈は事実の子供（結果）であって、事実は理屈の子供ではない」というモットーにしたがって暮らしていた。

バッシの発見が本になって公表されてから一、二年のうちに、人の真菌症がベルリンのヨハネス・ルーカス・シェーンラインとロベルト・レイマークやパリのダヴィド・グルービィによって報告された。

ユダヤ商人の息子だったポーランド人のレイマークは、1815年に当時プロイセンの一部だったポスナンに生まれた。18才の時にベルリンへ移り、そこで学業を終え、開業医になり、いろんな地位についてその生涯を送った。彼が死ぬ6年前の1859年にベルリン大学の客員教授（彼が長い間望んでいた正規の教授ではなかったが）に就任したが、その信仰と人種問題のために公職につくことを阻まれ続けていた彼にとって、これが最高のポストだった。

レマークは1837年に白癬を見て、それが球体と枝分かれした細い糸からでき

ていることに気づき、初めて白癬症が菌による病気であることを認めたようだが、この観察結果をドイツ人が学位論文に使うのを許したらしい。1839年にシェーンライン教授がバッシの報告に刺激されて白癬症が真菌症であるとするまで、レイマークはこの菌を病原体として認めなかった。当時レマーク（1842）は自分自身に菌を何度も接種し、感染条件を明らかにして初めて認めたという。大学に職を得ることができなかったので、1843年にシェーンラインの診療所の助手になり、二年後にこの診療所で行った研究結果を一冊の報告書にまとめ、シェーンラインの名誉を重んじて、白癬菌にアコリオン・シェーンライニイ *Achorion schoenleinii* という学名をつけて記載した（Remak, 1845）。

　この間、パリではダヴィド・グルービィ（図72）が、人の菌感染症の研究で大きな業績をあげていた。[16] レマーク同様、彼はハンガリーの貧しいユダヤ人の両親のもとに生まれ、大学のポストにつくために必要なキリスト教の洗礼証明書を、金を払ってまでして手に入れることを好まなかった。

　グルービィは1840年にウィーンで学位論文『病原体の形態に関する顕微鏡観察（Observatione microscopicae ad morphologiam pathologicam）』を出版すると、パリに移り、そこで1841年から4年にかけて、医真菌学の創設者としてその名を残すもとになった一連の短報を科学アカデミーの『Compte Rendu』誌上に発表した。[17] グルービィは初め白癬が菌によって起こることを記述し、人や動物の病

図　72　ダヴィド・グルービィ（1810-98）

原体になる菌の性質を接種実験によって詳細に検討して解説した (Gruby, 1841)。また、その翌年には (Gruby, 1842a)、あごひげにつくタムシは外生トリコフィトン症（ectothrix trichophytosis）であると報告した。彼自身は病原菌に名前をつけなかったが、後にチャールズ・ロビン (1853) がグルービィの記載に基づいてミクロスポロン・メンタグロフィテス *Microsporon* (*Trichophyton*) *mentagrophytes* という学名を与えた。

1843年にグルービィは古典的な人の真菌症であるミクロスポローシスを記載し、その病原菌にパリ自然史博物館館長だったヴィクトール・オードワンの功績を記念してミクロスポルム・アウドゥイニイ *Microsporum audouinii* という学名をつけた。最後に彼は、1848年にマールステンがトリコフィトン・トンスランス *Trichophyton tonsurans* と同定した菌によって発症する内生トリコフィトン症（endoethrix trichophytosis）を記載して、そのシリーズ (Gruby, 1844) を完了した。また、1842年には幼児の口腔カンジダ症が菌（この菌は1853年にロビンによってオイディウム・アルビカンス *Oidium* (*Candida*) *albicans* と同定された）によるものであると報告したが、同じ年スェーデンのF. T. ベルグによって、全く別個に同じ事実が発見されていた。

グルービィは菌学研究にこれ以上深入りせず、数年のうちにすっかりフランス人になりきってパリで開業し、変わり者だが親しみやすい医者として治療に専念し、50年後に亡くなるまで繁盛したという。彼の患者にはデュマ父子やリスト、ショパン、ジョルジュ・サンドなどもいたそうである。

タムシは古くからよく知られていた。白癬症のことはローマ時代の有名な医者、ケルススも書き残しており、イギリスのチューダー朝時代には頭にタムシがある貴族の患者は、王の面前でもかぶり物をかぶったままでよいという印章つきの認証状をもらっていたという記録がある。ムリリョ (1817-81) の有名な絵には、ハンガリーの聖エリザベートが白癬症にかかった子供の頭を洗っている様子が描かれている。もうひとつ、おそらく初めて熱帯の真菌症について書かれたものと思われるが、17世紀に面白い記録が残っている。それはウィリアム・ダンピアが世界一周の航海に出て、1686年にフィリッピンに立ち寄ったときのことで、後に自分の日誌に書き残したものである。

「グァム島でも同じものを見かけたが、ミンダナオ島の人は一種の癩病にひどく苦しんでいる。この病気は全身に乾いたふけのようなものができて、これにかかった者はすこぶる痒くなり、よくかきむしるので皮膚が小さな白いかけらに覆われてしまう。ナイフで端を削ってみると、小さな魚の鱗のようだった。そのため彼らの皮膚はひどく荒れていた」(18)

その後、同じ病気がポリネシアでも観察され、この病気がはびこっていた島名にちなんで「トケラウ病」とか「トケラウ瘡」として知られるようになった。しかし、熱帯医学の先駆者の一人で、当時アモイや中国にあったイギリス海軍税関に軍医として勤務していたパトリック・マンスンがその病原菌を明らかにして、皮膚白癬症と名づけたのは1879年になってからのことだった。それから20年ほどたって、フランスのR. ブランシャールがその菌を記載し、トリコフィトン・コンケントリクム Trichophyton concentricum と名づけた。ただし、多くの人はタムシをまだハンセン病と混同していた。(19)

19世紀初頭のタムシに対する見方を、イギリスの皮膚科医だったF. ベイトマンが手短に書いているが、その言によれば、頭に出るシラクモは「脆弱で無気力な子供、または食べ物も満足にとれず、不潔で運動も十分にしていない衰弱しかかった子供に自然に発症するものである」という程度だった。要するに、彼はこの病気が生まれつきのもので、根絶できないと信じこんでいたのである。ついに人の病原体として菌類が関わっているという事実が明らかになると、この仮説は菌類自体の本性に関わる議論にも影響を与えた。

グルービィの発見はある程度受け入れられたが、一般には、特に臨床医たちには歓迎されなかった。グルービィの菌学上の成果は、当時優れたものだったが、ミクロスポルム・アウドゥイニイ Microsporum audouinii による頭部白癬と非病原性の脱毛症を関連づけたことが、彼の信用を傷つけ、後継者たちを混乱させることになった。フランスではA. P. E バザンがタムシが寄生菌によることを受け入れるよう主張したが、1850年にはA. カズナーが皮膚科の医者たちに「顕微鏡検査の幻想」だと警告し、自分が見た唯一の菌、「アコリオン・スコエンレイニ Achorion schoenleini の奇妙な塵のようなものには病原性」など全くないと断言していた。

同じようにイギリスでも意見が分かれていた。サー・ウィリアム・ジェンナーは皮膚感染に病原菌が関わっているという説を受け入れ、治療効果があがる簡単な方法は患部を局所的に処置して菌を殺すことだと考えていた。しかし、生まれつき頑固な保守主義者、ジェイベズ・ホッグによると、「ところが、彼は間違いだということにすぐ気づき、この処置が失望に終わったことを率直に認めた」という。このホッグは何年か前に書いた一連の論文を本の形で1873年に再版し、病気の原因が菌にあるという説をこっぴどく批判した[20]。さらに、皮膚感染症に菌が関わっている事実が明白になると、この病気に差異があるのは、ある種の特定の菌に対する土壌、いわゆる患者の抵抗力の違いによると強弁した。

　2章でも触れたように、1863年にW. ティルバリ・フォックスがこの特定の菌をトルラ属 *Torula* と同定したが、1861年にトーマス・マッコール・アンダーソンは4種類の皮膚感染症、すなわち白癬 favus、タムシ tinea、シラクモ tonsurans、ピティリアシス pityliasis および、彼がグルービィによるものと思っていたアロペキア・アレアータ alopecia areata などは、明らかに植物性の寄生者の存在によると信じていた。

　ジョージ・シンは組成を変えた液体培地やコッホが近年紹介した「肉汁ゼラチン培地」を用いて慎重に培養実験を行ない、トリコフィトン・トンスランス *Trichophyton tonsurans* は本来「われわれを取り巻くあらゆるものに胞子で感染する普通の菌と全く異なった」独特の菌であると主張した (Thin, 1881, 1887)。他の人々も同様に観察し、その結果が1891年にトリコフィトン属 *Trichophyton* の種は一つだけではないと主張したファースマンとニーブの示唆につながった。また、1892年11月の『皮膚病学および梅毒学会報 (Annales de Dermatologie et Syphylographie)』に「人の複数のトリコフィトン症に関する臨床的、顕微鏡的、細菌学的研究」という論文を発表したパリの皮膚科医、レイモン・サブローもその一人だった。彼は彫刻家としてもかなりの腕前で、思想家のモンテーニュをたたえる本も書いている。なお、頭の世界的権威になったが、全くのはげ頭だったので、いつも喫煙の時にかぶるスモーキングキャップという帽子をかぶっていたそうである。

　サブローの研究室から論文があふれ出し、グルービィの菌学上の業績に対する疑いも晴れて、新時代が始まった。皮膚糸状菌に新たな興味が湧き起こった

のは、1896年8月にロンドンで開かれた第三回国際皮膚病学会でのことだった。『英国皮膚病学会誌（British Journal of Dermatology）』によると、「白癬と白癬菌類」というテーマにあてられた午後のセッションは、この会議の目玉の一つだったという。サブローがこのシンポジウムを司会して自分の研究の概要を報告し、ゲッチンゲン大学のローゼンバッハ教授やロンドンのマルコム・モリス氏らが300点に上る培養株を展示した。講演者の中にはボストン大学のチャールズ・J. ホワイトやイギリスのレスリー・ロバーツ、H. G. アダムソン、コルコット・フォックス、F. R. ブラクサル、ハンブルグ大学のP. G. ウンナ教授らの名が見え、フランス、イタリア、スペインなどの研究者たちも参加するか、講演原稿を提出したという。この討論の内容は国際会議が発行した『公報（Official Transactions）』（1898年に出版）の100頁以上を占めており、後にマルコム・モリスが数多くの見事な顕微鏡写真を添えて、一冊の本として出版した（Morris, 1898）。白癬菌の多様性は科学的事実として承認され、その後の50年間を通してこの菌に関する研究の路線が敷かれた。もっとも、当時もその後も、すべての人が「M. サブローがわれわれに受け入れろと迫った際限なき種の羅列」に喜んで従ったわけではなかった。

　人の白癬症に関する研究が進むにつれて、19世紀の半ばごろから医師や獣医師たちが農場や家庭で飼っている動物に見られる白癬症を記録し始めた。1842年にはJ. H. ベネットがハツカネズミの白癬に気づいていた。ティルバリイ・フォックスら（1871）は白いポニーから人にうつった白癬の七つの症例をあげているが、おそらくこれがウマの白癬に関する最初の報告と思われる。その後、特にフランスでウマやイヌ、ネコ、ウシ、ニワトリなどの白癬がどんどん記録されるようになり、人に白癬症が流行する場合は、感染した動物が原因であることが多いといわれるようになった。

　医真菌学と獣医真菌学の進歩の様子は、植物病理学の場合と対照的である。植物病理学の場合は常に菌学を専門とする研究者がその領域に自由に出入りし、一般菌学はしばしば植物病理学から派生してきたが、医学分野にあえて入ろうとする菌学者はごく稀だった。時に植物病理学には菌学者が多すぎて困るほどだが、反対に人や動物の真菌症の研究では菌学者が少なすぎて困っている。菌学者がいきなり医学分野に首を突っ込むと、顕著な業績を上げることができず、

一方、20世紀初頭の医師たちの多くは独学で菌類の専門家になったが、薬学と菌学双方の内容が複雑になるにつれて、医真菌学での研究成果が不満足なものになりだした。皮膚糸状菌（医真菌）の分類は、1935年に C. W. ドッジが行った複雑なものに見られるように、ひどく混乱していた。ただし、彼の著書は文献調査の範囲が広く、記述が正確なために今も役立っている。

新たな時代は1936年に有能な菌学者のチェスター・W. エマンズがアメリカ合衆国の保険局長官に任命された時から始まった。彼は初期の論文（Emmons, 1934）で、新しい確かな基盤に立った皮膚糸状菌の分類体系を提案し、ミクロスポルム *Microsporum* とトリコフィトン *Trichophyton* およびエピデルモフィトン *Epidermophyton* の3属を菌学用語で定義し、広く使われていた四番目の属、アコリオン *Achorion*（それまで臨床的に白癬の原因菌とされていたもの）をトリコフィトン *Trichophyton* に取り込んだ。その後の大きな進歩は、多くの皮膚糸状菌の完全世代が明らかになったことだが、それは、特にアルトゥーロ・ナンニッツィ（1927）やフィリス・M. ストックデイル（1961）および同じ年に出たクリスティン・O. ドーソンと J. C. ジェントゥルズらの報告による。

臨床医学的な業績は本書の枠を外れるが、子供の頭にできるシラクモの治療を容易にした、他に比べて際立って優れている二つの方法を紹介しておこう。その一つはX線を使って脱毛を治す方法、もうひとつは診断に「ウッドの光」を使う方法である。

子供の髪の毛に寄生するミクロスポルム・アウドゥイニイ *Microsporum audouinii* を退治するのは、ことのほか難しかった。この感染は思春期ごろまで出たり消えたりするが、それを過ぎると自然に消えてしまう理由が、なかなか掴めなかったのである。毛穴に巣くっている菌を殺すのが難しく、感染が健全な毛にも広がるという狡猾なやり方のために、殺菌剤による治療効果はほとんど不確かなままだった。髪の毛を短く刈り込むか、剃るか、もしくは感染した毛を手で抜き取って、調合した殺菌剤で注意深く処置し、再感染を防ぐ用心を怠らなければ、たまには成功することもあったが、学齢に達した子供の場合は、学校でのけ者にされるのが落ちだった。

この学校での弊害を避けるために、1901年にメトロポリタン貧民保護局（ロンドン地方会議に吸収されて以来）がシラクモ学校を設立し、コルコット・フォック

スが皮膚科の嘱託医として勤務し、シラクモにかかったロンドンの子供たちも治療と教育が受けられるようになった。1910年には推定3000人の感染者の中で、一年に600人から1000人近くの子供が治療を受けたという[21]。ちなみに、子供が学校に滞在する期間は、平均しておおよそ19か月だったそうである。ところが、1905年からはこの期間が劇的に4か月に短縮された。これは、サブローが1897年に偶然見つけて思いついた治療法を1904年に導入したためだった。

この治療法は、ある若い女性が衣装の下につけたネックレスを蛍光板に写して、X線の効果を宣伝するために雇われていたが、撮影から3週間ほどたって後頭部の髪がすっかり抜け落ち、サブローに診てもらったことから始まったという。いったん抜けた髪の毛がまたすぐ生えてきたので、たちどころに、サブローは頭のシラクモを治療する際、感染した毛を除くのにX線が使えると思った。そこで彼はH．ノワールと相談して、町の医院でも普通の治療法として使えるようにX線脱毛法の使用条件を決めたという（Sabouraud, 1910）。

その20年後、フランスの研究者J．マーガローとP．デヴェズが[22]、酸化ニッケルの入ったソーダガラスを通った光を当てると（ジョンズホプキンズ大学のアメリカ人、R．W．ウッドが最初に報告）、ミクロスポルムに感染した髪の毛が明るい緑色がかった蛍光を出すことを発見した。なお、よく似たわずかに弱い蛍光を発する白癬の毛は例外的だが、トリコフィトンに感染した毛は蛍光を出さないという（Kinnear, 1931）。診断法や感染した毛を抜く面倒な脱毛法も、これ以後はよほど楽になり、X線脱毛法と合わせて使われるようになった。子供のミクロスポルム・アウドゥイニイ *Microsporum audouinii* による感染症は今やまれな病気である。

白癬の治療に効くという万能薬は今でもたくさん出回っているが、最も有名な局部治療薬は「ホイットフィールド軟膏」（安息香酸とサルチル酸を含んだもの）だろう。これは皮膚科医のアーサー・ホイットフィールドが自分の医院で偶然かかった前腕の白癬症を治そうと思って考案したものだという[23]。なお、白癬の治療における最近の主要な成果は、抗生物質のグリセオフルビンを経口薬として取り入れたことだろう。

## 全身性真菌症

　白癬（水虫、インキン・タムシ）は医真菌そのものとされるほど、常に医真菌学の主要テーマの一つだった。西ヨーロッパの男性のうち、およそ3パーセントが皮膚糸状菌に感染していると思われるが、病気としてはごくありふれたものである。よく水泳プールを使う人の間で問題になったり、兵士や炭鉱夫の職業病とされたりするが、普通その症状はちょっと具合が悪いといった程度にとどまっている。

　ただ、さほど知られていないが、ほかの真菌症は医学的に深刻な問題とされてきた。1948年にエマンズは、アメリカの1942年度「人口動態統計」に記録された死者1,385,187人のうち、359人が真菌症によって死亡したという事実に注意を促している。その比率は全体のわずか0.03パーセントにすぎないが、同時期に死亡原因となったあらゆる病気、パラチフス熱や波状熱、天然痘、狂犬病、ハンセン病、疫病、コレラ、黄熱病、回帰熱、チフス熱などの半分以上、さらに破傷風およびポリオなどのほぼ二倍近くに達していたという。これらの全身性真菌症のいくつかは古くから知られていたが、中には最近になってわかったものも多い。

　脊椎動物の真菌症に関する最初の記録は、ウィリアム・アーデロンがローチ（コイ科の淡水魚）の明らかにミズカビ属 *Saprolegnia* によると思われる感染を1748年の『王立協会誌（Transactions of the Royal Sciety）』（図73参照）に載せたものである。また、ベネット（1842）が金魚に見られる同様の感染を記載したが、この病気はヴィクトリア朝時代に「サーモンディジーズ」（1882年にイギリスとスコットランドの川で大流行した際、トーマス H. ハクスリーが相談に乗っている）として悪名をはせ、今でも時々経済的損失を出している。

　1749年にフランスのレオミュールが孵化させた卵の中にいたカビ（おそらくアスペルギルス属の一種）を観察した。19世紀前半以降は、1813年にモンタギューがスズガモの胸部の気嚢中に「カビもしくはアオカビ」を見つけ、ルソーとセリュ

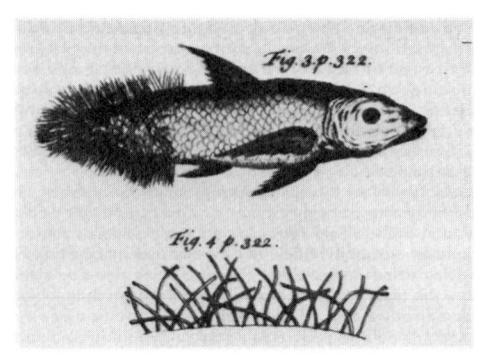

図 73　ミズカビ属 Saprolegnia に感染したローチ（コイ科の淡水魚）

リエ（1842）がアクシスジカの肺に真菌症を認めている。また鳥類、特に動物園で飼われている野生の鳥など、動物のアスペルギルス症に関する報告はかなりの数にのぼる。

　人の肺のアスペルギルス症は1856年にフィルヒョーによって初めて見出され、1863年にはフレセニウスによってアスペルギルス症を引き起こす最もありふれた菌、アスペルギルス・フミガートゥス Aspergillus fumigatus が記載・命名された。1897年にフランスのレノンとリュセが二冊の教科書を出したことで、19世紀の終わりにアスペルギルス症に対する関心が一挙に高まったが、この病気は今も医学上深刻な問題である。[24]

　1890年代から1910年にかけて、スポロトリクム症に大方の関心が集まったが、これは皮下感染する病気で、リンパ節などの組織に発症し、ときに全身に及ぶこともある。スポロトリクム症は1898年にアメリカのR. R. シェンクが初めて記録し、当時培養株を渡された植物病理学者のアーウィン・F. スミスはスポロトリクム属 Sporotrichum の一種とみなした。しかし、その後同定が間違っていたことがわかり、現在はヘクトウンとパーキンズ（1900）にしたがってスポロトリックス・シェンキイ Sporothrix schenkii とされている。

　1900年代の初めごろ、フランスではスポロトリクム症がしばしば発生したため、広範な研究が行なわれた。1912年に初期の文献を網羅したL. ド・ブールマンとH. グージェロの共著による、大部な単行本『スポロトリクム症（Le sporotrichoses）』が出版されるに及んで、この研究は絶頂期を迎えた。スポロトリクム症は外因性の真菌症で感染は周辺環境から起こるとされ、発生は世界中で見

られるが、散発的である。

　スポロトリクム症の発生率はフランスでは低下したが、1941年から44年にかけて、記録にかつてないほどの大流行が南アフリカのウィットウォーターズランドにある金鉱山で発生し、2825人の鉱夫が感染したという。小さな傷から入って感染したのは、坑道の抗木に腐生菌として増殖していた病原菌だった。そのため、坑道の木材を殺菌剤で処理し、感染した鉱夫にヨウ化カリを塗布することで病気がおさまり、死亡例はなかったそうである。(25)

　二つの全身性真菌症のコッキジオイデス真菌症とヒストプラスマ症(26)は多くの共通点を持っているが、1940年以降、その発見と研究が医真菌学の発展に大きな刺激となった。両方とも稀な病気だが、時に致命的な感染症として、初めアメリカで発見され、病原体は原生動物と考えられていた。その後、症状は穏やかだが、乾燥地ではコッキディオイデス真菌症に、湿潤地ではヒストプラスマ症に百万人単位で感染し、再感染に対して免疫ができることも知られるようになった。家畜や愛玩動物も同じようにこの病気にかかり、人も動物の場合も土壌が感染源になることが明らかになった。病原菌はいずれも二形性で、1950年以来これらの真菌症はアメリカで開かれるシンポジウムの主題になっており、いつも数百人の研究者や臨床医が参加している。

　コッキジオイデス真菌症(27)は、ブエノスアイレスにあるロベルト・ヴェルニケの病理学研究室で医学生だった21才のアレハンドロ・ポサダスによって、アルゼンチンのパンパで初めて発見され、1892年に報告された。ポサダスとヴェルニケは感染組織の中に見つけた「小球体 spherules」をコッキディア *Coccidia* に類似した原生動物と同定した。これは1896年にコッキディオイデス・インミティス *Coccidioides immitis* と同定したボルチモア、ジョンズ・ホプキンズ大学病院のE. リクスフォードやT. C. ギルクリストらの意見でもあった。

　彼らはこの病原菌を培養しようとしたが、培地がカビ、いわゆる「雑菌」で覆われてしまったという。一方、W. オフュルスとH. C. モフィット（1900）は、これが肺などの器官の中では球状の胞子嚢様（小球体）になる、この菌の培養時の形態であることを明らかにした。要するに、培養すると乾いて容易に離れる無数の分節型胞子を作るので、空気感染しやすくなるというわけである。1927年になると、E. F. ヒルシュらが菌の培養ろ液（coccidioidin）に対して皮膚が感

受性（感染によって起こるもの）を示すことを証明した。

　コッキジオイデス真菌症は、カリフォルニア州のサンホアキーン渓谷で流行したため、「バレーフィーバー」として知られるようになった。新時代の幕あけは、二人のカリフォルニア州の医師、アーネストC. ディクソンとM. A. ジフォード（Dickson&Gifford, 1938）が1936年と1937年にこの病気の初期症状を診断したところから始まる。コッキジオイデス真菌症の研究は、第二次大戦中さらに弾みがついたが、それはアリゾナの砂漠地帯などに訓練のため送り込まれた兵士たちがこの病気に感染したからである。感染症の発生率は土埃が立つ場所に草を生やしたり、道路や滑走路を舗装したりすることによって65パーセントまで下がったという。この対策案を出した研究チームを率いたのが、カリフォルニアのスタンフォード大学教授、チャールズE. スミスだったが、彼らの研究成果によってこの真菌症に関する知識が大いに蓄積された。

　この病気の生態的特性の解明は、主にチェスター・エマンズと一緒に働いた菌学者たちによって成し遂げられた。チェスター・エマンズらは砂漠に生息する小さなげっ歯類がコッキディオイデス・インミティス *Coccidioides immitis* に感染しているという過去の観察結果を確認し、さらに追及したとされている。なお、彼はアディアスピロ真菌症（adiaspiromycosis）の原因となる類縁菌（現在はエンモンシア *Emmonsia* 属）も発見している（Jellison, 1969参照）。初めのころ、彼はげっ歯類が病原菌の運び屋だと考えたが、後にこれらのげっ歯類も人やウシなど、他の動物同様、すべて腐生性の土壌生息菌が作る分節型胞子によって感染することを明らかにした。

　ヒストプラスマ症は肺臓、脾臓、腎臓を含む多くの細胞内皮組織の感染症で、サミュエルT. ダーリングがパナマで1906年に三つの症例を調べて発見し、細胞内皮組織の中に無数にいる病原微生物は原生動物であるとした。次の症例は1934年にアメリカのミネソタ州から報告されたが、死亡前に診断された最初の例だった。これについてはW. A. ドモンブラン（1934）が、試験管培養で菌糸状になり、大きいいぼ状の大分生子とより小さくて滑らかな球状の小分生子を作るヒストプラスマ・カプスラトゥム *Histoplasma capsulatum* の特徴を記載している。なお、自然状態での形は小さな酵母状の細胞である。

　初めのころ、コッキジオイデス真菌症としては、致命的な分散型だけが認め

られていた。しかし、後に胞子を吸い込むと起こる、穏やかで症状が出ない型のあることが判明した。その場合、菌の抗原（ヒストプラスミン）に対して皮膚に陽性反応が出る患者では胞子が免疫性を与えているとした。

実際は世界中に広がっていたが、アメリカにおけるヒストプラスマ症の流行地域は主に東海岸沿いで、コッキジオイデス真菌症の場合よりも湿度の高い地域だった。やはり、エマンズ（1949）が示したとおり、土壌が感染源で、この地方に住んでいる何百万人もがヒストプラスマ感受性だったという。最近では、ヒストプラスマ・カプスラトゥム *Histoplasma capsulatum* は特に古い養鶏場と関係があるとされており、南北アメリカ大陸や南アフリカでは洞穴に住んでいるコウモリの糞のグアノにもついているため、洞穴探検家が感染することがあるという。

感染組織の中で大きな酵母に似た細胞になるヒストプラスマ属 *Histoplasma* の二番目の種（*H. duboisii* Vanbreuseghem, 1952）は、臨床上古くからあるヒストプラスマ症に見られる異形の原因になるが、熱帯アフリカからも報告された。一方、ヒストプラスマ・ファルシミノスム *H. farciminosum*（Rivola, 1873の *Cryptococcus farciminosus* にあたる）は、ウマやロバがかかる流行性リンパ管炎の病原菌である。その症状の最終段階は、きわめてゆっくり進行する皮膚、特に首のまわりの皮下にできる潰瘍状の傷が特徴で、人のヒストプラスマ症とちがって伝染性である。これは地中海沿岸諸国や日本、南アジアなどで流行し、1820年ごろフランスの獣医が見つけたという。この病気の地域的流行はしばしば軍の派兵と関係しており、イギリスへは南ア戦争後の1902年に持ち込まれたが、屠殺を義務づける法的措置によって根絶させられた。このいきさつについては、陸軍獣医局のW. A. パリン大佐が小冊子（1904）に詳しく書いているので、それを見れば歴史的事実をたどることができる。

これらを含む真菌症の研究によって、特に1950年代以降、菌による人や動物の病気の治療に見通しがつくようになった。禾穀類の黒サビ病やジャガイモの疫病のような菌類病に匹敵する、結核やコレラなどに比べると、人の真菌症はさほど深刻でないかもしれないが、十分注意を要するに足る高い発生率を今も保ち続けている。また、たとえいたとしても、人や高等動物の絶対寄生菌はごくわずかに過ぎないことも明らかになってきた。ただ、熱帯のリノスポリディ

ウム症の病原菌で、分類学上の位置が不確かなリノスポリディウム・セーベリ *Rhinosporidium seeberi* は有名な例外だが、これでさえ汚染された水や土壌から来るとされている。

　人の真菌症の原因になる菌のほとんどは、1962年以来よく使われるようになった用語でいえば、「日和見感染」菌である。要するに、日和見感染菌は通常ごくありふれた腐生菌として暮らしているが、人の生活圏に入って、呼吸やちょっとした傷を介して感受性の高い宿主に感染すると、病原菌として行動する能力を備えているのである。糖尿病患者やステロイドを投与されている患者に、ムコルやカンジダによる感染症が発生しやすいように、ある菌が病原体になるか、ならないかを決めるのは、宿主の中に起こる体質的な変化によるように思われる。また、もし接種源の量が十分多ければ、腐生菌が病原菌として働くこともあるだろう。

　ほかの多くの真菌症も、すでに述べたものとほぼ似たようなものである。菌糸状にならない酵母、クリプトコックス・ネオフォルマンス *Cryptococcus neoformans* は中枢神経系や肺などを犯すクリプトコックス症の病原菌だが、よくハトの糞で見つかっている（ハトはこの菌に感染しない）。「マドゥラ脚 Madura foot」（マドゥレラ・ミケトミ *Madurella mycetomi*）は古典的な熱帯真菌症の一つで、1694年に初めて見つかり、1874年に出たH. V. カーターの著書の主題になったが、脚に刺さったとげと関係があるとされた。一方、ファンブレーセーゲン（1952）によって、土壌から皮膚寄生菌を分離するために髪の毛で菌を釣る方法が紹介されて以来、土壌生息性の白癬菌やその近縁種など、必ずしも病原性ではないが、好ケラチン性の菌が世界各地の土壌から分離培養されている。

　スポロトリクム症に対してヨウ化カリが効くほどに効果のある、全身性真菌症の治療薬はまだない。ちなみに、ヨウ化カリは1882年にウシのアクチノマイセス症を治療するために初めて用いられたが、1903年にサブローがブールマンとグージェロに人のスポロトリクム症にも使ってみるように勧めたという。最近市販されてよく用いられている抗菌剤は、ストレプトミケス属 *Streptomyces* が作るポリエン系の抗生物質、ニスタチン（1950年に発見）[30]とアンフォテリシンB（1956年に発見）[31]の二種類である。ただし、アンフォテリシンBを使用する際は患者の肝臓に回復不能な障害が出るので、ほかの薬でバランスをとる必要が

ある。

　医学分野で菌学者が増えたのは、医真菌学の教育機関が増加したことと深い関係がある。この点についていえば、ノーマン・F. コナンがアメリカのノースカロライナ州にあるデューク大学医学部に菌学者として招かれ、デューク大学病院の真菌症担当医になったのは重要な出来事だった。彼は医真菌学の夏季講座を開いて、世界に広く新しい息吹を伝え、四人の医学者と共同で、『臨床菌学（Manual of clinical mycology）』を著わし、1944年に米国研究評議会（NSF）の軍医学方法書の一つとして出版した。この著書は医真菌学の教科書の水準を新しいレベルに引き上げ、もっとも影響力のある教科書となった。

　学会の構成員は植物病原菌を扱う研究者に限定されていたわけではないが、ついに医真菌学者たちの間で専門の学会を設立して、自分たちの研究をさらに深めたいという強い意向が出始めた。その最初の動きは、ちょっと変わっているが、1954年にパリで開催された国際植物学会に出席した医学者や菌学者たちが、国際レベルで「人類・動物国際菌学会（I. S. H. A. M.）」を立ち上げた時に始まる。その後1961年には独自の会報、『サブローディア（Sabouraudia）』を発行するまでになり、フランスや日本、イギリス、ドイツなどでも盛んに学会や研究グループが組織され、研究者たちはが定期的に開かれる国際集会に参加している。

## 重複寄生菌

　他の菌に寄生する菌、いわゆる重複寄生菌は古くからよく知られていた。ミケーリ（1729: 200; tab. 82, fig. I）はツチカブリ *Lactarius pipertatus* などのキノコにヤグラタケ *Nyctalis asterophora* が寄生するのを観察し、初めてごく大雑把に写生した。また、ボールトン（1788-91: tab. 155）はクロハツ *Russula nigricans* にナガエノヤグラタケ *Nyctalis parasitica* が寄生している様子を描いたが、ビュリャール（1791-1812: tab. 166）もツエタケの一種、コリビア・フシペス *Collybia fusipes* に同じ寄生菌がついたきれいな絵を描いている。さらに、ツォップ（1890:

269–282)やブラー(1909–50, 3: 432–473)がほかの菌寄生菌についても記載して補足した。ツォップは地衣類に寄生する菌について記載したが、これは後にキースラー(1930)によって単行本にまとめられた。

　終わりに、ここで菌類が細菌やウイルスに犯されて傷害を受けるという事実にも触れておくのが適当だろう。栽培したマッシュルームに細菌病が発生することを最初に記録したのは、アメリカの A. G. トラース(1915)だった。その後 S. G. ペイン(1919)は自分が「褐色斑点病 brown blotch」と名づけた病気がイギリスで大発生したのを調べて、この細菌にプセウドモーナス・トラアシ *Pseudomonas tolaasi* という学名を与えた。ごく最近マッシュルームの「ウォータリ・ストライプ watery stripe」という病気(イギリスでは一般にダイバック die back として知られているが)が発生し、ウイルス性のものだということがわかり、ガンジー(1960)が試験管培養でウイルスをうつすことに成功した。それ以来、数種のウイルスがマッシュルームなどのキノコで報告され、ウイルスもしくはウイルス様のものが、ペニシリウムやアスペルギルス、サッカロミケスなどのカビでも見つかっているが、この分野は現在急速に進展している研究領域である。[32]

# 7

# 有毒、幻覚性、アレルギーに関わる菌類

## 人と動物に対する菌類の毒性

　1874年にバダムがキノコ類について「無毒で食用になるものが普通で、有毒なものは例外だ」と正しく書いたが、キノコは古代から毒を持っていると思われて、すこぶる評判が悪かった。人は常にキノコから惨事が起こるという印象を受けてきたが、それは古代ギリシャ時代に書かれた大量死の記述に大いに関係があると思われる。エパルキデスによると、エウリピデスは（ギリシャの悲劇詩人）紀元前405年ごろイカロス島を訪れたとき、ある婦人と成人した二人の息子と未婚の娘が山で採ってきたキノコを食べて死んだといい、それについてこの詩人は警告をこめた風刺詩を書いたという。ホートンの訳を見てみよう。

　　「不滅の天球を裂いて渡る太陽も、かつてこれほどの惨劇を目にしたことがあるだろうか。母と初々しい娘と二人の息子が一日のうちに無慈悲にも命を落としたのだ」[1]

　古くから毒キノコは興味津々の話題である。キノコの見分け方については、数多くの書物が出されているが、キノコを食べられるものと有毒なものに初めて分類したのは、クルシウス（1601）である。バッタッラ（1755）は自分の著書の見開きにギリシャ語で「吾人はキノコを研究すれど、それを食さず」と書き、1760年にスコポリがキノコについて書いた文章は、「有毒なものがかなりあって、そのほとんどが疑わしい」という幾分悲観的な見方で終わっている。

　キノコの食毒を判別する昔からの言い伝えは、あまりあてにならない。古代ローマの詩人ホラティウスは「牧場に生えるキノコが最高で、ほかのものは信用しないほうがよい」と書いた。[2] 古代ローマの本草学者、ディオスコリデスは

「毒キノコは錆びた釘や腐ったゴミなどがある場所や毒ヘビの穴」の近くか、もしくは毒のある実をならす木の側に生えるといい、粘液に厚く覆われているものは採っておくと、すぐ腐るともいう。有名なプリニウスも「いくつかの毒キノコは、赤い汁を出す（diluto rubore）か、見た目が気持ち悪いか、中に青黒い斑点が出ているので、たやすく見分けられる。また裂け目の多い溝（rimosa stria）や縁に薄い膜が付いているものも有毒である」と書いている。

このような見分け方は、毒キノコの傘の皮は剥けないとか、食用キノコと違って毒キノコをタマネギと一緒に煮ると色が抜けるとか、銀のスプーンが黒くなるといった類のいい加減な話とあいまって、本草学者たちによってさらに権威づけされていった。これらの永い間信じられてきた誤った知識は、実際ごく最近まで生き残っていた。トラブルを避ける唯一の方法は、過去の不幸な出来事を参考にして、無毒として知られているものを正しく同定することである。

昔の著者たちはキノコ中毒の対処法についても、多くの教えを残している。たとえば、古代ギリシャのニカンドロスは以下のように述べている。

「キャベツの丸い頭の部分か、ヘンルーダのねじれた茎の周りを切り取ったもの、または永い間貯めてあった銅のかけら、砕いたクレマチスを酢につけたものなどを摂る。それからジョチュウギクの根と庭に生えているクレッソンの葉を酢かソーダを振りかけながら砕いたもの、薬草と辛いカラシを一緒に砕いたもの、ワインのおりか、家で飼っている鶏の糞を焼いて灰にしたものなどを摂る。それから気持ちが悪くなるほど右手の指を喉にさしこんで、毒のある厄介者を吐き出す」

ケルススは「もし誰かが毒キノコを食べてしまったら、酢と水か、もしくは塩と酢と一緒にハツカダイコンを食べさせるのがよいという。ガレノスも「大量のハツカダイコン」と混じりけのないワイン、ブドウから造った灰汁、ソーダと酢を混ぜたもの、ワインのおりを焼いて作った灰を水に溶かしたもの、ヨモギと酢、ヘンルーダと酢、またはヘンルーダだけなどを摂るように勧めている。ディオスコリデスはもっと慎重にすべてのキノコについて次のような予防法を書いている。

「オリーブオイル一口か、塩と酢を混ぜたソーダや灰汁と一緒に食べるか、

マヨラナかセイボリーを煎じた汁を一口飲んで食べる。鳥の糞と酢を混ぜたものか、それに蜂蜜をたくさん入れてシロップ状にしたものを飲むべきである。こうすれば、食べられるものでも消化しにくいものは、いつもすべて排泄される」[8]

プリニウスはキノコを食べたあと、すぐナシを食べればよいともいう[9]。

もうひとつのやり方は、毒キノコを無毒にする調理法を工夫することだった。ケルススは毒キノコを「調理法によって食べられるようにするには、油かナシの若枝を入れてゆがくと、悪いものが抜ける」という[10]。プリニウスもキノコは肉かナシの新梢と一緒に煮ると安全だと書いている。ポレはその著書『キノコ概論（Traité des champignos）』（1790-3, 2: 25）の中で、毒キノコの場合は細かく刻んで、塩、酢またはアルコールを加えた水に浸しておくと、動物には無害になるという。

この調理法からヒントを得たのか、彼の同郷人でパリ植物園の助手をしていたフレデリック・ジェラールは、有毒と信じられているキノコの子実体を刻んで、酢か食塩を入れた水に二時間浸した後よくゆすいで（水だけの場合は数回とり変える）、それを冷たい水をはった鍋に入れて沸騰させてゆっくり冷ます。その後30分たったら水を切り、拭いてから普通に調理することにしていた。ジェラールは自分の研究について触れ、その中で彼とその家族、12人はひと月の間に75キログラムの毒キノコを食べたという記録を書き残した。1851年には、自分の方法が正しいことをパリ衛生局の委員会の前で実際にやって見せて納得させたともいう。はたして、ジェラールがタマゴテングタケ Amanita phalloides（西ヨーロッパでもっとも致死率が高いキノコ）を試したかどうか知らないが、ついに自分の実験に敗れたと信じられているので、菌学者たちはジェラールの方法に疑いを挟んだままで、この方法を推奨していない。

いくつかのキノコに毒があることは一般に知られているが、この見方も時に疑わしいことがある。というのも、ネロの時代から食用キノコの料理に加えられた毒物で急死する場合があったからである。たとえば、1746年に英国王立学士院会員のロジャー・ピカリング師はキノコの毒は「たまたま養分の多いキノコにひかれてやってきた小動物か、その卵」のせいだといったが[11]、この意見は

もう一人の会員、ウィリアム・ワトソン<sup>(12)</sup>によって即座に否定された。ただし、これは菌の毒素が発見される120年も前のことである。

　欧米でのキノコ中毒による死亡原因の大部分は、タマゴテングタケとその近縁種のテングタケ、シロタマゴテングタケ、ドクツルタケなどだが、この中には割いてミルクにつけておくとハエを殺すので有名な、弱毒性のベニテングタケ（アカハエトリ）も含まれることがある。

　シュミーデベルクとコッペ（1869）が、人には有毒でもハエを殺さないか、もしくは典型的なベニテングタケ中毒症状の原因にならないムスカリン（Muskarin）を抽出したのは、このベニテングタケからだった。なお、この中毒症状は二番目の毒素、ムスカリジンによることが明らかになったが、それはタマゴテングタケの毒素に近いものだった。R. コバート（1891）が溶血性毒素を単離してファリンと名づけたが、その後1900年代の初めにアメリカのW. W. フォードが、1940年以降にドイツのH. ヴィーラントとT. ヴィーラントやその共同研究者たちが調べた結果、タマゴテングタケがファロイジンと$\alpha$-アマニチンにそれぞれ代表される二つの主要なグループに属す10個以上のペプチド系毒素を持っていることが明らかになり、1969年には抗毒素のアンタミドが単離された<sup>(13)</sup>。現在、テングタケ属の中毒症状に最も効果のある処方は、20世紀の初めごろフランスの細菌学者、A. カルメットが試みた抗血清剤だが、これは20年後にパリのパスツール研究所にいたデュジャリック・ド・ラ・リヴィエールらによって開発され、一般にも使用できるようになった（Dujarric & Heim, 1938参照）。

## マイコトキシン中毒症

　有毒菌類に対する関心は、確かに永い間、人の病気や生命に関わってきたためか、20世紀半ばまでキノコに集中していた。一つの例を除いて、毒性のあるカビは事実上ほとんど注目されていなかった。しかし、最近になってカビとその生産物が食物や飼料に混入し、知らず知らずのうちに人や動物に食べられ、医学や獣医学上だけでなく経済的にも問題になり、キノコ類による中毒よりも

よほど重要視されるようになった。現在、この中毒はマイコトキシン中毒症 mycotoxicoses と呼ばれているが、この種の中毒は世界的規模で発生しており、1960年代以降国際的研究の対象となっている。

## 麦角中毒

　麦角（麦角菌 Claviceps purpurea の菌核）が混じって汚染されたパン、特にライムギパンを食べてかかる麦角中毒は、最も古くから知られていたマイコトキシン中毒の症例である。これは医薬品としても利用されたため（260頁）、麦角や麦角中毒に関する文献は数多いが、バージャー（1931）が上手にまとめている。
　麦角のことを書いた最初の文献は、間違いなくアダム・ロニツァー（Lonicerus）が1582年に書いた『Kreuterbuch』の中の記述である（図74）。麦角は1658年に出たガスパール・ボーアンの『植物劇場（Theatri botanici）』の中に初めて描かれたが、J. ボーアンによると、麦角を持ったライムギははっきりセカーレ・ルクシュ

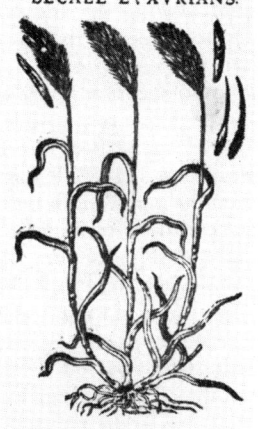

　図　74　お産に麦角を使った最初の記録（A. Lonitzer（1587）：286）

　　　図　75　（原典から脱落している）

リアンス Secale luxurianns（図75）として扱われているという。

16世紀末のヨハン・タルの時代（"Sylva hercynia", 1588）から19世紀初頭にかけて、麦角は昆虫か傷、もしくは菌がついてできるライムギの異常な実だとする考えを支持する人が多かった。その後、発芽した菌核から出てくる子嚢子座を記載する際、フリースがこれをスフェリア・プルプレア Sphaeria purpurea と名づけた。1711年にジョフロアが、さらに1764年にはミュンヒハウゼンが、この菌核は自然状態では菌類だと示唆していたが、他の研究者たちもその考えを受け入れており、1815年にはド・カンドルがこの子嚢果にスクレロチウム・クラヴス Sclerotium clavus という学名をつけて確定した。

最後にレヴェイエが1827年に麦角を扱った本を出し、分生子世代をスファケリア・セゲトゥム Sphacelia segetum と名づけて記載したが（1600年に K. シュベンクフェルトがこの「糖液」に気づいていた）[14]、彼はこれがライムギの穀粒の異常に関係があると信じていた。この問題に対する L. R. テュランの貢献は、1853年に出した古典となった論文の中で、壊死したものと菌核および子嚢果はいずれもクラヴィケプス・プルプレア Claviceps purpurea の生活ステージであると述べたことである。

麦角中毒の流行がいつから記録されるようになったのか、推測の域を出ないが、ヨーロッパでは無数の地方名で書かれた記録に見る限り、ほぼ千年前までさかのぼるのは確かである。人の場合、その症状には壊疽型と痙攣型の二種類があって、後者はビタミンA欠乏症と関係があるという。一方、ウシでは壊疽型の症状が普通である。壊疽型の症状では四肢に焼けるようなひどい痛みが生じ（そのために聖アントニウスの火と呼ばれる）、いつもではないが、生命にかかわるほどひどい時は四肢を切り落とすしかなかったという。痙攣型症状の場合は、痙攣やひきつけなどの神経障害と一緒に皮膚に耐えがたいかゆみ（このためドイツでは Kriebelkrankheit（いらいら病）という）が生じる。おそらく、中世の「踊り病 dancing epidemic」は麦角中毒のことらしく、流行した時は何百人もの人が踊りたい衝動に駆られたという[15]。この時代には壊疽型がライン川の西側で、痙攣型がドイツや東ヨーロッパ、ロシアなどで流行っていたのは確かだった。ロシアでは、ほかの国でかなり収まった後でも、しばしば流行していたという。

1957年、マールブルグ大学医学部が1595年に発生した地域的な流行について

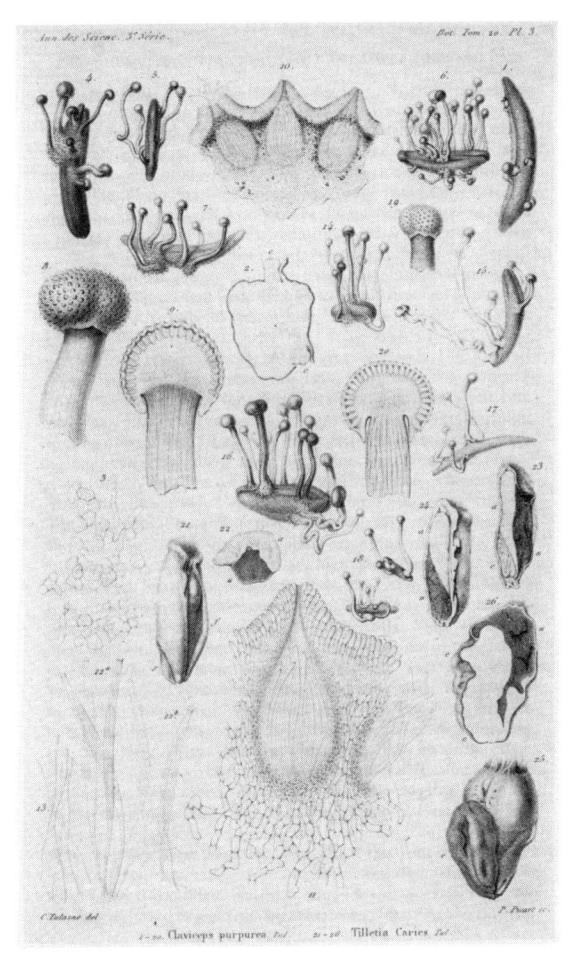

図 76 麦角菌 *Claviceps purpurea* とコムギの黒穂病菌（L. R. Tulasne (1853: pl. 3)

報告した際、その原因は病気にかかったライムギパンを食べたことにあると断定した。その後、次第に麦角で汚染された穀粒が入った食物を食べさせない法的措置がとられ、農業技術の改良と相まって、麦角中毒はまれな病気になっていった。

麦角の化学的究明は難航したが、バージャーやストールらによって検討され、次第に毒性とその生理作用が、主としてリセルグ酸誘導体であるアルカロイドによって起こるといわれるようになった。

## 家畜のマイコトキシン中毒


　麦角中毒に加えて、それによく似た「シマスズメノヒエふらふら病（paspalum-stagger）」（牧草のシマスズメノヒエについたクラビケプス・パスパリ *Claviceps paspali* の菌核を食べて動き方や神経に障害が出る病気）が、アメリカ（H. B. Brown, 1916）など世界各地から報告されだすと、カビが生えた飼料を食べてかかる、ほかの家畜の病気も注目されるようになった。たとえば、その中にはジベレラ・ゼアエ *Gibberella zeae* の不完全世代、フザリウム・グラミネアルム *Fusarium graminearum*（コムギ・オオムギあかかび病）に冒されたオオムギによるブタの中毒（Christensen & Kernkamp, 1936）やディプロデイア・ゼアエ *Diplodia zeae* に感染したトウモロコシによるウシの麻痺（Theiler, 1927参照）などがある。

　一方、この種の病気が最も蔓延したのはロシア（ソ連）だが、ここではかつて細心の注意がはらわれていた（今も（1970年代）そうかもしれないが）。1937年にはウクライナからデンドロキウム・アルテルナンス *Dendrochium toxicum* によるウマのマイコトキシン中毒が報告され、1938年にはソ連邦でスタキボトリス・アルテルナンス *Stachybotrys alternans* によるウマの同じような症状が記録されている。フザリウム・スポロトリキオイデス *Fusarium sporotrichioides* の毒素生産性系統によるウシなどの家畜のフザリウム中毒症を含めて、マイコトキシン中毒症はソ連邦で一大研究課題になり、1954年には A. K. サルキソフがマイコトキシン中毒と麦角中毒について一般的な教科書を出版した。ただし、疑いもなく、これらの著書や研究報告がロシア語で書かれていたため、二つの重要なマイコトキシン中毒が世界の他地域で発見されるまで、海外ではほとんど注目されなかった。

　最初に見つかった中毒症状は顔面湿疹だったが、これは1898年以来ニュージーランドでヒツジやウシの重要な病気とされ、何年も大きな経済的損失のもとになったという。この病気が感染した動物から健全なものへ伝染しなかったため、1908年ごろまでは「養分欠乏」のせいだとされていた。肝臓の機能障害

に続いて、白いか色素が薄い皮膚に起こる光増感症によって、感染したヒツジの顔面や耳に潰瘍のできることが次第に明らかになり、ある季節に特定の牧場で流行することも確かめられた。その後、長期にわたる調査研究によって、牧場の草につく腐生菌のピトミケス・カルタルム *Pithomyces chartarum* の毒素をもった胞子が原因であることが証明された。後に、毒素が単離され、以前にこの菌が分類されていた属名、スポリデスミウム *Sporidesmium* にちなんでスポリデスミンと名づけられた。今では、合理的な処方でこの病気を抑えることも可能になっている。

　二番目のマイコトキシン中毒は1960年の夏までは思いもよらいことだったが、このときイギリスで、ブラジル産のピーナッツが入った餌を食べた10万羽ほどの若いシチメンチョウとアヒルが死んだ。翌年までに、この飼料に入っていた毒素はアスペルギルス・フラヴス *Aspergillus flavus* のある系統が作ったヘパタトキシン（後にアフラトキシンと名づけられる）[18]であることが実証された（Sargean *et al.*, 1961）。アフラトキシン中毒はウシやブタ、モルモットなどでも記録されているが、いずれも肝機能障害である。さらに、ネズミはアフラトキシンの入った餌を食べても、ひどい症状にはならなかったが、最後には肝臓に悪性腫瘍が発生した。そのため、このことからアフラトキシンが人の肝臓癌の病因になる可能性があると推測されている。

　これらの研究から得られた優れた成果や他のマイコトキシン中毒の症例から、多くのことが明らかになったが、ここで詳細にわたって紹介するのは場違いと思われるので省略する。なお、1960年代以降、この研究領域が菌学研究の上で大きな話題になったことは確かだが、マイコトキシン中毒については、まだその全容をとらえるまでに至っていない。

　どんなに新しいと思われる研究の場合でも同じだが、マイコトキシン中毒の場合も、その根は予想外に深い。この節を終えるにあたって、1868年に出版されたチャールズ・ダーウィンの『栽培植物と飼育動物の変異（The variation of plants and animals under domestication）』から、その第二巻の一節を引用しておくのが適当と思われる。

　　「シロウマか、白い斑点のあるウマが、カビが生えて蜜の出たベッチ（マメ科

の牧草)を食べて、ひどい傷を負っているという記事が東プロシアで三回も出たことがある。白い毛が生えている部分の皮膚が炎症を起こして壊疽状になったという。J. ロドウェル師に聞いたところによると、ある日彼のお父さんが15頭の挽きウマを、ところどころ黒いアリマキがたかっている(おそらくカビがついて蜜が出ていた)オオカラスノエンドウが混じっていた牧場に連れ出した。ウマは二頭を除いて、顔やくるぶしに白い部分がある栗毛と鹿毛だったが、白い部分だけがはれ上がって疥癬になり、ひどく痛そうだったという。白い斑点のない鹿毛のウマはこの病気に全くかからなかったのだが」

現在、この観察記録は顔面湿疹と呼ばれているマイコトキシン中毒症の特徴を書いた文献としてよく知られている。

## 菌の植物毒素

植物病原菌が生産する有毒代謝産物(毒素)が、植物の症状に何らかの役割を果たしているという考えはド・バリ(1886)までさかのぼるが、高等植物に対して菌が毒性をもつことがわかったのはごく最近のことである。なお、ド・バリが見つけた毒物は酵素の複合物だったと証明されたので、軟腐病もしくはある種の立枯れ病の導管の褐変に関係する酵素を毒素として扱うのは適当ではないだろう。また、植物病理学では毒素という用語が、微生物によって生じる病徴に類似した効果を表わす有毒化学物質にも用いられていることから、ジベレリンのような生理活性物質を毒素というのもふさわしくないと思われる。

現在使われている用語は、植物に有害な生物が生産する何らかの生産物を指す「植物毒素 phytotoxin」だが、これは「生体内毒素 vivotoxin」の範疇に属している。この用語を作ったダイモンドとウェゴナー(1953)は、生体内毒素を「感染した宿主の中で病原体、および、または、病気を起こした宿主によって生産されるが、それ自体は病気の引き金にならない物質」と定義し、毒素の中でも「病原毒素 pathotoxin」が病気の原因として重要な役割を演じているとした。このカテゴリー、「病原毒素」は定義もしごく単純で、まだ小さなグループで

ある。病原毒素が確認された最初の例は、1933年に日本で田中がニホンナシ (*Pyrus serotina*) のナシ黒斑病の病原菌、アルタナリア・キクチアナ *Alternaria kikuchiana* Tanaka の毒素を検出した仕事である。田中は病原菌の培養ろ液を感受性の高い品種の果実に散布して、病徴を再現することに成功した。その後、最もよく研究されて有名になった病原毒素の例は、これもやはり宿主特異的だが、ミーアンとマーフィ (1947) が発見した南米のエンバクの品種、ヴィクトリアに出る疫病の病原菌、ヘルミントスポリウム・ヴィクトリアエ *Helminthosporium victoriae* が作るヴィクトリンだった。後にシェファーとプリングル (1961) がペリコニア・キルキナータ *Periconia circinata* からとった毒素がモロコシ (*Sorghum vulgare* var. *subglabrescens*) の穀粒にモロコシ病を引き起こすことを実証した。

生体内毒素には二つの主要なタイプが認められている。菌の感染に反応した宿主が作る毒素としては、たとえば、分類学上全く無関係な病原菌、ケラトストメラ・フィンブリアータ *Ceratostomella fimbriata* とヘリコバシディウム・モンパ *Helicobasidium mompa* のいずれかが、サツマイモに感染するとできるイポメアマロンのようなものがある。また、侵入した病原菌が宿主の中で生産する毒素には、イネいもち病菌、ピリクラリア・オリザエ *Piricularia oryzae* の代謝産物である $\alpha$-ピコリン酸やピリキュリンなどがあるが、その働きは宿主特異的ではなく、病徴がすべてに表れるというわけでもない。さらに、ピリキュリンは他のイネ科植物に比べてイネ (*P. oryzae*) に対してより強い毒性を示すが、ピリキュリンの毒性効果を不活性化するピリキュリン結合蛋白は、宿主にではなく病原菌のほうに出てくるとされている。

このほかにも、多かれ少なかれ数多くの植物毒素が詳細に研究されており、その中にはアルタナリン酸 (アルタナリア・ソラニ *Alternaria solani* からとったもの) やコレトチン (コレトトリクム・フスクム *Colletotrichum fuscum*)、ディアポルシン (エンドティア・パラシティカ *Endothia parasitica*)、トマトなどの立枯れ病の原因になるフザリウムと関係のあるフザリン酸やリコマラスミンなどの毒素が含まれており、程度の差はあれ、議論をよんでいる。なお、これらの研究は1940年代から50年代にかけて、特にスイスのチューリッヒ大学にいたゴイマンとその一派によって行なわれた (Gäumann, 1957)。植物毒素に関する研究については、ホイーラー&ルーク (1963) やプリングル&シェファー (1964)、ウッド (1967) などの

総説が出ているので、参照されたい。

## 幻覚性キノコ

いつの頃からか、人類は植物や植物が作るものを興奮剤や催眠剤、幻覚剤、酩酊する飲み物などとして利用し、ある種のキノコも同じように使われてきた。菌学上最もよく知られている例は、極東シベリアに暮らすある少数民族、ことにカムチャダル（カムチャッカの原住民）やギリヤークの人々が、食べてひどくエロチックな幻想に耽るため、乾したベニテングタケを1950年代まで使っていたという事実である。

この地域にはベニテングタケがないので、彼らは毛皮と乾したキノコをロシア人と物々交換して手に入れていた。彼らの間では、経験からしてこのキノコが引っ張りだこだったので、貧乏人はたくさんキノコを手に入れた金持ちの尿を飲んで酔っ払っていたという。この話は17世紀の終わりごろに活躍した探検家で民族学者だった人が書いたベニテングタケを食べるシベリア原住民の記録によるが、ワッソン (1968) が英訳し、余すところなく紹介した総説を書いている。

彼は「神であり、同時に植物でも、その液汁でもある」と、リグベーダに出てくる謎めいたソーマはベニテングタケと同定されるべきだという仮説を証明するために膨大な資料を収集した。数年後の1971年に、ジョン・アレグロがもっと想像力に富んだ『聖なるキノコと十字架 (The Sacred Mushroom and the Cross)』を出版したため、この話は広く知られるようになった。なお、その中で彼はキリスト教の根底にはキノコ信仰があったと主張した。

中国でも200年以上にわたって魔法のキノコ（霊芝）が道教のシンボルとして扱われてきた。後世の図譜によく出ている、このキノコの子実体はマンネンタケ Ganoderma lucidum の類と同定されているが、インドから入ったベニテングタケは宗教儀式に使われるキノコだったという (Wasson, 1967: 80-92参照)。[19]

R. ゴードン・ワッソンはニューヨークの銀行家だったが、ロシア生まれで小

児科医の妻、ヴァレンティーナ・P. ワッソンの協力を得て、またパリ国立自然史博物館館長ロジャー・エームを菌学の師として、古代から現代に至る民話や宗教儀式に出てくるキノコを研究し、正当な評価を受けて菌類民俗学の創始者となった人物である。

　ゴードン・ワッソンは、1957年に出版された彼の『キノコとロシア、その歴史（Mushrooms, Russia and history）』二巻とそのあとに出したロジャー・エームらとの共著（Heim & Wasson, 1958; Heim et al., 1967）の中に述べているように、宗教儀式に用いられた幻覚性キノコの野外調査と文献調査によって、つとに有名である。ゴードン・ワッソンと写真家のアラン・リチャードソンが、メキシコのオアハカ地方の寒村でメキシコインデイアンの家族が行なう交霊術の儀式に参加したのは、1955年6月のことだった。参列者たちは「聖なるキノコ」を祭った後、夜通し続く儀式の間それを食べたが、みんなが体験したのは、リセルギン酸ジメチルアミン（LSD）の場合によく似た、高揚する知覚反応から来る幻視だった。また、その後ワッソンは女性の呪術医、もしくはまじない師がミシュテコ族の言葉で執り行う宗教儀式にも参加したという。

　これらのキノコを使った儀式はしごく真面目に行なわれており、キリスト教の象徴とも重なるが、その起源はきわめて古いようである。16世紀初頭にスペイン人がメキシコを征服したころ、アステカ族が宗教儀式に「テオナナカトル、神の肉」と呼ばれるキノコを使っていたという記録が残されている。ワッソンら（Lowy, 1972）が記録しているように、邪教や異端に対するスペイン人の徹底した破壊を潜り抜けた、15世紀に書かれた数少ない書き物の中には、この「聖なるキノコ」が描かれている（図77参照）。中央アメリカで古い時代にキノコを用いた祭儀があったという明らかな証拠は、紀元400年ごろのメキシコ渓谷にあるフレスコ画に残されており、グアテマラ高地のマヤ族が彫ったとされる「キノコ石」（図78）は、紀元前100年から紀元後500年の間のものとされている。[20]

　これらの民俗学的研究が菌学に与えた主な影響は、エームらによってコガサタケ属 *Conocybe* やモエギタケ属 *Stropharia*、特にシビレタケ属 *Psilocybe* などの幻覚性菌じん類が多数記載されたことである。モエギタケ属とシビレタケ属の数種が分離培養されて、幻覚は単純なインドール誘導体に由来することが明らかになり、これらの幻覚性成分はプシロシビンやプシロシンと呼ばれた。代謝

図 77 聖なるキノコを捧げているマヤ文書（Madrid Codex, p. xcvb）の代表例（B. Lowy（1972）: fig. 3）

図 78 マヤのキノコ石（British Museum 5525（右）と1935-4（左）5525 はおそらくグアテマラから。1935-4は前古典期後期（500 B. C. －A. D. 200）もしくは古典期初期（A. D. 200-600）

産物はいずれも化学合成されており、シビレタケの一種 P. cubensis が作るプシロシビンの生合成過程も明らかになった。また、プシロシビンは精神障害の治療薬としても試用されている。[21]

　ごく最近、ワッソンとエームら（Heim（1972）の総説参照）はパプアニューギニアのハーゲン山のあたりに住んでいる、石器時代人に近いクマ族の「キノコ狂い」を調査した。そこでは男女ともに大型キノコの子実体を定期的に食べて「キノコ狂い」を体験しているが、民族学者のマリー・レイの意見によると、これ

は社会的な精神浄化療法として執り行うように制度化されたものだという。ここで使われているキノコはイグチ属 *Boletus* やベニタケ属 *Russula* だそうだが、まだ記載されていない。イグチ属のものは男女ともに食べ、ベニタケ属のものは女だけが食べるそうである。

## 菌によるアレルギー

　古典に出てくる菌類によるアレルギー症状と思われるものは、空中に浮遊する胞子を吸い込んで起こる気管支喘息や鼻炎だったらしい。もっとも、食用キノコも多くの食物と同じように原因不明の消化不良など、病気のもとになったと思われるが、ある場合はほぼ間違いなく自然状態で起こるアレルギーだった。
　菌類はどこにでもいて、その胞子は北極や南極から熱帯にいたるまで大気中を浮遊している。ただし、「飛散」[22]胞子の濃度やその組成は日によって、季節や地形、地理的条件などによって変化しやすい。菌類の胞子は空気よりも重く、気流があるにもかかわらず絶えず落下して積もり、また常に新しくできた胞子に置き換わっている。

## 胞子の放出

　菌類の多くは胞子を空中へ射出するための特別な仕掛けを持っている。タマハジキタケ属 *Sphaerobolus*（ミケーリ（1729: tab. 101）が初めて胞子射出の様子を記載して描く）やミズタマカビ属 *Pilobolus*[23] が備えている重装備の発射装置では、その弾道距離がメーター単位で、弾丸（胞子の塊か、胞子嚢）も比較的大きくなるので、多くの菌が射出する軽い胞子のように受動的に浮遊することはない。一方、軽い胞子は子実体から離れるのに十分な力で発射されても、せいぜい数ミクロンか、数センチ飛ぶだけで、その後は空気の流れに乗って運ばれる。

地上性の子嚢菌では、膨らんだ子嚢から子嚢胞子（単独か塊）が勢いよく吹き出るのが普通である。ミケーリ（1729: 204）が、目で見た盤菌類の子嚢果から噴き出す胞子の煙を初めて描いて記録し（図79）、1740年にはフォン・ハラーが同じものを観察して、初めて胞子が噴き出す音を聞いたという[(24)]。ビュリャール（1791-1812, 1: 51-2）も同じ現象を記載して図を描いたが、その仕組みの説明はテュラン（1861-5, 1: 42; p. 44の英訳）がいうように、想像力に富んだものだった。ペルズーン（1801: 103）はリチスマ・サリキヌム *Rhytisma salicinum*（*Xyloma salicinum* として記載）の胞子が吹き出るのを見たが、これについては後に数多く記録された。教科書の中で初めて納得がいくように、胞子の射出過程を説明したのは、やはりド・バリ（1866: 141-3）だった。

　担子菌類についてはシュミッツ（1845）がキウロコタケ *Streum hirsutum*（*Thelephora sericea* として記載）の4個の胞子が連続して射出されるのを観察し、ブレフェルト（1872-1912, 3: 65, 66, 132）は子実層から担子胞子が勢いよく飛び出すのを記録した。また、ファヨ（1889）がケコガサタケ *Galera tenera* について、射出直前に胞子のへそに水滴ができると永い間信じられていたことを詳しく記述した。その22年後、ブラー（1915c）がこの現象を全く独自に観察し、初めてこの水滴（1964年にオリーブが「泡」とした）を描いた。その後、水滴の形成は菌じん類の胞子の射出に見られる一般的な特徴とされたが（Buller（1909-50）2: chap. I）、この射出のメカニズムについては今のところまだ議論が続いている。

　不完全菌では、一般に二種類の胞子、つまり乾いたものと粘性のあるものが知られている。前者の場合は、胞子がごく弱い乾燥した空気の流れに乗って分生子柄から離れるが、後者では流れる空気が湿っているときに胞子が離れるか

図　79　盤菌類の胞子射出を描いた最初の図（P. A. Micheli (1729)）: pl. 86, fig. 17）

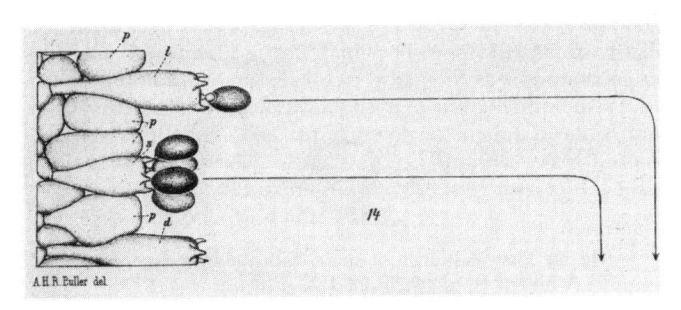

図 80 担子胞子が放出される直前にできる水滴（泡）を最初に描いた図
(A. H. R. Bullar (1915 c) : pl. 2, fig. 14)

(Dobbs, 1942)、もしくは落ちてくる雨滴に弾き飛ばされて空中に飛散するとされている。

　菌類で重力や光に対する屈性が問題になったのは、胞子散布のために担胞子体が動くという事実からだった。1843年に J. シュミッツが傘型キノコの茎に見られる負の屈地性に気づき、1863年にはサックスが傘型キノコのヒダやハリタケ類のハリなどの正の屈地性に注目して、それが胞子を確実に放出するため調節運動だとしたが、この問題は後にブラー (1909-50, **1**) によってさらに深く研究された。

　屈光性はもっぱらケカビ目で研究された。スパランツアーニはクモノスカビ属、リゾープス・ストロニフェル *Rhizopus stolonifer* の胞子嚢柄は重力や光に反応しないとしたが、ケカビの仲間には正の屈光性をもったものが多い。よく研究されているのはフィコミケス・ニテンス *Phycomyces nitens* とミズタマカビ属 *Pilobolus* の例だが、前者については1867年にホフマイスターが胞子嚢柄の強い正の屈光性を認め（『植物細胞 (Die Pflanzelle)』: 289）、これがブーダー (1918) の有名な実験の主題になった。この実験で、彼は液状パラフィンに胞子嚢柄を浸して、光に対する反応を一方向に逆転させた。ミズタマカビ属の菌 *Pilobolus* については、1881年にブレフェルトが実験的に研究し (Brefeld (1872-1912) **4**: 77)（図81）、後にブラー (1909-50, **6**) が詳しく検討して、そのメカニズムを説明した。

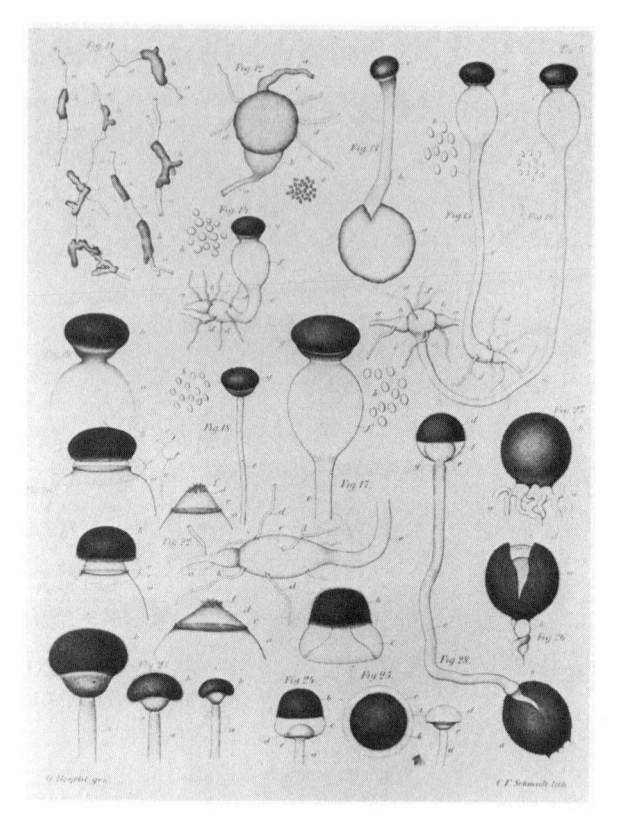

図 81 ミズタマカビ *Pilobolus* の一種 (O. Brefeld (1872-1912) 4: pl. 4)

## 飛散胞子

　ジョン・ティンダル (1881) が書いたように、「空中に浮遊するもの」は永い間自然発生や腐敗に関係があるとして、しばしば興味の対象になっていた。空気中の菌に関する研究は、最初 J. G. グレディッチによって行なわれた。彼は1748年末から9年の冬にかけて、熱で殺菌した10個の容器に、あらかじめ殺菌しておいた熟したメロンの切れ端を入れて、容器の口を布で覆った後、自分の家や庭の適当な場所に置いてみた。やがて、ビッスス属 *Byssus* などの菌がほと

んどの容器のメロンに発生した。その報告の中でグレディッチは結論（Gleditsch, 1749）を述べて、「生死を問わず、動植物のあらゆる部分に接している空気中やわれわれが呼吸している空気、あらゆる食べ物や飲み物の中などに存在する、完璧に体制が整った微細な物体の膨大な量」に驚いている。

さらに、1790年にはジェームス・ボールトンが想像たくましく、以下のように述べている。

　「イグチやハラタケの仲間が作るタネの量の何と多いことか、驚くばかりだ。しかし、一万個のうちの一個も繁殖に役立っていないのだ。秋になると、われわれが吸っている空気にもそれが入っているのだろうか。われわれは息をするたびに、肺の中へこのタネを取り込んでいるのだろうか。秋に流行る扁桃腺炎や咳などの病気はどこから来るのだろうか。

　それが肺に入ったとき、害になるのか、はたまた益になるのか、ここで問うつもりはない。とはいえ、この分野を研究するのも不都合なことではないだろう」(27)

その後、確かに研究されはしたが、ずっと後のことだった。

空気中の微生物に関する詳細な研究は、パスツールやティンダルらが行った腐敗の原因となる生物は空中から来るという実証的研究に刺激されて始まり、そこから病原微生物もやはり空気中に存在すると考えるのが妥当とされるようになった。人の病気発生と飛散胞子の変動が連動することについて、最も広範に行なわれた最初の研究は、インドのカルカッタでインド医療庁のD. D. カニンガムが1871年から3年にかけて衛生局長の職に就いていた時に実施したものである。カニンガムは、表面に風が当たるように工夫した装置（アエロコニスコープ aeroconiscope）(28)にグリセリンを塗ったスライドグラスを置いて、24時間間隔で外気に曝して毎日顕微鏡検査したものと、州刑務所内で発生するマラリアや赤痢、下痢、デング熱、コレラなどとの関係を見出そうと試みた。相関関係は見られなかったが、公表された彼の観察記録（Cunningham, 1873）には代表的なものが示されており（図82）、雨の後に採集すると菌の胞子数が増えるなど、この調査結果は飛散胞子が変動する様子をとらえた最初の例となった。

その少し後、パリのモンスリ測候所に勤務し、後に顕微観察部長になったフ

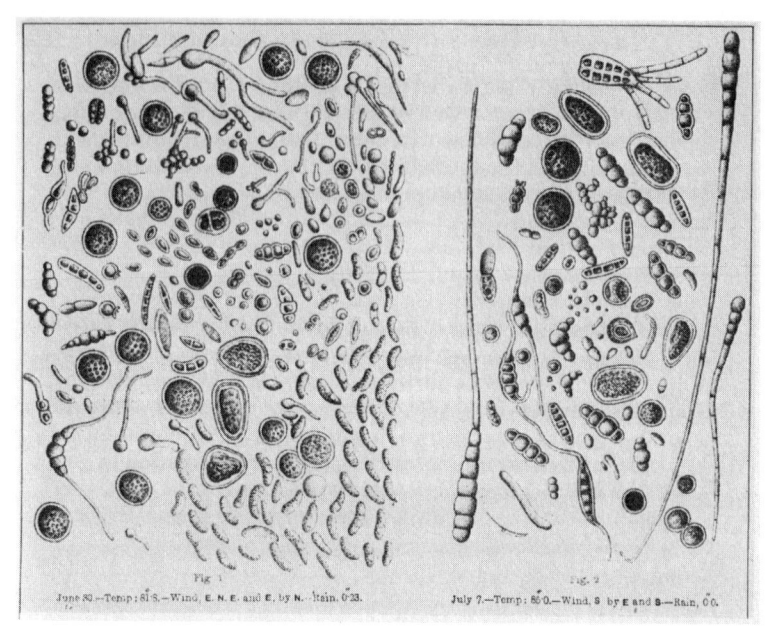

図 82　カニンガムが捉えた飛散胞子の一例（D. D. Cunningham (1873) : part of pl. 9）

　ランスの細菌学者、ピエール・ミケルが、モンスリ公園の中だけでなく、住居や病院、下水道、アルプスの高山地帯、海洋などの空気中や雨の中にいる生物の詳細な調査を行なった。その結果は彼の学位論文として1883年にまとめられ、1887年から1899年にかけて測候所の年報に掲載された。

　最近、空中生物学が注目されるようになったが、この分野は後世、微生物学史が書かれるときには、大きな流れの一つに数えられることだろう。アルルギー症との関連だけでなく、動植物や人間の伝染病やその病原体、菌類病などとの関係から、今も菌の飛散胞子に関する調査が多くの地域やいろんな生息環境で行なわれている。この種の研究の多くは、P. H. グレゴリ（チャールズ・ブラックリによると、喘息を患っていたためにこの研究テーマを選んだそうだが）とロザムステッド農業試験場の共同研究者たちの仕事が基になっている。そこでは、従来よく使われていたスライドグラスを置く静置法をはるかこえる測定能力をもった「自動計量胞子採集器（ハーストの罠 Hirst trap)」が1952年に J. M. ハーストによって開発されて使われていた。この領域の全般的な発展の様子は、P. H.

グレゴリの著書、『大気の微生物学（Microbiology of the atmosphere）』の1961年版と1973年版にまとめられている。

## カビアレルギー

カニンガムの報告が出た同じ年の1873年には、マンチェスターの医師、チャールズ・H. ブラックリが書いた、大変有名な今でも読み応えのある本、『枯草熱または枯草喘息の原因とその特性に関する実証的研究（Experimental researches on the cause and nature of Catathus aestivus（hay-fever or hay asthma））』が出版された。彼自身が花粉症にかかっていたこともあって、20年にわたる自分自身の症状の観察や仕事で出会う人たちから得た情報に基づいて、胞子採集器を用いて測定し、さらに花粉を吸い込むと枯草熱にかかるという事実を、自ら体験して実証した。この研究の過程で、ブラックリは菌の胞子を吸い込むとアレルギー反応が起こるという事実を初めて記録し、次のように書いている。

「何年も前になるが、私は麦ワラから出る埃を吸いこむと、時々くしゃみが出ることに気づいていたが、それも天気の悪い日が長く続いた時にひどくなるように思えたものである。そのため、コムギのワラを少し湿らせ、容器に入れてふたをして華氏100度に置いてみた。24時間ほどたったころ、少量の白い菌糸が見え始め、三、四日のうちにゆっくり増えていった。その後しばらくすると、腐りかけた藁の表面のあちこちに小さな暗緑色の点が現れ、見たところ外側よりも内側のほうが多いようだった。調べてみると、この菌はペニシリウム・グラウクム *Penicillium glaucum* だった。数日たつと、暗色の斑点が現れたが、これはほとんど漆黒になり、全く違った外見をしていた。私が見つけたものは、毛羽立ったカビのケトミウム・エラトゥム *Caetomium elatum* だった。

ワラを熱湯でしばらく処理した後、別の容器に入れ、その上にこの二種類の菌の胞子を別々に播いておいた。このようにして、菌をそれぞれ準備した。

二つのものを別個に試してみると、ペニシリウムの匂いには、私が感じるほどの効果はなかったが、ケトミウムの匂いには吐き気やめまい、失神などを引

き起こす効果が見られた。私が話しているのは意識してやった実験ではないが、ペニシリウムの胞子を吸い込むと、喉がやられて声がかすれ、失声症になるほどひどくなった。この症状は二日ほど続き、一日、二日仕事ができないほどひどい喉風邪症状だった」

ブラックリはつけ加えて、「二つの菌で体験した感じは、二度とやりたくないと思うほど不快だった」という。

その後50年間、菌の胞子がアレルギーの原因として、世間の関心を引くことはなかった。オランダのゾイドベーベランド島では、ある村の住民の0.5から1.0パーセントが喘息にかかっており、その比率がオランダの他の地域で発生している場合に比べて異常に高いことにファン・レーウェンが気づいたのは1924年のことだった。彼はこの現象を特異な気象条件と結びつけることができなかったので、「瘴気」か「風土的なアレルギー源」のせいだとした。さらに、彼は空気を精製綿かグリセリンを通してろ過すると、「瘴気物質」が取り除かれて患者が回復することを示し、この空中浮遊物体は主として菌に関係したものだとした。

また、1924年にはカナダのカダムが、サビ菌の付いた穀粒や菌に感染した麦藁から出る埃を吸って、ひどい喘息にかかった三人の農業労働者の症例をとりあげた。彼はコムギ黒サビ病菌（*Puccinia graminis*）の胞子が病原体であると考え、サビ菌の胞子を少し吸わせて、発作を起こさせることに成功した。ファインバーグ（1948）によると、サビ菌の胞子は純粋培養が困難なため、アレルギー源としては効果がないと思われるので、サビ菌の胞子にアルタナリア *Alternaria* かクラドスポリウム *Cladosporium* の胞子が混じっていた可能性があると主張した。真偽のほどはわからないが、カダムはサビ菌から取ったワクチンで治療効果を上げることができたという。

アメリカでは1930年にバーントンがアスペルギルス・フミガートゥス *Aspergillus fumigatus* に関係がある喘息を記載し、同じ年にホプキンズ、ベナム、ケスタンらが患者の家の地下室に貯蔵されていた野菜からでた、アルタナリアの胞子によって発生した同じような症例を報告した。そのころから多くの症例が記録されるようになった。特にアメリカ東部で1937年10月6日から7日にかけて、

何千トンもの胞子が数百マイルも運ばれた「*Alternaria* の胞子の嵐」があった後に、ダラム（1938）が述べているように、「短期間の調査によって、病気が出たいくつかの地域で臨床的症状と嵐の到来が関係していたことが明らかになった」という。

　カビアレルギーに対する関心はアメリカでもっとも高く、報告も数多く発表されている。また、カビアレルギーが広範囲に発生し、臨床的にも大きな問題になったという事実は、多くのデータが正確さに欠けるという疑いをしのぐほど表面化したことを示している。これは診断法の差にもよるが、関係のあるアレルギー源を特定し、実証するのが難しいという理由にもよると思われる。

　アメリカでアレルギー症状を呈しているか、それと思われる5000人以上について、検査を含む調査研究が行なわれ、そのうちの11研究例をまとめたファインバーグ（1948,: 275, Tab. 19）の報告を見ると、次のようになっている。すなわち、カビに対して陽性反応を示した人の比率は1パーセント以下から85パーセントと差が大きかったが、カビアレルギーと診断されたグループ（75パーセント）の反応と呼吸器や一般のアレルギー患者グループのものとの間にはほとんど差がなく、カビに対する陽性反応を示す率はそれぞれ69パーセントと85パーセントだった。

　ファン・レーウェンは、オランダで自分が調べた喘息患者の半数がカビに陽性反応を示したと報告した。この値をドイツで1928年にハンセンが報告した陽性反応の比率、15パーセントや、やはりドイツで1938年にフレンケルが調査した16パーセントおよび彼がイギリスで調べたカビ陽性反応、53パーセントなどの数値と比べると面白い。

　空中に浮遊する菌の胞子は、通常生きている植物か植物遺体上で成長する腐生菌や寄生菌が放出したものである。ハイドとウイリアムズ（1946）が指摘したように、コムギなどの禾穀類の麦ワラはアルタナリアの成長にとって格好の培地になるため、アメリカ中東部の穀倉地帯や隣接する州の空気中にその胞子が多いという事実も納得できる。また、地球上の他の地域に普遍的にいる特異性のない腐生菌のクラドスポリウム・ヘルバルム *Cladosporium herbarum* の胞子が多いというのも同じことだろう。このようなありふれた菌の胞子によるアレルギーのほかに、もっと地域的に偏在する菌によるアレルギーの症例も数多く報

告されている。

　1932年にコウブはトマトの葉につくカビ、フルヴィア・フルヴァ *Fulvia fulva* による喘息の症例を初めて報告したが、その胞子は感染した植物が混じっている温室の中で高濃度だったという。アメリカのカリフォルニア州ではオーク類のウドンコ病菌、ミクロスフェラ・アルニ *Microsphaera alni* がアレルギー症と関係があるとされている。ちなみに、ファインバーグ (1948) によると、1726年にジョン・フロイア卿がその著書、『喘息論 (Treatise on Asthma)』の中で「ブドウ汁が発酵しているときにワイン貯蔵室に入って、喘息持ちのボネ（博物学者）がひどい発作に襲われたという珍しい例がある」と書いているそうだが、おそらくこれがカビアレルギーの最初の記録だろう。

# 8
# 菌類の利用

　その昔から菌類はいろんなところで使われてきた。たとえば、よく知られているように、ツリガネタケ *Fomes fomentarius* の子実体は火口（アマドゥまたはほくち）の材料だが、その類は（マンネンタケ属の *Ganoderma applanatum* のものも含めて）いまだにスエードの代用品として加工され、ルーマニアなどでは帽子やいろんなドレスの一部、ハンドバッグ、額縁などとして使われている。[1]乾したカワラタケ *Coriolus versicolor* は帽子や衣装の飾りに、タマチョレイタケ属の *Polyporus nidulans* の子実体はビンの栓になり、アミヒラタケ *Polyporus squamosus* やピプトポールス・ベツリヌス *Piptoporus betulinus* などのキノコは革砥として使われていた。タンブリッジ・ウエア（寄木細工風の飾り物、食器の類）の緑色の材は、本来クロロスプレニウム・アエルギナスケンス *Chlorosplenium aeruginascens* という菌が感染したものである。ヒトヨタケ *Coprinus* の仲間はインクになり、ベニテングタケ *Amanita muscaria* の子実体はハエを殺すのに使われ、菌がつくと光を放つ木材の切れ端は、闇夜に歩く時の灯りだった。

　このようなちょっとした使い道も、菌に対する一般人の興味の対象にはなったが、菌学の進歩にはほとんど役立たなかった。これと事情が大きく異なるのは、互いに重なり合う三つの重要な分野、すなわち食品・飲料の加工と製薬、工業などにおける利用である。染料として使われた地衣類を含めて、これらの分野は菌学上の知識を深化・拡大させる上で、病原菌を扱う分野に匹敵するほどの効果を上げたといえるだろう。

## 食品として

　キノコは世界中いたるところで食品として使われている。ヨーロッパでは有史以前から、キノコは食用だった。ローマ人は古くからハラタケやイグチ、トリュフなどになれ親しんでいたが、紀元前2世紀の後半に個人の宴会で肉や魚を贅沢に使うことを制限する奢侈禁止令が公布されると、食用キノコが料理の珍味として人気を博するようになった。キノコを調理するためにボレタリアという銀の器が使われ、キノコを食べる喜びが詩や韻文の主題になるほどだった。ただし、食用キノコの栄養的価値については疑問のままで、17世紀の中ごろ、ファン・ステルベークがその著書『菌類劇場（Theatrum fungorum）』(1675: 23-4)に書いたように、ハラタケの仲間のヒダやイグチの類の管の部分は食べられないものと思われていた。

　極東アジアでは、何世紀もの間二つの食用キノコ、すなわち日本のシイタケ Lentinus edodes（中国では香菇または香菌）と中国のアラゲキクラゲ Auricularia polytricha（木耳）が有名だった。キクラゲは紀元前2世紀に書かれた中国の博物学書ともいえる『神農本草経』に載っている。[2] 稲ワラから出るキノコのフクロタケ Volvariella volvacea も東南アジアやマダガスカルで食用にされてきたキノコである。ブクリョウ Poria cocos の大きな菌核（1722年に初めてアメリカのヴァージニア州で記録）、タカホウは一時北アメリカの原住民がパンのようにして食べていたとされ、同じようにポリポルス・ミリッタエ Polyporus mylittae の菌核（アボリジニーのパン）もオーストラリア原住民の食料になっていたという。

　旅行家たちが書いた食用キノコの記録の中に、1834年にビーグル号に乗って航海したチャールズ・ダーウィンの観察記録がある。それによると、フエゴ島ではナンヨウブナ Nothofagus の木にたくさんなっている「球状の鮮やかな黄色の菌（キッタリア）」が生で食べられており、島人の大切な食料になっていたという。その後、ダーウィンが採集した標本と記載に基づいて、M. J. バークリーがこの菌のために新しい属を作り、キッタリア・ダーウィニイ Cyttaria darwinii

と命名した。また、高名な植物学者のジョセフ・ドールトン・フーカーも、1854年にその著書『ヒマラヤ紀行（Himalayan Journals）』の中に、チベットのマツ林に生える大きなキノコが原住民の大切な食料になっているという記録を残している。このキノコは地元でオンロウとしてよく知られていたが、後にバークリーによってフウセンタケ属の一種、コルティナリウス・エモデンシス *Cortinarius emodensis* として記載された。

栽培マッシュルームが野生種（アガリクス・カンペストリス *Agaricus campestris*）と異なる種として、アガリクス・ビスポルス *Agaricus bisporus*）と命名されたのは1951年のことだが、過去150年間、栽培マッシュルームは欧米で最も多く食べられてきたキノコで、実際イギリスとアメリカでは他のキノコ類をはるかにしのいでいる。一方、西ヨーロッパ諸国、特にフランスやイタリアでは、今でもいく種類もの野生キノコが田舎の市場で常時売られている。

元来、食用キノコは野外で採られていたはずだが、いつ、どこで食用キノコの栽培が始まったのか、詳しいことはわからない。おそらく、極東だったと思われるが、実際には、いつの頃からか、それぞれの国で好みに合ったキノコを独自に栽培するようになったのだろう。

今でも行なわれているキノコ栽培の最も原始的なやり方は、タマチョレイタケやトリュフなどの場合である。タマチョレイタケ *Polyporus tuberaster*（石キノコ stone fungus または Pietra fungaia）の場合は、18世紀ごろの話だが、菌核（偽菌核）を集めてきて、子実体が出るまで暖かい湿った場所に置いておいた。なお、アフリカ原住民がオラファタと呼んでいる、プレウロトゥス・トゥベル―レグヌム *Pleurotus tuber-regnum* の場合も同じやり方だそうである。

トリュフの栽培も同じように、けっして科学的根拠によるものではなかった。シャタン（1892: 176-177）によると、1810年ごろ、フランスのボークローズに住んでいたジョセフ・タローンという農民が、家の近くにある石だらけの土地にドングリの種子を播いておいたところ、ペリゴールトリュフ（黒トリュフもしくはフランストリュフ *Tuber melanospermum*）が若いオークの下に出てきたという。これはいけるというので、彼は二束三文の土地を買いこんで、オークを植え始めた。彼の秘訣がいつの間にか漏れて、このやり方が広まったという。1868年ごろにはフランスでの総生産量が1500トンにのぼり、価格は1億5千万フランに

なった。フランスだけでなく、近隣諸国、中でもイタリアやドイツ、ベルギー、スペインなどからも大量のトリュフが輸出されるようになり、トリュフ産業が一躍脚光を浴びることになった。

アラゲキクラゲやシイタケはいずれも木材腐朽菌という点で似ているが、初期の栽培法は山で自然に菌がついた木を伐って積んでおき、出てきた子実体を収穫する方法だったと信じられている。シイタケ栽培の次の段階（たぶん17世紀の中頃に始まったと思われる。なお、シイタケという名は1564年に記載[3]）は、自然に菌がついた丸太とついていないものを一緒に置いておくというやり方だった。その後、菌の接種をより確実にするため、紙の上に採っておいた胞子紋を丸太につけた傷に差し込むというものだったが、さらに改良されて胞子の懸濁液をかける方法に変わった。K. キタジマ（北島君三）が開発した純粋培養種菌が使われるようになったのは1920年代のことである。

フクロタケはマッシュルームの栽培と似た方法で作られているが、一般に湿らせた稲ワラが使われている。シンガー（1961: 120）によると、この栽培法は広東省の農民の間で始まり、広がったものだという。もとは新たにワラを積んだ床に、先に栽培していた古いワラを混ぜておく方法が普通だったが、今は純粋培養した種菌も使えるようになっている（Su & Seth, 1940参照）。

マッシュルーム栽培の展開については、4章で菌の培養の始まりを取り上げた際に少し触れておいた。ヨーロッパでは、17世紀の終わりごろにフランスで栽培が始まり（図83）、その後経験的手法が積み重なって、19世紀の中ごろまでには大規模産業としての基盤ができあがった。特にパリ近郊では使われなくなった地下にある石灰岩の石切り場で栽培するようになったという（図84参照）。

大きな進歩は1890年に J. コンスタンタンが開発した培養種菌を導入したことである。1894年、コンスタンタンとマトリューショはパスツール研究所の所長だったエミール・デュクローの指導で、コンスタンタンが特許をとった方法を用いて胞子から無菌培養で育てた種菌を製造・販売する事業をパリのドュテ街で始めた。その後10年間はフランスが純粋培養種菌の製造を事実上独占し、これによって1920年代まではフランスがマッシュルーム栽培の主導的地位を保っていた。1920年代に入ると、北アメリカでマッシュルーム栽培が盛んになったが、これは B. M. ダガー（1905）が開発した組織培養菌糸による培養種菌の

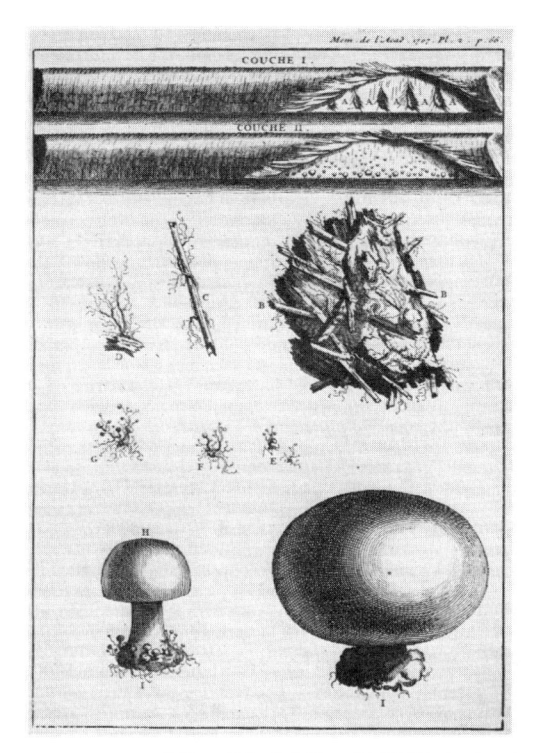

図 83 マッシュルーム栽培の床と子実体の成長過程（J. P. de Tournefort（1707）: pl. 2）

図 84 地下70フィートにあるマッシュルーム栽培室（洞窟）パリ近郊のモンルージュ、1868年7月。（W. Robinson（1880）: 58）

製造法と、1902年に出たキノコ類など、担子菌類の胞子発芽に関するマーガレット・C. ファーガソンの研究成果が役だったからである。最近、イギリスで栽培方法が進歩したのは、1931年以来刊行されている農業省の年報『キノコ栽培（Mushroomgrowing）』のおかげである。

## 発　酵

　食物や飲料を作るのに菌類を使ったもっとも古い例は、パン種作りといろんなアルコール飲料の製造だろう。この二つの用途ができあがった時期は、文明の始まりまでさかのぼるにちがいない。アルコール飲料のほうはエジプト人がオシリス神にビールを捧げ、ギリシャ人がバッカス神のためにワインを作ったように、つねに神聖な儀式と重なっていた。ちなみに、アイルランド人に蒸留酒の作り方を教えたのも聖パトリックだったといわれている。

　エジプト第11王朝（紀元前2000年）時代の遺跡から、当時盛んだったパン屋や醸造場の跡が見つかり、いろんな所から集めたビールのおりに含まれている沈殿物を調査したところ、酵母の細胞が出てきた。また、紀元前3400年から1440年の間にできた沈殿物には、酵母の純度を高くするための改良が行なわれていた痕跡があるともいう。[4] ビール醸造に関する最初の記録は、おそらく、3世紀に上エジプトにあったパノポリスのゾシモスが書いたものだろう。[5] ただし、アルコール発酵の正体が明らかになったのは19世紀以後のことだった。

　発酵の概念とその用語については、何世紀にもわたって混乱が見られた。中世には発酵と消化は同義語と考えられ、錬金術師たちは消化という用語を、化学反応とそれを引き起こすことができるもの、いわゆる「発酵のもと」にもあてはめていた。初めのころ、発酵という用語はアルコール発酵に適用されていたが（1682年にヨハン・ヨアヒム・ベッヒャーは最初アルコールがない甘い溶液の中で起こる現象だとした）、後に発泡と混同されるようになった。[6] 1697年にはゲオルグ・エルネスト・シュタールがその著書『発酵工学原理（Zymotechnica fundamentalis）』の中で、アルコール発酵と酢酸発酵を認め、腐敗や分解も同じ範疇にはいると

した。

　この考えについて、1844年ごろユスタス・フォン・リービヒが、植物体の発酵や分解は下等な植物による（動物体の分解が顕微鏡サイズの動物によって起こるのと同義）という説をこき下ろしたとき、次のように論じている。いわく「植物や動物が植物体や動物体を破壊し、絶滅させる原因になると想像できるだろうか。もしそうなら、それ自体もその構成成分も同じ過程をたどって分解される羽目に陥る」と書き、さらに「もし菌がオークの木を分解する原因だとしたら、菌が腐る原因は何だというのか」と続けた。

　アルコール発酵やパン種の生物学的特性が理解されるようになったのは、ジアスターゼとペプシン（後にチマーゼという）が発見されてからのことである。それ以後、発酵体を酵母や細菌のような生物的発酵体と非生物的もしくは可溶性発酵体の二つに大別するようになった。後者には1877年に W. キューネが酵素（エンチーム Enzym）という用語をあて、1881年にウイリアム・ロバーツがこれを英語化してエンザイム enzyme とした。同時に、発酵という用語の範囲は、生きている菌など、微生物の活動によって起こる分解や物質変換にまで広げられた。したがって、抗生物質の商業的生産も発酵工業の主要な一部を占めることになったのである。

　1680年にレーウェンフクがビールの中にいる酵母の出芽細胞を観察し、1826年には J. B. H. デマジエールがミコデルマ属 *Mycoderma*（1822年にペルズーンが提案）について検討して5種を記載したが、その一つがミコデルマ・ケレヴィシアエ *Mycoderma cervisiae* だった。彼はビールの上にできる被膜から酵母を分離したが、その図版から推して、酵母細胞を見ていたのは確かだろう。レーウェンフク同様、デマジエールもこれを単細胞動物だと思っていたので、これらの生物が発酵に関わっているとは思いもしなかった。その10年後に、6人の研究者がそれぞれ別個に担子器の構造を明らかにしたのと並んで、デマジエールと同世代の三人が、それぞれ独立に生きた細胞が発酵に関わっていると報告した。その三人とは、1836年に報告したフランスの医師、シャルル・カニャール–ラトゥール、1837年に論文を出したドイツのテオドール・シュヴァン（後にベルリンでヨハネス・ミューラーの助手になる）と藻類学者のフリードリヒ・トラウゴット・キュッツィングである。アドリア海沿岸へ出かけていたため、論文を出すのは

遅れたが、酵母が生きている生物で、発酵のもとになると断言したのは、三人の中でもキュッツィングが最初だった。彼は1834年にエーレンベルグにこの考えを伝えていた。キュッツィング（1837）は酵母細胞の核について記述したが、出芽には触れず、酵母は多形性で菌糸状にもなると信じていた。

一方、1836年6月18日付でカニャール-ラトゥールが『学術振興協会誌（Société Philomathique)』に送った菌学上の冒険ともいえる論文（Cagniard-Latour, 1837）は、彼に報告の優先権を与えることになったが、その後出された補遺はさらに優れていた。彼は出芽について記述し、ビール酵母の細胞の大きさを測って1/150ミリメートルとし、ワインの中にも同じような細胞を見つけた。また、乾燥酵母や液体炭酸ガスで−5℃に置いた酵母が蔗糖からアルコールと二酸化炭素を生産し、生命活動を続けていることを明らかにした。

ブロック（1938：3章）が歴史的視点から発酵をわかりやすく解説した中で強調しているように、三人の中でもシュヴァンの貢献がもっとも意義深いといえるだろう。というのは、彼は酵母が出芽で増殖するのを観察し、ビール酵母とワイン酵母の違いを明らかにし、酵母を使って甘い溶液を発酵させるには窒素源が必要だとしたからである。シュヴァンは酵母が生き物だという点で意見が一致していた菌学者のF. J. F. マイエンに意見を求めたが、彼は当時酵母が藻類か菌類か迷っていたらしい。しかし、翌1838年にはマイエンが新たにサッカロミケス *Saccharomyces*（シュヴァンが砂糖菌 *Zuckerpilz* としていたものをラテン語化した名称）という属名を提案し、醸造用酵母にサッカロミケス・ケレヴィシアエ *S. cerevisiae* という学名を与えた。[8]

これらの研究成果は1838年にフランスのT. A. クベンヌによって確認され、チュルパンにも受け入れられたが、自然界での発酵は生物によるとする考えは、J. J. バジーリアスが率いる化学者たちからの猛反発にさらされた。特にリービヒはフリードリヒ・ヴェーラー（1828年にシアン化アンモニウムから尿素をつくったことで有名）とともに1839年発行の『薬学年報（Annalen der Pharmacie）』（彼らはこの雑誌の編集委員だった）に、発酵における酵母の役割が触媒以上のものであるという見解に対して、匿名の風刺的な文章を掲載した。リービヒはパスツールの研究成果が発表された後まで、四半世紀もの間頑固にこの考えを主張し続け、特に1860年の論文でこのような考えを支持することはできないと言い切った。

一方、発酵が生物的なものであるという説の信奉者だったオスカー・ブレフェルトは「発酵は空気のない状態における生命活動の結果である」とするパスツールの意見には批判的だった。[9]

　その後40年にわたって、アルコール発酵に関わる酵母と酵母一般の分類およびその生物学上の位置について多くの混乱が見られた。これはある程度、当時最終段階に達していた自然発生説論争と、すでに2章でふれたように、菌類の多形性に関わる現象の解明論争に酵母が巻き込まれていたためである。また、分類学上の混乱と不確かさのせいだったともいえるだろう。影響が大きく、しかも長く続いた分類学上の誤りを持ち込んだ責任の一端はチュルパン（1838）にもある。それは胞子を形成するサッカロミケス・ケルビシアエを、もっぱら不完全菌に用いられていたトルラ属 *Torula* に入れてしまったからである。この分類が多くの人（パスツールやトルラという属名をある種の子嚢胞子を作る酵母に使っていたハンセンら）を間違った方向に向かわせ、その結果、酵母全般についてトルラという属名がきわめて幅広く不正確に使われることになったのである。

　早くも1839年に、シュヴァンがサッカロミケスの内生胞子を観察していたが、[10]それが子嚢胞子であると同定することはできなかった。その教科書の初版（1866）に見られるように、ド・バリも酵母の類縁関係についてはまだ不確かだったが、ド・セーヌ（1868）とマックス・リース（1870）が子嚢菌との関係を認め、後者がサッカロミケス・ケレビシアエは「広い意味で」子嚢菌であると断言した。その直後、エンゲルが1872年に出した学位論文で胞子形成性酵母の子嚢胞子形成を促す石膏ブロック法を紹介した。ド・バリはその教科書の第2版（1887）でこれらの研究成果を認め、「唯一容認されうる仮説は」サッカロミケスの仲間が「ひどく退化した子嚢菌であり……子嚢の形をわずかにとどめているが、広範囲にわたって進化が中断した相同である」と結論づけた。

　19世紀後半の20年間と20世紀初頭に、酵母の分類学は多くの研究者たちの仕事によってしっかりとした基礎が築かれてかなり前進したが、中でも1879年から1906年の間に酵母と発酵に関する科学論文を90報以上も書いたE. C. ハンセンの業績は際立っていた。エミール・クリスチャン・ハンセンは1842年に生まれ、教師になるための教育を受け、1876年にデンマークの糞生菌の研究でコペンハーゲン大学から金メダルを授与され、その3年後に酵母に関する論文を

提出して博士号を取得した。その後コペンハーゲンにあるカールスバーグ生理学研究所の所長になり、大学教授に就任した。

ハンセン (Hansen, 1883: 23-6) は自分が開発した希釈法を用いて、初めて酵母を単細胞培養し、菌株を手にした。彼は顕微鏡を使って酵母細胞の希釈濃度をきめ、一個の胞子を含むように計算された接種源の一滴を、培地を入れたフラスコにそれぞれ接種した。培養株はコロニーが一つだけ出たフラスコから得られたものと決めた。この方法によって、純粋培養による醸造発酵が可能になり、数多くの酵母を形態と生理的特性によって属や種に分類できるようになった。その後の進展の様子はアレクサンドル・ギリエーモン (1912) によってまとめられており、1952年に二人のオランダ人研究者、ヨハンナ・ロッデルとネリー・クレゲル-ファン・レイが酵母の分類に関する単行本を出したことによって、研究は新たな段階へと進んだ。

アルコール発酵の研究に、もうひとつ基本的な進歩をもたらしたのは、1897年にハンス・ブーフナーが行った酵素複合体、チマーゼの単離だが、これは早く1858年にモーリッツ・トラウベが示唆していたことを確認したものだった。ところが、この発見はちょうど60年前に酵母の役割がわかったときと同じように論争の火種となった。[11] ブフナーの発見に対する疑いの声は、特に細菌学者のアルフレッド・フィッシャーやデルフト大学の微生物学教授、マルティウス・ベイエリンク、カール・ヴェーマーらのような錚々たる学者に支持された醸造研究家たちの間で沸き起こった。

一方、チマーゼ説に対する支持はパスツール研究所のエミール・ルーやエミール・デュクローに始まり、初め批判的だった人たちも間もなくブフナーの熱烈な支持者になっていった。たとえば、1899年に『可溶性発酵素 (The soluble ferments)』という本を書いたレイノルズ・グリーンはその中で改宗者のような情熱をこめてチマーゼを扱っている。このように受け入れられはしたが、それで終わりではなかった。1904年になると、ロンドンにあるリスター予防医学研究所の A. ハードンらが、チマーゼの働きが補酵素とリン酸塩の有無に左右されることを明らかにした (Harden, 1911-32参照)。

パスツールがすでに示したように、酵母だけがアルコール発酵を可能にする菌ではない。フィッツ (1873) がムコル・ラケモースス *Mucor racemosus* (ムコル・

ムケド *M. mucedo*) を使うと、蔗糖からアルコールが作られることを示した。また、1897年にはトウモロコシなどの澱粉を原料として、ムコル・ロウクシイ *M. rouxii* で糖化と発酵を行なう、いわゆるアミル法によるアルコール製造法に関する特許がドイツで取得された。この方法はケカビ属をクモノスカビ属の菌に置き変えて、今でも実際に使われている。

　世界中の各種アルコール飲料をみると、まとめるのが難しいほど多種多様である。ほとんどの国がそれぞれ独自のビールやワインなど、伝統的な発酵飲料を製造している。また、発酵食品もたくさん作られており、中でも特に極東アジアにはアスペルギルス・オリザエ *Aspergillus oryzae* によって生産される日本や中国の味噌、醤油、酒、焼酎など、数多くの有名な発酵飲料や加工食品がある（Hesseltine（1965）の総説を参照）。これらの食品や飲料に必要な発酵工程は、アスペルギルス・オリザエを繁殖させたダイズや穀類で作った各種の種菌または麹から始まる。ちなみに、1878年に日本の麹菌を初めて分離培養したのは、当時東京開成学校(後の東京大学)で教師をしていたドイツ人のH. アールブルクだった。

## 食用酵母

　醸造やパン種のほかに、酵母は栄養剤としても利用できることが知られている。酵母はビタミンBグループを含む貴重な資源で、自己消化させた酵母から作られた各種の商品が市販されている。酵母はタンパク質に富んでいるため、ジャマイカでは糖蜜か余剰の粗糖と硝酸アンモンの入った培地でカンジダ・ウティリス *Candida utilis*（= *Torulopsis utilis*）を培養して、人間が食べる食用酵母を作ろうという試みがある。現在、食用酵母は主に家畜の添加飼料として利用されている。

## チーズ

　古くからよく知られている食品はチーズだが、その熟成にはカビが重要な働きをしている。ことにアオカビの類が重要だが、カマンベールやブリーなどがペニシリウム・カメンベルテイ Penicillium camemberti やペニシリウム・カセイコーラ P. caseicola によって熟成されている場合は、カビの種類がペニシリウム・ロケフォルティ P. roqueforti であるロクフォールのようなブルーチーズに比べると、その働きが目立たない。

　元来熟成はその土地のカビが自然について起こったものだった。チーズの製造について、より科学的な裏づけが行なわれるようになったのは、1904年にチャールズ・トムがコネチカット州のストーズ試験場に菌学者として招かれてからのことである。その研究成果は1906年に出されたトムのペニシリウム・カメンベルテイとペニシリウム・ロケフォルテイの記述に載っており、彼の有名な1910年の『アメリカ農業省紀要（U. S. D. A. Bulletin）』no. 118はアスペルギルスとペニシリウムに関する一連の報告の先駆けとなったものである（1926と1929年版を参照）。

## 医薬として

　キノコの類は大昔から人間のいろんな病気の治療薬や予防薬として、伝承や医学書の中でよく語られてきた。代表的なものは火口（ツリガネタケ Fomes fomentarius の子実体か、時にはこれを硝石の溶液につけて乾かしたもの）である。これを燃やして、炎症のある皮膚に押しつける焼灼法は、紀元前5世紀に古代ギリシャ人がやっていたが、ラップランドやネパールでは19世紀まで行なわれていたという。多孔菌とホコリタケの子実体を乾したものやホコリタケの胞子などは、

よく血止めに使われていた。また、チャコブタケ Daldinia concentrica の子嚢果はさしこみ（急激な腹痛）を抑えるために、人が持ち歩いていたともいう。したがって、その通称は「さしこみ玉」である。

プリニウスは、グラウキアスによると、イグチ類は腸の通りをよくし、そばかすをとり、目の痛みや犬に噛まれた傷にもよく効くと、書いている。スッポンタケ Phallus impudicus など、スッポンタケの類やツチダンゴ Elaphomyces granulatus は性欲増進剤として食べられており、キクラゲ Hirneola auricula-judae の料理は咽喉の病気の特効薬とされ、病気にかかった幼虫から出るシネンシストウチュウカソウ Cordyceps sinensis は中国の有名な薬品である。また、地衣類も医療に使われていた。たとえば、学名によく表れているが、コナカブトゴケ Lobaria pulmonaria（肺疾病）は肺病を治すのに使われ、ツメゴケ属の一種 Peltigera canina（犬）は黒コショウと混ぜて狂犬病の治療に使われていた。

かつて医薬として使われたキノコの中で最も有名なのは、古典時代に特効薬とされたアガリクム agaricum またはアガリック agarick、すなわちエブリコ Fomes officinalis だが、その適用範囲についてディオスコリデスが評価を交えて以下のように書いている（Houghton, 1885: 26-27）。

　「その薬効は収れんさせ、温める働きで、さしこみや消化不良、落ちた時の傷などによく効く。熱のない人には 2 オボロスを蜂蜜入りワインと一緒に与え、熱がある場合は蜂蜜入りの水で飲ませる。肝臓が悪い場合や喘息、黄疸、血が混じった下痢、腎臓病、水が通りにくい場合や子宮狭窄などの患者、元気のないものなどには 1 ドラクマを与える。肺結核の場合はレーズンワインと一緒に与え、脾臓の病気の場合は蜂蜜と酢を一緒に投与する。胃の痛みで困っている者や酸っぱいげっぷを出す者には、飲み物を取らずにキノコの付け根を噛んで飲み込ませる。また、3 オボロス飲むと、吐血を止める作用があり、蜂蜜や酢と同量のキノコを飲むと、腰痛や関節痛、てんかんなどにもよい。また、これを蜂蜜や酢と同じ割合で飲むと、月経を促し、子宮の閉塞を治す。おこりの発作が来る前に飲むと、震えが止まる。1 ないし 2 ドラクマのキノコを蜂蜜入りの水で飲むと、下剤としての効果がある。1 ドラクマのキノコを水で割ったワインと一緒に飲むと、毒物を摂ったとき解毒剤になる。ワインで 3 オボロスのキノコを飲むと、打撲傷やヘビに噛まれた傷に効く。要するに患者の年齢や体

力に従って適量を摂れば、すべての体内の苦痛に効くといえる。あるものは水で、あるものはワインで、またあるものは酢と蜂蜜か水と蜂蜜と一緒に服用すればよい」

現在、薬として使われているキノコはほとんど見当たらない。サルノコシカケの類やアイルランドのコケ（地衣類のエイランタイ Cetraria islandica）は20世紀初頭まで薬種として残り、スエーデンでは地衣類が今も薬種屋で売られているという。ベニテングタケも逆症療法として使えそうだが、今日公式に認められている菌の薬は麦角（バッカクキン Claviceps purpurea の菌核）だけで、その調整品が産婦人科で使われている。

## 麦角（エルゴット）

中国人はすでに8世紀に、ライムギよりもむしろコムギにできた麦角を薬として使っていたという。[12] ヨーロッパではロニッツァー（1582）が出産を促すために麦角が使われていることを初めて記録したが、公式に医薬として認められたのは遅く、1820年のことだった。その記事は『アメリカ合衆国薬局方（Pharmacopeia of the United States of America)』の創刊号に掲載されている。イギリスでは麦角が『王立ロンドン医科大学薬局方（Pharmacopoeia of the Royal College of Physicians of London)』の1836年版で紹介され、今日ではイギリスの薬局方には含まれていないが、まだ『英国薬局方（British Pharmacopoeia Codex)』の中に特記されている。

以前から市販されている麦角の大半は、自然感染でアルカロイド含量の高い麦角ができる東ヨーロッパやスペインなどで採取されたものである。ごく最近、スイスなどでは採算がとれる麦角の生産に成功したというが、それは分生子の縣濁液を開花しているライムギに撒く方法で、まだ実験室内で培養するのは難しいそうである。

## 抗生物質

　菌類の利用という点からすると、現在、医療現場での関心は、化学療法として有効な菌の代謝産物を研究開発することに集中している感がある。その最たるものがペニシリンだろう。ペニシリンの発見と開発は製薬業界に新風を吹き込み、飛躍的な発展をもたらしたのである。

　ロンドンのセント・メアリ病院の予防接種部門にいたアレクサンダー・フレミングがペニシリンを発見した物語はよく知られているが、この件に関する詳しい事情は1970年まで謎のままだった。この年、発見当時セント・メアリ病院のフレミングのもとで若い研究者として働いていたロナルド・ヘア教授が、おそらく実際に起こったに違いないと思われることを話したおかげで、ようやく納得のいく答えが得られた。[13]

　伝えられている発見物語では、ペニシリウムの胞子が窓の外から飛び込んできて、細菌のスタフィロコックス *Staphylococcus* を培養していたペトリ皿に入って汚染したとされているが、これはフレミングの講義や談話の中で語られた、幾分あいまいな内容を引用したもので、フレミングが1929年に書いた論文の序文には次のように書かれている。

> 「スタフィロコックスの変異体を調べていた頃、多数のペトリ皿を実験台の上に並べておいて、時々検査していた。検査するときは必ず空気にさらされるので、当然いろんな微生物に汚染されることになった。飛び込んできた大きなカビのコロニーの周辺でスタフィロコックスのコロニーが透明になって、明らかに溶け出していた」

　もし、この説明が正しく、ペトリ皿を開けた時にコンタミネーションが起こったとするなら、スタフィロコックスのコロニーが溶解するのを見ることはできなかったはずである。というのは、1942年に証明されたように、ペニシリンは増殖している若い細菌細胞にしか効かないからである。フレミングの説明が間

違っているもうひとつの証拠は、どうやらフレミング自身、何が起こったかよくわからず、ペニシリンを「再発見」しようとして何度も失敗を重ねていたことである。実はペニシリンの発見はほとんど異常ともいえる偶然の一致によるものだった。

アレクサンダー・フレミングはリゾチームの発見で、とりわけ注目されていた細菌学者だった。ちなみに、この酵素は涙や鼻汁、唾などの中にふくまれていて、多くの腐生性の細菌を溶解する能力を持っている。彼がスタフィロコックスに興味を持ったのは、医学協会が出す『細菌学体系 (System of bacteriology)』第9巻の一章を分担してもらいたいと誘われたためだった。なお、固形培地上のコロニーの特徴によってスタフィロコックスの分化を検討した論文が、この仕事に携わった研究者グループによって書かれ、ダブリンで出版された。その時に行ったのが、室温で培養するという方法だった。フレミングは実験を繰り返し、おそらく細菌を植えつけたペトリ皿を室温において培養したのだろう。

次に起こったことはヘアが話したことだが、フレミングは1928年7月の終わりから8月初めにかけて夏季休暇を取り、出かける前にペトリ皿に細菌を接種し、それを陽の当たらない部屋の隅にある自分の長椅子の上に積み上げておいた。というのは、彼がいない間、研究生たちがその部屋を使うからである。この中の一つにペニシリウムの胞子が飛び込んで、ペニシリンを作ったらしい。

キュー王立植物園でとった1928年の気象観測データを見ると、7月中旬に一時異常に暑い日が続き、28日からは寒くなったが、その間、最高温度が20℃を超える日は二度だけだった。この寒い期間、ロンドン市中にあったフレミングの研究室の温度はペニシリウムが十分成長できるほど低く（その結果ペニシリンが作られて培地に溶け出し）、逆にスタフィロコックスの成長が阻害されたのは確かである。ところが、また暑い日が戻ってスタフィロコックスが成長し始め、ペニシリウムのコロニーの近くにいたものが溶けたというわけである。

休暇から帰ってきたフレミングは、自分のペトリ皿をざっと見て処分しようとしたが、あまりにも枚数が多かったので、消毒薬に浸すためにトレイに入れたペトリ皿の下のほうだけが殺菌剤と接触することになった。フレミングは帰ってくるとすぐ、以前に彼の研究生だったD. M. プライスを呼び出してスタフィロコックスの仕事を説明しながら、要点を見せようとして処分したペトリ

皿の一番上に乗っていた一枚を取り上げた。そこでスタフィロコックスが溶けているのに気づき（彼の発見した時の叫びは「おかしいな」だった）、すぐそこから問題のカビの培養株を採ったという。

もし、フレミングがスタフィロコックスを最適温度の37℃で培養していたら、飛び込んできたペニシリウムはペニシリンを生産しなかったことだろう。彼が室温でスタフィロコックスの変異株を扱っていた3か月を通して、ペニシリンの発見を可能にするほど温度が低かったのは、わずか9日間だけだった。さらに予防接種部門が人手不足だったおかげで、処分したペトリ皿がたまり、永年化学療法に興味を持っていた一人の研究者のなれた目を惹きつけ、このペトリ皿を元に戻すチャンスが生まれたのである。ただし、彼が後にこの歴史的なペトリ皿を見せたのは、共同研究者ではない他の人物だった。

ところが、ここでもうひとつ暗示的な偶然の一致がある。飛び込んできたカビの胞子が窓から入ってきたというが、フレミングの部屋の窓は開けられたことがなかったので、それはあり得ない。反対にドアはいつも開いていた。フレミングの部屋のすぐ下の階では間に合わせの実験室でカビが培養されており、二つの部屋はエレベーターの周りにある同じ階段でつながっていたのである。

こんなことが重なる少し前、オランダ人のアレルギー研究者、ストルム・ファン・レーウェンがセント・トーマス病院で講義を受け持っていた。一方、セント・メアリ病院のジョン・フリーマンがその講義に出て、カビの胞子が喘息の原因になるという話に強い印象を受け、アイルランドの若い菌学者、チャールズ・J・ラ・トゥーシュを助手に招くことにした。ラ・トゥーシュは喘息患者の家からカビを分離培養し、フリーマンの方法を使って菌から減感作療法のための抽出物を取り出そうとしていた。

フレミングは彼に自分のカビを渡し、ラ・トゥーシュはこれをペニシリウム・ルブルム *Penicillium rubrum* と同定した。なお、後にこの学名はチャールズ・トムによってペニシリウム・ノタートゥム *P. notatum* にかえられた。ラ・トゥーシュは自分が持っていた、いろんな菌の培養株について抗細菌性を検討した。検定した8系統のうち、一つのペニシリウム以外はすべて無効だったが、この菌は「汚染されたペトリ皿からとった元のものと全く同じ培養特性を持っていた」という。ヘアが指摘していたように、フレミングの培養株は特異なものだっ

たのである。というのも、戦争中にアメリカが世界中からペニシリウムを集めて、ペニシリン生産性の高い系統を探し出そうとしたが、検定したものの中でフレミングの系統は三つの優良株のうちの一つだったという。もし、ラ・トゥーシュの系統がフレミングのものと同じようにペニシリンを生産していたら、彼らが同じものからとったと断定するのは難しかっただろう。

　研究は断続しながら12年間続けられ、ついにペニシリンが単離され、その後治療薬として臨床的にも価値が高まり、菌学というよりも医学や生化学の面で発展したが、それについてはここで紹介する必要もないだろう。この話題は1945年にフレミングが生化学者のアーネスト・B. チェインやオックスフォード大学の病理学教授だったハワード・W. フローリーとともにノーベル医学生理学賞を受賞したことで頂点に達し、それ以後より多くの抗生物質の探索と大規模生産技術の開発時代に突入した。[14]

　ペニシリン発見の新奇性は、種々の重要な病原細菌に対する強い毒性と生体内での毒性のなさ、安定性などだったが、そのために治療薬として安心して使用できたといえる。ある生物がほかの生物に対して有害であること（拮抗性）やある生物の代謝産物がそれ自身の成長を抑制すること（培養株の衰弱に見られる）は古くからよく知られていた。ダーウィンの信奉者で微生物学に拮抗作用（antagonism）という用語を持ち込んだマンチェスターの医師、ウイリアム・ロバーツは1872年から73年の間にペニシリンのことを思わせるような拮抗作用に気づいて、以下のように書いている（Roberts, 1874）。

　「私にはカビの成長が細菌などに対して拮抗的に働いているように思える。というのは、ペニシリウム・グラウクム Penicillium glaucum が勢いよく成長している溶液には細菌が広がらないことをしばしば観察していたからである。事実、まるでカビが水槽の中の植物のような役割を演じて、腐敗のもとになる細菌の成長を抑えているように思えた。また、細菌の成長を見ると、腐敗させる力が変化しているように見えた。一方、細菌が繁殖している液体の中では、ペニシリウム・グラウクムはほとんど出てこないか、全く見られなかった。さらに、細菌のある系統と他の系統の成長にも拮抗作用が見られ……有機物の入った溶液が空気や水に触れた時には……おそらく、そこには生存競争と適者生存があるのだろう。ある特定の生物が栄養液の中に見つからないからといって、そ

の生物のタネが汚染された培地の中に本当にいないと決めつけるのは危険である」

同様のことが、1871年にジョセフ・リスターによって、また1875年にはジョン・ティンダルとT. H. ハクスリーによって観察されている。[15]

1940年代以降、抗生物質生産性のある何千もの微小菌類が熱狂的に検定されたが、当時もその後も、通常人体に強い毒性があるため、ペニシリンに匹敵するほどの新しい興味のある抗生物質は発見されたためしがない。ペニシリンに次ぐ最初の重要な成功例は、土壌生息性放線菌のストレプトミケス・グリセウス Streptomyces griseus が作るストレプトマイシンだが、その後、放線菌（細菌類）で多種多様な抗生物質を生産するものが見つかっている。[16]菌類については、1951年にP. W. ブライアンが総説の中で、菌類が作ると認定された抗生物質を96種類あげ、その中の57種類についてその特徴をわかりやすく解説している。同じころ、多くの分類群（特に不完全菌とハラタケ目のキノコ）に属する何百種もの菌[17]が、細菌や菌などの生物に対して拮抗作用を示すことも明らかになった。

菌類が生産する抗生物質の大半は主に研究対象であって、広く使われるようになったものはごくわずかである。1932年にワイドリングが土壌にグリオクラディウム・ウィレンス Gliocladium virens を混ぜると、柑橘類の幼苗の立ち枯れが抑制されることに気づき、その後ワイドリングとエマーソン（1936）がこの菌の培養ろ液から抗細菌性と抗菌性のある抗生物質、グリトキシンを単離した。また、ペニシリウム・パトゥルム Penicillium patulum からとったパツリンは、後にジョージ・スミスらによって植物に感染するピシウムの防除に効果があるとされ、人間の普通の風邪にも効くことが明らかになった。ペニシリウム・グリセオフルヴム Penicillium griseofulvum や他のペニシリウム属の菌からとったグリセオフルビンは、1939年に初めてA. E. オックスフォードらによって特性が明らかにされ、後にブライアンによってキチン質の菌糸の成長を捻じ曲げる「ねじれ因子」として別個に発見された。この抗菌物質は、レタスにつくボトリティス・キネラ Botrytis cinera による灰色かび病の防除に浸透性殺菌剤としてわずかに使われたが、現在は人や動物の疥癬に対してよく効く経口薬として、いろんな商品名で市販されている。菌が作る抗生物質の中でもうひとつ重要な

ものは、ケファロスポリウム *Cephalosporium* 属の菌からとった抗細菌性物質のセファロスポリンのグループで、1952年以来有名になり、今では大量生産されている。(18)

## 産業として

　食用キノコの商業的な大量生産についてはすでに紹介した。また、醸造発酵やワイン生産、種々の食品加工、抗生物質の生産などにおける菌類の工業的利用についても触れたが、菌類を利用した産業開発の事例にも触れておく必要があるだろう。その中で最も有名で歴史的に重要なものはクエン酸発酵事業である。

## 有 機 酸

　ハノーヴァー大学教授のカール・ヴェーマーが、ペニシリウム様のカビでクエン酸が生産できることを示したのは1893年のことだった。彼はこの菌にキトロミケス *Citromyces* という新しい属名を与えたが、後にチャールズ・トムによってペニシリウム属とされた。その二年前、ヴェーマー (1891) はアスペルギルス・ニゲルが蓚酸を作ることを報告していたが、このカビがペニシリウム属のものよりも大量にクエン酸を作る事実には気づいていなかった。
　クエン酸の大量生産は、アスペルギルス・ニゲルによる事業が軌道に乗るまで、柑橘類の果実から抽出される天然物に頼っていた。1917年にアメリカ人のJ. N. カリーが、アスペルギルス・ニゲルのある系統は初期 pH 2.5-3.5で成長し、pHが2.0以下に低下するまで十分量のクエン酸を生産し、pH 4-5では蓚酸を作り、この時点で蓚酸とクエン酸が置き換わることを明らかにした。実際10年の間に、クエン酸の市販品はすべて蔗糖をアスペルギルス・ニゲルで発酵さ

せたものに置き換えられたが、その製造工程は多くの特許に守られ、今もかなり秘密にされている。

　このような発酵事業を成功に導いた必須条件は、必要なものを効率よく生産できる微生物培養系統の扱い方だった。系統選択の基準設定は、しばしば経験則によったが、菌類遺伝学の知識を深める研究を促し、系統特異性という概念を導入するのにも役立った。同時に大切なのは純粋培養による系統保存技術だった。これは、また別に大きな問題を抱えており、大量の無菌培地を扱いながら、通気するという難しさはかなりのものだった。多くの場合、これが微生物工業の進展を遅らせる原因になっていたのである。

　クエン酸製造用培地が低 pH であるのは、汚染原因になる多くの微生物が成長するのに不都合な条件だったが、抗生物質生産用の最適培地は、多くの場合いろんな菌や細菌にとっても都合のいいものだった。初期の抗生物質製造業で化学技術者と共同して大量の培地を殺菌し、菌を接種して培養する方法とそのあとの工程を工夫し、完成させるために菌学者が動員されたことは不幸な経験だった。このような技術開発は、巨大タンクによる液内培養に代わって、一時表面培養を広く普及させるのに役立った。なお、液内培養はいろんな場面で使われているが、栽培マッシュルームの不足を補うために、マッシュルームの香りを出すスープ用の菌糸を大量生産するのにも用いられている。

　このほか、菌類が生産する有機酸には没食子酸やグルコン酸、イタコン酸、D-乳酸などがある。没食子酸はファン・ティーゲンが1867年に書いた本の主題になった酸で、彼はアスペルギルス・ニゲルによってタンニンから没食子酸を作る自分の研究成果について書き、1902年にはドイツの特許を取得して工業生産にかかった。グルコン酸はカルシウム欠乏症を治すためのカルシウム塩として広く使われたが、これは1922年にフランスのモリャールがアスペルギルス・ニゲル (*Sterigmatomyces niger* として報告) の培養ろ液から、初めて取り出した有機酸である。大量生産はアメリカで初めてペニシリウム・プルプロゲヌム・var. ルブリ-スクレロティウム *Penicillium purpurogenum* var. *rubri-sclerotium* を用いて表面培養で行なわれ、後にペニシリウム・クリソゲヌム *P. chrysogenum* とアスペルギルス・ニゲルを使った液内培養で行なわれた。この方法はヘリックとヘルバッハ、メイ (1935) らが共同で開発したもので、抗生物質生産のために

作られた液内培養法の先駆けとなるものだった。

　イタコン酸は不飽和ジカルボン酸で、アスペルギルス・イタコニクス *Aspergillus itaconicus* の生産物として1929年に初めて日本の K. Kinoshita によって研究されたが、産業的に成り立つ生産物はイギリスで開発されたアスペルギルス・テレウス *A. terreus* で得られている。一方、D—乳酸はアメリカでリゾープス・オリザエ *Rhizopus oryzae* を用いて生産されている（Ward *et al.*, 1936）。

## 脂　　肪

　第二次世界大戦の圧力がペニシリン生産の開発を加速させたように、1914年から18年の第一次大戦の場合も、軍需品の欠乏が爆弾に必要なグリセロールの微生物生産に拍車をかけた。その昔1850年ごろ、パスツールが酵母で蔗糖を発酵させると、少量のグリセロールができることを報告していた。戦争が終わる1919年になって、1か月に100万トン生産できるというドイツの方法の詳細がコンスタインとルデッケによって発表された。同様に、脂肪の不足を補うために、もうひとつの酵母、エンドミケス・ヴェルナリス *Endomyces vernalis* による工業生産も試みられたが、平和時にはコスト的に合わないということになって放棄された。

## 酵　　素

　1894年、当時アメリカにいた高峰譲吉がアスペルギルス・フラヴス–オリザエ *Aspergillus flavus–oryzae* などの黒カビから酵素の複合物、主にジアスターゼの生産に関する特許を取得して以来、ジアスターゼやアスペルギルス・ニゲルからとれるアミラーゼを含む酵素類（Le Mense *et al.*, 1947）が市販されるようになった。ちなみに、ジアスターゼはタカジアスターゼなどの商品名で医薬や織

物の糊抜き用として売られている（Takamine, 1898）。

## ステロイドの変換

　化学者たちは類似した物質を見分けるためや実験的にうまくいかない化学変化を起こさせるために、ある種の菌類を利用している。前者の古い例はパスツールによるもので、彼はラセミ体の混合物から D–酒石酸アンモニウムを取り出すのに、ペニシリウムのある系統が持っている L 型を選択する性質を利用した。後者で重要な事例はピーターソンとマリ（1952）による発見で、リゾープス・アリズス *Rhizopus arhizus* がステロールプロゲステロンを C–11でヒドロキシル化したというものだった。それ以来、多くの菌がステロイドの構造変化に関わっていることがわかり、その性質がステロイド療法のための生理活性物質開発に役立つことが立証された。

# 9
# 菌類の分布

## 地理的分布

　菌類はどこにでもいるが、特にカビの類は世界中に広く分布している。菌類分布の知識のもとは、古くから博物学者や菌学者たちが採集品リストを公表し、同時に自分が住んでいる地域や旅をした場所で見つけた菌を、記載する習慣が続いていたところからきている。注意深くなされた場合も、多少くどいものでも、このような態度が何世代にもわたって研究者たちの菌類に対する興味をつなぎとめてきたのである。研究者たちはその時代に認められた分類基準に基づいて過去の誤りを正し、採集品リストを作成し、いまだにひどく不完全だが、初期の菌類リストに未記載のものを数多く加えていった。また、研究者の多くは野外でのキノコ採集に始まり、次第に菌類に惹かれていったのである。

　菌学上の功績という点から見て、採集品目録として以外、膨大な文献の中から重要なものだけを抜きとって注釈することはほとんど不可能に近い。したがって、ここでは代表的な例だけを取り上げて、この分野の発展の跡をたどってみよう。

　特定地域で採れたキノコについて書かれた最初の記録は、1601年に出たクルシウスによる『希少植物誌（Rariorum plantarum historia）』だった。これは、彼がウィーン滞在中にパンノニア地方のキノコを記録したものである。パンノニアというのは現在のオーストリア、チェコスロバキア、ハンガリー、ユーゴスラビア（1970年代の国名）などを含むローマ時代の属州である。17世紀を通じてほとんど見るべきものはなかったが、1675年にオランダのアントワープでファン・ステルベークの『菌類劇場（Theatrum fungorum）』が出版され、1690年には菌類のリストをふくむジョン・レイの『ブリタニアの植物研究方法論（Synopsis methodica stirpium Britannicarum)』が出た。なお、この本はその後34年間再版され続けた。

18世紀の初頭には、ディレニウスがギーセン地方の菌類目録を、J. レーゼリウス（1703）がプロイセン地方（東プロシャ、現在はポーランド）のものを、J. C. ブクスバウム（1721）がドイツ中東部のハレ地方のものを作り、S. ヴァーヤンがパリ近郊の菌類を記録した。これは彼の死後1727年に『パリの植物（Botanicon parisiense）』として出版された。1729に出されたミケーリの『新しい植物類（Nova plantarum genera）』でイタリアの菌類調査が始まり、1755年には A. J. A. バッタッラがこれにアドリア海に近いリミニ地方のキノコの素晴らしい図をつけた解説を加えて、見事なものに仕上げた。

その後の150年間にヨーロッパ、特にドイツ、フランス、イタリアなどで、地域的なキノコ類の調査報告が相次いで出版された。ドイツでは、18世紀のグレディッチ（1753）やシェイファ（1762-74）、バッチ（1783-89）、トーデ（1790-91）らの報告があり、フッケル（『菌学概論（Symbolae mycologicae）』1869-75）によるライン川地方の主要な菌類相やコーンの『隠花植物相（Kryptogamenflora）』（1885-1908）に掲載されたシュレーターによるシレジア地方の菌類フロラ、さらには分類学上の優れた成果として国際的に高い評価を受けた、ラベンホルストらによる不朽の名作『ドイツ、オーストリア、スイスの隠花植物相（Kryptogamenflora von Deutschsland, Oestrreich und der Schweiz)』（1884-1960）などが出版された。これらの出版物はその後の、菌類フロラに関する研究を拡げる糸口となった。

フランスでは18世紀末の10年間に、ビュリャールの『菌類誌（Histoire des champignons)』（1791-1812）やポレの『概論（Traité)』（1790-93）などが出版された。これらの書物は、19世紀後半のケレ（『ジュラ山脈とヴォージュのキノコ（Les champignons du Jura et les Voges)』1872-76）やジレ（『フランスに生えるキノコ（菌じん類）（Les champignons（Fungi Hyménomycétes）qui croissant en France)』1878-90）、パトゥイヤール（1883-89）、ならびに20世紀初頭のブーディエ（1905-10）らによる著名な出版物の礎になったものである。

イタリアでは、ヴィヴィアーニ（1834-38）やヴィッタディーニ（1835）、ヴェントゥーリ（1845-60）らが、P. A. サッカルド（図85）やブレサドラ神父（その

図 85　ピエール・アンドレア・サッカルド（1845-1920）

著書『トリデントの菌類（Fungi Tridentini）』1881-1900と『図録（Icones）』1927-60で有名）の先駆けとなった。なお、1906年から1938年にかけてイタリアで出版された『イタリアの隠花植物相（Flora Itarica cryptogama）』の17篇が菌類にあてられた。

　同時に他のヨーロッパ諸国でも、規模は小さいなりに研究が始まり、多くの場合複数の先駆的な菌学者たちがいつも名を連ねていた。その古い例はスウェーデンのエリアス・フリースである。他にはフィンランドのP. A. カルステンやデンマークのT. ホルムスキョルド（彼の見事な図をつけた『デンマークの食用キノコと田園の楽しみ（Beata ruris otis fungis Danicis impensa）』1790-99で有名）らの名が知られているが、その後デンマークではE. ロストルップがその地方の菌類の調査に大きく貢献した（Lind, 1913参照）。

　また、アルブレヒト・フォン・ハラー（1768）やセクレタン（1833）、トログ（1845-50）らはいずれもスイスの菌類について記載し、地域的な菌学の伝統をうちたてるのに貢献した。一方、クロムホルツ（1831-46）とカルヒブレンナー（1873-77）は各々チェコスロバキアとハンガリーにおける初期のキノコ研究家として有名である。ジャン・キックスはベルギーに菌学の基礎を築いたが、その隠花植物に関する二巻の書は、死後1867年に彼の息子（ジャン・キックス Jr.）によって出版された。オランダではC. A. J. A. ウーデマンスが同じように1873年から1903年にかけて一連の報告書を出し、それを1904年の『目録（Catalogue）』に

まとめた。また、ワインマン（1836）が菌学の発達が遅れたロシアのキノコ類について報告している。

イギリスの菌類に関する最初の包括的なリストは、多くの独創的な観察と考えを含むM. J. バークリー師（1836）によるものだった。後、1871年に出たM. C. クックの二巻の書『イギリス菌類ハンドブック（Handbook of British fungi）』はイギリスのすべての菌類を収録する新しい試みだったが、ジョージ・マッシー（1892-95）が4巻の『イギリスの菌類相（British fungus flora）』を出して、それを補完した。ロバート・グレヴィルはスコットランドの菌学に大きく貢献したが、1879年にはジョン・スティーヴンスン師が『スコットランドの菌類（Mycologia Scotica）』の中で、スコットランドと世界の菌類の分布域を示すリストを作成した。

生物学者にはよく旅をする癖（または願望）がある。たとえば、クルシウスは当時よく旅をした人だった。ジョン・レイはイギリスの国内をくまなく旅した後、1663-66年の間にヨーロッパをへめぐり、エリアス・フリースは1820年代の初め頃「私は、特に遠くの国々を訪れたいと願っていたが、当時は境遇が悪く、公の支援も得られなかったので、足で歩ける範囲しか行けなかった。今の研究者諸君は何と恵まれていることか。当時は健康に恵まれて背が高く、よく歩けた人でも、12時間で75キロメートルも歩くのは無理だった」といっている。(1)

コルダは1848年の秋、テキサスへ採集旅行に出かけた（バークリーにあてた最後の手紙はワイト島のカウズ港で書かれていたが、彼が乗ったブレーメンから来た船はニューオルリンズへ向かって航行する予定だった）。当時3、4千人しか住んでいない「恐ろしく食べ物のまずい」ヒューストンで、彼は「たくさん採集した」が、ここは地理的に菌類には合わないところで、「出てくると、すぐ腐ってしまう」のに驚いたという。(2) 不幸なことに、1849年、コルダ自身とテキサス州での採集品は帰国する航海の途中、カリブ海で消えてしまった。

こうした活動にも関わらず、ほかの国々では19世紀末になるまで菌学の研究成果はあまり上がらなかった。ただ、ヨーロッパの菌学者たちは、探検航海の際や旅行者の手で採集された、日ましに増える世界各地の菌類を調べていた。たとえば、フーカー父子はともにキュー王立植物園の園長に就任し、キューに送られてくる菌類標本をいつもバークリー師のもとへ届けていた。彼はビーグ

ル号の航海でダーウィンが採集した菌類の標本などを含めて、多くの資料を駆使し、北アメリカや西インド諸島、英領ギアナやスリナム、ブラジル、チリー、ティエラ・デル・フエゴなどを含む南アメリカ諸国、太平洋諸島、ケルゲレン諸島、オーストラリア、タスマニア、フィリッピン、インド、スリランカ、喜望峰、グリーンランド、北極などの菌類に関する報告書を出版した。

イタリア北東部のパドヴァにいたサッカルドやベルリンのポウル・ヘニングズも、海外で採集された多くの菌類の記載を発表した。ちなみに、フィダルゴ（1968）がブラジルの菌学史をまとめているが、20世紀にかかる以前に35人のヨーロッパの菌学者がブラジルの菌について報告を書いたという。主として1940年代以降のことだが、サンパウロ大学のビタンクールやヴェガスのような植物病理学者やレシフェ大学の故 A. チャヴェス・バティスタらによってブラジル産菌類の正確な目録作りが始まった。

北アメリカではシュヴァイニッツ（1834）（図86）が菌類の研究を開始し、後にチャールズ・ペックがオーバニーにある州立自然史博物館（後、ニューヨーク州立博物館）に植物担当官として在籍し、1867年から1915年にかけて年報に一連の論文を発表して、菌学の発展に大きく貢献した。南アメリカではアルゼンチンに移民したイタリア人の多才なカルロス・スペガッツィーニがラプラタ大学の教授になり、アルゼンチンとチリー、ウルグアイなどに菌類研究の拠点を築いた。

図 86 ルイス・デイヴィッド・フォン・シュヴァイニッツ（1780-1834）
(Ex C. L. Shear『Plant World（植物の世界）』5: 45（1902)）

カナダの菌類研究はすべての点で A. H. R. ブラー（図57）の仕事とその教育に負うところが大きいが、彼は変わり者の独身者、サミュエル・バトラー同様、多少誇張されて書かれている面が多い。ブラーはイギリスのバーミンガムに生まれ、メイソンカレッジで教育を受け、ドイツで学位を取得し、一時バーミンガム大学で教えたが、1904年にカナダのウィニペグにできたマニトバ大学の植物学主任教授になり、それ以後32年間をここで過ごした。彼は毎年夏休みをイギリスで過ごし、バーミンガム大学やキュー王立植物園で研究し、大西洋を少なくとも65回横断した。彼はなんとか偶数回で自分の旅を終えたいと思っていたが、1944年にウィニペグで亡くなった。

　20世紀を通じて、植物病原菌と腐生菌双方の分布に関する知識を増やしたという点で、植物病理学者が果たした役割は大きい。病原菌の分布を知ることは、輸出入を適切に制限し、植物病害の拡散を防ぐ植物検疫制度を確立する上で大切なことだった。6章でふれたように、20世紀前半を通じて病原菌の重要性がますます高まったからである。植物病理学者たちは発展途上国、特に熱帯地方に派遣されると、主に微小菌類を採集し、その地域の菌学の発達に大きく寄与した。

　このことは、特にインドや英領アフリカなど、大英帝国の植民地ではまぎれもない事実だった。1901年に E. J. バトラー（図104）が医学の勉強を終えたのち、インドへ赴任して1906年に最初の菌類担当官になった。1919年にインドを離れて、キューにあった帝室菌学局 Imperial Mycological Bureau（後の英連邦菌学研究所）の初代局長になるまで、ベルリンの H. ジドーらと協力して、インドの菌類に関する知見を大幅に補足した。なお、初期の先駆的研究はインド陸軍の軍医だった D. D. カニンガムや A. バークリーが行ったもので、1871年と1897年に出版されていた。また、これらの業績は要約されてリストになり、G. R. ビスビーの手で『インドの菌類（The fungi of India）』に収録されて、1931年に出版された。トム・ペッチはスリランカで農業省の植物学および菌学担当官として、この島のために同様の任務を果たし、その成果は彼の死後二年たった1948年に、インドの菌類に関するバトラーの著書を補う別巻として日の目を見た（Petch&Bisby, 1950）。

　幾分不満足なものだが、M. C. クック（1892）がオーストラリアの菌類を収録

した。オーストラリアで本格的な菌類の調査を始めたのはダニエル・マッカルパインで、彼はロンドン大学理学部でT. H. ハクスリーと植物学者のシスルトン-ダイアの教えを受けた後、エジンバラにあるヘリオット・ワットカレッジで7年間講師として働き、オーストラリアに移住してメルボルン大学の講師になった。1890年にはヴィクトリア州の農業局で蔬菜の植物病理担当官になり、1895年にオーストラリアの菌類に関する最初の目録を出版した。その後、彼はオーストラリアのサビ病菌（1906）と黒穂病菌（1910）に関する著書や植物病理学上の問題について数多くの報告を書いた。ニュージーランドの菌学に大きく貢献したのは、ニュージーランドで初めて菌学担当官になったG. H. カニンガムで、彼は植物病理担当官として働く傍ら、この国のサビ病菌や黒穂病菌、腹菌類、硬質菌、イボタケ科（1963）やタコウキン科（1965）などを記載した書物を残した。

　極東アジアでは、菌学の始まりが遅れた。16世紀の終わりごろから、1853年7月8日に、マシュー・ペリー提督に率いられたアメリカ艦隊が通商を求めて江戸湾にやってくるまで、西欧世界に対して国を閉ざす日本の鎖国政策はほぼ完璧だった。鎖国していた間も、いくつか日本産のキノコ類を記録した書物が出版されていた。その中で最も有名なのは、1834に出た坂本浩然の『菌譜』で、そこには100種ほどのキノコが記載され、水彩による写生図が載っているが、そのいくつかは、日本の植物を紹介したヨーロッパの書物に転載されている。1886年に白井光太郎が東京大学教授に就任して植物病理学を教えることになり、それ以後日本でも菌学研究が盛んになった。白井は1905年までに1200種に及ぶ日本産菌類のリストを作成して発表した。中国の菌類については、ほとんど知られていないが、最近植物病原菌についていくつかの報告が出されている。インドネシアのジャワ島の菌類については、ペンツィヒとサッカルド（1897-1904）が写生図入りで記載している。

　地理的に局限されているものは、極地の菌類、特に北極の菌に関する研究である。この類の研究は、極地探検で採集された植物についていた微小菌類を扱ったものが多く、ほとんど標本館の中で調べられていた。ファッケル（1874）が書いた二つの論文やリンド（1934）が出したより充実した著作は、その好例といえるだろう。リンドはコペンハーゲンの植物博物館の標本館に収納されている極

地の植物についていた微小菌類、422種について記載した。

## 生態的分布

菌学者たちは目録をつくるだけでなく、いつも特殊な条件下で暮らす菌類に特別な興味を抱いてきた。6章で詳しく述べたように、植物や動物、人間などの病原菌に強い興味を示し、7章で紹介したように大気中の菌類にも注目した。

## 土 壌 菌

最初に人目を惹き、以来毎年のように注目されてきた菌の生態グループは地下性キノコである。トリュフは1564年にアルフォンソ・チッカレリが書いた小冊子の主題だった。レイ（1686-1704, I）は「地下性菌」のことを書き、ファン・ステルベーク（1675）はトリュフだけでなく、イモタケの類やマメ科植物の根粒を含む「地下の生き物」に一章を割いている。ヴィッタディーニ（1831）はイタリアでトリュフの単行本を出し、後1842年にヒメノガステル目を扱い、テュラン兄弟が1851年に出した古典的な論文の主題もやはり地下性菌だった。それ以来、ヨーロッパ諸国や北アメリカなどでも地下性菌発見の報告が相次いでいる[6]。

土壌中の微小菌類に関する研究は、純粋培養法など、多くの特殊な方法の発達を待って始まった。中でも最も普及したのが希釈平板法だった。この方法はロザムステッド農業試験場のW. B. ブライアリの研究チームが1920年代に標準化するとブームになり、大方の注目を集めた（Brierley, Jewson & Brierley, 1927）。

土壌の直接検鏡法は最初H. J. コン（1922）が試みた土壌中の菌糸体を観察する方法である。その後、ロッシ（1928）が、削った土壌の表面にきれいなスライドグラスを押しつけ、付着した微生物を染色して土壌生息菌を採取した。その二年後、コロドニー（1930）が一定期間スライドグラスを土壌に接触させておい

てから、実験室で検鏡する改良法を編み出した。オーストラリアでは、H. L. ジェンソン（1935）がロッシ・コロドニー法を使って土壌菌の量的測定を試みた。ほかにもいろんな方法が試されたが（詳細についてはチェスターズ（1949）の総説を参照）、実際に使われたものの中で特記に値するのは、J. H. ウォーカップ（1950）が考案した土壌平板法ぐらいだろう。これは、検体土壌の小さな塊をペトリ皿の寒天培地上において、そこから出た菌糸を取り出して培養する方法である。この方法のおかげで、土壌から担子菌を分離することができるようになった。

意図的に土壌菌を分離しようとした試みは、1886年にアダメッツが行った実験である。彼は種類の異なる培地を入れて滅菌したフラスコに土壌を入れて培養し、いろんな種類の菌を取り出すことに成功した。他の人々もこれを確かめて広めようとしたが、1920年代まで、土壌菌の役割に関する研究はほとんど進展しなかった。

1916年になって、「土壌菌は土の中で生活しており、単に空中から落ちてきた闖入者ではなく、土壌に必須の生物的過程に重要な役割を果たしている」という考えを確立したのは、アメリカのラトガーズ大学にいた微生物学者のセルマン・A. ワックスマンだった。彼はそこで一連の研究を行ない、有名な著書『土壌微生物学原論（Principles of soil microbiology）』（1927, 1931）二版を編纂して高い評価を得た。その翌年、1917年に彼は土壌菌を「土壌生息菌」と「土壌侵入菌」の二つに大別する考えをうちだした（Waksman, 1917）。この概念は他の研究者たちによって裏づけられ、精緻なものになったが、その中でも特にS. D. ギャレット（Garrett, 1944参照）は、現在菌学の関心の的になっている土壌菌の生態学的研究の発展に大きく貢献した。

これに関連した二つの話題は、砂丘（最も単純な土壌）の菌類と糞生菌である。砂丘のキノコはリンネの時代から記録されていたが、このテーマが注目されるようになったのは、1950年にオロフ・アンデルソンがスウェーデンにおける砂丘の菌学的研究をまとめた小冊子を出してからである。

一方、糞生菌は古くから注目されていた。このグループを最初に取り上げた大きな仕事はE. C. ハンセンが1876-1877にデンマークの糞生菌について行った研究である。マッシーとサーモン（1901-02）の単行本によると、その20年後にはサッカルドが『Sylloge』（1897, 12(1): 873-902）に187属にまたがる757種の糞

生菌を収録したという。今では、その分類と生物的特性を扱った数多くの論文が出ている。[7]

## 粘　菌

　おそらく、粘菌を一つの生態グループとして扱うのも間違いではないだろう。粘菌は朽木などの腐った植物遺体上に生え、世界中に広がっている。ミケーリの時代から多くの菌学者が粘菌を研究対象として取り上げてきたが、1729年に彼はその著書『新しい植物類 (Nova plantarum genera)』の中で多数の粘菌を描いて記載し、ドロホコリ属 Lycogala やヤニホコリ属 Mucilago などを含む新しい数個の属名を提案した。ビュリャール (1791-1812) も種を記載して補ったが、永年の間粘菌は腹菌類やケカビなどと混同されていた。

　後に、粘菌 Myxomycetes (彼はこれをミケトゾア Mycetozoa と呼んだ) を独立した分類群として取り上げたのはド・バリだったが、彼はそのことを自分の教科書の初版 (de Bary, 1866) に書いている。1874-75年には、ド・バリの弟子でポーランド人の J. T. ロスタフィンスキーが粘菌に関する最初の包括的な著書『Śluzowce monografia』を出版した。イギリスの M. C. クックはこれに刺激されて、英国産の種を記載するために翻訳しようとポーランド語を独学で学び、24枚の図を入れた (そのうちの23枚はロスタフィンスキーの図を複写したもの)『大英帝国の粘菌 (The myxomycetes of Great Britain)』を1877年に出版した。

　その数年後、イギリスのクウェーカー教徒、アーサー・リスターと娘のギューリエルマが60年にわたる研究を開始し、後に二人は粘菌の世界的権威となった。アーサー・リスターはワインの販売業から退いたのち、1887年に57才で粘菌の研究に取り掛かり、筆記者として娘に手伝ってもらい、大英自然史博物館にあった収蔵品やパリとストラスブールにあったド・バリの収集品を調べて、1894年に『粘菌の書 (Monograph of the Mycetozoa)』を著わした。1911年と1925年に出された後の版はその娘の手になったものである。

　リスターたちは1887年1月から1947年8月にわたるノートに、自分たちの[8]

日々の研究結果を書き記し、このグループを研究していた当時の研究者仲間とやり取りした膨大な手紙を残した。その中には有名な北アメリカの教科書の著者たち、T. H. マックブライド、R. ハーゲルシュタイン、G. W. マーチンらや日本の天皇の手紙も含まれている。ちなみに、リスター嬢は天皇の功績を称えて、皇居の庭で採集された標品にヘミトリキア・インペリアリス *Hemitrichia imperialis* という学名をつけたという。

## 洞窟や鉱山、穴蔵などの菌類

穴蔵や鉱山の中に出てくる異様な形のキノコは、古くから人目を引いたらしい。その最も古い記録は、ケンブリッジ大学植物学教授のジョン・マーチンがロンドンの地下室にあったニレの丸太に生えたアミヒラタケ *Polyporus squamosus* の異常な子実体を描いて、1745年1月の王立協会に送った記事だろう。後にイギリス北部のリーズから、同様の報告が（1789: tab. 138: *Polyporus rangiferinus*）ボールトンによって出されている。ところが、二人ともこの奇形を別種として扱っていた。当時ハンガリーのシェムニッツで鉱山学校の化学教授だったJ. A. スコポリは、1772年に出した著書、『地下性植物（Plantae subterraneae）』に洞窟で取れた75種類のキノコを記載したが、その中には間違いなくマツオウジ *Lentinus lepideus*（図87）と思われる傘にならない角状の担胞子体が含まれている。18世紀に出たもうひとつの記録は、1793年にアレクサンダー・フォン・フンボルトが、『フライベルクの植物相（Flora Fribergensis）[9]』に書いたもので、その中には彼がフライベルクで鉱山専門学校の学生だったころ観察したものが含まれている。ちなみに、彼はその後23才の若さでプロシア政府の主任鉱山検査官になったという。

通称「穴蔵菌」、リノクラディエラ・ケラリス *Rhinocladiella cellaris* は、1917年まで一般にラコデイウム・ケラーレ *Racodium cellare* とされていたが、地下室やワインの貯蔵庫に大きな菌糸体の塊を作ることで、早くからよく知られていたカビである。この菌はレイがその著書『イギリス植物体系要覧（Synopsis me-

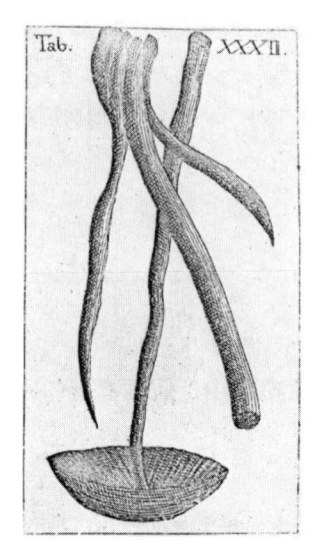

図 87 洞窟に出ていたマツオウジ Lentinus lepideus（J. A. Scopoli（1772）: pl. 32）

thodica stirpium Britannicarum)』の第二版（1696）と第三版（1724）に記録し、ミケーリ（1729: 211, tab. 89, fig. 9）も写生図を残した。のちにゲイゲン（1906）が幾分詳しく紹介している。1913年から1922年にかけて、J. ラガルドが南フランスやピレネー山脈の洞窟で見つけた菌類について一連の論文を書き、種々雑多な種類をつけ加えた。おそらく、それらは洞窟固有の菌ではなく、すべて外から来たものである

　先に6章で触れたように、洞窟と菌類との面白いつながりは、アフリカや中米の洞窟にある大量にたまったコウモリの糞と病原菌、ヒストプラスマ・カプスラトゥム Histoplasma capsulatum との関係だが、いろんなところで洞窟探検家たちがヒストプラスマ症にかかっているという（179頁）。もうひとつの歓迎されざる闖入者はスポロトリックス・シェンキイ Sporothrix schenckii だが、この菌は1940年代の初めごろ南アフリカのラントにある金鉱山で労働者の間に蔓延したスポロトリクム症の病原体だった。

## 水 生 菌

　水生菌の中でも、特に淡水にいる菌は永年よく研究されてきた。分類学的に最も重要なものは藻菌類（〔訳注〕1970年代にはまだ菌界に含まれていた）だが、その名のとおり、このグループは系統学的に藻類と関係が深いと信じられていたため、しばしば藻類と混同されてきた。水生菌の仲間は遊走子を作るが、3章でみたように、菌類の遊走子は1807年、プレボーによって地上性藻菌類のシロサビキン属 Albugo で初めて発見された。

　19世紀にこの仲間を研究した人の中には、A. ブラウンやド・バリ、M. コルニュ、W. ツォップ、P. A. ダンジャールなど、著名な研究者が含まれている。彼らの分類学上の発見は、M. フォン・ミンデンによって彼自身のものも含めて、1911年と1915年の間に出た『マルク・ブランデンブルクの隠花植物相（Kryptogamenflora der Mark Brandenburg）』の中で整理統合され、これが後に F. K. スパロウ (1943) による包括的なモノグラフの先駆けとなった。スパロウはその中からミズカビ科 Saprolegniaceae とフハイカビ科 Pythiaceae を除いたが、それはすでに W. C. コーカー (1923) とヴェルマ・D. マシューズ (1931) がそれぞれ別個に扱っていたからである。これらの研究から、菌類の複雑な生活環が垣間見え、細胞と性に関する多くの知見がつけ加えられた。

　新しい大きな発展は1942年に C. T. インゴールドがイギリスの小川で腐った葉についた水生の不完全菌について記載したときに始まった。これらの菌類は温帯から熱帯にかけて世界的に広く分布しているが、断続的に発見者たちによって研究が続けられており、小規模な菌類産業のもとにもなっている。

　海生菌類に関する研究は遅れていたが、1909年には A. D. コットンがそれまでに得られたわずかな記録をまとめた。その直後にサザランドが海生の核菌類を補足・記載した[10]。1944年に出されたカリフォルニア州の海生菌類に関する E. S. バーグホーンと D. H. リンダーの論文は現在の研究の始まりを告げるもので、1961年には、これに刺激されて T. W. ジョンソンと F. K. スパロウが『海

洋と入江の菌類（Fungi in oceans and estuaries）』を著わした。

## 昆虫など、無脊椎動物との関係

　昆虫寄生菌や共生菌、腐生菌などを含む虫生菌に関する研究は、菌学の中でもよく知られている脇道の一つである。菌類と昆虫との関係、特に菌が昆虫に寄生する現象は、菌類の位置づけを明確にする上で知っておく必要のある課題だった。アゴスティーノ・バッシが1830年代に行ったカイコ硬化病の原因解明は、微生物学史上画期的な出来事だった。この分野については数多くの論文が出されているが、一冊の本にするほどではなかった。しかし、近年昆虫寄生菌（特にエントモフトラ属 Enthomophthora）による害虫駆除が試みられるようになり、それに刺激されて1965年には E. ミューラー―ケーグラーが『昆虫の菌類病（Pilzkrankheiten bei Insekten）』という表題の著書を出した。

　昆虫などの無脊椎動物と菌類の関係を扱った面白い研究は、しばしば専門家の個人的興味から出発している。中でも有名なのはラボウルベニア菌である。この外骨格に寄生する菌のグループは、1840年に初めてフランスの昆虫学者、アレックス・ラブールベーヌとオーギュスト・ルージェに取り上げられた。これを記念してモンターニュとロビンがラボウルベニア Laboulbenia という属を作り、二人の功績をたたえて、その基準種にラボウルベニア・ロウゲティイ L. rougetii（Robin, 1853: 622）という学名を与えた。

　その後、ペイリッシュとベルリーズも研究したが、ラボウルベニア菌の研究に大きく貢献したのは、40年以上にわたって関わり、1896年と1931年に特筆すべき成果を5巻に分けて発表したハーヴァード大学のロナルド・サックスターだった（図88参照）。

　同様に熱帯や亜熱帯産のカイガラムシとモンパキン属 Septobasidium との複雑な関係の解明は1938年に出た J. クーチの美しい挿絵の入った小冊子によるところが大きい。また、捕食生菌（鞭毛菌類や不完全菌類）（図89）に関する新たな研究の展開は、1933年以降（『Mycologia』には1934年から）多くの論文を発表した

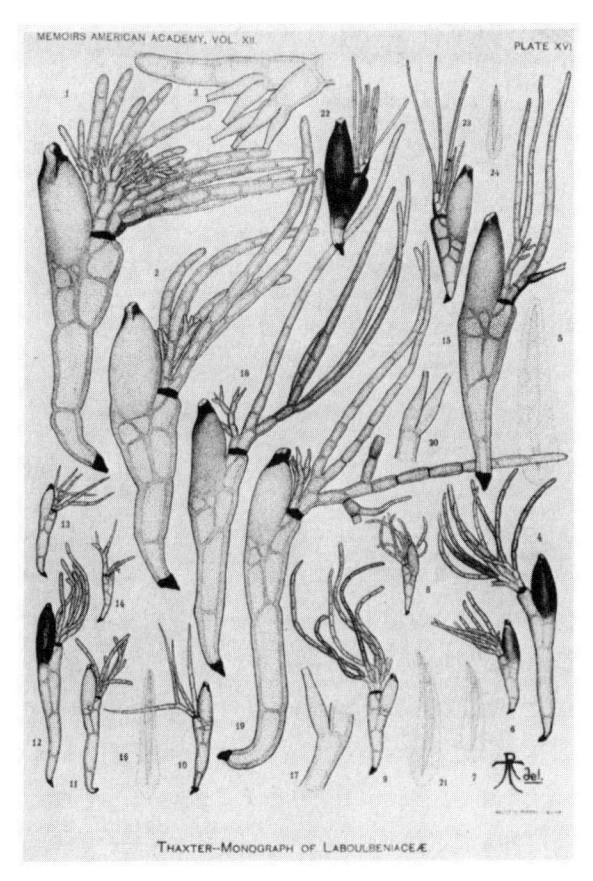

図 88　ラボウルベニア菌 *Laboulbenia*（*L. elongata*, 1-4; *L. europaea*, 15-7; *L. pterostichi*, 18-21; *L. parvula* 22-4）(R. A. Thaxter (1896-1931) I: pl. 16)

チャールズ・ドレクスラーの名を抜きにしては語れない。永い間見過ごされてきたが、どこにでもいるもうひとつの菌は、小さな節足動物の消化管内部か、クチクラにつく寄生菌または共生菌のトリコミケーテス Trichomycetes である。これについては、1951年に J. F. マニエが単行本を出し、フランスで研究が始まった。

このほか、昆虫寄生菌の例としてはキクイムシ類とシロアリがよく知られている。J. シュミットベルガー[11]が材に入った虫の通った孔道に出ていた白いものを、アムブローシア（それを幼虫が食べる）と名づけたのは1836年のことだったが、

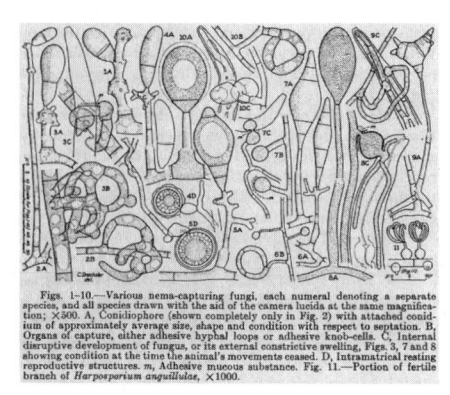

図 89 ドレクスラーによって初めて描かれた捕食生菌の図（C. Drechsler (1933) : figs. I–II）

1844年にはT. ハルティッヒがこれを菌類のものと認めた。後にこの仲間には不完全菌の多くの属が含まれていることがわかり、大半は特定の甲虫に対して種特異性を持つエンドミケス目 Endomycetales（L. R. Batra, 1967参照）であることが判明した。菌と甲虫の関係はきわめて緊密で、ある種のキクイムシ科 Scolytidae の成虫（特に雌）は外骨格に特殊な袋、菌嚢、マイカンギア mycangia[12] を持っており、その中で特有の菌が育ち、新しく掘られたトンネルの材に感染するというわけである。一方、シロアリの大きな巣のトンネルにも同じように菌が生えるという事実は、18世紀からよく知られていたが[13]、現在は成長する菌が幼虫の餌になるのではなく、オオシロアリタケ Termitomyces 属（1942年にエイムが命名）の仲間がこの生態的条件に適応し、シロアリがそれを我慢しているのだということになっている。

## 地 衣 類

地衣類もコスモポリタンで、地理的分布域や生息地に関するリストが、古くから積み上げられてきた[14]。地衣類は環境適応能力が高く、ほかの生物がほとんど暮せないような極地や高山帯、岩の表面のような露出した場所など、過酷な

条件下でコロニーを作って生息している。ただし、100年以上前から知られているように[15]、この仲間が大気汚染に敏感なため、ここ10年ほどの間、大気の汚染度と地衣類の発生や種組成の変化などとの関係を地衣類学的見地から調べた研究報告が増えている[16]。

## 10
# 分　類

　菌への興味という点からみれば、分類はもっとも古く、確かに最も人気のある領域だが、本書では後から数えて二番目の章で取り上げることになった。というのも、分類の判断基準として菌類のあらゆる性質を考慮する必要があるため、最終段階で扱ってこそ、分類体系の全体像がよく見えてくるからである。とはいえ、菌類分類学の発展の足跡を詳細にたどる前に、分類と分類学の関係に触れておくのも、多少は考える手助けになるだろう。

　分類は徒弟の訓練のようなものだといったカウアンによると、分類学は「科学とみなされず、どちらかというと乱雑で規則性のないものを秩序だてようとする科学的技術の類である[1]」ということになる。この酷評を無条件で受け入れる分類学者はまずいないと思うが、現在の分類学という用語の使い方がいい加減だという点では、大方の意見が一致するだろう。いいかえれば、分類学とは何かという点、ことに系統学と分類の関係については見解の相違がある。

　ヘルスロップ-ハリソンによる分類学の定義、すなわち「原則の研究と分類の実践[2]」は、現在最も広く受け入れられている見方を反映したものだろう。このように分類学は系統学の一部に過ぎず、ヘイウッドによれば、系統学とは「生物の多様性と分化、およびそれらの間に介在する関係を扱う科学研究[3]」であり、生物分類とは、生物を階層的に配置された分類群 (taxa 単数は taxon[4]) にまとめ上げることであるという。ただし、分類学者として働いている者は、研究対象に科学的検討を加え、同時に専門的な実践活動を通して原則を考え、その結果を提示するのが常である。その上、分類学者たちは特別な知識を持っているため、同定を依頼される機会も多い。また同時に、命名に関する質問をさばき、次章でふれるような話題を扱わざるをえないのである。

　分類法は、対象とするものの種類にに応じて多種多様である。オーギュスタ

ン・ピラーム・ド・カンドル（『植物学原論（Théorie élémentaire de la botanique）』1813: 26 et seq.) は、二通りの分類法、すなわち辞書や索引に使われるアルファベット順のような「経験的な」方法と「合理的な」方法を認めていた。さらに後者について、その性質が人間にとって価値があるか否かという点、たとえば、キノコについていえば、食・毒を重視した「実用的分類法」と、同定しやすくするため、サッカルドが用いた「胞子群」による分類のような「人為的分類法」、および自然の類縁関係を反映した「自然分類法」の三通りの方法があると考えていた。

　ド・カンドルは、生物学的分類の究極の姿は自然分類を発展させたもの、すなわち分類された生物を集約したものであるべきだと考えていた。この考えは後に進化論を取り入れることによってさらに強化され、たとえ達成できないまでも、究極の到達目標として今も生き続けている。「完璧な方法を作り上げようとするのは、不可能なことをやりとげようとするのに等しい」というビュフォンの格言は今でも正しい。

　歴史的に見て、菌類の分類に関して最も説得力のある見解はポール・ヴュイールマン（1912）（図90）によるものと思われるが、彼はその論文の中で形態と個体発生、系統発生、および生物的特性をそれぞれ検討し、それに基づく体系を吟味した。彼は、最初のカテゴリーについて見かけの外部形態（通常かなり人為的なもの）、または器官の特徴（この方がより自然的）に基づく分け方を「形状的分類」

図 90　ジャン・ポール・ヴュイールマン（1861-1932）*Aet.* 63.（G. Percebois, Ann. Med. Nancy, 9 February 1972）

とし、解剖学的・組織学的基準に基づく狭義の形態的特徴による分け方を「形態学的分類」として区分した。生物学的分類体系には、ある菌と他の菌との間、または寄生菌と宿主との間の関係や、血清学的手法などによる生化学的証拠なども取りこまれている。

　以下に要約する菌類分類学の発展の様子は、菌を分類しようとした多くの試みの中から代表的なものを選んで描いたものにすぎない。したがって、このほか、ヴュイールマン（1907, 1912）や、特にキノコ類についてはリコンとローツェ（1885-89）による解説を参照されたい。

## リンネ以前

　菌類を分類する際、最初にぶつかる難問は菌類を特殊なグループとして認めるかどうかという点だった。たとえば、3章で触れたように、マッティオリ（1560）の本草書ではトゥベラ Tubera（トリュフ）、アガリクム Agaricum（エブリコ）、フンギ Fungi（ハラタケ）などが、いろんな項にばらばらに入れられていたが、1581年になると、初めてロベールがその著書、『雑学（Kruydtboeck）』の中でキノコ類を一つのグループとして取り上げた。

　一方、クルシウス（1601）は古典的な伝統に従って、菌類を「食用になるキノコ」（21属）と「有毒で有害なキノコ」（26属）に分類した。また、ボーアンが1623年に著わした『図録（Pinax）』の中でも、有毒と食用を分ける分類法が基盤になっていた。1675年にファン・ステルベークが『菌類劇場（Theatrum fungorum）』に載せた分類では、第1章で goede Campernoelien を、第2章で quaede Fungi を扱い、goede と quaede および Aerd-buylen にあてた第3章でトリュフをジャガイモなどの塊茎類に含めた。

　より合理的な基準に基づく分類法に向かって、大きな一歩を踏み出したのは、イギリスの博物学者、ジョン・レイだった。1686年から1704年にかけて出版された『植物誌（Historia plantarum）』の第一巻の中で、自分が認めた93種類の菌を4区分した基準は、ある形態的基準をとりあげはしたが、基本的には生態的な

ものだった。すなわち、初めの二つは地上性キノコで、三番目が樹上性菌、四番目が地下性菌だった。区分1と区分2のキノコはそれぞれヒダの有無によって分けられ、ここでも伝統的な分け方が尊重されたのか、区分1をさらに食用キノコと有毒キノコに細分している。

その3年後、モンペリエに生まれて、後にモンペリエ大学の植物学教授になったピエール・マニョルが、1689年に『植物類を分類表にまとめた先駆的植物研究概説（Prodromus historiae generalis plantarum in quo familiae plantarum per tabulis disponuntur)』を出版し、その中で、伝統を完全に打ち砕く試みを行なった。彼は葉がないことを特徴として、菌類をコケやシダ、海藻、サンゴなどとと同じ第三群に入れる分類法を示した。ちなみに、マグノリア *Magnolia* は彼の功績をたたえてつけられた属名である。マニョルはスポンジやポリプなども菌類に入れたが、菌類の細分はレイに従って地上性、樹上性、地下性とした。しかし、彼は二次分類でキノコを傘のあるものと網目状のもの、および手のひら状のものに分け、さらに傘型のキノコをヒダのものと穴のものに細分した。これは構造上の違いに基づくもので、初めて高等菌類の主要な形態的特徴が生かされることになった分類法である。

このころまで、一般に菌や植物の研究者は、科など、属以上の分類群の範囲を定めて、属名をほとんど使わないやり方に満足していた。たとえば、クルシウス（1601）はキノコを単に数字をふった属に分けて扱っていた。J. ボーアン（1651）もフングス *Fungus* とトゥベル *Tuber* の二つの属だけを使い、レイ（1686-1704）もそのようにした。ただし、G. ボーアンはその著書『図録（Pinax)』の中でアガリクス *Agaricus* というもうひとつの属名を用いている。

名高いジョセフ・ピットン・ド・トゥルヌフォールが果たした貢献の一つは、時に写生図を添えて、実物の特徴を簡潔に記載し、名称をつけてその属名に重きを置いたことだった。ちなみに、彼は1683年からパリ王立植物園で植物学教授として勤務していたが、走ってきた馬車にひかれて傷を負い、1708年に52才で亡くなったという。

ド・トゥルヌフォールの名は1694年に出版された489枚の銅版画入りの八巻本、『植物学の基礎、植物の識別方法について（Élément de botanique, ou méthode pour connaîtres les plantes)』でつとに有名である。î属の判定法を書きなおしたラ

テン語の改訂版が、1700年に『植物学入門 (Institutiones rei herbariae)』として出版されたが、図版は基本的に同じものである。先の『植物学の基礎』の中で、菌類を（単一のムスクス Muscus という属名で扱われているコケ類と一緒に）第四クラスに入れ、その特徴を「通常、花や実がわからない草本植物」として、6 属に分けて扱った。その 6 属とはフングス Fungus（ハラタケとイグチの類）、ボレートゥス Boletus（アミガサタケやスッポンタケ、アンドンタケの類）、アガリクス Agaricus（タコウキン科など、サルノコシカケの類）、リコペルドン Lycoperdon（ホコリタケの類）、コラロイデス Coralloides（ホウキタケの類）、トゥベラ Tubera（トリュフの類）だった。また、『植物学入門 (Institutiones rei herbariae)』には 7 番目の属として、フンゴイデス Fungoides（チャワンタケの類）が図版なしで加えられている。図91にあるド・トゥルヌフォールのリコペルドンには、明らかに現在のホコリタケだけでなく、ボヴィスタ Bovista やナガエノホコリタケ、ツチグリなどと思われる菌が描かれており、属の記載が再録されている。記載を見ると、ド・トゥルヌフォールが種に形容句を使っていた点は見てとれるが、先人がつけた名称を踏襲しており、その点ではさほど進歩がなかった。

次に高等菌類の一般的な分類に関する重要な修正を行なったのはヨハン・ヤコブ・ディレニウスだった。彼は1687年にダルムシュタットに生まれ、1718年にフランクフルトで『ギーセン周辺に自生する植物目録 (Catalogus plantarum sponte circa Gissam nascentium)』を出版した。この本は翌年付録を付けて再版され、それがきっかけとなって1712年にウイリアム・シェラードに招かれてイギリスに渡り、シェラードが取りかかっていた植物目録の作成を手伝った。1728年にシェラードが亡くなると、オックスフォード大学初代植物学教授（シェラード記念講座教授）に就任した。

菌類分類学におけるディレニウスの大きな貢献は、先の著書の中で発生する月にしたがって植物を配列したことである。菌については 8 属160種を取り上げて10月と11月の分に配置し、地衣類（コケも含む）を12月と 1 月に入れている。初めのころ、ディレニウスはキノコを茎と傘があるものと傘がないものとに分けていた。さらに、第一のグループをヒダがあるもの（テングタケの類；ハラタケ目）とないものに細分し、第二のグループを針のあるもの（ハリタケとイボタケの類；ラテン語でハリネズミの意。ディレニウスがヒドヌム Hydnum と名づけた（図92））

### Genre V.
#### *Lycoperdon.*

La Vesse de Loup est un genre de plante dont le caracte- Pl. 331. re peut être établi dans la figure de ses especes. Ces sortes de plantes sont des vessies membraneuses A B C D E G, qui en se crevant répandent une poussiere tres-fine. Il y en à qui sont soûtenues par un pedicule assez long, comme l'espece E qui est soûtenue par le pedicule F. On en trouve quelques autres qui sont envelopées d'une capsule assez forte qui en se crevant devient un bassin recoupé en plusieurs parties, comme on le voit en la figure H, & laisse voir la Vesse de Loup G.

Les especes de Vesse de Loup sont,

Lycoperdon Alpinum maximum.

Lycoperdon vulgare. *Fungus rotundus orbicularis C. B. pin. 374.*

Lycoperdon minus, & multiplex.

Lycoperdon Parisiense minimum pediculo donatum. *Fig.* E F.

Lycoperdon vesicarium stellatum. *Fig.* G H.

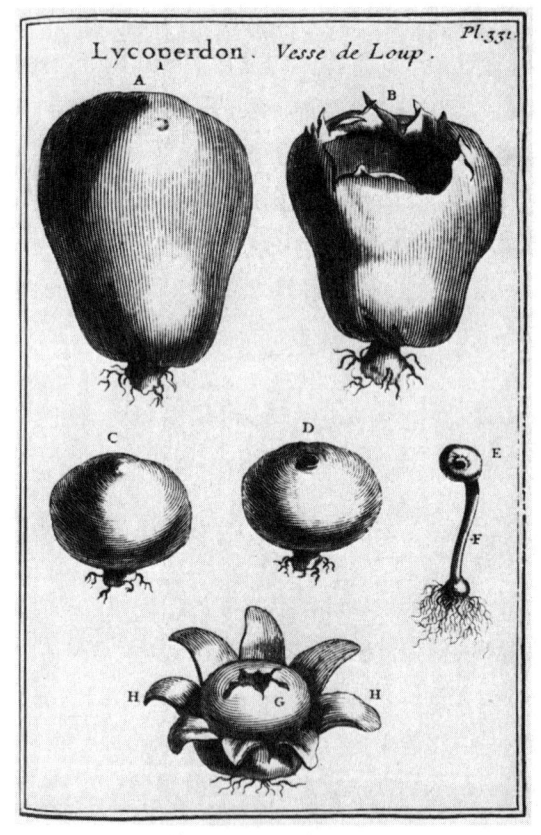

図 91 ホコリタケの一種、*Lycoperdon* (J. P. de Tournefort (1694): 441, pl. 331)

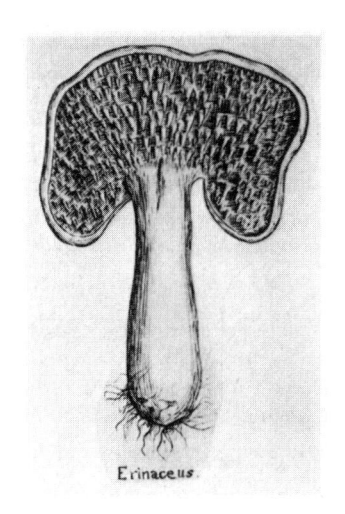

図 92　カノシタの一種、*Hydnum*（J. J. Dillenius（1719）: appendix p. 84）

と、へこみのあるもの（アミガサタケの類 *Morchella*: J. ボーアンのメルリウス（シワタケ）属 *Merulius* とド・トゥルヌフォールがアミガサタケにつけたボレートゥス Boletus にあたるもの）、または穴のあるもの（イグチの類）に細分した。傘のないものについては、茎があるもの（フンゴイデス *Fungoides*、アンズタケやマメザヤタケの類）と茎のないものに分け、後者に三つの属、すなわちアガリクス *Agaricus*（タコウキンやカイガラタケの類）、ペジザ *Peziza*（チャワンタケの類）、ボヴィスタ *Bovista*（ホコリタケやトリュフの類など）を配した。なお、ディレニウスは食・毒の差や樹上性、地上性といった生態的性質を下位の分類基準として使った。

その後、スポンサーが外国人の名前が表紙に出るのはまずいとでも思ったのか、レイの『一覧（Synopsis）』（1690）の第三版（1724）では、ディレニウスが匿名の編集者として、分類体系を新しいものに書き換えている。彼はその中で第二版（1696）では100種に満たなかったものに新しい種を加え、第三版でイギリス産の菌を161種に増やした。この中には、シャルグレーブの魔法使いが集めた「シダ」として知られているヤブイチゲについたサビ菌トランズスケリア・アネモネス *Tranzschelia anemones* の冬胞子が絵入りで記述されている。また、彼は91種の地衣類も収録した。

ヴァーヤンはその著書『パリの植物（Botanicon Parisiense）』（1727）にパリ近郊

表　2　『新しい植物類 (Nova plantarum genera)』に載っているミケーリによる菌類と地衣類の分類表1729

I

Plantae plerumque crustaceae, substantia vel coriacea, vel farinacea, vel gelatinosa, vel tartarea, floribus apetalis nudis a semine sejunctis.
　*Lichen*; *Lichen-agaricus* Mich. [*Xylaria*]; *Lichenoides* Mich. [*Pertusaria*].

II

Plantae simplicissimae, plerumque carnosae, anomalae, seu irregulares, flores apetalo, monostemone, scilicet unico filamento constante, a semine sejuncto.
　*Agaricum* [hymenomycetes with dimidiate fruit-bodies and pores, gills, or teeth]; *Ceratospermum* Mich. [*Sphaeria*, etc.]; *Linckia* Mich. [*Nostoc* (blue-green alga)]

III

Plantae simplicissimae, carnosae, regulares, floribus apetalis monostemonibus, seu unico filamento constantibus, a semine separatis.
　*Suillus* [*Boletus*]; *Polyporus* [polypores with central stripe]; *Erinaceus* [Hydnaceae with central stipe]; *Fungus* [agarics with central stipe]; *Fungoidaster* [*Craterellus, Leotia*, etc.]; *Phallus*; *Phallo-boletus* Mich. [*Morchella*]; *Boletus* [*Morchella, Mitrophora*, etc.]

IV

Plantae simplicissimae, plerumque non capitatae, seminibus in superficie ornatae.
　*Fungoides* [*Helvella*, various cup fungi]; *Clavaria* [*Clavaria* (unbranched), *Geoglossum*]; *Coralloides* [*Clavaria* (branched)]; *Byssus* [mycelium, filamentous algae]; *Botrytis* Mich. [*Botrytis*, etc.]; *Aspergillus* Mich. [*Aspergillus, Penicillium*, etc.]; *Puccinia* Mich. [*Gymnosporangium, Ceratiomyxa*]

V

Plantae simplicissimae, seminibus interna parte donatae.
　*Clathrus* Mich.; *Clathroides* Mich. [*Arcyria*]; *Clathroidastrum* Mich. [*Stemonitis*]; *Mucor* Mich.; *Lycogala* Mich. [*Lycogala, Reticularia*]; *Mucilago* Mich.; *Lycoperdon* [*Lycoperdon, Tulostoma*]; *Lycoperdoides* Mich. [*Polysaccum*]; *Lycoperdastrum* Mich. [*Scleroderma*]; *Geaster* [*Geastrum*]; *Carpobolus* Mich. [*Sphaerobolus*]; *Tuber*; *Cyathoides* [*Crucibulum, Cyathus*]

の植物目録を載せたが、植物をアルファベット順に配列したため、菌類の写生図と記載が散らばってしまうことになった。この中でド・トゥルヌフォールが決めたアガリクス、ボレートゥス、フンゴイデス、フングス、リコペルドン、トゥベラなどを認め、ド・トゥルヌフォールのコラロイデス *Coralloides* を枝のあるホウキタケ類の属名として残し、枝分かれしないもの(テングノメシガイの類

*10 分 類* 265

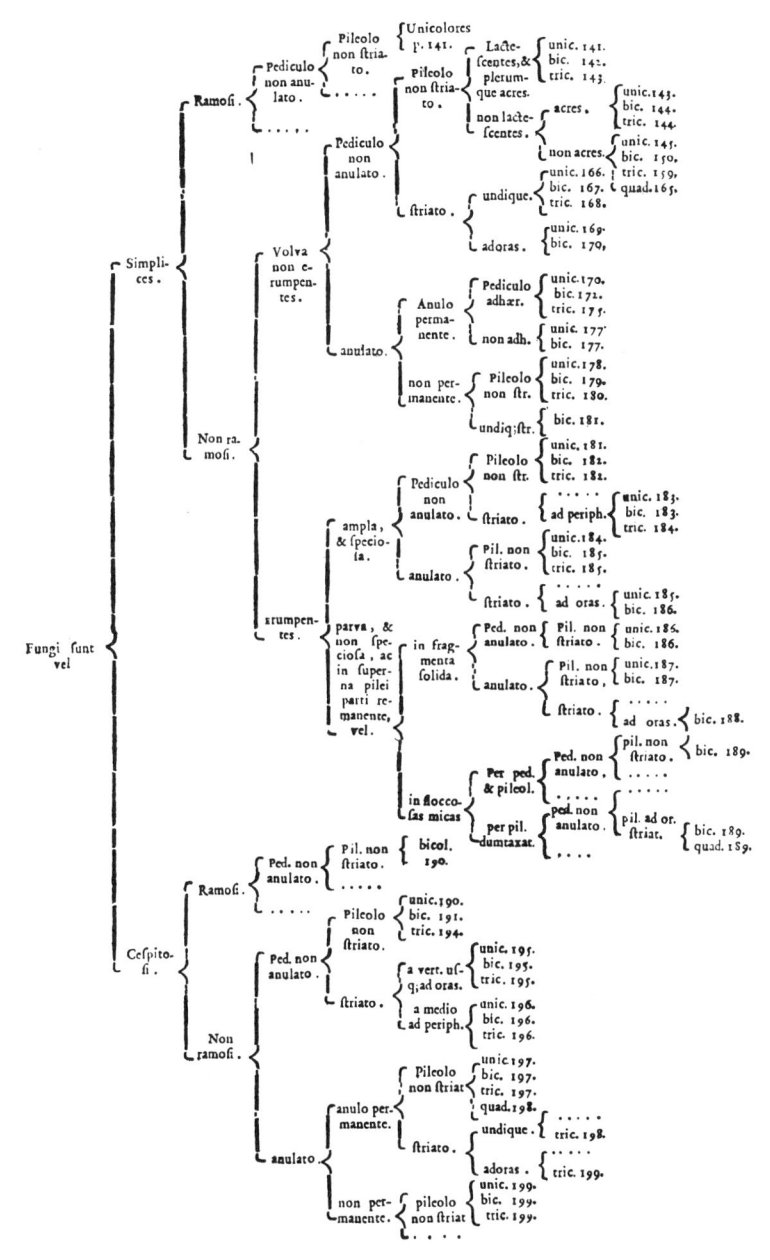

```
                                                    ┌ Unicolores
                                          ┌ Pileolo  │ p. 141.
                                          │ non stria-┤                    ┌ unic. 143.
                                          │ to.      │ Pileolo    ┌ Lacte- │ bic. 143.
                              ┌ Pediculo  │          │ non striato│ scentes,&├ tric. 143.
                              │ non anu-  │          └ ...        │ plerum- │           ┌ unic. 143.
                              │ lato.     │                       │ que acres.│ acres. ┤ bic. 144.
                              │           │ Pediculo              │         │         └ tric. 144.
                    ┌ Ramosi.─┤           │ non                   │ non lacte-         ┌ unic. 145.
                    │         │           │ anulato.              └ scentes.└ non acres.┤ bic. 150.
                    │         │           │                                           └ tric. 159.
                    │         │           │                                    ┌ unic. 166.  ┌ tric. 159.
                    │         └ ...       │                         ┌ undique. ┤ bic. 167.  │ quad.165.
                    │                     │                         │          └ tric. 168.
          ┌ Simpli- ┤                     └ striato.                │                   ┌ unic. 169.
          │ ces.    │                                               └ adoras.           └ bic. 179.
          │         │                               ┌ Pediculo                ┌ unic. 170.
          │         │                     ┌ Volva   │ adhær.                  ┤ bic. 171.
          │         │                     │ non e-  │                         └ tric. 171.
          │         │                     │ rumpen- │                         ┌ unic. 177.
          │         │                     │ tes.    └ non adh.                └ bic. 177.
          │         │                     │                        ┌ Pileolo  ┌ unic. 178.
          │         │                     │           ┌ Anulo      │ non str. ┤ bic. 179.
          │         │                     │           │ permanente.│          └ tric. 180.
          │         │                     │           │            └ undiq;str.  bic. 181.
          │         │           ┌ Non ra- ┤           │                        ┌ unic. 181.
          │         │           │ mosi.   │           │              ┌ Pileolo │ bic. 181.
          │         │           │         │           │              │ non str.┤ tric. 182.
          │         │           │         │           │ non per-     │         └ ....
          │         │           │         │           └ manente.     │          ┌ unic. 183.
          │         │           │         │                          └ striato.┤ bic. 183.
          │         │           │         │                                     │ ad periph.
          │         │           │         │                                     └ tric. 184.
          │         │           │         │                ┌ Pediculo            ┌ unic. 184.
          │         │           │         │                │ non      ┌ Pil. non │ bic. 185.
          │         │           │         │                │ anulato. │ striato. ┤ tric. 185.
          │         │           │         │     ┌ ampla,   │          │          └ ....
          │         │           │         │     │ & specio-┤          │          ┌ unic. 185.
          │         │           │         │     │ sa.      │          └ striato. ┤ bic. 186.
          │         │           │         │     │          └ anulato.            └ ad oras.
          │         │           │         │     │                                ┌ unic. 186.
          │         │           │         │     │                     ┌ Ped. non ┌ Pil. non │ bic. 186.
          │         │           │         │     │                     │ anulato. │ striato. ┤
          │         │           │         │     │                     │          │          ┌ unic. 187.
Fungi sunt┤         │           │         │ ┌ parva, &                │          └ anulato. ┤ Pil. non │ bic. 187.
vel       │         │           │         │ │ non specio-             │                     │ striato. 
          │         │           │         │ │ sa, ac                  │                     └ striato.  bic. 188.
          │         │           │         │ │ in superna              │                                 ad oras.
          │         │           │         │ │ pili parti              │                     ┌ Ped. non ┌ pil. non
          │         │           │         │ │ remanente,              │                     │ anulato. │ striato,┤ bic. 189.
          │         │           │         │ │ vel.                    │ Per ped.           ┌┤          └ ....
          │         │           │         │ │                         │ & pileol.          ││          ┌ pil. ad or.
          │         │           │         │ │                         │                    └ per pil.  │ striat. ┤ bic. 189.
          │         │           │         └ └ erumpentes.              └ in flocco-           dumtaxat.└ ped. non│ quad. 189.
          │         │                                                    sas micas.                    │ anulato.┤ ....
          │         └ ....                                                                             └ ....
          │                                ┌ Pil. non   ┌ bicol.
          │                     ┌ Ped. non ┤ striato.   └ 190.
          │                     │ anulato. └ ....
          │         ┌ Ramosi. ┤
          │         │           └ ....
          │         │                                   ┌ Pileolo      ┌ unic. 190.
          │         │                                   │ non          │ bic. 191.
          │         │                      ┌ Ped. non   │ striato.     └ tric. 194.
          │         │                      │ anulato.  ┤
          │         │                      │           │               ┌ a vert. us-  ┌ unic. 195.
          │         │                      │           │               │ q;ad oras.   ┤ bic. 195.
          └ Cefpito-┤                      │           └ striato.      ┤              └ tric. 195.
            si.     │                      │                           │ a medio      ┌ unic. 196.
                    │                      │                           └ ad periph.  ┤ bic. 196.
                    │                      │                                         └ tric. 196.
                    │                      │                            ┌ Pileolo     ┌ unic. 197.
                    └ Non     ┤             │              ┌ anulo per- │ non striat. ┤ bic. 197.
                      ramosi. │             │              │ manente.  ┤              │ tric. 197.
                              │             │              │            │             └ quad.198.
                              │             │              │            │ striato.    ┌ undique.  ....
                              │             │              │            │             │           tric. 198.
                              │             │              │            └             │           ....
                              │             │              │                          └ adoras.   tric. 199.
                              │             │              │            ┌ pileolo     ┌ unic. 199.
                              │             │              └ non per-   │ non striat. ┤ bic. 199.
                              │             │                manente.  ┤              └ tric. 199.
```

図 93 ミケーリによる菌類（キノコ）分類のためのキー（P. A. Micheli（1729）: 140）

*Geoglossum*、トウチュウカソウの類 *Cordyceps*、シロソウメンタケの類 *Clavaria fragilis*）にクラヴァリア *Clavaria* を用いて8属とした。属をまとめて一つの単位とする試みはしなかったが、ヴァーヤンはフングス属の108種を、いわゆる「家族」や下位の範疇に細分するにあたって、キノコの分化程度を表わす基準として、茎の中空・中実やツバの有無を比較する考えを初めてとりいれた。

ミケーリはキノコ類の属レベルでの分類学に大きく貢献したが、ある種のキノコを植物の「花」と思い込んでいたため、全般的に見て、彼の分類体系は価値を損なうことになってしまった。表2に見るように、ミケーリは菌類を主要な二大グループ、すなわち花とタネがあるものとタネだけのものに分けた。さらに、前者を子実体が不定形になるものと放射状で均斉が取れているものとに区分し、後者をタネが外側にできるものと内側にできるものとに細分した。しかし、ヴァーヤン同様、フングス属（中心に茎のあるハラタケ型のもの）を細分しなければならなかった。そのキーの詳細（図93参照）を見ると、彼は種を決める前提として、ツバやボルバの有無を含むいろんな形態的特徴や叢生するかしないかといった生態的特性などを基準としてあげ、色を最後に取り上げている。

## リンネ

限られた字数でカール・リンネ[5]の影響を評価するのは難しい。彼は生涯物議をかもした複雑な人物だったが、活躍した時代だけでなく、その後も生物学を通じて無類の権勢を振い、科学の歴史、ことに分類学の歴史に不滅の地位を築いた人である。要するに「主が創造し給い、リンネが分類した」ということになったのである。

ところが、苦労して彼が手に入れた評判に反して、菌学史の中では語るに足るものがない。リンネ自身がその著書『植物哲学（Philosophia botanica）』（1751: 240とその後の版）の中で「菌類の体制（目）は扱いにくい困りもので、いまだに混沌としていて、植物学者たちにもどれが種か、変種かわからないほどである」と書いているように、彼の研究生活を通じて菌類の扱いは誠にお粗末なもの

だった。

　1735年に出した『自然の体系（Systema naturae）』で彼は、9属の菌類を取り上げ、18年後の1753年には植物界の分類体系に関する自分の考えを文章にしたが、その時も10属を上げたにすぎなかった。その10属とは、アガリクス、ボレトゥス、ヒドヌム、ファルス、クラトルス、エルベラ、ペジザ、クラヴァリア、リコペルドン、ムコル、および藻類の中に置かれたビッススとトレメラだった。90種の菌を認めてはいたが、彼が菌類について最もよく記述したとされる1748年に出された『スウェーデンの植物（Flora suecia）』に載っている種数よりも少なく、ミケーリ（1729）が認めていた種数の10分の1以下だった。[6]

　藻類として分類された地衣類は多少丁寧に扱われて、リーケーン Lichen として80種（1742年にハラーがあげた種の半分）になり、7節（Leprosi tuberculati, Leprosi scutellati Imbricati, Foliacei, Coriacei, Scyphiferi, Filamentosi）に分けられた。この配置の仕方はアニー・ローレイン・スミス（1921: 7）が指摘したように、彼が白い皮革状のものから、最も高度な繊維状のものへ分化すると考えていたことを示している。

　他の生物学の分野同様、菌学がリンネのおかげをこうむっているのは二名法だが、この方法は本の紙数を節約するために編み出されたもので、1745年に出た『エーランドとゴトランドへの旅（Öländska och Gothländska Resa）』の文章と索引の中で使われ、その後『植物の種（Species plantarum）』の中で体系化された。[7]リンネによれば、あらゆる種は包括的な属名（nomen genericorum）に加えて12字以下の特徴を表わす名前（nomen specificum legitimum）で適切に表現されているので、「誰でもある種を同じ属の他の種と早く、容易にしかも楽しく判別することができる」ということだった。また、彼は日常的に使いやすくするために、属名に合わせて、それぞれの種にわかりやすい形容句、つまりちょっとした名前（nomen triviale）をつけることにした。リンネが思いつきで始めたこの方法は、後に広く多くの人に受け入れられ、属名に種特有の形容句をつける二名法という表記法になっていった。

　たとえば、ボーアンやジョン・レイが使ったハラタケの名称、「Fungus campestris, albus superne, inferior rubens（平地のキノコ、上は白く、下は赤みがかっている）」はアガリクス・カンペストリス Agaricus campestris になり、ミケーリが付

けた「Erineceus parvus, hirsutus, ex fusco fulvus, pileo semi-orbicurali, pediculo tenuiore（小さなハリタケ、毛羽立っていて、黒から褐色、傘は半円形、小さな茎はかなり細い）」はアウリスカルピウム・ヴルガーレ *Auriscalpium vulgare*（syn. *Hydnum auriscalpium*）になったのである。

　リンネは二つの点で菌類分類学に影響を与えた。彼は植物界の24番目の綱に隠花植物（Cryptogamia）の名称を用いたが、以来菌類は伝統的にずっとここに入ることになった。もうひとつは、古典的な用法が合わないという意味で、その権威を駆使して、よく使われていたいくつかの属名の適用を確定したことである。アガリクスという属名は、G. ボーアンやレイ、ド・トゥルヌフォール、ディレリウス、ミケーリらによって、古い意味のアガリクム、すなわちタコウキン科のキノコやヒダのあるヒラタケ形のものに（*Agaricum* として）使われていたが、リンネはこれを新しい意味を持たせてヒダのある菌じん類の属名として採用した。また、ローマ人はボレートゥスという名称をタマゴタケに使い、ド・トゥルヌフォールとミケーリはアミガサタケの類の属名としていたが、ディレリウスが今日いうところのイグチ類の属名に置き換え、リンネもそれを踏襲した。また、リンネはペジザについても同様に、（プリニウスのいうペジカエ pezicae、すなわちホコリタケ、Houghton（1885: 48）による）チャワンタケ属とし、ディレリウスのエリナケウス *Erinaceus* についてもヒドヌム属 *Hydnum* とした。リンネはミケーリが提案していたもののうち、二つ（クラテルスとムコール）だけを採用したところから見ると、どうやらミケーリにあまり重きをおいていなかったように思える。

## リンネ以後

　前の節でリンネの活躍が始まる年代を、『植物の種（Species plantarum）』の初版が出た1753年としたが、1735年に出た『自然の体系（Systema naturae）』の初版から、死の4年前、1774年に出た植物に関する部分の『植物の体系（Systema vegetabilium）』第13版にいたるまで、リンネは菌類に関するものを含めて数多く

の書物を著わした。したがって、リンネに前後して出た同時代の著述家たちが下した結論は、幾分独善的である。

ドイツ人のヨハン・ゴットライド・グレディッチ（ベルリンにあった科学アカデミーの植物園長で医学校の講師）の菌学における評価は、リンネの『植物の種（Species plantarum）』と同じ年、1753年に出された『菌の扱い方（Methodus fungorum）』がもっぱら菌類について書かれていたという点できわめて高い。その分類法（図94）はリンネが認めた10属に基づいてはいたが、先人たちや同時代の研究者たちのものよりもかなり進んでいた。

まず、キノコ類を子実体が開いているか、閉じているかという違いで区分し、第一の区分を子実体が表面に出ているものと、托の上にできるものとに分け、第二の区分を子実体が穴の中にできるものと、菌体の中にできるものとに分けた。また、最終的な判別は子実体の組織や形態、発生場所などによるとした。

その後40年間、リンネが定めた属だけが、スコポリ（1760, 1772）やシェファー（1762-74）、バッチ（1783-9）をはじめ、大勢の研究者に使われ、菌類の一般的な分類体系を修正しようという試みはほとんど見られなかった。権威に逆らいたいと思った人には期待されたと思うが、ミシェル・アダンソン（1763）がその著書『植物の科（Familles des plantes）』の中で、子実体の複雑さが増すにつれて、菌類をまず二つの科（ファミリー）に分けて配置する真面目な試みを提案した。

科１：Le Byssus（足糸）。ビッシ Byssi という名称はキノコ類からはずされて、アスペルギルスやボトリティスを含む粉状または糸状の形のものに使われた。

科２：Les Champignons、すなわちキノコはキノコ類一般をさし、さらに、それを胞子が子実体の表面全体に粉状にできるもの、網目の縁にあるもの、袋または管の壁についているもの、不規則な溝についているもの、最後にヒダにつくものなど、胞子のつき方の特徴によって七つのグループに細分した。なお、アダンソンはそれまで藻類とされていた地衣類を菌類に入れた最初の人である。

この時代の際立った進歩は、二名法による命名が徐々に普及したことである。スコポリがその『カルニオラ［中央ヨーロッパ南部］の植物誌（Flora carniolica）』の初版（1760）でしたように、グレディッチも形容句をつけたが、二名法を使ったのは第二版（1772）からで、シェファー（1762-74）やバッチ（1783-89）もそれに倣った。二名法による種名表記に抵抗した保守派（アダンソンも含まれるが）の

OMNIS
FRVCTIFICATIO FVNGORVM,
PARVITATE OCVLOS NVDOS SVPTERFVGIENS

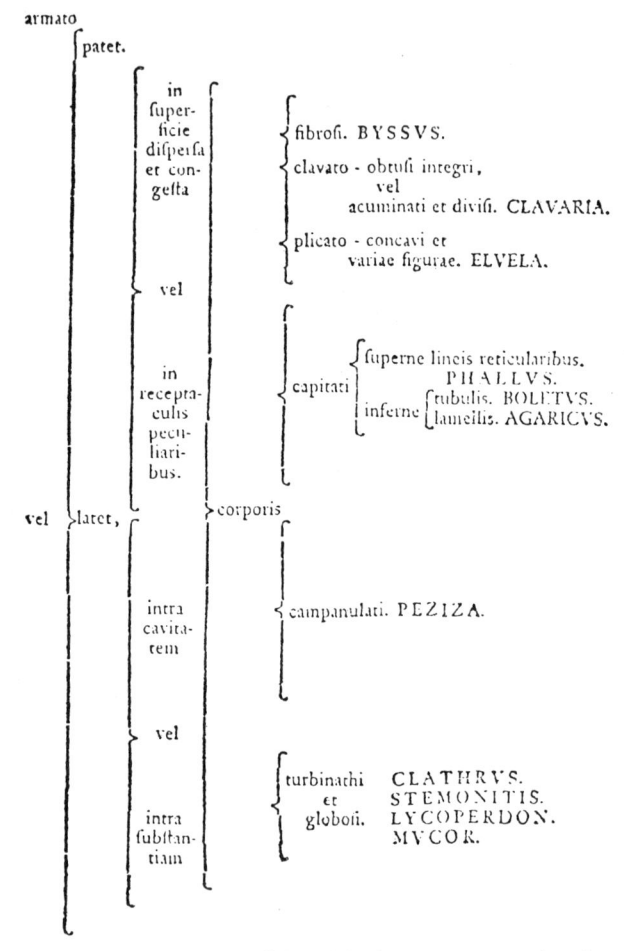

```
armato
     ┌ patet.
     │       ┌ in
     │       │ super-
     │       │ ficie      ┌ fibrosi. BYSSVS.
     │       │ dispersa   │ clavato - obtusi integri,
     │       │ et con-    │        vel
     │       │ gesta      │     acuminati et divisi. CLAVARIA.
     │       │            │ plicato - concavi et
     │       │            └    variae figurae. ELVELA.
     │       │ vel
     │       │
     │       │ in                      ┌ superne lineis reticularibus.
     │       │ recepta-   ┌ capitati   │        PHALLVS.
     │       │ culis     │             │ inferne ┌ tubulis. BOLETVS.
     │       │ pecu-     │             └        └ lamellis. AGARICVS.
     │       │ liari-
     │       └ bus.
vel ┤ latet,         ┌ corporis
     │       ┌ intra
     │       │ cavita-    ┌ campanulati. PEZIZA.
     │       │ tem
     │       │
     │       │ vel
     │       │
     │       │ intra      ┌ turbinati   CLATHRVS.
     │       │ substan-   │     et     STEMONITIS.
     │       │ tiam       │ globosi.   LYCOPERDON.
     └       └            └            MVCOR.
```

図 94 グレディッチによる菌類の分類 (J. G. Gleditsch (1753):16)

代表格は、当時ゲッチンゲン大学で医学と植物学の教授を務め、博物学者で詩人、小説家でもあったスイス人のアルブレヒト・フォン・ハラーだった。この人は10才でギリシャ語とヘブライ語を完璧にこなしたほどの神童で、15才にして叙事詩といくつかの悲劇を書き、19才で医師の資格を取得したという。世間

では医師として知られているが、リンネのライバルとして植物分類学にも大きく貢献し、特に1742年と1768年に出版されたスイスの植物に関する解説本では菌類にも触れている。フォン・ハラーの名高い革命的業績はハラタケ目のキノコ（彼によると、1742年には属名がフングス Fungus、1768年にはアマニタ Amanita になっているが）をヒダの色で分けたことだった。この判定基準はスコポリとバッチの二人によって取り上げられ、アルベルティーニとシュヴァイニッツが1805年に、より正確な特徴である胞子の色に置き換えた。

## ペルズーン

　18世紀中ごろに、リンネとジュシューが顕花植物の分類法をまとめあげたように、その50年後にはペルズーンとフリースが菌類について同じことを成し遂げた。

　クリスチャン・ヘンドリック・ペルズーン（図95）は南アフリカの喜望峰に生まれたが、その生年月日は伝えるところによると1761年12月31日とされている（彼の誕生日は一年遅れか、1763年の1月1日だったともいう）。彼の父、クリスチャン・ダニエル・ペルズーンはオランダ東インド会社に雇われて、ポメラニア（ドイツとポーランドにまたがる地域）から南アフリカの喜望峰に移住し、やがてそこに住みつくことになった。ここで南アフリカのステレンボッシュにいた裕福なオランダ人農家の娘（一時ホッテントットと思われていたが、それは間違い）と結婚した。しかし、彼の母はペルズーンが生まれて一週間もたたないうちに亡くなり、彼と二人の姉の面倒は孤児院の手にゆだねられることになった。父親は再婚してビールからストッキングや奴隷まで、何でも扱う卸商人になり、裕福になった。ところが、1776年に亡くなると間もなく、若いペルズーン一家のために蓄えられていた資金が孤児院に横領されてしまった。そこで、しみったれてはいたが、アムステルダムの議会が彼の救済に乗り出したという話である。

　1775年、ペルズーンは14才でヨーロッパに送られ、二度と喜望峰に帰ることはなかった。彼はドイツのリンゲン-オン-エムスで学校にはいり、1783年にド

図 95 クリスチャン・ヘンドリック・ペルズーン (1761-1836) (*Z. f. Pilzkunde* N. F. 12, pl. 8 (1933))

イツのハレにあった神学校に進んで神学生となった。3年後にわずかな遺産を相続し、ライデン大学で医学を学び、ゲッチンゲン大学で研究を続け、その後自ら進んで植物の研究に入ったという。以来、有名な隠花植物の専門家だったJ. C. D. フォン・シュレーバー教授の指導を受け、エルランゲンで自然科学アカデミーから学位を授与された。その後4年間、旅に出たが、1803年にはパリに落ち着き、それからの30年間、現在のリヨン駅に近い裏さびれた通りリュー・デ・シャルボニエ2番地の6階で隠遁者のような暮らしをしたという。

少なくとも、その後半生におけるペルズーンは人づき合いの悪い偏屈者と思われていた。彼は部屋の中で一人でできるので、菌類の研究が好きだといっていたそうである。ところが、標本や書籍に囲まれて部屋の中にこもっていられるはずだったが、いつの間にか孤独からは縁遠い存在になってしまった。彼はヨーロッパ中の多くの有名な科学者、特に植物学者たちと定期的に文通し、世界の各地からたくさんの研究材料を受け取っていた。また、公職に就くことを拒んでいたため、自由の代償は生涯つきまとって離れなかった金の心配だったが、手紙の中にもそれがにじみ出ている。晩年いよいよ貧乏になったが、贈られてくる金銭を受け取らず、1825年には自分の標本庫を年金800フロリン (1760

フラン）の代償としてオランダ政府に譲渡した。この標本は1829年以来、ライデンにあるレイクス標本館で、彼の膨大な文献と一緒に安全に保管されており、ペルズーンにあてて書かれた貴重な手紙のコレクションはライデン大学の図書館に収められている。

ペルズーンは科学会議の会員（1799年にはロンドンのリンネ協会の外国人会員）に推され、ほかの国の人々からも絶大な称賛を受けた。1794年には『植物学年報（Annalen der Botanik）』の12号が彼にささげられ、その業績を記念して、数多くの属名（ペルソニア Persoonia など、J. E. Smith, 1798: Proteaceae）や種名がつけられた。ちなみに、1959年からレイクス標本館で刊行されている菌学雑誌の名称は『ペルソニア（Personia）』である。

ペルズーンは1836年11月に死亡したことになっているが、正確な日付は誕生の時と同様不確かである。パリ市のセーヌとヴィル区の公文書館には11月14日、政府広報の死亡記事には11月16日、彼が埋葬されたペール・ラシェーズ墓地の記録には11月15日と記録されている。また、墓石に刻まれた墓碑銘はペルズーン自身が書いたとされているが、遺言に従って単純で率直なものである。[8]

ペルズーンがどのようにして自然科学に強い興味を抱くようになったのか、何に惹かれて菌類に没頭するようになったのか、ほとんど知られていないが、彼のすぐれた才能は広く認められていた。植物学者としての最も重要な仕事は、1805年から7年にかけて出した二巻の『植物要覧（Synopsis plantarum）』だが、そこには当時知られていたすべての顕花植物が、リンネの分類体系に従って小さな字でびっしりと印刷され、1200頁にまとめられている。彼は菌学者としてもよく知られており、その高い評価は、主に次の四つの著作『菌類の観察（Observationes mycologicae）』1796-99と『菌類を網、目、属および科の体系に配置する試み（Tentamen dispositionis methodicae fungorum in classes, ordines, genera et familias）』1797、『菌類体系要覧（Synopsis methodica fungorum）』1801および未完の『ヨーロッパの菌類（Mycologia Europaea）』1822-28によっている。

ペルズーンの分類学研究の萌芽は、1794年にレーマーの『植物学新報（Neues Magazin für die Botanik）』に載せた論文に見られる。そこに示された案は、後に上記の『試み（Tentamen）』や『要覧（Synopsis）』の中で多少修正されたものとほとんど変わらない。このペルズーンが行った幅広い菌類の分類は、アントワー

ヌ・ローラン・ド・ジュシューがリンネの経験則によるやり方を改めて、初め(9)て顕花植物の自然分類を提案したのに匹敵する業績だと書いたヴュイールマンの主張の正しさを裏書きするものだった。

ペルズーンは子実体全体の形態に重きをおいて分類し、顕微鏡観察による細かな特徴にはほとんど注意を払わなかった。『要覧 (Synopsis)』（表3）の中では、初めの6目（後1794年版では7目）を、子実体が閉じているか、むき出しかという違いによってアンギオカルピ（被実）Angiocarpi とギムノカルピ（裸実）Gymno-

表 3　ペルズーンの分類体系（『菌類体系要覧 (Synopsis methodica fungorum)』1801)

Classis I. ANGIOCARPI. Fungi clausi, seu semina ut plurimum copiosa interne gerentes.
　Ordo I. Sclerocarpi. Fungi duriusculi substantia interna molli. (*Sphaeria, Tubercularia*, etc.)
　Ordo II. Sarcocarpi. Fungi carnosi farcti. (*Sclerotium, Tuber, Pilobolus, Sphaerobolus*, etc.)
　Ordo III. Dermatocarpi. Fungi membranacei, coriacei aut villosi intus pulvere farcti.
　　1. Trichospermi, Pulvere seminali filis intertexto. (*Lycoperdon* and other gasteromycetes; myxomycetes)
　　2. Gymnospermi, Pulvere nudo s. filis non reticulato. (*Mucor, Aecidium, Uredo, Puccinia*)
　　3. Sarcospermi. Fructibus luculentis carnosis. (*Cyathus*)
Classis II. GYMNOCARPI. Fungi carnosi, semina (parca) in receptaculo (Hymenio) aperto gerentes.
　Ordo IV. Lytothecii. Membrana fructicans s. hymenium in laticem (gelatinam) demum solutum. (*Clathrus, Phallus*)
　Ordo V. Hymenothecii. Hymenium membranaceum indissolubile, sporulis pulverulentum.
　　1. Agaricoidei. Hymenio lamelloso aut venoso. (*Amanita, Agaricus, Merulius*)
　　2. Boletoidei. Hymenium in tubos varios prominens. (*Daedalea, Boletus*)
　　3. Hydnoidei. Hymenium in aculeos aut dentes prominens. (*Sistotrema, Hydnum*)
　　4. Gymnodermata. Hymenium laeve aut papillosum. (*Thelephora, Merisma*)
　　5. Clavaeformes. Fungi carnosi, elongati, pileo cum stipite confluente. (*Clavaria, Geoglossum*)
　　6. Helvelloidei. Pileus stipitatus, membranaceus, a stipite distinctus. (*Helvella, Peziza* and other discomycetes; also *Stilbum, Aegerita*)
　Ordo VI. Naematothecii. Fungi byssoidei. (*Aspergillus, Botrytis*, and other hyphomycetes)

carpi の 2 綱にわけた。なお、この違いはスコポリ（1760）とバッチ（1783-9）がともに認めていたものである。ペルズーンは子実層という概念を導入し、担子菌類も子嚢を持つと信じてはいたが、ヘルヴェロイデイ Helvellodei（盤菌類）と菌じん類を離して考えていた。彼はサビキンとクロボキンをデルマトカルピ Dermatocarpi に入れ、たとえケカビ類を含めて、いろんな腹菌類を粘菌類に結びつけていたとしても、彼が認めた何百という属や亜属のほとんどは、今日でも広く受け入れられている。また、ペルズーンは顕微鏡よりも虫眼鏡をよく使っていたらしいが、多くのありふれた微小菌類を、腐生菌と病原菌を含めて正確に記載した。わけても価値が高いのは、彼が記載・命名した菌の標本が今でも十分研究に使えるほどだという点である。(10) このようにして、分類学の基盤は多くの人々の業績を踏まえて、しっかりと築かれていったのである。

## フリース

　ペルズーンが『要覧（Synopsis）』（1801）を出版した時、エリアス・マグヌス・フリースは7才だったが、この人はよく同郷人のリンネと比べられている。二人はともに田舎の牧師の息子で、南スウェーデンのスモラント地方に生まれ、ともにベクシェーの学校に行き、そこからルント大学に進み、それぞれ順番にウプサラ大学の植物学教授になった。また、同時に二人とも多筆の人だった。
　その自叙伝（『Monographia hymenomycetum sueciae』1857に記述）(11) によると、12才ごろには、すでに自分の身の回りの植物に精通していたという。50年後に思い出して書いているが、1806年のある日、母と一緒に火事で焼けた森へキイチゴを摘みに行って、カノシタの仲間、ヒドヌム・コラロイデス Hydnum coralloides の異様に大きな子実体を見つけた。これに刺激されてキノコに興味を抱くようになり、1811年に学校を卒業する時までに、独学で300から400種のキノコを見分けられるようになっていたという。ただし、大学の図書館に通い、二人の先生に励まされて研究を始めるまでは学名をつけることができなかった。先生の一人、博物学教授のA. J. レツィウスは1805年に出版されたアルベルティーニ

とシュヴァイニッツの著作『キノコの観察（Conspectus fungorum）』をフリースに与え、もう一人、藻類学者のC. A. アガードはペルズーンの『要覧（Synopsis）』を与えた。

　フリースの仕事に明け暮れた長い人生は単調なものだったらしい。彼は1828年にドイツ北部とベルリンを短期間訪れた以外、スカンジナビア半島の外へ出ることは一度もなかったが、世界中のあらゆる国から同定のための材料をたくさん送られていた。1878年に84才で亡くなると、世界のいたるところで弔意が表されたという。その後もフリース家の名は、三世代続いた菌学者・植物学者の家として永く人々の記憶にとどめられた。[12] 彼の長男、テオドール・マグヌス・フリースは地衣学者に、孫のロバート・エリアス・フリースは粘菌類の本を出版し、曾孫のニルス・フリースは菌類生理学の研究者でウプサラ大学教授になり、曾祖父の業績を十二分に補っている（図96）。

　フリースはスウェーデンで最も古い植物学の歴史があるウプサラ大学の学生になりたいと願っていたようだが、意に反してルント大学を選ぶことになってしまった。というのは、そのころウプサラ大学に浸透し始めたドイツのロマン派哲学、いわゆる自然哲学に卒業間近の彼や同級生たちがかぶれ、上級学校の校長たちから危険思想だと警告されていたためだった。

　自然哲学にいう「自然」とは、絶え間ない発展を支える極の力に立脚した精神的統一体で、その中ではあらゆる部分が全体を反映しているものだという。なぜなら、世界と人類はともに精神的存在であり、ある部分を究めれば、すべてに通じることができるからである。ドイツのロマン主義の生物学者、L. オーケンが『自然哲学入門（Lehrbuch der Naturphilosophie）』（1809-11）の中で説いたように、ロマン派哲学はすべてを包括することによって、動植物の自然的配置の構築に理論的根拠を与えるというものだった。

　当然、フリースもこの影響下にあって、疑いもなく大学院の初めごろまでロマン派哲学に入れこんでいたのは確かである。[13] おそらく、彼はアガード（1812年にレツィウスのあとを受けてルント大学教授になる）に感化され、間違いなくクリスチャン・ゴットフリート・ネース・フォン・エーゼンベックが書いた『カビ・キノコ類の系統（Das System der Pilze und Schwämme）』に見られるロマン派哲学的な菌類のとらえ方に影響されていた。ちなみに、フォン・エーゼンベックは

図 96 上左：エリアス・マグヌス・フリース (1794-1878)、上右：息子のテオドール・マグヌス・フリース (1832-1913)、下左：孫のロバート・エリアス・フリース (1876-1966、テオドール・マグヌス・フリースの息子)、下右：曾孫のニルス・ソーステン・エリアス・フリース (ロバート・エリアス・フリースの甥) (aet. 59)

菌学の古典となる著書を出版したその年に、新しくできたボン大学の初代植物学教授に就任した。彼はその後ブレスラウ大学の植物学教授に転出したが、晩年には極度に原理主義的になり、政府の干渉を退けてキリスト教の改革と自由結婚を唱導し、ついに解雇されてしまった。

フリースのロマン主義は、『菌学体系 (System mycologicum)』(1821) の第一巻を出版したころ頂点に達し、序文の中で菌類分類のための理論的根拠に関する思索を披歴している。いわく。水と大地は植物の成長をつかさどる宇宙の力を宿している。その中に特別の力 (nissus reproductivus) があって、単独で働くと

菌が発生し、その後の成長は空気と火と熱のうちの二つの構成要素と光によって決定されるとした。したがって、菌類の四つの綱（Coniomycetes（接合菌類など）、Hyphomycetes（不完全菌類）、Gastromycetes（腹菌類）、Hymenomycetes（菌じん類））は、それぞれ主として単独で作用する繁殖力と空気、熱、光のいずれかによって決定され、その子実体の特徴によって識別できるという。すなわち、接合菌類などは胞子だけで（sporidia nuda）、不完全菌類は毛状体の上にできる胞子によって、腹菌類と菌じん類は胞子が子実体の外側、または内側にできるという点で判別できるとした。

また、これらの綱は四つの目に分けられ、目はそれぞれ四つの族もしくは主要な属に細分された。さらに、それぞれのグループはそのグループの典型的なもの、centrum（中心）と、ほかのグループでも形は似ているが、違いが見分けられる三つの radii（周辺のもの）に分けられた（この分類法の一例を表4に示す）。

表 4　フリースによる菌じん類の細分類体系の要約（『菌学体系（Systema mycologicum）』1821, I: liii–lvi）

Class IV. HYMENOMYCETES (H)
　Order I. Sclerotiacei (HE) [radius to Coniomycetes]
　　Genera: 1. *Erysiphe* (HEE)　　2. *Rhizoctonia* (HEM)
　　　　　　3. *Sclerotium* (HEX)　　4. *Tuber* (HEG)
　Order II. Tremellini (HM) [radius to Hyphomycetes]
　　Genera: 1. *Agyrium* (HME)　　2. *Dacromyces* (HMM)
　　　　　　3. *Tremella* (HMX)　　4. *Hygromitra* (HMG)
　Order III. Uterini (HU) [radius to Gasteromycetes]
　　Genera: 1. *Cyphella* (HUE)　　2. *Solenia* (HUM)
　　　　　　3. *Peziza* (HUU)　　4. Mitrati (HUH)
　Order IV. Hymenini [centrum]
　Suborder I. Clavati (HH$^1$)
　　Genera: 1. *Pistillaria* (HH$^1$E)　　2. *Typhula* (HH$^1$E)
　　　　　　3. *Spathularia* (HH$^1$U)　　4. *Clavaria* (HH$^1$G)
　Suborder II. Pileati (HH$^1$)
　　Genera: 1. *Thelephora* (HH$^2$E)　　2. *Hydnum* (HH$^2$M)
　　　　　　3. *Polyporus* (HH$^2$X)　　4. *Agaricus* (HH$^2$G)

　The capital letters in parentheses indicate supposed relationships with other groups. E, Entophytae (Coniomycetes, Ord. I); G, Geogenii; H, Hymenomycetes; M, Mucedines (Hyphomycetes, Subord. II (I)); U, Uterini veri (Gasteromycetes, Ord. III); X, Xylomacei (Gasteromycetes, Subord. II (II)*).

[*Note*: asterisks and superscript numbers denote complex subdivisions.]

一つのグループの中の種は互いに類似性を持っているが、異なったグループに属する互いに似た種は analogy（相似形）とされた。1830年ごろには彼のロマンチシズムも熱が冷めたらしく、分類学に対する考えもかなり現実的なものになってはいたが、その後もダーウィニズムに同調することなく、生気論を信じて保守的な態度を保ち続けた。

　結局、『菌類体系（System mycologicum）』の序文で提案された一般的な分類法は研究が進むにつれて修正されていった。後に『菌類体系の分析（Epicrisis systematis mycologia）』（1836-38）の中で、菌じん綱と盤菌綱、核菌綱、不完全菌綱、接合菌綱（Coniomycetes）など、6綱が提案されたのは大きな進歩だった。菌じん類から盤菌類を分けることについてはペルズーンに従い（担子器の構造が明らかになる以前に判別していた点は注目に値する。）、腹菌綱と核菌綱については別個のものとした。

　フリースの理論とその分類法について、ここで多くの紙面を費やす気はない。彼の名声は菌類の種に対するその豊富な幅広い知識によるもので、特に菌じん類の分類体系に残した功績は不滅である。3巻の『菌学体系（System mycologicum）』（1821-32）の中には5000種近い菌類が簡潔に記載され、1828年に出された増補版『菌類索引（Elenchus fungorum）』にはヨーロッパ以外の地域から送られてきた多くの菌類が加えられた。また、80才の誕生日に序文を書いた『ヨーロッパの菌じん類（Hymenomycetes Europaei）』には20属1860種に及ぶハラタケ目の菌が記載されている。

　先に述べたように、すでにハラー（1768）はヒダの色を分類の基準として使っていた。アルベルティーニとシュバイニッツ（1805）も胞子の色が一つの特徴として分類に役立つことを悟ってはいたが、データ不足のため自らこの基準を生かすことができなかった。そのため、胞子の色を細分の基準として使う方法はフリースの手にゆだねられることになった。彼はアガリクス *Agaricus* とされた大きな属を、胞子の色（白色（Leucospori）、淡紅色（Hyporhodii）か、淡褐色か褐色（Dermini）、暗色か黒紫色（Pratellae）、黒色（Coprinarii））によって五つのシリーズに分け、28の亜属（『ヨーロッパの菌じん類（Hymenomycetes Europaei）』では35に増えた）を設けたが、そのとき付けられた属名は今日のものと同じである。

## フリース以後

フリースは60年以上（1814-77）にわたって、数多くの本や論文を出版し、その間1830年までに一般的な分類体系を発展させた。その後、ほとんど修正を加えなかったが、この体系は程度の差こそあれ、彼の著作に刺激された同時代人が考案したものに勝っていた。その例を二つだけあげておこう。

1837年に担子器の構造を解説したJ. H. レヴェイエは顕微鏡の専門家（軍医として勤務していた時も前線で顕微鏡を使っていたという）で、1846年に初めて多くの組織学的基準を持ち込んだ新しい分類法を提案した。表5に示すように、彼の初期の細分法は胞子の特徴に重きを置いたもので、それ以下の判定基準も顕

表 5 レヴェイエによる菌類の網（『菌学論（Considérations mycologique）』1846: 105-33）

| Class | Circumspection |
|---|---|
| I. Basidiosporés (spores on basidia) | Hymenomycetes, Gasteromycetes also Myxomycetes |
| II. Thécasporés (Spores in thecae (asci)) | Ascomycetes |
| III. Clinosporés (Spores in clinodes – fascicles of filaments bearing terminal spores, which ma y be enclosed in horny receptacles) | Hyphomycetes (Tuberculariaceae, Stilbaceae), Ustilaginales, Uredinales, various Sphaeropsidales |
| IV. Cystosporés (Spores in terminal sporangia) | Mucorales |
| V. Trichosporés (Spores borne externally on simple or branched filaments) | Hyphomycetes |
| VI. Arthrosporés (Spores in chains) | *Alternaria, Aspergillus, Cladosporium, Penicillium, Torula*, etc. |

微鏡的特徴に基づいており、最終的な属の区分は、しばしば胞子が離れているか否かによっていた。ただし、このやり方は必ずしも納得できるものではなかった。というのは、たとえば、担子菌類の中に粘菌がまじるとか、不完全菌がいくつかの綱に散在するとか、サビ菌やクロホ菌の扱い方（ヴュイールマン（1902）によると、修正しようとしたらしい）に問題があるなど、不都合な点が多かったからである。とはいえ、時に全く形態の異なるものが一緒にされていたとしても、担子菌類と子嚢菌類を分けた功績は時の試練に耐えるものであり、微細構造を分類学の基準としたことは、あとに続く研究者に一つの道を開くものだった。

　チャールズ・ダーウィンの『種の起源』が1859年11月24日に出版されると、その影響は生物学の全分野に及んだ。進化はすぐ既定の事実となったが、菌類分類学に進化論的研究方法を最初に持ち込んだのは、やはりド・バリだった。彼はその教科書の初版（1866）の序文で、今日広く受け入れられているものにきわめて近い菌類分類体系を提案している（表6参照）。進化論に基づいて建てられた綱は、藻類から進化したものとして始まり、後にこれはド・バリによって藻

表　6　ド・バリによる菌類の分類体系（『菌類、地衣類、粘菌類の形態学および生理学（Morphologie und Physiologie der Pilze, Flechten und Myxomyceten）』1866: vi）

---

　　I. Phycomycetes
　　　　a. Saprolegnieae
　　　　b. Peronosporeae
　　　　c. Mucorini
　　II. Hypodermii
　　　　a. Uredinei
　　　　b. Ustilaginei
　　III. Basidiomycetes
　　　　a. Tremellini
　　　　b. Hymenomycetes
　　　　c. Gasteromycetes
　　IV. Ascomycetes
　　　　a. Protomycetes
　　　　b. Tuberacei
　　　　c. Onygenei
　　　　d. Pyrenomycetes
　　　　e, Discomycetes
Flechten
Myxomyceten

菌類フィコミケーテス Phycomycetes とされたが、サビキン類やクロホキン類を経て担子菌類に至り、子嚢菌類で頂点に達するとした。

ド・バリは本来分類学者ではなかったが、菌類に関する豊富な知識のおかげで分類にも勘の良さを示した。その教科書の第二版(1884)で取り上げた分類体系は、次の百年間を通じて最も広く受け入れられた体系にきわめて近いものだった。彼はいったん分けたツボカビ類を藻菌類に戻し、その次に子嚢菌類を置き、菌じん類と腹菌類からなる担子菌類に至る橋渡しとしてサビキン類(Uredineae)を配置した。彼はラボウルヴェニエアエ Laboulvenieae や子嚢菌に対するサッカロミケス Saccaromyces やタフリナ Taphrina の関係、および藻菌類の記述に加えていたクロボキン類(Ustilagineae)やプロトミケス Protomyces などの系統学的位置づけ（いまだに不確かだが）を確定することはできなかった。また、地衣類や粘菌類については、別のグループとして取り扱いを留保した。

これに対抗する分類体系はブレフェルトによるもので、その説は1892年に出されたフォン・ターフェルが書いた教科書を通じて広く普及した。しかし、藻菌類だけが有性生殖で担子菌類や子嚢菌類は無性生殖（両者は接合菌類から出ていると考えられていた）であるという仮説に基づいていたため、無条件で受け入れられることは一度もなかった。ただし、幾分かは長所もあったので、1910年ごろまではジョージ・マッシーなど、多くの著者たちにかなり取り上げられていた。同時代に出たもうひとつの提案はL. マルシャン(1896)によるもので、ド・バリの体系に基づいた新しい命名法だった。彼の説によると、ミコフィテス Mycophytes（菌類）はミコミコフィテス Mycomycophytes（普通の菌類）とミコフィコフィテス Mycophycophytes（地衣類）に分けられ、たとえばシフォノミケーテス Siphonomycetes（藻菌類）やテカミケーテス Thecamycetes（子嚢菌類）など、多くの新しい綱が提案された。

一方、このような分類法の発展は基本的な亜門を設けることにつながり、大き過ぎる綱の中で進められた。パトゥイヤール(1887)は担子器の構造によって真正担子菌網と半担子菌網を区別した。その二年後にはブーディエ(1885)が盤菌類を子嚢の裂開の仕方によって、蓋があるものとないものとに分けた。ただし、現在分類学上意味があるものとして重視されている子嚢の一重壁と二重壁に見られる構造の違いが（バークリーは1838(b)に二重壁の子嚢があることに気づい

ていた)、二重壁をもったものを小房子嚢菌網 Loculoascomycetes として分ける根拠になり、この考えは主としてラトレル (1951) の核菌類に関する研究をまとめた著書によって普及した。

また、E. A. ベッシィ (1935) はサビキンとクロボキンのためにテリオミケーテス Teliomycetes (Teliosporae) という別の綱を作った。藻菌類は常にまとまりのない集合体だった。ゴイマン (1926) は自分が原始的なものとみなしていた、ある種のツボカビ類などをアルキミケーテス Archimycetes として分けたが、このやり方はその後広く用いられた。藻菌類を初めてネコブカビ類 Plasmodiophoromycetes とツボカビ類 Chytridiomycetes、卵菌類 Oomycetes などのシリーズに分けたのは、チェコスロバキアのチェイプ (1957-58, 1) とスパロウ (1958) だったが、この案は現在広く採用されている。現代の研究者たちの中に卵菌類を菌類から追い出して藻類として分類しようとする人たちが増えているのは、時代はめぐるとでもいうのか、ある意味で面白い現象である。

## 種名の分化

多くの場合、菌類の種の分化に対する考えは伝統的か、便宜的で個人的なものに陥りやすいが、近年それを決定する客観的基準がほとんどないという事実に大方の関心が集まっている。新しいグループを研究し始めると、一般的に分類学者の判断は小さな違いに偏るように思える。たとえば、ファン・ステルベーク (1675) はアミヒラタケ *Polyporus squamosus* を個々の標本の見かけの特徴によって 6 種ほどに分けた (そのうち三つを図97に載せておいた)。このようにして、属や種の数は幅広い経験に照らして後に妥当とされるものをはるかに超えるほど多くなり、主要な分類群についてさえも、分類単位の名称の半分ほどが異名であると指摘され、急いで抜本的に改訂する必要に迫られた。

もうひとつの一般的傾向は、病原菌の場合、腐生菌に比べて属あたりの種数が多くなるという点である。これは幾分仕方のないことだが、型 form による違いに興味が集中するためである。それはまた、宿主・寄生者相互作用に深く関

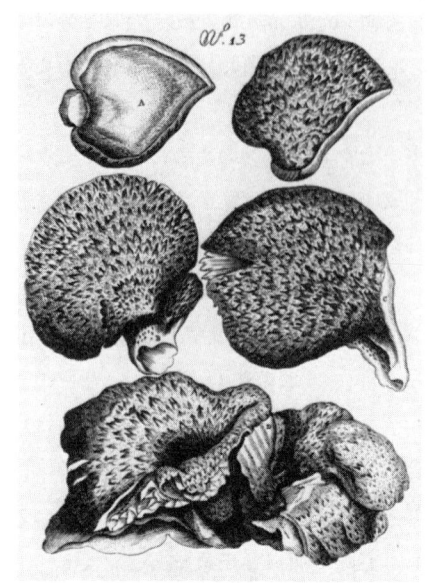

図 97 ファン・ステルベークがアミヒラタケ Polyporus squamosus としたもののうちの三種（F. van Sterbeek (1675): pl. 13）

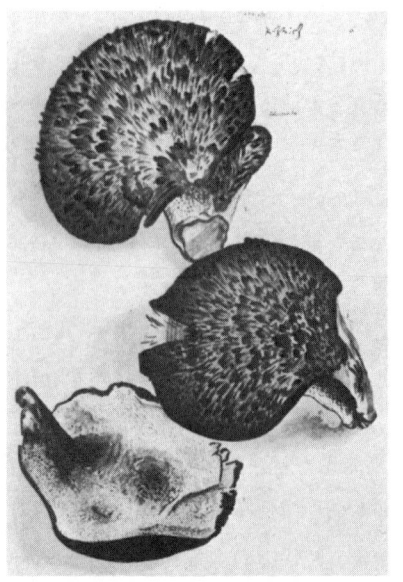

図 98 ファン・ステルベークが複写したレスクルーズの『一覧 (Code)』の一頁（G. Istvánffi (1900): pl. 6）

わっているという事実によるためだともいえる。現代の農学者や園芸学者たちが、新しい遺伝的性質をもった栽培種を多数開発・導入することによって、菌類に多くの変異を起こさせているというのも確かだろう。

　動物と植物の双方にとって、また菌類にとっても（酵母は例外だが）、形態的特徴は伝統的にとりわけ重要な分類基準とされてきた。このことは種小名のつけ方によく表れている。1801年に出されたペルズーンの『要覧 (Synopsis)』から種名を任意に選んでみると、種小名のほぼ40パーセントが形態的特徴に基づいており、25パーセントが色名で、10パーセントが高等植物の名前になっている。1897年に出たサッカルドの『菌類集成 (Sylloge)』(vol. 12) の索引と1940-49年の間に公表された新しい種名をまとめた『菌類指針 (Index of fungi)』の第一巻を見ると、それぞれ種小名の4分の1と3分の1が形態的特徴で、色名は10パーセント、高等植物名が30パーセントである。現在では形態的特徴によって変種を区別するのが慣例になっているが、多くの亜種や種内の分類単位は形態的特徴

によらないのが普通である。最下位の分類群のうち、型 formae speciales や生理的系統については6章で述べたが、これらの名称は植物病理学者にとって、栽培作物に対する菌の病原性を分類学的に明確に示すものとして実用性が高く、急を要するものでもあった。

## 近年の傾向

　今後の分類学の発展方向を見ると、まだすべての菌を網羅するにはほど遠いとされるので、伝統的な種の記載（正確さは増すが）と命名が、依然として菌学の主流にとどまると思われる。1954年に、近年毎年報告される新属に対する新種の比率が一定していることに注目が集まった[16]。未記載の菌類の膨大な集団から、偏りなくいろんなグループの菌が毎年記載されているとすれば、それは望ましい状態といえるだろう。また、新種への新しい書き変えの比率も比較的安定しているが、その値が1935年から45年にかけて起こった戦争の後で顕著に上向いているのも注目に値する。おそらく、これは研究室に閉じ込められていた分類学者たちが戦争中に勢力を注いでいた見直しの成果が、戦後になって大量に世に出たためと思われる。しかし、このような伝統的な記述的研究も、より新しい実証的手法、たとえば、形態形成に関する研究やコンピューターの導入によって可能となった数量的取扱い、血清学や細胞壁の生化学的検討やサイトクロームcの機能など、幅広い生化学領域にまたがる研究によって次第に補足され始めている。おそらく、これらの手法によって新しい区分が提案され、古いものが確かめられていくことになるだろう。菌じん類、特にハラタケ目の分類体系については、ロルフ・シンガーが『現代分類学におけるハラタケ目（Agaricales in modern taxonomy）』(1951)とその第3版(1975)を続けて出版し、大きく貢献した。また、その多くはライデン大学の故 M. A. ドンクによる最近の分類学的・書誌学的研究に負うところが大きいが、グループ内での収斂進化の意味が明らかになるにつれて、分類体系の大きな組み換えが進むことだろう。

## *11*
# 菌学と組織

「どんな研究分野でも、進歩を図るためには適当な組織が必要である」S. P. Wiltshire, *Trans. Br. Mycol. Soc.* **27**: 1（1944）

　どの科学にも通じることだが、菌学の知識の発達にも情報交換は必須の手段である。先人が積み上げた基盤の上に立って研究する科学者にとって、その研究成果を他の人々が使えるようにするまでは、研究そのものを未完のまま放置することになる。情報交換は常に先生と生徒の間柄のように、同じ興味を抱く個人の人間的な接触（見えざる学校）やいろんな形式の集会や団体の存在に左右される。一方、過去500年の間に科学上の発見を印刷した言語で公表する伝統ができあがり、文献という形で世に出ることになった。菌学関係の文献について、その発展の様子や特徴、問題点などについて、まず考察してみよう。

## 菌学の文献

　10数冊の本草書に出ているちょっとしたキノコの記事を除くと、1600年代までに菌類について書かれた印刷物は、1562年に出たアドリアン・ヨンゲの小冊子『ファルス・ハドリアヌス（Phallus hadrianus）』と1564年に出たアルフォンソ・チッカレリのトリュフのことを書いた二冊だけだった。17世紀になってもさほど多くなったわけではないが、本草学者たちによって補足され、よりわかりやすく編纂されたものが出回るようになった。
　クルシウスが1601年に出した『希少植物誌（Rariorum plantarum historia）』の中

やジャン・ボーアンの死後に出版された『世界の植物誌 (Historia plantarum universalis)』(1651) にはキノコ類が取り上げられた。さらに17世紀の終わりごろになると、1686年に出たジョン・レイの『植物学 (Historia plantarum)』や1694年に出たJ.P.ド・トゥルヌフォールの『植物学原理 (Élémens de botanique)』の中でもキノコ類が盛んに取り上げられるようになった。

この世紀には菌類に関する最初の本、すなわちファン・ステルベークの『菌類劇場 (Theatrum fungorum)』が1675年に出版され、ファン・レーウェンフクがロンドン王立協会にあてて出した最初の手紙が『哲学会報 (Philosophical Transactions)』に掲載された。これは学術雑誌に載った菌学史上初めての報告例である。それ以後菌学関係の文献数は急激に増加した。18世紀における菌学関係の出版物の数は、1700年までに出されたものの総数を超え、この傾向は19世紀と20世紀前半まで続くことになった。文献数の増加の様子は図99のグラフに示すとおりである。1974年現在の文献数は年間8000報を超えている。

19世紀の初めまでは、菌類に関する出版物の大半がヨーロッパ、特にフランスとドイツから出ていた。熱帯や他の地域で旅行者が採集した多数の珍しい標本は、もっぱらヨーロッパで記載されていたが、1834年になると、シュヴァイニッツによる『北米・中米に分布する菌類一覧 (Synopsis fungorum in America bo-

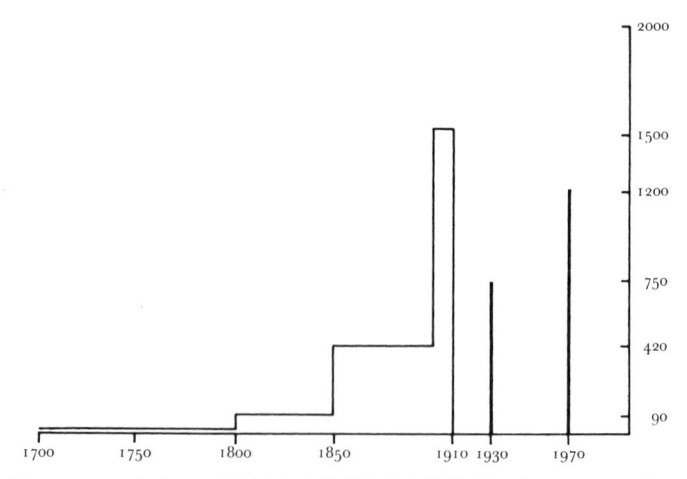

図 99 1910年までに出版された菌学関係文献数（年間）および1930年と1970年度に出た分類関係報文数

reali media digentium)』が陽の目を見て、他の地域でも菌類学に関するまとまった研究成果が出版されたるようになった。

　19世紀の中ごろまで、多くの書物、特にペルズーンやフリースの著書のような分類学関係のものはラテン語で書かれていた。その慣習は今でも新種記載の際に残されている[1]。1675年に出たファン・ステルベークの『菌類劇場（Theatrum fungorum）』は自国語で書かれた最初の本だった。19世紀の終わりごろまではフランス語とドイツ語が優勢だったが、20世紀前半に菌学に対する情熱がヨーロッパから北アメリカに移るにつれて、次第に英語に置き換わり、最近では菌学関係の報告の3分の2以上が英文で書かれている。菌学者たちは常にできるだけ多くの人に読んでもらいたいと願っているらしい。公式にラテン語で書く機会はほとんどなくなり、菌学者への古典語教育がおろそかになるにつれて、英語圏を通じて、外国語を操る器用さと相まってオランダ語やスカンジナビア語のような少数言語だけでなく、フランス語やイタリア語、ドイツ語などを母国語とする人々の間でも、報告や論文の主要な結論を英文で書く傾向が強くなってきた。同時に国家主義が台頭してきたためか、世界中のさまざまな言語で書かれた菌学の文献が増えだしているのも事実である[2]。

## 教　科　書

　初めのころ、文献をまとめて菌学の知識を普及しようとする試みは、著者個人が書く教科書から始まった。ファン・ステルベークはフランドル地方の言葉で書かれたきれいな絵入りの本を出して、食用キノコと毒キノコの知識を一般に広めようとした。多くの似たような本がこれに続き、手書きの版画を入れた、ものによっては芸術的ともいえる書物がヨーロッパ各国から出版され、18世紀後半と19世紀初頭に最盛期を迎えた。これらの作品の多くは植物画家や博物学者の高い芸術的才能に支えられていた。たとえば、イギリスのボールトンやサワビー、フランスのビュリャール、オーストリアのシェファー、ドイツのシュトルムなどは有名である。多くの場合、材料が手に入ったときに、そのつど刊

行されていたが、たとえば、ビュリャールの『菌類の研究 (Histoire des champignons)』の1809年版のように、後に図版を体系的に整理して再発行するものも現れた。この手の作品はもちろん菌学者にも喜ばれたが、当時流行していた博物学を愛好する金持ちの図書室向けにも作られていた。

実際に研究している菌学者たちに役立つ教科書は、まず分類関係の報告書、つまり数多くの記載をまとめてリストにしたものなどから始まった。その例は1800年以前に出版された多数の地域別菌類相の報告書に見られるが、それは分類学の手引書の体裁になっており、当時知られていた菌を幅広くまとめたものだった。C. H. ペルズーン (1801) の『菌類体系要覧 (Synopsis methodica fungorum)』と、後に菌類命名法の出発点としてその価値を認められた E. M. フリース (1821-32) の『菌学体系 (Systema mycologicum)』3巻の二つがその好例である。二つともラテン語で書かれており、挿絵はなかった。この二冊は、その後主としてドイツで出された菌類リスト、もしくは菌類相に関する書物のお手本になった。たとえば、ラベンホルストによる菌類と地衣類を扱った『ドイツ、オーストリア、スイスの隠花植物相 (Kryptogamen-Flora von Deutschsland, Oesterreich und der Schweiz)』全17巻では、大勢の著者によって菌類が収録されており、1897年から1928年にかけて出た A. エングラーと K. プラントルによる『自然植物群 (Die natürlichen Pflanzenfamilien)』の菌類と地衣類の巻も有名である。

微小菌類については、コルダが1837年から1854年にかけて出した『菌類既知種図鑑 (Icones fungorum hucusque cognitorum)』全6巻がすぐれていたが、一般的な菌類の教科書は1866年にド・バリが有名な『菌類、地衣類、粘菌類の形態学および生理学 (Morphologie und Physiologie der Pilze, Flechten und Myxomyceten)』(図100) を出版するまで見られなかった。

アントン・ド・バリはベルギー南東部のワロン人の末裔で、医者の息子だった。1831年にフランクフルトに生まれ、そこで学校に上がった。長じてハイデルベルグ大学とマールブルグ大学で学んだ後、1850年に A. ブラウンやエーレンベルグ、ヨハネス・ミューラーなどがいたベルリン大学で医学の学位を取得した。その後、短期間フランクフルトで臨床医をしていたが、1853年にはチュービンゲン大学のフーゴ・フォン・モールのもとで員外講師（〔訳注〕給与が学生から直接支払われるポスト）になった。2年後フライベルク大学でネーゲリの後継者

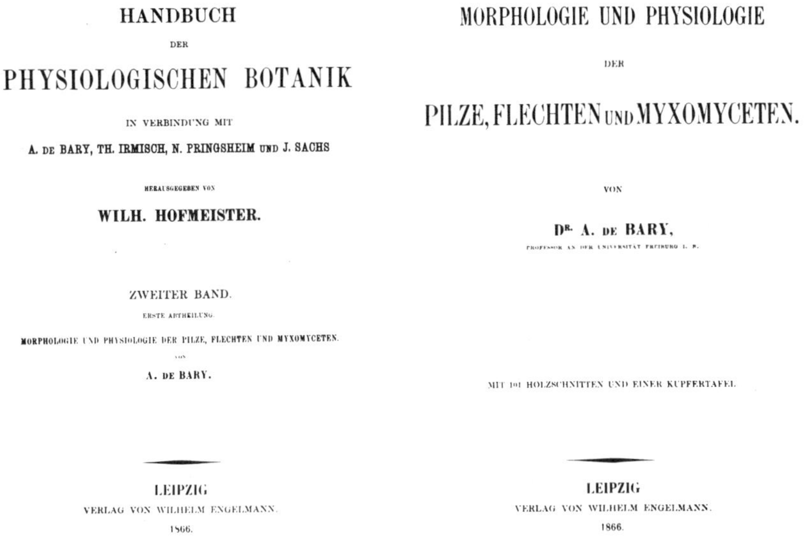

図 100　アントン・ド・バリが書いた教科書の初版本の見開き　1866

に指名され、1867年にシュレヒテンダールのあとを受けてハレ大学で植物学教授のポストについた。普仏戦争後、アルサス・ロレーヌ地方がドイツによって併合されたため、1872年には終の棲家となるストラスブール大学に移り、学部長を一期勤めた後、16年後に働き盛りの57才で癌に倒れた。

　ここではド・バリが成し遂げた幅広い数多くの業績を枚挙しないが、彼の名はこの菌学史のどの章にも引用されている。

　リースの回想によると、(3)「彼は素晴らしい講義ができる人ではなかった。言葉は単純でまるで飾り気がなかった」というが、ド・バリは最も影響力の強い教師だった。彼の講義は慎重に準備され、材料もよく整えられていた。一方、ド・バリは社交性も持ち合わせており、才気にあふれていた。彼はさほど旅行好きではなかったが、休暇になるとシュヴァルツヴァルトやハルツ山地、アルプスなどへ採集旅行に出かけた。これもレースの意見だが、「彼は中背でやせて活発で、身のこなしも素早かった」「眼は青く、きらめいていたが、どの顔写真を見ても、よく取れていない」という。

　彼自身による観察や発見の結果を数多く含んでいるド・バリの教科書は、卓越した菌学の集大成であり、おそらく19世紀最高のものだろう。この本の素晴

図 101　アントン・ド・バリ（1831-88），aet. 36.

らしさは、それが出版された時代までに使われた教科書に目を通してみて初めて、よく理解できるはずである。また、その領域に対する幅広い理解力と近代的な解説は群を抜いているといえる。この第一版は当時広く受け入れられたが、1884年に出された第二版は1887年に英訳され、今も歴史的記録にとどまらない価値を持っている。

　数年後の1890年には、幅が広く基礎的でわかりやすいツォップによる菌類の解説書『菌類（Die Pilze）』が出版され、1895年と1906年には M. C. クックとジョージ・マッシーによる一般書が刊行された。しかし、ド・バリの後に出た菌学の教科書は、いずれも系統学的色づけを施して多少詳しく解説した程度の分類学概論にとどまっていた。1892年刊行のフォン・ターフェルの著書もこの類だが、二度の世界大戦の間に出版された一連のものも同様だった。この類には、たとえば、1926年のゴイマンによる『菌類比較形態学（Vergleichende Morphologie der Pilze）』や1927年の H. C. I. グゥイン・ヴォーンと B. バーンズによる『菌類の構造と成長（The structure and development of the fungi）』、1935年にアメリカで初めて出された教科書、E. A. ベッシィの『菌学概論（A textbook of mycology）』などがある

フランスでは1945年にモーリス・ランジュロンがその著書『菌学概論（Précis de mycologie）』の中で自分なりの書き方をしたが、ブラーの図版をたくさん採録し、フォン・ターフェルがブレフェルトに対してしたのと同じことをブラーに対してやってのけた。一般的な教科書は無視されていたが、そのころ菌類生理学が急速に進展し、1950年にはリリアン・E. ホーカーによる菌類生理学の学生用教科書が出された。その翌年には V. G. リリーと H. L. バーネットによる同様の書が北米で出版され、1949年には J. W. フォスターの最も価値が高く影響力のある『菌類の化学的活性（Chemical activities of fungi）』が出版された。菌類の遺伝について最初に書かれた本は J. R. S. フィンチャムと P. R. デイ（1963）のものだった。地衣類については、1921年にアニー・ローレイン・スミスが初めてわかりやすい一般的な解説書を著わした。

## 学術雑誌

ロンドン王立協会（Royal Society of London、英国学士院）（1600年に設立され、1662年にチャールズⅡ世が認可）の役人たちが自分たちで相談した結果、科学的な事項に限った定期刊行物を発行し、特に協会の発足以前に行なわれた実験を取り上げて記事にする必要があるという結論に達した。その結果、王立協会議会は1664年3月1日付で「王立協会事務局長、オールデンバーグ氏によって編集される『哲学会報（Philosophycal Transaction）または学士院報告』を毎月、月はじめの月曜日に印刷すること」を命じた。『哲学会報：世界の枢要な地域における現行の事業や研究、創意工夫などの記事を掲載するもの（Philosophycal Transactions: giving some Accompt of the present undertakings, Studies, and Labours of Ingenious in many considerable parts of the World)』の第一号は1665年3月6日に刊行され、1676年から1683年の間は中断したが、以後この報告書は今日まで続いている。

同類か、むしろより幅の広い雑誌『識者の雑誌（Le Journal des Sçavans）』（前年の1月にパリで刊行され、一部要約が『哲学会報』に掲載）のほうが先行するが、科学雑誌としては『哲学会報（Philosophycal Transaction）』のほうに優先権があると

いえるだろう。初めの46巻（1665-1750）は番号をつけて497報として、王立協会事務局長の手で出版され、なにがしかの利益を生んだという。それ以後は王立協会の公式雑誌として採用され、委員会が編集を引受け、連続番号はなくなった。

　同じような動きがパリでも見られ、1635年にフランス文芸協会（Académie Française de la Littérature）が設立されると、ただちに科学者たちによる非公式の会合が開かれ、それが科学協会（Académie des Sciences）に発展し、1666年12月に第一回会議が開かれた。やはり王室の庇護によって科学者たちは年金を支給され、研究に没頭することができたという。初めは数学と物理学が主だったが、科学協会の興味の対象はやがて生物学分野へも広がった。議事録は第一回会議からアカデミーの記録として保管され、1698年からは『王立科学協会紀要（Mémoires de l'Académie Royale des Sciences）』として出版されるようになった。第二巻以後、本書で取り上げた菌学に関する報告（ド・トゥルヌフォールやマルシャン、ジュシューなどを含む）が認められる

　18世紀の終わりから19世紀の初頭にかけて、科学に関する定期刊行物の数が多くなった。その多くは短期間で消えてしまうか、広く流布しなかったため、今日では探すのもきわめて難しいが、菌類を扱った論文の数は着実に増えていった。ただし、19世紀の主要な菌学研究の成果が報告されるほどの専門雑誌が現れたのは、1825年ごろから50年ほどの間だった。パリでは1824年に『自然科学年報（Annales des sciences naturelle）』が刊行され、時代に合った継続性のある刊行物になり、他のものにまじって古典となったレヴェイエやテュラン兄弟、ファン・ティーゲン、ローラン、ノエル・ベルナールらの論文も掲載されていた。ドイツでは1843年に『植物学報（Botanishe Zeitung）』（ド・バリも投稿し、後に編集者になる）が、1850年代には『ヘドヴィギア（Hedwigia）』(1852)やプリングスハイムの『植物科学年報（Jahrbuch für wissenschaftliche Botanik）』(1858)が刊行された。北アメリカの『植物学報（Botanical Gazette）』(1875-)やドイツの『ドイツ植物学会報（Berichte der deutschen botanischen Gesellschaft）』(1883-)、イギリスの『植物学年報（Annals of Botany）』(1887-)など、新しい雑誌についても触れるべきだが、植物学雑誌の中で菌類に関する研究報告を定期的に、または一時的にしろ掲載したものは少なかった。

1872年、ついにM. C. クックが「隠花植物学とその文献を載せる季刊雑誌」、『グレヴィレア(Grevillea)』を発刊した。これはかなり菌学に集中しており、1894年まで発行された（最後の数年間はジョージ・マッシーが編集にあたった。菌学を専門に扱った最初の科学雑誌は月刊の『菌学雑誌(Revue Mycologique)』だったが、これは1879年にボルドーのC. ルームゲールによって始まり、1892年に彼が死ぬと、その義理の息子F. フェリーがあとを引受け、1906年まで続けられた。1885年にはアメリカでW. A. ケラーマンやJ. B. エリス、B. M. エヴァーハートらが『菌学雑誌 (Journal of Mycology)』を発刊したが、かなり波瀾万丈の状態が続いた後、1909年に『ミコロギア (Mycologia)』に変わり、ニューヨーク植物園から発行されることになった。なお、『菌学年報 (Annales Mycologici)』(1903)はドイツの菌学者たちの要望にこたえて始まったものである。しかし、表7に示すとおり、菌学専門の学術雑誌の刊行にとって、大きな刺激となったのは各国で菌学会が設立されたことだった。

　これらの学会報のいくつかは、フランスやイギリス、アメリカなどのものに見られるとおり、地域的色彩を残してはいたが、次第に国際性のある定期刊行物となっていった。こういう形になった理由は、多分に科学論文の特殊性によるものと思われる。科学研究のための財政的支援を援助団体や、間接的には大学から獲得することは、今も比較的容易である。また、大学では職員が教育に費やす時間を減らして、残り時間を研究に使う自由が与えられている。ただし、研究成果の発表に支出される出版経費は微々たるもので、これが刺激となって、研究者たち（菌学者も含む）が自前で研究成果を出版する共同体（いわゆる出版会なるもの）に加わるようになった。

　通常、研究者たちも幾分か金銭的に利益を得ていた。というのは、自分たちが会員になっている学会から、図書館向けや一般の書店で売られているのよりも安い値段で雑誌を購入できたからである。これは世界恐慌によるインフレのときに見られたことだが、学会を退会した時、ためていた雑誌のバックナンバーを売って利益を得るということがよく行なわれた。第二次大戦後は科学研究成果の報告集、特に微生物学のような時代に即応した分野の報告集が市場価値のある商品になり、いくつかの学会が利益をあげているのが評判になった。当然、出版社が見逃すはずもなく、多くの新しい科学雑誌の刊行に乗り出し、あるも

表 7　1950年までに発行された初期の菌学雑誌

| | | |
|---|---|---|
| 1879–1906 | Revue Mycologique | Toulouse |
| *1885– | Bulletin Trimestriel de la Société Mycologique de France | Paris |
| 1885–1908 | Journal of Mycology (replaced by Mycologia) | Manhattan |
| *1897– | Transactions of the British Mycological Society | London |
| 1903–8 | Ohio Mycological Bulletin (published by W. A. Kellerman) | Columbus, Ohio |
| 1903–44 | Annales Mycologici (continued as Sydowia) | Berlin |
| 1908–24 | L'Amateur de Champignons | Paris |
| *†1909– | Mycologia | New York |
| 1912–15 | Mycologische Centralblatt | Jena |
| *1914–36 | Bulletin de la Société Mycologique de Geneve | Geneva |
| 1915–22 | Pilz- und Krauterfreund (continued as Zeitschrift für Pilzkunde) | Heilbronn |
| *1919– | Mykologický Sborník | Prague |
| *1922– | Zeitschrift für Pilzkunde | Heilbronn |
| *1923 | Schweizerische Zeitschrift für Pilzkunde | Bern |
| 1924–31 | Mykologia | Prague |
| 1925– | Mycological Papers | Kew |
| *1929–58 | Fungus | Wageningen |
| *1931– | Friesia | Copenhagen |
| 1936– | Revue de Mycologie | Paris |
| *1936–8 | Mitteilungen der Österreich Mykologisches Gesellschaft | Vienna |
| 1944–7 | Magyar Gombászati Lapok. Acta Mycologica Hungarica | Budapest |
| *1947– | Česka Mykologie | Prague |
| 1947– | Sydowia | Vienna |
| *1950– | Karstenia | Helsinki |

\* A society journal.
† Adopted as the journal of the American Mycological Society in 1931.

のは要望も多く、質も高かったが、反対に劣悪で売れないものも多かった。全科学領域について、1961年当時、継続して出版されていた科学技術雑誌の総数は約35000種類で、そのうち生物関係の記事をふくむものが、おそらく15000程度はあったといわれている。現在出ている菌学関係の出版物は広い領域にまた
(4)

がっているが、雑誌と報告を合わせておよそ3000から4000程度と思われる。

## 二次出版物

　論文の著者が文献を引用するのは、当たり前のことだが、これが古い出版物の蘇りに役立っている。文献数が増えるにつれて、文献目録が有用な手段として期待されるようになり、20世紀初頭には文献目録の文献目録さえ、手引きとして必要になるほど報告数が増えた。最も有名な初期の植物関係文献目録は、アルブレヒト・フォン・ハラー（『植物学文献目録（Bibliotheca botanica）』1771-72、チューリッヒ）のものだった。19世紀とそれ以後では、1871年にG. A. プリツェルの『植物学文献事典（Thesaurus literaturae botanicae edn 2)』がデイドン・ジャクソンによる補遺を加えて出版され、植物学者や図書館、古書店、歴史家などにとって計り知れない価値のある文献目録になった。

　菌学関係で最初に出た重要な文献目録は、ポレがその著書『菌類概説（Traité des champignons）』第一巻の500頁に及ぶ概説である。彼はその中で古代から1787年までの菌類関係の文献を年代順に要約し、記載された菌を同定して、名称を新しいものに改めようとした。G. リンダウとパウル・シドゥが『菌学・地衣学文献事典（Thesaurus litteraturae mycologicae et lichenologicae）』（1908-15）全5巻を出版したのは、それから100年後のことだった。これは1910年までに出版された菌類と地衣類を扱ったすべての学術論文と書籍を収録し、著者別にリストを作り、テーマによって分類したものだった。さらに、チフェッリ（1957-60）がこれに1911年から1930年までの分を加えて拡張したが、分類学に偏っており、動植物や人間の菌類病に関する文献を除いたものになっている。この目録は際立って有益なもので、菌学史を書くにあたって、最もよく使わせてもらった書物だった。なお、これが個人の手になる最後の文献目録である。

　その後、文献の数は個人が網羅するには手に負えないほど多くなった。1918年には、当時世界中で報告されていた植物学関係の文献を収録した『植物学要録（Botanical Abstracts）』が発刊されることになった。しかし、これは1928年に

廃刊となり、臨床医学を除く生物学関係の文献を網羅した唯一の文献目録『生物学要録（Biological Abstracts）』に吸収されていった。現在、『生物学要録』は毎年約25万通の報告を掲載しており、1967年以降は菌類と地衣類に関する文献が、別仕立ての『菌学要録（Abstracts of Mycology）』に再録されている。

通常、実験結果を報告した論文の質が高くなればなるほど、その有効期間が短くなる傾向がある。つまり、研究結果が一般に受け入れられるか、次の実験が示唆されると、たちまちご用済みになり、その後は科学史家が読むだけになるというわけである。それに比べると、記載や分類体系の提案はかなり寿命が長く、分類学者たちは古い文献を大切にし、書架に眠っていた1世紀以上も前の文献を使うことも多い。（このことを反映してか、実験系の仕事ではどの雑誌も新しいものが売れるが、分類系の仕事ではバックナンバーがよく売れるそうである。）したがって、どこの菌類標本館にもボロボロになった『菌学・地衣学文献事典（Thesaurus litteraturae mycologicae et lichenologicae）』があるという次第。

分類学者たちは常に偉大な編纂者でもあった。菌の属名と種名を、認められたものと異名を含めて最初に編纂したのは、ヴェシェスラオ・M. シュトラインツで、彼は1862年に『菌類の学名（Nomenclator fungorum）』を著わした。シュトラインツはパドバ大学の植物学教授だったピエール・アンドレア・サッカルド（図85）が『既知菌類の集成（Sylloge fungorum hucusque cognitorum）』の中で採用したのと同様の分類基準（他の研究者たちにも認められていたもの）を用いた。彼の作業は1882年にはじまり、協力者や後継者たちによって1931年まで続けられ、1920年までに提案された菌類分類群を含み、全25巻に及んだ。1972年には、その後の30年分を補った別巻（第26巻）が出て、収録範囲が広がった。サッカルドは自分が認めた、すべての属や種などの分類群に短いラテン語の記載をつけたが、彼の編纂には菌類分類学上の幅広い豊かな経験に照らした新しい分類体系が盛り込まれている。この『Sylloge』は菌類分類学者の手本として長く使われることだろう。

1909年にはF. E. クレメンツが、サッカルドの著書『既知菌類の集成（Sylloge fungorum hucusque cognitorum）』に載っている目、科、属のキーの英訳に基いて『菌類の属（The genera of fungi）』1巻を著わし、1931年にはC. L. シアと共同して拡張し、図版を入れた第二版を出版した。後者はまぎれもなく『ミコロギ

ア (Mycologia)』で酷評される程度のものだったが、あらゆる菌類分類学者が手元に置いておきたい数少ない本の一つだったため、23年後に改訂しないまま再版された。

1896年にはメスキネッリが菌類化石を収録し、疑いもなくサッカルドの前掲の著書に刺激されて、ツァールブルックナーが1921年から1940年にかけて『世界の地衣類目録 (Catalogus lichenum universalis)』を著わした。これは地衣類の分類群と異名を幅広く網羅したもので、地衣類分類学の基礎になった著作である。

現代の分類学者たちは、自分の分類基準のもとになる事実を探す傾向が強く、そのため二つの手引書、『菌類索引 (Index of Fungi)』と『菌類系統学文献目録 (Bibliography of Systematic Mycology)』が、1940年から1956年にかけて研究所長の任にあった S. P. ウィルトシャーの発案でキューの国立菌学研究所から発行された。

1881年秋、チャールズ・ダーウィンは「苦痛に満ちたものにとって慰めとなった」科学の発展に私財をつぎ込む決心をした。ただし、顕花植物の属名と種名を収録した『キュー索引 (Index Kewensis)』は、幾分期待外れに終わったとされている。キュー王立植物園の手になるこの収録の出版は1893年に始まり、もとの2巻に15巻が追加されたが (1974年までに)、規模が小さくなり、中には長い間見落とされていた学名が記録されるなど、登録されたものにも驚くほどのばらつきがある。

1940年にウィルトシャー博士は『キュー索引 (Index Kewensis)』が顕花植物について行ったことを菌類にも適用するため、半年ごとに発行される『菌類索引 (Index of Fungi)』(10年ごとに補充) の刊行を発案し、1971年の第4巻発刊以降、地衣類の学名も取りいれることになった。なお、『菌類索引』は1940年以後に報告された学名 (タイプ標本と引用文献を含むもの) の収録である。ペトラックは1920年 (サッカルドの『Sylloge』が終了した年) から1939年までに報告された学名リストを出版したが、これは『ペトラックによる拾遺集』という長いリストをつけて、国立菌学研究所から再発行された。ちなみに、サッカルドが見落とした学名はいまだに収録されていない。

『菌類系統学文献目録 (Bibliography of Systematic Mycology)』は1943年の文献から始まるが、一年もしくは半年に一回発行され、菌類分類学に関する著書や

報告の目録を作り、国立菌学研究所が要約をつけたことで注目された。『菌学・地衣学文献辞典 (Thesaurus litteraturae mycologicae et lichenologicae)』が積み残した穴を埋めようとしたのは、またしても根気のよいフランツ・ペトラックだった。彼は1930年と1944年の間に出されたユストの『年報 (Jahrbuch)』に載った菌類分類学関係文献を1922年から35年までの出版目録として編集した。

　菌学には、顕花植物の図版を載せて『キュー索引 (Index Kewensis)』を補っている『ロンドン索引 (Index Londonensis)』に当たるものがない。しかし、この切実な願いはある程度サッカルドの『Index iconum fungorum』(『Sylloge』1910-11, **19-20**) とヨーロッパと北アフリカのキノコ類について1894年にM. C. ド・ラプランシュが出版した『図版事典 (Dictionnaire iconographique)』によって満たされている。

　宿主目録は常に一般的で有用な道具として扱われてきた。最も有名な三冊は、サッカルドの『Sylloge』(1898, **13**) と1919-24年に出たオーデマンの『菌類系統一覧 (Enumeratio systematica fungorum)』および1929年刊行のA. B. シーモアの『北米産菌類の宿主索引 (Host index of fungi of North America)』である。ヨーロッパで育つ植物に限られてはいたが、オーデマンの5冊の大部な書は想像以上に広い範囲にわたっており、たとえ経済的価値の高い熱帯植物がヨーロッパの温室で育てられたものだったとしても、そこにはすべての病原菌が記録され、宿主が収録されている。

## 大　　学

　教師と学生の関係は常に知識を広め、研究を進める上で重要な役割を果たしている。有能な教師は有能な学生を惹きつけるものだが、菌学もこの例に漏れない。たとえば、アメリカ人のL. D. フォン・シュバイニッツは1798年にモラビア教会の牧師として修業するため、プロシアのニースキーにある神学校に留学した。しかし、自然科学に興味があったので、同じ教会に属していたJ. B. ド・アルベルティーニ教授に惹かれて彼のもとで勉強し、ヨーロッパ滞在中1805

年には『ルシタニア地方のキノコの観察（Conspectus fungorum in Lusitiae）』の出版を手伝っている。

　ド・バリ自身もフォン・モールに心酔してチュービンゲン大学を選んだが、ド・バリほど研究室を出た学生や研究者たちに絶大な影響を与えた菌学者は、いまだかつて一人としていないだろう。ド・バリのもとで働いた著名な菌学者の中には、フライブルク大学のマグヌスやフィッシャー・フォン・ヴァルトハイム、ミラルデ、ヴォローニンなどが、ハレ大学のブリオウシ、リース、ロスタフィンスキーが、さらにストラスブール大学出身者の中にはファーロウ、アルフレート・フィッシャー、エドゥアルト・フィッシャー、ハルトック、フォン・ヘーネル、クレプス、フォン・ターフェルらがおり、微生物学者のヴィノグラドスキーやヴァッカーの名も見える。

　19世紀末から20世紀初頭にかけて、英語を話す野心にあふれた植物学志望の若手研究者たちは、大学卒業後イギリスで当時優勢だった無味乾燥な分類学の勉強を逃れてドイツに留学し、新しい植物学を学んで学位を取りたいと熱望していた。ドイツで学んだ多くの著名な菌学者の中には、サックスについて学んだマーシャル・ウォードやシュトラスブルガーについたR. A. ハーパー、ライプチッヒ大学のペッファーとミュンヘン大学のロベルト・ハルティッヒについたブラー、同じくミュンヘン大学のフォン・ツボイフについたE. M. ウェークフィールドらの名がある。この流行は間もなくすたれ、1945年以降は北アメリカが新天地の様相を呈している。

　大学には伝統的に動物学と植物学を扱う学部が置かれていた。20世紀を通じて、生物学関係の学部は細菌学部（主として医学関係）と、ごく最近は微生物学とウイルス学を加えて次第に補強されてきた。珍しく北アメリカでは植物病理学が学部の地位を得たが、菌学が認められた例はほとんどなかった。もちろんイギリスでは皆無である。どの大学でも菌学を取り入れるか否かは、植物学を牛耳る教授の好みに大きく関わっていた。このことが大学に菌学教育を取り入れる試みを妨げてきたといえるだろう。

　とはいえ、イギリスの大学の中でも、ケンブリッジ大学とロンドン大学は例外で、そこでは植物病理学を主にした菌学が教えられている。ケンブリッジ大学で行なわれた最初の講義と実習は、1893年の秋にセント・キャサリン・カレッ

ジのW. G. P. エリスが担当した「植物の菌類病」という科目だった。ケンブリッジ大学で菌学が発展し、研究内容が深まったことは確かだが、それは新設された植物学研究室が完成した1906年からのことだった。研究室の設立に尽力したマーシャル・ウォードは、その完成を見た直後、52才の若さで亡くなった。植物病理学の教育はマーシャル・ウォードの下で研究生だったF. T. ブルックスに引き継がれ、彼は1936年にケンブリッジ大学の植物学部長に就任した。一方、ロンドン大学では、初め菌類細胞学を専攻し、後に菌類生理学に転じたV. H. ブラックマンが菌学を担当した。彼はこの学校の設立者だったウィリアム・ブラウンに招かれて1912年に加わり、菌類の寄生性に関する生理学的研究で世界的に高い評価を得た人物である。

## 学　会

　初めての菌学会、フランス菌学会（Société Mycologique de France）は、ヴォージュ県振興協会（Société d' Emulation de Départment des Vosges）の後援で1884年10月に設立されたが、初めは二人の医師、ケレとムージョや二人の薬学者、ブディエとパトゥイヤールを含む博物学者たちが参加した小さな地方の団体だった。ルシアン・ケレ医師が初代会長になり、J.-B. ムージョ医師が事務局長を務め、設立当時の会員128名のうち、100名ほどは全くのアマチュアだったが、「彼ら、アマチュアの熱心さこそが、菌学のほとんどすべての知識のもとになった」という。
　創立当初の会員の大部分は医師や薬剤師で、外国の著名な菌学者（フランスの大学からの参加者が皆無だったのと対照的に、その大部分は外国の大学から）も加わっていた。明らかに中産階級の人々が支配的だったが、その中にはおそらくケレ医師の患者だったと思われる二人の労働者も参加しており、「彼らの熱心さは会員全員の称賛の的になっていた」ともいう。この会は大きくなっていったが、依然としてアマチュアが主力だった。
　1907年、マンジャンによると、アマチュアたちは「キノコの食通」（もっぱら食

べることに興味を示す人）、「キノコ愛好者」（自分が楽しむためにキノコを集める人）、「菌学者もどき」（何とかして専門家になろうとする素人）の三つのグループに分けられるという。1885年以来、この会が発行する雑誌『フランス菌学会季刊会報（Bulletin Trimestriel de la Société Mycologique de France）』は、今も続いている。

次に菌学会が設立されたのはイギリスで、1896年のことだった。この学会のルーツは、1868年にヘリフォードのH. G. ブルが「ウールホープ博物学者のフィールドクラブ」のメンバーを「Foray among Funguses（キノコ採集会）」に招いた時にさかのぼる。なお、これ以後、菌学会の採集会、ないしは観察会のことをフォーレイ foray（もとは略奪の意）と呼ぶようになった。この集会が大成功だったので、それからは年中行事になり、ヘリフォードのグリーン・ドラゴン・ホテルで、必ずキノコがメニューに出る御馳走を楽しんで、大いに盛り上がったそうである。時には漫画のタネにもなって新聞に載ったりしたが（図102）、1885年にブル博士が亡くなった後も、1892年まで続いたという。[8]

その後、1891年にヨークシャー博物学協会が菌類採集会を開いたのを契機に、

図 102 ワージントン・G. スミスが描いた漫画　『画報（Pictorial World）』1877年11月10日付から．

ヨークシャーに中心が移り、1895年にハッダーズフィールドで開かれたヨークシャー博物学協会の会合の席上、国として菌学会を設立しようという案が可決された（図103）。その翌年、「あらゆる分野における菌学研究」のための学会、すなわち英国菌学会（British Mycological Society）の設立総会がヨークシャー州のセルビーで開催され、1897年秋には第一回採集会がノッチンガムシャー州のワークソップで開催された。なお、初代会長はジョージ・マッシー（図103）だった。法廷弁護士のカールトン・リー（図103）が事務局長兼会報編集者に選ばれ、1898年以降は会計係も務めた。彼は1922年に『英国担子菌類（British Basidiomycetae）』という本を書いたほどの、いわゆるアマチュア菌学者だった。この会のために34年間も奉仕活動を続け、会の発展に尽くしたカールトン・リーほどの人物はいない。

　フランス菌学会同様、英国菌学会も初めはアマチュアが主力だったが、時がたつにつれて次第に専門化していった。このような動きはイギリスに植物病理学会がなかったために起こったことで、多くの植物病理学者が菌学会に加わる

図　103　英国菌学会の創立者たち　1895年9月、ヨークシャーのハッダーズフィールドにて
　（左から右へ）立っている人：G. マッシー（1850-1917）、W. W. ファウラー師（1835-1912）、J. ニーダム（1849-1914）座っている人：チャールズ・クロスランド（1844-1916）、M. C. クック（1825-1914）、カールトン・リー（1861-1946）

ことになり、この会の中で作物病害への関心が高まっていった。

　アメリカの菌学会(10)は、常に専門家が主力になっているが、菌学会は米国植物病理学会が設立されてから20年たった1931年まで設立されなかった。というのは、1893年に設立された米国植物学会の中に、1919年以来菌学部門が置かれていたためである。1931年にウイリアム・H. ウエストンが初代会長になり、『ミコロギア（Mycologia)』を公刊物として発行するようになった。

　出版物を出す菌学会がチェコスロバキア（1921）、ドイツ、スイス（1922）(11)、オランダ（1929）、デンマーク（1931）、フィンランド（1948）など、ヨーロッパ各地で組織され、その後も世界各地で相次いで学会が設立されている。印刷物を発行している団体も増え、特にヨーロッパではアマチュアに限った地域的なグループや団体が増えている。団体の多くは、国レベルの学会に加盟しており、たとえば、フランス菌学会は50以上の集まりを抱えているという。北アメリカで最もよく知られているアマチュア団体は、アメリカのボストン菌学クラブ（Boston Mycological Club）とカナダのケベック菌学アマチュアサークル（Le Cercle des Mycologiques Amateurs de Quebec）で、現在は二つとも米国菌学会に所属

　図　104　1926年、ニューヨーク、イタカで開かれた国際植物学会に参加した菌学者たち
　（左から右へ）E. J. バトラー（1874-1943）、H. H. ウェツェル（1877-1944）、J. C. アーサー（1850-1942）、H. クレバーン（1859-1942サビ菌の研究で有名な人）。A. F. ブレイクスリー（1874-1954）

している。

　国際的にみると、菌学者たちは20世紀を通じて定期的に開かれる国際植物学会(たびたび菌学のための特別セッションがもたれた)(図104)に参加して情報交換を行なってきた。独立した第一回国際菌学会がイギリスのデボン州のエクセターで開催されたのは、1971年のことだったが、これがきっかけとなって国際菌学連合が設立され、国際生物学連合(I. U. B. S.)に承認されることとなった。

## 標 本 館

　基準になる生物個体というものはない。また、生物はどれをみてもそれぞれ異なっている。生物を記載する精度は、その時代に得られた知識と使いこなせる技術に負うところが大きい。したがって、ある種の生物の二つの標本を比較して初めて、違いが確認される場合が多い。このため、多くの生物学的情報は、生死にかかわらず標本を収集して蓄えることで得られてきたし、それは今も続いている。

　植物学の研究を補完するものとしての標本集は、イタリア、ボローニャ大学の植物学教授だったルカ・ギーニ[12]が思いついたものだが、彼は1551年に乾かした植物標本を紙に張りつけてマッティオリに送ったという。初めのころ、標本集[13]は本として綴じられていたが、しばらくすると、標本をそれぞれ別の紙に添付するようになった。こうすると、分類学的な配置を考えたり、図版を作ったり、いろんな作業をこなすのに融通がきくからである。

　地衣類同様、菌類も乾燥すると標本にしやすく、キノコの子実体の形や色は損なわれるが、顕微鏡で調べる胞子などの微細構造は生のものと大差ない状態に保つことができる。

　最近はほとんどの国が標本館を備えており、その中でもキューやニューヨーク、パリ、ストックホルム、ライデンなどの植物園に付設されている標本館には、数は少ないが、世界各地から集められた菌類や地衣類の標本や歴史的価値の高いものが収められている。ずっとそうだったが、これらの標本館の収蔵庫

はその大きさと数の多さで維管束植物に占拠されており、菌学者もそれぞれの機関で働いてはいるが、常に少数派にとどまっている。キューの国立菌学研究所（1922年設立）やワシントンD. C.、ベルツヴィルのアメリカ合衆国農業省の国立菌類収蔵庫（1955）にある菌類専門の標本館が設立されたのは、ごく最近のことである。[14]

　菌学者たちは常に熱心な収集家だったので、菌類分類学をうちたてた多くの人々が個人的な標本庫を持っていた。たとえば、ライデン大学にあるペルズーンの収集品やウプサラ大学のE. M. フリースのもの、キュー王立植物園のM. J. バークリーのコレクションなどは今でも利用されている。

　19世紀初頭から、菌学者たちはそれぞれ自分の住んでいる地域の菌類や特に興味のあるグループの乾燥標本を作って、報告書を書いていた。ほんの少し例をあげておくと、その中には1836–43年のバークリーによる地域的なものを取り上げた『イギリスの菌類（British Fungi）』（スミスの『イギリスのフロラ（English Flora）』1836, 5, part 2の菌類に、バークリーの解説をつけた乾燥標本を含むもの）や、ラベンホルストらによって1859–1905年に出された『ヨーロッパの菌類乾燥標本（Fungi europaei exsiccati）』（450点）、1878–94年のJ. エリスによる『北アメリカの菌類（North American Fungi）』（3200点）、1819–34年のフリースによるシリーズ『スウェーデンのスクレロミケス（Scleromyceti sueciae）』（450点）、パウル・シドウによる1888–1906年の『サビキン類（Uredineen）』（2050点）と1894–1904年の『クロボキン類（Ustilagineen）』（350点）などがある。

## 培養菌株の保存（カルチャーコレクション）

　微生物学的に見れば、培養菌株の保存は動物園や植物園と同じ価値を持っているはずだが、それに比べるとかなり出足が遅かった。菌株保存には純粋培養技術が必須だったのである。細菌や菌類を初めて公に収集したのはフランティセク・クラールだった。彼は前半生の39年間を理化学機器の製造に費やした後、チェコのプラハにあったドイツ工業大学で細菌学・菌学および微生物工学の教

授になり、そこで培養菌株の収集を始め、それを商業的に利用できるまでに育てあげた。1911年にクラールが亡くなると、このコレクションはウィーンにある血清生理学研究所のE. プリーブラムに引き取られたが、国家的な収集事業が発達するにつれて縮小していった。二度にわたる世界大戦の間は、プリーブラムがこのコレクションの一部を持ってアメリカに移住したが、残りは戦争中に破壊されてしまった。ただし、数多くのクラール-プリーブラム培養株が、今もまだ大きなコレクションの中に見つかることがある。

　菌類培養株の中で最も有名なコレクションはオランダ菌類培養株センター（Dutch Centraalbureau voor Schimmelcultures）のものである。1903年にライデンで開かれた国際植物学会議で菌株収集を行なうという決定が下され、その3年後にユトレヒトでF. A. F. C. ヴェント博士の指導のもとに収集事業が始まった。1906年には、最初のカタログは頁番号をつけない形で『植物センター報告（Botanisches Centralblatte）』に掲載された（図105）。

　次の年、このコレクションはアムステルダムにあるヴィレ・コメリン・ショルテン植物病理学研究所所長のヨハンナ・ヴェステルデイク博士のもとに移され、収蔵施設の名称も菌類培養株センターに変更された。このコレクションは今や国際的に有名な組織に成長しているが、これはひとえにヴェステルデイク博士、後に教授（図106）の熱意とその経営手腕によるものである。彼女はまれに見る多才、かつエネルギッシュな才能に恵まれた女性で、忠実な部下に守られて二度の大戦の危機を乗り越え、このコレクションをしっかりと守り通したのである。このコレクションは1920年にバールンに移転し、今は酵母を含めて10,000系統以上の株を保有している。ちなみに、酵母は1922年以来デルフト工科大学（Technische Hogeschool）に分割して保管されている[15]。

　このほかにも多くの菌株保存機関が設立された[16]。アメリカでは1911年以来、自然史博物館がC. -E. ウインズロウのもとで細菌の菌株譲渡のための部局を設置し、1922年から25年の間にワシントンD. C. にある陸軍医学博物館にアメリカ・タイプ・カルチャー・コレクション（A. T. C. C.）が置かれることになり、アメリカ合衆国農業省のチャールズ・トムとマーガレット・B. チャーチが準備を担当してワシントンで菌類を、シカゴで細菌類を保管することになった。このやり方はイギリスでも取り上げられ、1920年には医学研究会議がリスター

## Centralstelle für Pilzkulturen.

Die Kulturen folgender Pilze werden entweder im Tausch gegen andere Kulturen, welche die Centralstelle noch nicht besitzt, abgegeben, oder gegen Vorberbezahlung pro Kultur von fl. 1.50 (holl. Währung) für Mitglieder; und fl. 3 für Nichtmitglieder der Association. Die Anfragen sind zu richten an Herrn Prof. Dr. F. A. F. C. Went, Universität Utrecht (Holland).

Acrothecium lunatum Wakker.
Alternaria tenuis Nees.
Aspergillus ~~auricomus~~ Guéguen.
 ,, candidus Link.
 ,, clavatus Desmazières.
 ,, flavus Link.
 ,, ~~fumigatus~~ Fresenius.
 ,, glaucus Link.
 ,, niger v. Tieghem.
 ,, Oryzae (Ahlberg) Cohn.
 ,, ostianus Wehmer.
 ,, varians Wehmer.
 ,, Wentii Wehmer.
Botryosporium pyramidale Cost.
Botrytis Bassiana Balsamo.
 ,, cinerea Pers.
 ,, parasitica Cavara.
Chaetomella horrida Oudem.
Chaetomium indicum Corda.
 ,, Kunzeanum Zopf.
Chlamydomucor Oryzae Went et Prinsen Geerligs.
Cladosporium butyri Jensen.
 ,, herbarum Link.
Clasterosporium Lini Oudem.
Diplocladium minus Bon.
Dipodascus albidus de Lagerheim.
Endomyces Magnusii Ludwig.
Epicoccum purpurascens Ehrenb.
Fusarium Solani (Mach.) Sacc.
 ,, aquaeductum (Rabenh.) Radlkof.
Gymnoascus candidus Eidam.
 ,, Reessii Baranetzky.
 ,, setosus Eidam.
 ,, spec. von Miss Dale.
Hypocrea Sacchari Went.
Monascus Barkeri Dangeard.
 ,, purpureus Went.
Monilia candida Bon.
 ,, humicola Oudem.
 ,, javanica Went et Prinsen Geerligs.
 ,, sitophila (Mont.) Sacc.

Monilia variabilis Lindner.
Mortierella isabellina Oudem.
Mucor alternans van Tieghem.
 ,, circinelloides van Tieghem.
 ,, corymbifer Cohn.
 ,, javanicus Wehmer.
 ,, (Amylomyces Calm.) Rouxii Wehmer
 ,, spinosus v. Tieghem.
Mycogone puccinioides (Preuss.) Sacc.
Myxococcus ruber Baur.
Penicillium brevicaule Sacc.
 ,, olivaceum Wehmer.
 ,, purpurogenum Fleroff.
 ,, roseum Link.
Phycomyces nitens Kunze.
Pyrenochaeta humicola Oudem.
Pyronema confluens Tul.
Rhizopus arrhizus Fischer.
 ,, nigricans Ehrenb.
 ,, Oryzae Went et Prinsen Geerligs.
Saccharomyces rosaceus Frankl.
 ,, Vordermannii Went et Prinsen Geerligs.
Sordaria humicola Oudem.
Sporodinia grandis Link.
Sporotrichum bombycinum (Corda) Rabenh.
 ,, griseolum Oudem.
 ,, roseolum Oudem et Beijer.
Stachybotrys alternans Bon.
 ,, lobulata Berkeley.
Stemphylium botryosum Wallr.
 ,, macrosporoideum (B. et Br.) Sacc.
Thamnidium elegans Link.
Thielaviopsis ethaceticus Went.
Trichocladium asperum Harz.
Verticillium glaucum Bon.
 ,, rufum (Schwabe) Rabenh.
Wurzelpilz (Symbiont) von Cattleya Beijerinck.

図 105 オランダ菌類培養株センターから出された最初の保存株カタログ1906年の Botanische Centralblatt に掲載。横線は修正のため出版前に手で消されたもの。

研究所にある細菌の国立タイプ・カルチャー・コレクッション（N. C. T. C.）を財政的に支援し、翌年には英国菌学会と協力して収集範囲を菌類にも広げ、これに対応して菌学会は諮問会議を立ち上げた。1947年に N. C. T. C. は再び保管対象を細菌に限ることとし、菌類培養株の主要な部分はキュー王立植物園の国立菌学研究所に移管されることになった。このコレクションには、それまで他の機関にあった酵母や木材腐朽菌のほか、医学や獣医学上重要な菌類も加

図 106　ヨハンナ・ヴェステルデイク（1883-1961）

えられた。

　このほか有名なコレクションとしては、フランスのパスツール研究所やパリの自然史博物館のもの、日本の施設などが知られている。ちなみに、大阪の発酵研究所が保有しているものの中には重要な菌株が含まれており、この菌株保存施設は1951年以降、日本微生物株保存連盟と共同で事業を進めている。

　古くから行なわれている菌株の保存法は固形の斜面培地に菌を植え、室温か4℃の冷蔵庫に保管する方法だった。1918年にウンガーマンが導入した簡単な改良法は、殺菌した質の高い鉱質油（医療用パラフィンなど）で覆うやり方で、これによると二、三年か、それ以上置いて植え替えることができた（Buell & Weston, 1947）。1909年ごろから細菌の培養株は真空凍結乾燥によって保存できるようになり、後にこの方法は酵母にも適用された。第二次大戦後は菌糸による保存にも凍結乾燥法が広く使われるようになった（Raper & lexander, 1945）。最近は液体窒素を用いて低温保存する方法が便利で、よく使われている（詳細については Onions, 1971参照）。

　これに関連して面白いことを思い出したが、早くも1909年ごろにブラーがスエヒロタケ Schizophyllum commune の子実体を凍結乾燥し、さらに液体窒素の低

温に置いても生き残ったことに気づいていた。ブラーの予備実験から50年後に発見されたことが、今生かされているのである。[18]

## 命名法

　遠い昔から、生物学者たちは同じ生物にいくつかの違った名前をつけたり、違った生物に同じ名前をつけたりしてきた。また、本草学者たちも、よく自分たちが記載した生物のラテン名と地方名を異名として記録していた。19世紀に入ると、提案された名称や報告されるものの数が増えて事態が深刻になり、生物の命名法を決める必要に迫られた。

　植物名を規制しようという動きは、1867年にパリで国際植物学会議が開催された際に具体化し、アルフォンソ・ド・カンドルが作った『植物命名規約 (Lois de la nomenclature botanique)』という表題の規則集が、この会議で取り上げられた。これは後の『国際植物命名規約 (International Rules [since 1952, code] of Botanical Nomenclature)』のもとになり、1905年のウィーン国際植物学会議で初めて承認され、それ以後会議のたびに修正されてきた。同様の規約が、動物学では1901年に、細菌学では1958年に、それぞれ別個に作られた。

　菌類は長らく植物として分類されていたため、その命名法は動物や細菌の命名規約同様、簡単な基本原則に則った植物命名規約に従っている。この規約は厳しいものではなく、1935年の植物命名規約第三版に出ている「命名の規則は単純なものとし、何びとにも理解しやすく、受け入れられるものとすべし」という文章によっている。これは当時の実情に合ったものだったが、次第に新しい要求に応じて修正されてきた。実は植物命名規約の細部は「単純」とはほど遠いもので、その解釈をめぐって議論が熱を帯びることがあり、感情的になりがちである。要するに、ある者には常識にすぎないことが、他の者には学者ぶったいい方に聞こえるというわけである。

　植物命名規約の主な狙いは、あらゆる分類学者が自分の扱う分類群について、分類学上の意見を反映した国際的に認められる名称をつけることができるよう

に図ることにある。そのため、分類学者は、種の名称を二名法（リンネが導入した）に従ってラテン語で表記し、属名とそれを形容する種小名をつけ、新しい名称が発表されたり、分類学上の位置づけに変更が生じたりして名称を変える必要が生じた時のために備えておかなければならない。異名の中からいずれかを選ぶ際は、発表の優先順位に従うのが原則である。要するに植物命名規約の新しい解釈に従って、いわば一番早くつけられた名前が優先権を持つということになる。また、この規約は分類群の配置やその名称についても規定している。

優先権を適用するためには、命名の出発点を決める必要があったが、維管束植物ではその日付をリンネが『植物の種 (Species plantarum)』の初版を出版した1753年5月1日とした。この日付は地衣類や粘菌、菌類化石（現在は細菌）にも用いられている。一方、菌類についてはリンネの扱いが不十分だったこともあって、1910年のブリュッセル国際植物学会議で採択されたように、命名規約の第二版 (1912) で菌類に関する二つの日付が遅れて挿入された。その一つはサビキン綱とクロボキン綱および腹菌類のために設けられた1801年12月31日（ペルズーンの『Synopsis methodica fungorum』が出版された日）で、もうひとつはその他の菌類のために設けられた1821年1月1日（フリースの『Systema mycologicum』1 が出版された日）である。この決定はあまり芳しくないが、近年菌類分類学者たちもますます命名規約に頼らざるをえなくなっているので、理屈をつけて変更すると余計な混乱を招くことになりかねないと思われる。

また、1910年には多形性の生活環を持つ菌類の名称について、命名規約の中に特別規定が挿入された。この規則（現在の命名規約 (1972) の第59項）には次のように書かれている。

　「その生活環の中に二つ以上のステージ（地衣菌類を除く）を持つ子嚢菌類と担子菌類（クロボキン類を含む）については、いずれの種であれ、すべての世代の正しい名称は完全世代がタイプ標本となっている最も早く登録されたものの名称とする。ただし、この規約の規定は、不完全世代に関わる研究の中で不完全世代の名称が使われることを妨げるものではない。すなわち、不完全世代の場合、名称はそのタイプによって示された世代にのみ適用される」

たびたびいうように、命名法は分類学にとって補足的なものである。分類学

上の決定がなされたのち、初めて命名手続きがとられるのである。とはいえ、命名規約は、分類学上の配置や範疇を決める際には、分類そのものにきわめて大きな影響を与える。植物学の場合は、分類群が形態的特徴に基づいて設定されているが、命名規約の1952年版（ストックホルム規約）では菌学者の便を図って、特別に形態によらない範疇、フォルマ・スペキアリス forma specialis が導入されることになった。このようにして、このランクの分類群の命名は植物命名規約から外され、4項の註として次のように示されている。

> 「病原菌を分類するにあたって、特に菌類について、著者は生理学的見地から特徴があると認められる分類群に対して種、亜種および変種などを設けないが、その種内で形態学的特徴からはほとんど、または全く差異が認められないものについては、異なる宿主に対する適応性によって特徴づけられる特殊な型（formae speciales）をその種内で区別することができる。ただし、特殊な型の命名はこの命名規約によって規定されない」

なお、生理的系統や生態型についても命名規定はない。

要するに、植物学や菌学の実践に即した理論に影響された歴史的発展過程を重視するというわけである。命名規約で規制されている名称は、たとえばダーウィンが種の起源に関して考察したように、当然のことながら元来自然のまとまり方に依拠している。

一方、20世紀初頭になると、分類学者たちが「タイプ標本」の制度を進展させ、それが1935年版の命名規約（ケンブリッジ・ルール）に反映され、以後、あらゆる分類群についてタイプ（基準標本）に基づく手続きをとることが規定された。なお、現行の命名規約（1972）の原則Ⅱでは「分類群に対する名称の適用は、命名のためのタイプ標本によって決定される」となっている。命名のためのタイプ標本とは、科のための属、属のための種などの標本のことだが、種や亜種などの分類群について標本や記載がない場合（図版の有無にかかわらず）は「その分類群の名称が、正しい名称か、または異名として永久につけられたものとする」という。

今でこそ、記載する著者はタイプ標本が永久に保管されている場所を示すように指示されているが、保存されていない場合が多く、いつの間にかほとんど

失われている。ちなみに、若いころ画家として働いたことのあるコルダによると、クロムホルツでさえ自分が名前をつけたキノコをほとんど食べてしまったという話である。初期につけられた多くの名前がタイプとされているが、科やそれ以下のグループの新しい名称については、1958年以降、タイプ標本が提示される場合に限って正当と見なされるようになった（Article 37）。このように、命名規約で規定される名称というのは、自然にある生物群から取り出したサンプルに、適当な名前をつけたと考えてもよい程度の、分類学上の名称に過ぎないのである。[19]

# エピローグ

　菌学の歴史から見ても、菌類が人類の暮らしに幅広く密接に関わってきたというのは、まぎれもない事実である。ある種の菌は毒やアレルギー源、病原体などとしての性質を持っているため、人や家畜、大切な作物などに病気を起こさせたり、あるものは人の持ち物を腐らせたりするが、多くの菌類が人類の生存を支えているのも事実である。ある種のキノコは食用になり、あるものは多種多様な食品や飲料の製造に重要な役割を演じており、さまざまなアルコール飲料や薬剤、その他の有機産物を生み出してきた。また菌類は土壌の地力維持に深く関わり、共生生活を通して植物の成長を促している。実際、菌類は有機物残渣を分解することによって、生命の持続的発展を可能にする環境の保全にも主要な役割を果たしているのである。

　菌類に関する実験的研究が始まってから250年以上たつが、その間に菌体の構造や栄養と代謝、生活環など、菌類に関する多くの基本的な事柄が明らかになり、それらの知識によって緑色植物や動物と一線を画した菌類の特徴が見事に描けるようになった。ただし、まだ多くのことが残されているのも事実である。膨大な数の菌類のほんの一部が分類・記載されているに過ぎず、熱帯雨林の伐採・開発や大規模な農業開発、大都市化など、近代文明の圧力が日増しに強まるにつれて、多くの現存する菌類が昆虫同様、記載される前に絶滅の危機に追い込まれていくのは、火を見るより明らかである。一方、菌類は思いのほかしたたかで、航空機燃料や光学機器のような新しい素材にも常に適応してコロニーを広げ、作物の育種家たちが苦労して作り上げたできたての品種を、即座に攻撃する新しい系統を育てる柔軟さを備えている。菌類に関する研究、菌学は今後も生物科学の重要な一分野として基礎・応用を問わず、必らず発展し続けることだろう。

註

## 1．序

（1） Fungiの発音はさまざまである。M. C. クックが1862年に書いた『イギリス産菌類の平易な解説（*A plain and easy account of British fungi*）』に英語の読みが載っているが、それによると、「単数では 'gum'（グム）になるので、'g' の音が固く、複数の 'fungi' では 'Fun-ji'（フンジ）になって 'g' の音がやわらかくなる」という。（〔訳注〕現在は米語読みが一般的で、ファンガス（単数）、ファンジャイ（複数）とされているが、時に国によってフンゴ（グ）ス、フンギという場合もある）

（2） ギリシャ・ローマ古典期の菌類に関する文献はレンツ（Lenz, 1859）やウイリアム・ホートン師（Houghton, 1885）、E. ロウズ（Richon & Roze, 1885-89）およびブラー（Buller, 1915a, b）らによってまとめられているが、それを拡張し、検討しなおそうという真剣な取り組みはない。なお、ブラーはこの分野について学校長で菌学者、古典学者でもあったW. B. グローブに助けられたという。私も、古典期の著述家たちがキノコについて書き残した記述について、オハイオ州にあるバッファロー大学の古典学教授、チャールズ・ガートンから、いくつか鋭い指摘をいただいたので、そのことをここに感謝する。

（3） ホートン（Houghon, 1885: 48）とブラー（1915a: 49-50）が作成した表を見ると、詳細がわかる。

（4） ロルフら（Rolfe & Rolfe, 1925: 294-300）が『オックスフォード英語辞典』に載せているように、'mushroom' と 'toadstool' の綴りについていろんな書き方がある。

（5） ロルフら（Rolfe & Rolfe, 1925: chap. 3）が小説や文芸作品の中にキノコが出てくる例をあげている。

（6） キノコに関する美術品について、詳しくはワッソン（Wasson & Wasson, 1957）を参照。

（7） 確かに、いつ誰によったかは不確かだが、詳細についてはR. S. Clay & T. H. Court『顕微鏡の歴史（*The History of Microscope*）』を参照。この装置は最初1625年にItalian Accademia dei Linceiのメンバーだったジョン・ファーバーによってミクロスコピウム microscopium と名づけられた。J. Needham & G. D. Lu, *Proc. Roy. Microscop. Soc.* **2**: 128 （1967）

（8） 醸造の化学生理学的研究はカールスバーグ醸造所の経営者、J. C. ヤコブセンと初代醸造所長のラスムス・ペデルセンによって始り、後にE. C. ハンセ

ンが生理学研究所の所長になった。1878年以来この研究所で得られた研究成果は『*Comptes rendus des travaux du Laboratoire Carlsberg*』の中で報告されている。

（9） G. H. M. Lawrence (ed), *Adanson* 2: 471-98 (1964) にある P. H. A. Sneath の論文を参照。

## 2．菌類の発生とその位置づけ

（1） Houghton（1885）: 44
（2） 上掲: 43
（3） 上掲: 45
（4） Buller（1915b）: 2
（5） Houghton（1885）: 23-24
（6） 上掲: 25
（7） Buller（1915b）: 2-3
（8） 上掲: 3
（9） G. Sarton『六つの翼：ルネッサンス期の科学者たち（*Six wings: men of Science in the Renaissance*)』1957: 87 London
（10） Buller（1915b）: 3
（11） Clusius（1601）: 287に *Fungus minimus* として初めて書かれた。
（12） 「ここに土から生えるもうひとつのキノコがある。最初、それは閉じたままで出てくるが、昼間に開き、次第にちょうどドングリの実をとった後のカップ（殻斗）のような丸い皿か、小さな家のような形のキノコになる。このカップの中には、透明だが、大根の種ほどの大きさの丸い粒状のタネが五個入っている。この粒がカップから出て地面や土の割れ目に落ちると、成長し始めるまで太陽の熱で育てられ、しばらくすると足を出し、三年で大きくなって成熟する。私は二年の間に二回このことを観察した」J. Geodart,『*Metamorphosis et historia naturalis insectorum*』（昆虫の変態と発育）, 1662; 英訳は M. L [ister]（1682）: 137-138（sect. 10, Of Spiders）York. 参照
（13） F. C. Medicus, Über den Ursprung und die Bildungsart der Schwämme（菌類の発生と構造について）, Vorles. Churpfläz. Phys. Oek.Ges. **3**: 331-386 (1788); フランス語訳; de Reynier, *J. de Physique* **34**: 241-7 (1789) p. 246:
「とりあえず、私はすべてのことについて次のような結論に達した」

1．菌によって腐ったものは、もはやキノコを作るのに役立たない。

2．あらゆる植物質のものは、分解初期の時だけキノコを作る。

P. 247

9．死んだ植物体のいろんな部分が分解初期の状態にある時、熱と水分が適当にあると、弾力のある塊になった硬い物質が、これがキノコになるのだが、噴き出してくる。これこそ私が植物の結晶体と呼んでいるものである。

(14) Ramsbottom (1941a)：294 リンネとミュンヒハウゼンのやり取りは、上掲364-5頁にあるという。

(15) これと次の引用文はリンネとエリスの文通からとったもの。Ramsbottom (1941a)：297-300

(16) O. F. Müller, *Berlinische Sammlungen* **1**: 41-52（1708）引用文については Ramsbottom (1941a)：304参照。

(17) トルビアの論文の英訳については、G. Edwards, *Gleanings of natural history* **3**: 262, pl. 335（1763）を参照。トルビアの原図は Ramsbottom (1941a)：pl. 7, fig. e に複製されている。

(18) Tulasne（1861-65; Grove による訳）：48

(19) 上掲：61

(20) Berkeley (1857)：265

(21) 上掲：242

(22) 図と詳細な説明は、Bulloch (1938)：188-192参照

(23) A. L. de Jussiue, *Genera plantarum secundum ordines naturales disposita, juxta methodum in horto regio Parisiensi exaratum anno 1774*, 1774: 2; Tulasne（1861-1865）**1**: 3の W. B. Grove による英訳。

(24) Bulliard（1791-1812）**1**: 65; Tulasne（1861-5）**1**: 4の W. B. Grove による英訳。

(25) 生物界に関する興味深い議論について、G. F. Leedale (*Taxon* **23**: 261-70 (1974)) はホイッタカーの体系に対して、原生生物界は一つの界として扱うのでなく、植物、菌、動物界などへの進化段階、もしくは進化状態と考えるという修正意見を出した。

3．形態と構造

(1) このフレスコ画は Wasson & Wasson (1957) **1**: pl. lxxvi と J. -M. Croisille, *Les natures mortes campaniennes*, 1968: pl. G (Brussels) にはカラーで載せられ

（2）ちなみに、フランスのプランクロー修道院の礼拝堂にある中世のフレスコ画に描かれた善と悪の木を、ベニテングタケを表わしたものと解釈している菌学者もいるが、美術史家によると、これは全く関係がないという。Wasson（1986）: 178-180参照。

（3）この木版画の複製については、Wasson & Wasson（1957）**1**: fig. 10参照。

（4）A. de Bary, Die Schrift des Hadrianus Junius über den *Phallus* und der *Phallus Hadriani*, *Bot. Z.* **22**: 114-116（1864）参照。

（5）菌石の由来についての解説は Ramsbottom, *Proc. Linn. Soc. Lond.* 1931-32: 76-79（1932）参照。なお、当時それはオオヤマネコの尿が石化したものと信じられていた（Paulet（1790-3）**1**: 23）。

（6）ヴァヤーンについての解説は、P. Smith & R. J. Ch. V. ter Laage（eds.）, *Essays in biohistory*, 1970: 195-228にある J. Rousseau の文章を参照。なお、『*Botanicon Parisiense*……』は彼の没後、H. Boerhaave が編纂し、序文をつけて出版した。

（7）ミケーリの生涯やその出版物、原稿などについての原資料は、G. Targioni-Tozzetti による *Notizie della vita e delle opere de Pier' Antonio Micheli*, 1858（A. Targioni-Tozzetti によって出版）に載せられている。

（8）ブラー（ヒトヨタケのシスティディアの機能とその終わり方などについて、*Ann. Bot. Lond.* **24**: 613-630（1910）参照）はシスティディアの構造的な機能を確認し、地面に落ちないで融けることを明らかにした。なお、Buller（1909-50）**3**: 285-292も参照。

（9）これらの原版は大英博物館（自然史）とロンドンリンネ協会の図書館、およびフィレンツエにある。

（10）この詳細については Ramsbottom, *Bull. Jard. Bot. Bruxelles* **27**: 773-777（1957）参照。

（11）菌類の図とそれを描いた画家については、Emma A. Rea, *Trans. Br. Mycol. Soc.* **5**: 211-228（1916）; L. C. C. Krieger, *Mycologia* **14**: 311-331（1922）参照。

（12）詳細な内容とビュリャールの仕事や出版物については、E. -J. Gilbert, *Bull. Soc. Mycol. Fr.* **68**: 5-131（1952）を参照。

（13）1章と上掲の註7を参照。

（14）John Aubrey, *Brief lives and other selected writings*（ed. Antony Powell）, 1949:

128. London

(15) F. J. H. Corner, *Nature* **218**: 798 (1968) による。

(16) 歴史的に興味深い胞子の判別法は、菌類を二つに大別する基盤として、バークリー (1857: 269) が作ったもの (これは1871年に M. C. クックにも受け入れられた) で、一つはスポリディアと名づけた袋の中にできるもの (Sporidiiferi 子嚢菌とケカビなどの藻菌類)、もうひとつはスポアと名づけたむき出しのもの (Sporiferi 不完全菌と担子菌) を作るグループである。

(17) G. W. Keitt, *Phytopath. Classics* **6**: 50–51 (1939) の英訳。

(18) *Summa vegetabilium Scandanaviae*, sect. 2. 1849

(19) F. Zernike, How I discovered phase contrast (いかにして位相差を発見したか), *Science* **121**: 345–349 (1955)

(20) 1965年に「ステレオスキャン」という名で、初めて市販された走査電顕はケンブリッジ科学機器社で開発されたものである。

(21) 現在の形態形成に関する研究を広範に扱った総説としては、Ainsworth & Sussman (1965–73) **2**: chaps. 2–7がある。これを補うものとして A. G. Morton, Morphogenesis in fungi (菌類における形態形成)、*Sci. Progress* **55**: 597–611 (1967) や S. Bartnicki-Garcia, Cell wall chemistry, morphogenesis and taxonomy of fungi (菌類の細胞壁の化学と形態形成および分類学)、*Ann. Rev. Microbiol.* **22**: 87–108 (1968) および G. Turian, 『菌類の分化 (*Différernciation fungique*)』、1969 (パリ) などがある。

(22) Rolfe & Rolfe (1925): 7–11, Ramsbottom (1953): 112–126参照。

(23) Erasmus Darwin, *The botanic garden*, Part I, 1791: II. 369–367および補足註 xiii に「暗い雲間から明るい光が飛び出し、黒いオークを裂くと、妖精の輪が焼きつけられる」とある。

(24) W. Withering, *An arrangement of British plants*, 1792, edn 2, **3**: 336–337

(25) De Bary (1866): 147–155; (1887): 343–352. Ainthworth & Sussman (1965–73) **2**: chap. 23にある Sussman の総説は Sussman & Halvorson (1966) を補足している。また、Margaret C. Ferguson (1902) には担子菌の胞子発芽に関する初期の研究成果がうまく要約されている。

## 4. 培養と栄養摂取

(1) 複写が1957年にニューヨークの Basic Book 社から再版された。

(2) G. de La Brosse, *De la nature, vertu et utilité des plantes, divise en cinq livres*,

1628. Paris（Livre II, Champignons: 168-177）

（3） ド・バリは共生を寄生、共生、地衣類まで含める一般的な用語として用い、片利共生と共利共生を区別した（de Bary, 1879）

（4） G. W. Martin, *Bot. Gaz.* **93**: 427（1932）

（5） 詳細については Knowles（1821）, Dickson（1838）および Ramsbottom（1941 b）などを参照。

（6） Ramsbottom（1941b）: 251-255 によって初めて印刷された。

（7） *Gdnrs Chron.* 1860: 559, 646参照。

（8） Boulton（1884）: 9

（9） Boulton（1884）: 11

（10） 詳細については Boulton（1884）参照。

（11） 地衣学の初期の歴史については、A. von Krempelhuber, *Geschichte und Litteratur der Lichenologie* 1867, **1**; 1869-72, **2** が役に立つかもしれない。

（12） J. M. Crombie, *Popular Science Review* July 1874（p. 18 of reprint）

（13） *J. Queckett microscop* Cl. **5**: 120（1879）『十九世紀』というのは有名な月刊文芸雑誌だった。

（14） 地衣共生藻類 phycobionts と地衣共生菌類 mycobionts という用語は G. D. Scott, *Nature* **179**: 486-487（1957）によって導入された。

（15） ライランズの図は Rayner（1927）: figs. 1, 2に複製されている。

（16） Rayner（1927）: esp. chap. 5. が多くのランの菌根に関する文献をあげて総説を書いている。Ramsbottom, *Trans. Br. Mycol Soc.* **8**: 28-61（1922）も参照。

（17） H. F. Link, *Icones selectae anatomico-botanicae* **2**: 10, tab. vii, figs. 10, 11（1840）

（18） Tyndall（1881）: 214

（19）「シャンバランの圧力釜の名でパリの Wiesnegg 工業社から、1884年ごろ」Bulloch（1938）: 234による。

（20） *Mitth. Kaiserl. Gesundheitsante* **1**: 301-321（1881）, Bulloch（1938）: 331による。

（21） *Ann. Chem. Pharm.* **89**: 232-243（1854）, Bulloch（1938）: 88-90, 301による。

（22） C. Vittadini, Della natura del calcino o mal del segno, *Mem. I. R. Ist. Lombardo Sci., Lett., Art.* **3**: 447-512（1852）

（23） 特に Brefeld（1872-1912）, **4** を参照。

（24） Bulloch（1938）: 222-223による。

（25） *Gesammdte Werke von R. Koch* **1**: 274-284（1912）を参照。

(26) 詳細については Hawker（1950）: 68-72を参照。
(27) 本章で取り上げた時代の成長要素の研究に関する補足資料については、Hawker（1950）: 72-94; *Roy. Coll. Sci.* J. **14**: 65-78（1944）および B. C. J. G. Knight, *Vitamins and hormones*, **3**: 105-288b（1945）を参照。

## 5．雌雄性、細胞学および遺伝学

（1）Phoebus（1842）: 217を引用。

（2）Grove（Tulasne（1861-65）**1**: 181）による英訳。

（3）自然科学大賞に応募してフランス科学アカデミーに提出されたが、公表されず、Brongniart によって報告された（Vuillemin（1912）: 27; Ramsbottom（1914 a）: 349）。

（4）*Grevillea* **4**: 53-63（1875）

（5）*Bull. Bot. Soc. Fr.* **22**: 99-101（1875）

（6）*Bot. Z.* **33**: 649-652（1875）

（7）植物細胞の核を発見したロバート・ブラウンをたたえた100周年記念記事を参照。*Proc. Linn. Soc. Lond.* 1931-2: 17-54（1932）

（8）B. Kisch, *Trans. Am. Phil. Soc.* N. S. **44**: 258-261（1954）

（9）meiosis が maiosis だったことについては、Farmer & Moore, *Quart. J. microsp. Sci.* **48**: 489（1905）に「われわれはフレミングがヘテロタイプとホモタイプとして二つに分けたものを含めて、核の変化全体を包含する用語として、マイオーシス Maiosis、マイオーティックフェーズ Maiotic phase を使うよう提案する」と書かれている。

（10）*Jahrb. wiss. Bot.* **42**: 62（1905）。ハプロイド haploid とディプロイド diploid は、結晶学の diploid（偏向二十四面体）のように、ギリシャ語の eidos に由来する接尾辞の-oid がついた言葉に思えるが、そうではない。ストラスブルガー（*Progressus Rei Bot.* **1**: 137（1907）がいうように、ふたつの言葉の語尾の id はネーゲリがいうイディオプラズマ Idioplasma（遺伝質）とワイズマンがいう Id や Idant（遺伝素質）の二つの言葉を結びつけようとしたものである。フランス語やドイツ語によく見られるように、実は ha-plo-id や di-plo-id は三音節からできている言葉なのである。

（11）ダンジャールの発見は、共軛核の融合を「ダンジャールの融合」と呼ぶことで報いられ、このような核融合が起こる器官は「ダンガーディアン（dangardian）」（Moreau（1949），'dangardium'）として知られるようになった。議論

については、J. P. van der Walt & Elzbieta Johannsen, *Antonie van Leeuwenhock* **40**: 185-192（1974）を参照。

(12) この融合は栄養的なものとされていた。造嚢器で核融合が見られたというダンガードやハーパーの結論は、第二減数分裂（Dame Helen Gwynne-Vaughanによって brachymeiosis と名づけられた）が子嚢で起こるという50年以上続くことになった異説の始まりだった。この説は最終的に H. E. Hirsh（*Mycologia* **42**: 301-305（1950））や Irene M. Wilson（*Ann. Bot. Lond.* N. S. **16**: 321-329（1952）らによって反駁された。

(13) 同じ8本の染色体グループの修正された遺伝子地図については、C. L. Dorn, *Genetics* **56**: 630-631（1967）を参照。

(14) 菌類に関する光の研究の詳細と新しい情報については、C. Booth (ed.), *Methods in microbiology* **4**: 609-664（1971）に出ている C. M. Leach の総説を参照。

## 6. 病原性

(1) オヴィディウスの『行事暦』（Fasti 4, 905 et seq.）とプリニウスの『博物誌』（Nat. Hist. **18**: 69）による。また、Bullar (1915a): 30; *Encycl. Brit.*, 1910-11, edn II, **22**: 416によると、ロビガリア祭は初期キリスト教の（法皇リベリウス（352-366）が始めた）*litania major* のさきがけとなった。これは同じ日（聖マルコの日）に行なわれ、祭りの行列はミルヴィウス橋に至る同じルートをたどったが、そこから聖ペテロ寺院に引き返し、ここでミサが営まれた。

(2) J. S. Elsholt, *Neuangelegter Gartenbau*, Aufl. 3, 1684 (Berlin), Orlob (1964): 197-198による。

(3) Orlob (1964): 221-222

(4) Henry Baker, *Natural history of the polype insect*, 1744: chap. xi, pl. xxii, fig. 9, 10による。

(5) 全文の複製は Plowright (1889): 302-304を参照。

(6) Cecil Woodham-Smith が『アイルランドの大飢饉（The great hunger, Ireland) 1845-1849』1962 London に書いているように。

(7) Paul Sorauer 編による『*Handbuch der Pflanzenkrankheiten*（植物病害ハンドブック）』1874,（現在は第7版）の初版（全一巻）、多くの著者が文献を網羅した教科書、を含めて。

(8) 最近の傾向については、L. Chiarappa, Phytopathological organizations of

the world（世界の植物病理学研究機構）、*Ann. Rev. Phytopath.* **8**: 419-39（1970）を参照。

（9） 1935年度国際植物学会議において推奨。

（10） ローランはアスペルギルス　ニガーの成長が硝酸銀では重量が1.6ppm（百万当たり1.6）の割りで、塩化水銀では512000ppm、二塩化プラチナでは8000ppm の割りで阻害されることを見出した。一方、硫酸銅では160ppm の割りでやや成長した。

（11） ミラルデの伝記と肖像写真およびボルドーにある記念碑の写真などを含む記事が *Rev. Path. vég. Ent.agric. Erance* **22**: 72pp.（1935）に補遺として出ている。

（12） これらの殺菌剤などの導入に関する詳細な経緯については、H. マーチンの何度も継続して出版されたハンドブック（Martin, 1928）や McCallan（1967）の歴史的論評などを参照されたい。

（13） A. Müller, *Die innere Therapie der Pflanzen*, 1926 (Monogr. Der angewandten Entomologie 8), Berlin を参照。

（14） *Operi di Agostino Bassi*, 1925, 673pp. Pavia（Società Medico-Chirugica di Pavia）

（15） レマークの生涯とその仕事の詳細については、B. Kirsch, *Trans. Am. Phil. Soc.* N. S. **44**: 227-296（1954）を参照。

（16） グリュビィの生涯とその仕事の詳細については、L. Le Leu, *Le Dr. Gruby. Notes et Souvenirs*, 1908（Paris）; B. Kirsch, Trans. *Am. Phil. Soc.* N. S. **44**: 193-226（1954）を参照。

（17） グルュビィの古典となったシラクモに関する論文4報は、Sabouraud（1910）: 8, 21, 25, 28によって復刻された。英訳は S. J. Zakon & T. Benedek, *Bull. Hist. Med.* **16**: 155-168（1944）による。

（18） W. Dampier, *A new voyage round the world*（新世界航海記）, 1697, London（第7版, 1729; 再版 1937: 228-9, London）

（19） L. Goldman, *Archs. Derm.* **98**: 660-661（1968）; **101**: 688（1970）

（20） J. Hogg, *Skin diseases, an inquiry into their parasitic origin, and connection with eye infections*（皮膚病、その病原体と眼への感染）; *also the fungoid germ theory of cholera*（およびコレラの病原菌説について）, 1873, London

（21） H. G. Adamson, *Brit. J. Derm.* **22**: 46-49（1910）による。

（22） J. Margarot & P. Devéze, *Ann. Derm. Syphil.* **6**: 581-608（1929）

（23） A. Whitfield, *Proc. R. Soc. Med.* **5**(1), Dermat. Sect.: 36-43（1912）

(24) Raper & Fennel (1965) の7章、P. K. C. Austwick を参照。

(25) 『*Sporotri chosis infection on mines of the Wit watersrand. A symposium*（ウィット・ウオーター・ストランド金鉱山におけるスポロトリクム症の発生、シンポジウム集）』、1947（ヨハネスブルグ）参照。

(26) 歴史的記述については、Schwarz & Baum (1965) 参照。

(27) M. J. Fiese, Coccidioidomycosis（コクシディオイデス真菌症）, 1958. Springfield, Ill. (History pp. 10-22)

(28) 日和見感染菌に関する国際シンポジウム、*Laboratory Investigation* **11** (11, part 2): 107-241 (1962)

(29) Engelbert Kaempfer の学位論文。J. S. Bowers & R. W. Carruba, *J. Hist. Med. Allied Sci.* **25**: 270-310 (1970) による。

(30) Elizabeth Hazen & Rachael Brown, *Proc. Soc. Exp. Biol. N. Y.* **76**: 93-97 (1950)

(31) W. Gold *et al.*, *Antibiotics Annual* 1955-56: 579-591 (1956)

(32) 菌のウイルスについては、P. A. Lemke & C. H. Nash, *Bact. Rev.* **38**: 29-56 (1974) の総説を参照。

### 7．有毒、幻覚性、アレルギーに関わる菌類

( 1 ) Houghton (1885): 40
( 2 ) 上掲: 25
( 3 ) 上掲: 28
( 4 ) 上掲: 29
( 5 ) 上掲: 24
( 6 ) 上掲: 26
( 7 ) 上掲: 39
( 8 ) 上掲: 28
( 9 ) 上掲: 31-32
(10) 上掲: 26
(11) *Phil. Trans.* **43** (472): 96-101 (1746)
(12) 上掲: **43** (473): 51-57 (1746)
(13) 最近の研究論文については Turner (1971) を、毒キノコの詳細については、600以上の文献を網羅した Dujarric & Heim (1938) を参照されたい。
(14) Bové (1970): 162 による。

(15) E. L. Blackman, *Religious dances*, 1952. London
(16) Garrison (1929): 243による。
(17) 微生物学的に見た顔面湿疹の一般的な解説については、'Microbiological aspects facial eczema' *N. Z. D. S. I. R. Inform. Ser.* **37**、62pp.（1964）を参照。
(18) Ruth Alcroft & R. B. A. Carnaghan, *Vet. Rec.* **74**: 863（1962）による。
(19) J. Needham, 『*Science and civilization in China*（中国の科学と文明）』vol. V. *Chemistry and chemical technology.* Part 2. *Spagyrical discovery and invention: Mysteries of gold and immortality*, 1974. Cambridge も参照。
(20) Heim et al.（1967）の中のワッソンの報告や B. Lowy, *Mycologia* **63**: 983-993（1971）のもの、最近では R. W. Kaplan（*Man* N. S. **10**: 72-79（1975）のものなどが、青銅器時代（1100-700 B.C.）の剃刀に彫られたキノコの絵柄やキノコ信仰を思わせるスカンジナビアの石の彫刻に注意を向けている。
(21) Turner (1971): 316参照。
(22) P. H. Gregory, *Nature* **170**: 475（1952）によって作られた用語。
(23) Buller（1909-50）**6**: 1-224も参照。
(24) 1740年9月のリンネにあてた手紙で、ハラーは次のように書いている。「私は地面に生えている白っぽい土色をした普通のチャワンタケで、奇妙な動きを見ました。植物全体が縮んで、プスッという音がして胞子を上に飛ばしました。これはまぎれもなく「タネ」に違いありません」Ramsbottom,（1941a）: 292
(25) *Linnaea* **17**: 474（1843）
(26) *Jahrb. Wiss. Bot.* **3**: 93（1863）; *Handb. der experimental Physiologie der Pflanzen*, 1865: 93
(27) J. Bolton, *A history of British ferns*, 1790: appendix xxi
(28) R. L. Maddox, *Monthly microscop. J.* **3**: 286-290（1870）による。

## 8．菌類の利用

(1) R. W. Marsh, *Bull. Brit. Mycol. Soc.* **7**: 34（1973）参照。
(2) Joseph Needham による。
(3) 中国名の香菌は1329年に Wu Jui が書いた *Jih Yung Pen Tsao*（日常使われていた本草書（〔訳注〕不詳）にあるという。Joseph Needham による。
(4) H. E. Winlock 著『*The Egyptian Expedition*（エジプト探検）1918-20. II. テーベでの発掘、1919-20』*Bull. Metropolitan Museum of Art* **12**:（1920）。W. J. Nickerson & A. H. Rose, Encyclopedia of chemical technology, 1956: 195-196に

（5） J. Sarton, Introduction to the history of science（科学史序説）**1**: 339（1927）(Carnegie Inst. Wash. Publ. 376)

（6） Harden (1911-32, edn 2): 1によると、'Ubi notandum, nihil fermentare quod non sit dulce' と書かれているという。

（7） *Familiar letters on chemistry. Second series*, 1841: 200-201, 205. London に出ている。

（8） *Archiv. F. Naturgeschichte* **4**: 100（1838）（Wiegmann）

（9） Pasteur（1876）: 271

（10） T. Schwann, *Mikroscopische Untersuchungen*, 1839: 234（脚注）

（11） R. E. Kohler『*The reception of Eduard Buchner's discovery of cell free fermentation*（Eduard Buchner による無細胞発酵の発見の評価）』*J. Hist. Biol.* **5**: 327-53（1972）参照。

（12） Joseph Needham によると、紀元後725年にでた *Pên Tsao Shi* I（本草書の補遺）の中に Chhen Tshang-Chhi が麦角のことを書いているという。また、中国の文献には、16世紀までライムギの麦角の記載がなく、一般に使われたこともなかったという。

（13） R. Hare,『*The birth of penicillin and the disarming of microbes*（ペニシリンの誕生とおとなしくなった微生物）』1970: chaps. 14 London および D. B. Colquhoun, *World Medicine* **10**: 41-43, 1975参照。

（14） たとえば、K. B. Raper による総説『*A decade of antifiotics in America*（アメリカにおける構成物質の10年）』*Mycologia* **44**: 1-59（1952）などを参照。

（15） Tyndall（1881）: 109や J. Friday, *Br. J. Hist. Sci.* **7**: 61-71（1974）（ハックスリイと抗生物質）などを参照。

（16） A. Schatz, E. Bugie & S. A. Waksman, *Proc. Soc. Exp. Biol. & Med.* **55**: 66-69（1944）によって初めて公表された。

（17） D. Broadbent, *PANS* **14**(2): 120-141（1968）によると、菌類が生産する抗生物質に関する最近の調査からパターンのあることが確認された。

（18） E. P. Abraham & G. G. F. Newton, The cephalosporins（セファロスポリン類）, *Adv. Chemotherapy* **2**: 23-90（1965）

## 9．菌類の分布

（1） エリアス・フリースの自叙伝『私の菌学研究史（Historia studii mei mycolog-

（2） *Abh.könig. Böhm. Ges. Wissensch.* **7**(5): 89–94（1851-2）の脚注を S. J Hughes が補って英訳した。現在、ヒューストンの人口は100万人を超えている。
（3） ブラーはその生涯にわたって、自分が書いた手紙のコピーと人から受け取ったものを残していた。この往復書簡と本や彼の遺灰はウィニペグにあるカナダ農業省の記念図書館に保管されている。また、彼の研究の未発表原稿はキュー王立植物園にある。
（4） E. J. Buttler, *Trans. Br. Mycol. Soc.* **14**: 1–18（1929）の総説を参照。
（5） ジョセフ・ニーダムによれば、中国古典語の知識を持った菌学者が紀元前2世紀から18世紀に至る中国本草学の歴史を研究する大仕事が必要であるという。
（6） L. E. Hawker, *Biol. Rev.* **30**: 127–158（1955）の総説を参照。
（7） たとえば、J. Webster, *Trans. Br. mycol. Soc.* **54**: 161–180（1970）を参照。
（8） 詳細については *Trans. Br. mycol. Soc.* **35**: 188–189（1952）や *Bull. Br. Mycol. Soc.* **6**: 17（1972）を参照。
（9） フンボルトに関する一般的解説は D. Botting, *Humboldt and the Cosmos*, 1973（London）を参照。
（10） *Trans. Br. mycol. Soc.* **5**: 147–155（1915）; 257–263（1916）および *New phytol.* **14**: 33, 183（1915）; **15**: 35（1916）
（11） *Beitr. Obst. v. Naturges. schedicher Insecten* **4**, Ramsbottom（1953）: 299による。
（12） L. R. Batra, *Trans. Kansas Acad. Sci.* **66**: 266（1963）にこのように名指しで書かれている。
（13） J. G. Koenig が1779年に初めて記載した。Ramsbottom（1953）: 214による。
（14） リストについては、*Ainsworth & Bisby's Dictionary of the fungi*, 1970, edn 6: 233–240を参照。
（15） 明らかに W. Nylander, *Bull. Soc. Bot. Fr.* **13**: 364–372（1886）が最初。
（16） 総説としては、O. L. Gilbert in Ahmadjian & Hale（1973）, chap. 13; B. W. Ferry, M. S. Baddeley & D. L. Hawksworth（eds）, 『*Air pollution and lichens*（大気汚染と地衣類）』1973（London）

## 10. 分類

（1） S. T. Cowan, 『*A dictionary of microbial taxonomic usage*（微生物分類実用事典）』1968: 105. London.
（2） J. Heslop-Harrison, 『*New concepts in flowering plant taxonomy*（顕花植物分類

の新概念)』1953: **1**. London
(3) V. H. Heywood, *Plant taxonomy*, 1967: 3. London
(4) この用語はA. Meyerが1926年に作ったもの。その歴史についてはLam, *Taxon* **6**: 213-215（1957）を参照。
(5) リンネの一般的なすぐれた紹介については、W. Blunt（W. T. Stearnの支援による），『*The complete naturalist. A life of Linnaeus*（リンネの生涯、完璧な自然学者)』1917（London）を参照。リンネとその背景については、F. A. Stafleu,『*Linnaeus and the Linnaeans*（リンネとその学派)』1971（Utrecht）に詳しい。
(6) リンネが行った菌類の扱い方の詳細については、Ramsbottom（1941a）: esp. pp. 290-300を参照。
(7) M. Åsberg & W. T. Stearnによって『リンネのエーランドとゴトランドへの旅 (Linnaeus's Öland and Gotland Journey)』*Biol. J. Linn. Soc. Lond.* **5**（1-2）: 1-107, 109-220（1973）として英訳された。
(8) J. L. M. Franken, Uit die Lewe van'n Beroemde Afrikaner, Christiaan Hendrik Persoon, *Ann. Univ. Stellenbosch* **15**B(4), 102pp.（1937）; A note on a visit to Christiaan Hendrik Persoon's grave, *J. South Afr. Bot.* **4**: 127（1938）; C. E. Hugo, The restoration of the grave of Christiaan Hendrik Persoon – 'Prince of mycologists', ; *J. bot. Soc. S. Afr.*, part 51, 3pp.（1965）などにペルズーンの生涯と研究の詳細がでており、参考になる文献も引用されている。
(9) 背景やコメントについては、A.-L. de Jussieu, Genera plantarum, 1789のStafleu（Chapter 10, note 5）: 321-332も参照。
(10) オランダのライデンにあるRijksherbarium（標本館）にある。
(11) エリアス・フリースの自叙伝については、'Historia studii mei mycologici', *Friesia* **5**: 135-160（1955）の英訳がある。
(12) 詳細については、N. F. Buckwald, Erias Fries' aetlinge inden for mykologien, *Friesia* **9**: 348-354（1970）を参照。
(13) G. Eriksson, *Erias Fries och den romantiska biologien*, 487pp., 1962（Uppsala）（スウェーデン語、英文要約）
(14) ザックスの『*Text book of botany*（植物学概論)』(1875年に英訳）によって広がった見方。現代ではClements & Shear（1931）がProtococcalesやSpirogyralesなど、藻類の名称をつけて6目とし、その中に藻菌類を割り振った。
(15) バークリーは子嚢胞子のいわゆる「独立した細胞の形成」を見た人でもある。Berkeley（1857）: 25によると、彼は「*Sphaeria*や*Peziza*のような菌では、繁

殖体が子実体細胞の中のエンドクロームによって作られる。なお、菌学者(自分)はエンドクロームができ始める瞬間から胞子ができる過程を見る力を持っており、それがもとから細胞の中にいたものではなく、エンドクローム自体が作るものであると自信をもって言い切ることができる」と書いている。

(16) G. C. Ainsworth, *Taxon* **3**: 77–79（1954）

## 11　菌学と組織

( 1 ) W. T. Stearn, *Botanical Latin*, 1966（edn 2, 1973）, London. 参照
( 2 ) G.C. Ainsworth, The pattern of mycological information, *Mycologia* **55**: 65–72（1963）
( 3 ) M. Rees, *Ber. Dtsch. Bot. Ges.* **6**: viii–xxvi（1888）
( 4 ) J. R. Porter, *Bact. Rev.* **28**: 228（1964）による。
( 5 ) R. D. Meikle, *The history of Index Kewensis*, *Biol. J. Linn. Soc. Lond* **3**: 295–299（1971）
( 6 ) 分析についてはF. A. Stafleu, *Taxon* **23**: 625–626（1974）を参照。
( 7 ) Guétrot（1934）参照。
( 8 ) W. G. Smithが描いたほかの二つの漫画の複製については、*Trans. Br. mycol. Soc.* **46**: 161, pl. 12（1963）; **58**（suppl.）: 14, pl. 1（1972）参照。
( 9 ) 英国菌学会史の詳細については、Ramsbottom, *Trans Br. mycol. Soc.* **30**: 1–12, 22–39（1948）参照。
(10) Fitzpatrick（1937）and Dearness, *Mycologia* **30**: 111–119（1938）参照。
(11) H. Haas, 50 Jahre Deutsche Gesellschaft für Pilzekunde, *Z. Pilzkde* **39**: 9–14（1973）参照。
(12) Arber（1938）: 139による。
(13) 'herbarium'（標本庫または標本館）という用語は、現代的な意味で'Élémens'の中で1694年に初めてトゥルヌフォールによって使われた。Arber（1938）: 142による。
(14) J. A. Stevenson, *Taxon* **4**: 181–185（1955）およびMary E. Lentz&P. L. Lentz, *BioScience* **18**: 194–200（1968）参照。
(15) C. B. S. の初期50年間の総説については、K. B. Raper, *Mycologia* **49**: 884–892（1957）およびAgathe L. van Beverwijk, *Antonie v. Leeuwenhoek* **25**: 1–20（1959）に出ている。
(16) W. A. Clarke&W. Q. Loegering, Function and maintenance of a type cul-

tute collection, *Ann. Rev. Microbiol.* **5**: 319-342（1967）に国の重要な保存株を記載。

(17) T. Hasegawa, Japanese culture collections of micro-organisms in the field of industry – their histories and actual state, *Ann. Rep. Inst. Ferment.*, Osaka **3**: 139-143（1967）参照。

(18) G. C. Ainsworth, *Nature* **195**: 1120-1121（1962）なお、実験は今も進行中。

(19) E. W. Mason, Presidential address. Specimens, species and names, *Trans. Br. mycol Soc.* **24**: 115-125（1940）

# 年表および参考文献

*General mycology.* Paulet (1790–3, **1**), E. Roze in Richon & Roze (1885–9), Lindau & Sydow (1908–15), Rolfe & Rolfe (1925), Lütjeharms (1936), Ramsbottom (1941*a*, 1953), Morandi & Baldacci (1954), Raab (1965–75).

*Regional mycology.* Austria (Lowag, 1969); Brazil (Fidalgo, 1968); Czechoslovakia (Špaček, 1969); Denmark (Lind, 1913); France (Guétrot, 1934; Virville, 1954); Germany (Bresinsky, 1973; Bavaria); Great Britain (Ramsbottom, 1948; 1963, Scotland); Hungary (Ubrizsy, 1968); India (Das Gupta, 1958); Italy (Lazzari, 1973); Japan (Heim & Pellier, 1963; Tubaki, 1970); Switzerland (Blumer & Müller, 1971); U.S.A. (Fitzpatrick, 1937).

*Plant pathology.* Much has been written on the history of phytopathology, including fungal diseases of plants. The best introduction is still Whetzel (1918). Other general surveys include Sorauer (1914); Braun (1933), Wehnelt (1943), Keitt (1959), while Large (1940) provides much information in a popular form. The two reviews by Orlob (1964 (concepts of aetiology), 1971 (Middle Ages)) are valuable as are the chronologies by Mayer (1959) and Parris (1968). *Regional histories* include: Australia (Fish, 1970); Brazil (Puttemans, 1940); Canada (Conners, 1972); Denmark (Buchwald, 1967); Great Britain (Ainsworth, 1969); Hungary (Kiraly, 1972); India (Raychaudhuri *et al.*, 1972); Japan (Akai, 1974); U.S.A. (Stevenson, 1951, 1954, 1959; McCallan, 1959).

*Medical mycology.* Less has been written on the history of medical and veterinary mycology. Sabouraud (1910) reviews the history of dermatophyte infections; de Beurmann & Gougerot (1912), sporotrichosis. Other bibliographical starting points are Schwarz & Baum (1965; systemic mycoses) and Ainsworth (1951, Great Britain). A number of regional surveys of mycoses were published in *Mycopathologia et Mycologia Applicata* during the decade following 1958.

*Industrial mycology.* Lafar (1898–1910) and G. Smith (1938) provide many clues.

*Lichenology.* A. L. Smith (1921), Grummann (1974).

*General botany:* Jessen (1864), Sachs (1890), Arber (1938), Reed (1942). *Genetics:* Sturtevant (1965). *Medicine:* Garrison (1929). *Bacteriology:* Bulloch (1938), Grainger (1958).

An asterisk (*) preceding an entry indicates a secondary publication.

## 1400

1491    *Ortus sanitatis.* Cap. cciii, ccclxxxiii. Mainz.

## 1500

1526 *The grete herball which geveth parfyt knowledge and understandying of all maner of herbes and there gracyous vertues.* London.

1552 Bock, J. (H. Tragus). *De stirpium maxime earum quae in Germania nostra nascuntur, usitatis nomenclaturis.* Strasbourg.

1560 Mattioli, P. A. *Commentarii, in libros sex Pedacii Dioscoridis Anazarbei, de medica materia.* Venice.

1562 Jonghe, A. (H. Junius). *Phalli, ex fungorum genere in Hollandiae sabuletis passim crescentis descriptio et vivum expressa pictura.* Delft. (Also 1564, 1601.)

1564 Ciccarelli, A. *Opusculum de tuberibus, cum opusculo de Clitumno flumine.* Pavia. (P. J. Amoreux, *Opuscule sur les truffes, traduction libre du latin d'Aphonse Ciccarellus, auteur du $xv^e$ siècle; avec des annotations sur le texte et un préamble historique,* 1813. Montpellier.)

1581 l'Obel, M. de (Lobelius). *Kruydtboeck.* Pp. 305–12. Antwerp. (For Latin transl. see Clusius, 1601:ccxcii.)

1582 Lonitzer, A. (Lonicerus). *Kreuterbuch.* P. 285 (ergot). Frankfurt-on-Main. (Also 1587.)

1583 Cesalpino, A. *De plantis libri xvi.* Pp. 28, 613–21. Florence.

Dodoens, R. (Dodonaeus). *Stirpium historia pemptades sex. Sive libri xxx.* Pp. 474–8. Antwerp.

1588 Porta, G. della. *Phytognomonica.* Lib. vi, p. 240. Naples.

c. 1590–1600 Compound microscope invented.

## 1600

1601 Clusius, C. (J.-C. de l'Éscluse). *Rariorum plantarum historia.* Pp. 263–95 (Fungorum in Pannoniis observatorum). Antwerp.

1623 Bauhin, G. (C. Bauhinus). *Pinax theatri botanici.* (*Editio altera,* 1671.) Basle.

1633 Gerarde, J. *The herball or generall historie of plantes...very much enlarged and amended by Thomas Johnson.* Pp. 1365–6, 1578–84. London.

1640 Parkinson, J. *Theatrum botanicum.* Pp. 1316–24. London.

1651 Bauhin, J. & Cherler, J. H. *Historia plantarum universalis.* **3**:821–36. Yverdon, Switzerland.

1658 Bauhin, G. *Theatri botanici. Liber primus.* P. 434 (ergot). Basle.

1660 Royal Society of London founded.

1665 Hooke, R. *Micrographia.* London.

1673 van Leeuwenhoek, A. A specimen of some observations made by a microscope. *Phil. Trans.* **8**(94):6037.

1675 van Sterbeeck, F. *Theatrum fungorum.* Antwerp.

1679 Malpighi, M. *Anatome plantarum pars altera.* Pp. 64–7, tab. xxviii. London.

1686–1704 Ray, J. *Historia plantarum.* 3 vols. **1**:84–111 (1686); **3**:16–26 (1704) (Fungi). London.

1689 Magnol, P. *Prodromus historiae generalis plantarum, in quo familiae plantarum per tabulas disponuntur.* Montpellier.

1690 Ray, J. *Synopsis methodica stirpium Britannicarum.* London. (Edn 3, 1724 by Dillenius; Ray Soc. reprint, 1974.)

1694 Sexuality in higher plants experimentally demonstrated by R. J. Camerarius.

Tournefort, J. P. de. *Élémens de botanique*. 3 vols (8vo). **1**: 438–42; **3**, tabs. 327–33 (Fungi). Paris.
1697 Boccone, P. *Museo di piante rare*. Venice.
1699 Morison, R. *Plantarum historia universalis Oxoniensis*. **3**: 631–5 (Muscofungus), 635–43 (Fungus). Oxford.

## 1700

1700 Tournefort, J. P. de. *Institutiones rei herbariae*. 3 vols (4to). **1**: 556–76; **3**, tabs. 327–33 (Fungi). Paris.
1703 Loeselius, J. *Flora Prussica sive plantae in regno Prussicae sponte nascentes*. Kaliningrad, USSR.
1705 Tournefort, J. P. de. Observations sur les maladies des plantes. *Mém. Acad. Sci. Paris* 1705: 332–45.
1707 Linnaeus born.

Tournefort, J. P. de. Observations sur la naissance et la culture de champignons. *Mém. Acad. Sci. Paris* 1707: 58–66.
1711 Marchant *fils*, J. Observations touchant la nature des plantes et quelques uses de leur parties cachées, ou inconnues. *Mém. Acad. Sci. Paris* 1711: 100–9.
1714 Marsigli, L. F. *Dissertatio de generatio fungorum* with Lancisi, J. M. *Dissertatio epistolaris de orto vegetatione, ac textura fungorum*. Rome.
1719 Dillenius, J. J. *Catalogus plantarum sponte circa Gissam nascentium. Cum appendice*. Frankfurt-on-Main.
1721 Buxbaum, J. C. *Enumeratio plantarum in agro Halensi*. Halle.
1723 Eysfarth, C. S. *Dissertatio de morbis plantarum*. Leipzig.
1726 Réaumur, R. A. [de]. Remarques sur la plante appelée à la Chine Hia Tsao Tom Tschom ou plante ver. *Mém. Acad. Sci. Paris* 1726: 302–5.
1727 Hales, S. *Vegetable staticks*. London. (Reprint Oldbourne, London, 1961.)
Marchant *fils*, J. Observation touchant une végétation particulière qui naît sur l'écorce du chêne battuë, et mise en poudre, vulgairement appelée du tan. *Mém. Acad. Sci. Paris* 1727: 335–9.
Vaillant, S. *Botanicon Parisiense*. Leyden and Amsterdam.
1728 Jussieu, A. de. De la necessité d'établir la methode nouvelle des plantes, une class particulière pour les fungus. *Mém. Acad. Sci. Paris* 1728: 377–82.
1728–40 Buxbaum, J. C. *Plantarum minus cognitarum centuriae*. Leningrad.
1729 Micheli, P. A. *Nova plantarum genera juxta Tournefortii methodum disposita*. Florence.
1733 Tull, J. *The horse-hoing husbandry*. Chap. x (Of smuttiness), xi (Of blight) (Edn 3, *Horse-hœing husbandry*, 1751). London.
1740 Gleditsch, J. G. *Consideratio epicriseos Siegesbeckianae*. Berlin.
1741 Dillenius, J. J. *Historia muscorum*. Oxford.
1742 Haller, A. von. *Enumeratio methodica stirpium Helvetiae indigenarum*. Göttingen.
1743 Mazzuoli, F. M. Dissertazione sopra l'origine dei funghi. *Memorie sopra la fisica e istoria di diversi Valentuomini*. **1**: 159–74.

1744 Seyffert, C. *De fungis.* Jena. (The Brit. Mus. (Nat. Hist.) copy is bound with 132 watercolours of fungi by Seyffert dated 1744.)
1745 Martyn, J. An account of a new species of fungus. *Phil. Trans.* **43**(475): 263-4.
1748 Arderon, W. The substance of a letter from Mr William Arderon F.R.S. to Mr Henry Baker F.R.S. *Phil. Trans.* **45**(487): 1321-3.
1749 Gleditsch, J. G. Expérience concernant le génération des champignons. (Traduit du Latin.) *Hist. Acad. Berlin* 1749: 26-32.

## 1750

1751 Hill J. *A history of plants.* Pp. 26-72, pl. 4 (Fungi). London.
Linnaeus, C. *Philosophia botanica.* Stockholm.
1753 Gleditsch, J. G. *Methodus fungorum exhibens genera, species et varietates.* Berlin.
Linnaeus, C. *Species plantarum.* 2 vols. Stockholm. (Facsimile reprint, 1957-9, Ray Soc., London.)
1754 Monti, G. De mucore. *Comment. Inst. Bononiens* **3**: 145-59.
1755 Battarra, A. J. A. *Fungorum agri Ariminensis historia.* Faenza.
Tillet, M. *Dissertation sur la cause qui corrompt et noircit les grains de bled dans les épis; et sur les moyens de prevenir ces accidens.* Bordeaux.
*Suite des expériences et reflexions relatives à la dissertation sur la cause qui corrompt et noircit les grains de bled dans les épis.* Paris. (English transl. of both by H. B. Humphrey, *Phytopathological Classics* **5** (1955).)
1759 Schaeffer, J. C. *Vorläufige Beobachtungen der Schwämme von Regensberg.* Regensberg.
1760 Scopoli, G. A. *Flora Carniolica.* Vienna. (Edn 2, 2 vols., 1772.)
1762 Schmidel, C. C. (Curante J. C. Keller) *Icones plantarum et analyses partium.* Pp. 42-4, tab. x.
1762-7 Schaeffer, J. C. *Fungorum qui in Bavaria et Palatinata circa Ratisbonam nascuntur icones.* 4 vols. Regensberg.
1763 Adanson, M. *Familles des plantes.* 2 vols. Paris.
1764 Watson, W. An account of the insect called the vegetable fly. *Phil. Trans.* **53**: 271-4.
1767 Fontana, F. *Osservazioni sopra la ruggine del grano.* Lucca. (English transl. by P. P. Pirone, *Phytopathological Classics* **2** (1932).)
Targioni-Tozzetti, G. *Alimurgia o sia modo di render meno gravi le carestie, proposto per sollievo de' poveri.* Florence. (Reprinted as *Reale Accademia d'Italia. Studi e Documenti* **12** (1943); English transl. of chap. 5 by L. R. Tehon, *Phytopathological Classics* **9** (1952).)
1768 Haller, A. von. *Historia stirpium indigenarum Helvetiae*, **3**: 110-80. Bern.
1772 Scopoli, J. A. Plantae subterraneae descriptae et delineatae, in J. A. Scopoli, *Dissertationes ad scientiam naturalem pertinentes.* Pars I: 84-120. Prague.
1773 Zallinger, J. B. *De morbis plantarum.* Innsbruck.
1774 Fabricius, J. C. Forsøg til en Afhandling om Planternes Sygdomme. *Det. Kongelige Norske Vidensk. Selsk. Skrift.* **5**: 431-92. (English transl. by M. K. Ravn, *Phytopathological Classics* **1** (1926).)
1776 Dryander, J. *Fungos regno vegetabile vindicans.* London. (Thesis, presided over by E. G. Lidbeck.)

Spallanzani, L. *Opuscoli di fisica animale e vegetabile.* Modena. (French transl. by J. Senebier, *Opuscules de physique, animale et vegetale,* 2 vols. 1777. Geneva.)

1783　Necker, N. J. de. *Traité sur la mycitologie.* Manheim.
　　　Palisot de Beauvois, A. M. F. J. Champignons, Fungi. In Lamarck, *Encyclopédie Methodique, Botanique:* 691–4.
　　　Tessier, H.-A. *Traité des maladies des grains.* Paris.
1783–9　Batsch, A. J. G. C. *Elenchus fungorum.* 3 vols. Halle.
1784　Villemet, R. Essai sur l'histoire naturelle du champignon vulgare. *Nouv. Mém. Acad. Dijon* 1783, 2e sem.: 195–211.
1788　Hedwig, J. *Stirpes cryptogamicae,* **2** (fasc. 1): 1–34, tabs. i–x. Leipzig. (= *Descriptio et adumbratio muscorum frondosum,* **2**: 1–34, tabs. i–x (1789).)
　　　Picco, V. *Melethemata inauguralia.* Turin.
1788–91　Bolton, J. *An history of fungusses growing about Halifax.* 4 vols. Huddersfield. (German transl. by K. L. Willdenow, *Geschichte der merkwurdigsten Pilze,* 1795–1820. Berlin.)
1790–1　Tode, H. J. *Fungi Mecklenburgenses selecti.* 2 vols. Lüneburg.
1790–3　Paulet, J. J. *Traité des champignons.* 2 vols. Paris.
1790–9　Holmskiold, T. *Beata ruris otia fungis Danicis impensa.* 2 vols. Copenhagen.
1791–1812　Bulliard, P. *Histoire des champignons de la France.* 4 vols. Paris.
1793　Humboldt, F. A. von. *Flora Fribergensis specimen plantas cryptogamicas praesertim subterraneas exhibens.* Berlin. (Fungi pp. 71–132.)
1793　Persoon, C. H. Was sind eigentlich die Schwämme? (*Voight's*) *Magaz. Neuste Physik. Naturgesch.* **8**: 76–85.
1794　Persoon, C. H. Neuer Versuch einer systematischen Entheilung der Schwämme. (*Römer's*) *Neues Magaz. Bot.* **1**: 63–128.
1796–9　Persoon, C. H. *Observationes mycologicae.* 2 parts. Leipzig and Lucerne.
1797　Blottner, C. *De origine ac modo generationis fungorum.* Halle.
　　　Persoon, C. H. *Tentamen dispositionis methodicae fungorum in Classes, Ordines, Genera et Familias.* Leipzig.
1797–1815　Sowerby, J. *Coloured figures of English fungi or mushrooms.* 3 vols. & suppl. London.

## 1800

1801　Persoon, C. H. *Synopsis methodica fungorum.* Göttingen.
1802　Forsyth, W. *A treatise on the culture and management of fruit-trees.* London.
1803　Acharius, E. *Methodus qua omnes detectos Lichenes.* Stockholm.
1804–6　Trattinick, L. *Fungi Austriaci ad specimina viva cera expressi, descriptiones ac historiam completam addidit.* Vienna.
1805　Albertini, J. B. de & Schweinitz, L. D. de. *Conspectus fungorum in Lusitiae superioris agro Niskiensi crescentium.* Leipzig.
　　　Banks, J. *A short account of the cause of the disease in corn, called by farmers the blight, the mildew, and the rust.* London.
1806　Windt, L. G. *Der Beberitzenstrauch, ein Feind des Wintergetreides. Aus Erfahrungen, Versuchen und Zeugnissen.* Bückeburg ü. Hannover. (MS. English transl. in Banksian library at Brit. Mus. (Nat. Hist.).)
1807　Candolle, A. P. de. Sur les champignons parasites. *Ann. Mus. Hist. nat.*

*Paris* **9**: 56.

Prévost, B. *Mémoire sur la cause immédiate de la carie ou charbon des blés, et de plusieurs autres maladies des plantes, et sur les préservatifs de la carie.* Paris. (English transl. by G. W. Keitt, *Phytopathological Classics* **6** (1939).)

1808 Richard, L. C. M. *Démonstrations botaniques: ou analyse du fruit, considéré en général; publiées par H. A. Duval.* Paris.

1809–16 Link, H. F. Observationes in ordines plantarum naturales. Dissertatio I. *Mag. Ges. naturf. Freunde, Berlin* **3**: 3–42 (1809); Dissertatio II, *ibid.* **7**: 25–45 (1816).

1810 Acharius, E. *Lichenographia universalis.* Göttingen.

Willdenow, K. L. *Anleitung zum Selbststudium der Botanik, ein Handbuch zu öffentlichen Vorlesungen. Zweite Auflage.* Berlin. (English transl. as *Principles of botany, and vegetable physiology,* 1811. Edinburgh.)

1814 Acharius, E. *Synopsis methodica lichenum.* Lund.

1816 Nees von Esenbeck, C. G. *Das System der Pilze und Schwämme.* Würzburg. (Both copies seen dated 1817.)

1819 Richard, A. *Nouveaux élémens de botanique et de physiologie végétale.* Paris.

1820 Ehrenberg, C. G. (*a*) De mycetogenesi ad Acad. C.L.C.N.C. Praesidem epistola. *Nova Acta Physico-Medica Acad. Caes. Leop. Carol.*, **10**: 157–222.

Ehrenberg, C. G. (*b*) Syzygites, eine neue Schimmelpilzgattung. *Verh. GesNaturf. Freunde, Berlin* **1**: 98–109.

1821 Knowles, J. *An inquiry into the means which have been taken to preserve the British navy, from the earliest period to the present time, particularly from that species of decay, now denominated dry-rot.* London.

1821–32 Fries, E. M. *Systema mycologicum, sistens fungorum ordines, genera, et species.* 3 vols. Lund: Griefswald.

1822–8 Persoon, C. H. *Mycologia Europaea.* 3 vols. Erlangen.

1823–8 Greville, R. K. *Scottish cryptogamic flora.* 6 vols. Edinburgh.

1825–7 Wallroth, F. W. *Naturgeschichte der Flechten.* 2 vols. Frankfurt-on-Main.

1826 Desmazières, J. B. H. J. Recherches microscopiques sur le genre Mycoderma. *Rec. trav. Soc. Sci. Agric. Arts. Lille* **3**: 297–323 (1825); also *Ann. Sci. nat. Paris* **10**: 42–67 (1827).

1827 Schilling, J. Ueber die Bildung einer Schimmelart aus Saamen. *Kastner Archiv Naturl.* **10**: 429–42.

1830 Trattinick, L. *Fungi Austriaci delectu singulari iconibus xl observationibusque.* Vienna.

1831 Discovery of the nucleus in plant cells by Robert Brown.

Vittadini, C. *Monographia tuberacearum.* Milan.

1831–46 Krombholz, J. V. *Naturgetreue Abbildungen und Beschreibungen der essbären, schädlichen und verdächtigen Schwämme.* Prague.

1833 Hartig, T. *Abhandlung über die Verwandlung der polycotyledonischen Pflanzenzelle in Pilz- und Schwamm-Gebilde und die daraus hervorgehende sogennante Fäulniss des Holzes.* Berlin.

Secretan, L. *Mycographie Suisse.* Geneva.

Unger, F. *Die Exantheme der Pflanzen und einige mit diesen verwandte Krankheiten der Gewächse, pathogenetisch und nosographisch dargestellt.* Vienna.

1834 Corda, A. C. J. Ueber Micheli's Antheren der Fleischpilze. *Allg. Bot. Zeit.* **1**: 113–18.
Schweinitz, L. D. de Synopsis fungorum America Boreali media degentium. *Trans. Am. Phil. Soc.* **4**: 141–316.

1834–7 Biological nature of fermentation established independently by Cagniard-Latour (1837), Schwann (1837), and Kützing (1837).

1834–8 Viviani, D. *I funghi d'Italia.* Genoa.

1835 Birkbeck, G. *A lecture on the preservation of timber by Kyan's patent for preventing dry rot.* London.
Vittadini, C. *Descrizione di funghi mangerecci più communi dell'Italia.* Milan.

1835–6 Bassi, A. *Del mal del segno.* Lodi. (Facsimile, Novara, 1956; English transl. by P. J. Yarrow, *Phytopathological Classics* **10** (1958).)

1836 Ascherson, F. M. Ueber die Fructificationsorgane der höheren Pilze. (*Wiegmann's*) *Archiv f.Naturgesch.* **2**: 372.
Berkeley, M. J. 'Fungi' in *The English Flora of Sir James Edward Smith*, vol. **5** (= vol. **2** of *Dr Hooker's British Flora*), Part II. London.
Faraday, M. *On the practical prevention of dry rot in timber.* London.
Weinmann, J. A. *Hymeno- et Gastero-Mycetes hucusque in Imperio Rossico observatos recensuit.* Leningrad.

1836–8 Basidial structure elucidated independently by Ascherson (1836), Léveillé (1837), Corda (1837), Berkeley (1838), Klotzsch (1838), and Phoebus (1842).

1837 Cagniard-Latour, C. Mémoire sur la fermentation vineuse. *C. R. Acad. Sci. Paris* **4**: 905–6. (Also *Ann. Chimie Phys.* **68**: 206–22 (1838).)
Kützing, F. Microscopische Untersuchungen über die Hefe und Essigmutter nebst mehreren andern dazu gehörigen vegetabilischen. *J. prakt. Chemie* **11**: 385–409.
Léveillé, J. H. Recherches sur l'hymenium des champignons. *Ann. Sci. nat. Paris*, sér. 2, **8**: 321–38.
Schwann, T. Vorläufige Mittheilung betreffend Versuche über die Weingährung und Fäulniss. *Ann. Physik Chemie* **41**: 184.

1837–8 Meyen, F. J. F. Beiträge zur Pflanzenphysiologie. I. Ueber die Entwickelung des Getreidebrandes in der Mays-Pflanze. (*Wiegmann's*) *Archiv. f.Naturgesch.* **3**: 419–21 (1837); **4**: 162–3 (1838).

1837–54 Corda, A. C. J. *Icones fungorum hucusque cognitorum.* 6 vols. Prague.

1838 Audouin, V. Recherches anatomiques et physiologiques sur la maladie contagieuse qui attaque les vers à soie, et qu'on désigne sous le nom de muscardine. *Ann. Sci. nat. Paris*, sér. 2, Zool. **8**: 229–45.
Berkeley, M. J. (*a*) On the fructification of the pileate and clavate tribes of hymenomycetous fungi. *Ann. nat. Hist.* **1**: 81–101.
Berkeley, M. J. (*b*) On the existence of a second membrane in the asci of fungi. *Mag. Zool. Bot.* **2**: 222–5.
Dickson, R. *A lecture on the dry rot, and on the most effectual means of preventing it.* London.
Klotzsch, F. *Agaricus delequescens* Bull. In A. Dietrich, *Flora regni Borussici*, **6**, no. 375 (1838).
Quevenne, T. A. Sur la levure et la fermentation vineuse. *J. Pharm.*

**24**: 265, 329.

Turpin, P. J. F. Mémoire sur la cause et les effets de la fermentation alcoolique et aceteuse. *C. R. Acad. Sci. Paris* **7**: 369–402. (Also *Mém. Acad. Sci. Paris* **17**: 93–180, pl. 9 (1840).)

1838–9 'Cell Theory' introduced by M. J. Schleiden and T. Schwann.

1839 Wiegmann, A. F. *Die Krankheiten und krankhaften Missbildungen der Gewächse.* Brunswick.

1841 Gruby, D. (*a*) Mémoire sur une végétation qui constitu la vrai teigne. *C. R. Acad. Sci. Paris* **13**: 72–5.

Gruby, D. (*b*) Sur les mycodermes qui constituent la teigne faveuse. *C. R. Acad. Sci. Paris* **13**: 309–12.

Lees, E. On the parasitic growth of *Monotropa hypopitys*. *Phytologist* **1**: 97–101.

Meyen, F. J. F. *Pflanzen-Pathologie*. Berlin.

Montagne, J. F. C. *Equisse organographique et physiologique sur la class des champignons.* Paris. (English transl. by M. J. Berkeley, *Ann. Mag. nat. Hist.* **9**: 1, 107, 230, 283 (1842).)

1842 Bennett, J. H. On the parasitic fungi found growing in living animals. *Trans. roy. Soc. Edinburgh* **15**: 277–94.

Corda, A. C. J. *Anleitung zum Studium der Mycologie, nebst kritischer Beschreibung aller bekannten Gattungen, und einer kurzen Geschichte der Systematik.* Prague.

Gruby, D. (*a*) Sur une espèce de mentagre contagieuse résultant du développement d'un nouveau cryptogame dans la racine des poils de la barbe de l'homme. *C. R. Acad. Sci. Paris* **15**: 512–13.

Gruby, D. (*b*) Recherches anatomiques sur une plant cryptogame qui constitue le vrai muguet des infants. *C. R. Acad. Sci. Paris* **14**: 634–6.

Knight, T. A. Upon the causes of the diseases and deformities of leaves of the peach-tree. *Trans. hort. Soc. London*, ser. 2, **2**: 27–9. (Paper read 15 July 1834.)

Naegeli, C. W. von. Sur les champignons vivant dans l'intérieur des celles végétales. *Ann. Sci. nat. Paris*, sér. 2, **19**: 86–91.

Phoebus, P. Über den Keimkörner-Apparat der Agaricinen und Helvellaceen. *Nova Acta Physico-Medica Acad. Caes. Leop.-Carol., Erlangen* **19**: 169–248.

Remak, R. Gelungene Impfung des Favus. *Med. Ztg.* **11**: 137.

Rylands, T. G. On the nature of the byssoid substance found investing the roots of *Monotropa hypopitys*. *Phytologist* **1**: 341–8.

Vittadini, C. *Monographia Lycoperdineorum.* Turin.

1843 Gruby, D. Recherches sur la nature, la siége et le développement du porrigo decalvans ou phyto-alopécie. *C. R. Acad. Sci. Paris* **17**: 301–3.

Léveillé, J. H. Mémoire sur le genre Sclerotium. *Ann. Sci. nat. Paris*, sér. 2, **20**: 218–48.

1844 Gruby, D. Recherches sur les cryptogames qui constituent la maladie contagieuse du cuir chevelu décrite sous le nom de teigne tondante (Mahon), herpes tonsurans (Cazenave). *C. R. Acad. Sci. Paris* **18**: 583–5.

Hartig, T. Ambrosia des *Bostrychus dispar*. *Allg. Forst-Jagdzeit.* **13**: 73–4.

1845 Remak, R. *Diagnostiche und pathogenetische Untersuchungen, in der Klinik des Herrn Geh. Raths Dr. Schoenlein.* Berlin. (*Achorion*, p. 193.)

Schmitz, J. Beiträge zur Anatomie und Physiologie der Schwämme. *Linnaea* **17**:434.
1845–50 Trog, J. G. *Die essbaren, verdächtigen und giftigen Schwämme der Schweiz.* Bern.
1845–60 Venturi, A. *I myceti del agro Bresciano, descritti ed illustrati con figure tratte dal vero.* Brescia.
1846 Berkeley, M. J. Observations, botanical and physiological, on the potato murrain. *J. hort. Soc. London* **1**:9–34. (Reprinted in *Phytopathological Classics* **8** (1948).)
Léveillé, J. H. *Considérations mycologiques, suivies d'une nouvelle classification des champignons.* Paris.
1847 Badham, C. D. *A treatise on the esculent fungusses of England.* London.
Reissek, S. Über Endophyten der Pflanzenzelle. *Naturwiss. Abhandl. von W. Haidinger* **1**:31–46.
Tulasne, L.-R. & C. Mémoire sur les Ustilaginées comparées aux Urédinées. *Ann. Sci. nat. Paris*, sér. 3, **7**:12–127. (See also 1854.)
1848 W. Hofmeister illustrates chromosomes.

## 1850

1851 Bonorden, H. F. *Handbuch der allgemeinen Mykologie.* Stuttgart.
Tulasne, L. R. & C. *Fungi hypogaei.* Paris. (Asher reprint, 1970.)
1852 de Bary, A. Beitrag zur Kenntnis der *Achlya prolifera. Bot. Z.* **10**:473–9, 489–96, 505–11.
Schacht, H. *Physiologische Botanik. Die Pflanzenzelle, der innere Bau und das Leben der Gewächse.* Berlin.
Tulasne, L. R. Mémoire pour servir à l'histoire organographique et physiologique des lichens. *Ann. Sci. nat. Paris*, sér. 3, **17**:5–128, 153–249, pl. 16.
1853 de Bary, A. *Untersuchungen über die Brandpilze und die durch sie verursachten Krankheiten der Pflanzen.* Berlin. (English transl. by R. M. S. Heffner et al., *Phytopathological Classics* **11** (1969).)
Robin, C. *Histoire naturelle des végétaux parasites qui croissent sur l'homme et sur les animaux vivants.* 1 vol.+atlas. Paris.
Tulasne, L. R. Mémoire sur l'ergot des Glumacées. *Ann. Sci. nat. Paris*, sér. 3, **20**:5–56.
1854 de Bary, A. Ueber die Entwicklung und den Zusammenhang von *Aspergillus glaucus* und *Eurotium. Bot. Z.* **12**:425–34, 441–51, 465–71.
Tulasne, L. R. Second mémoire sur les Urédinées et les Ustilaginées. *Ann. Sci. nat. Paris*, sér. 4, **2**:77–196. (See also 1847.)
1854–7 B[erkeley], M. J. Vegetable pathology. A series of 173 articles in the *Gardeners' Chronicle and Agricultural Gazette* between 7 Jan. 1854 and 3 Oct. 1857. (A selection reprinted in *Phytopathological Classics* **8** (1948).)
1856 Hoffmann, H. Die Pollinarien und Spermatien von *Agaricus. Bot. Z.* **14**:137–48, 153–63.
1857 Berkeley, M. J. *Introduction to cryptogamic botany.* London.
1857–60 Pringsheim, N. Ueber die Befruchtung und Vermehrung der Saprolegnieen. *Monatsb. K. Akad. wiss. Berlin 1857*: 315–30; Beiträge zur Morphologie und Systematik der Algen. II Die Saprolegnieen. *Jahrb. wiss. Bot.* **2**: 205–36 (1860). (These and later papers are reprinted in *Gesammelte Abhandlungen von N. Pringsheim,* **2** (1895). Jena.)

1858 Kühn, J. *Die Krankheiten der Kulturgewächse, ihre Ursachen und ihre Verhütung.* Berlin.
Traube, M. *Theorie der Fermentwirkungen.* Berlin.
1859 *The Origin of Species* by Charles Darwin published 24 November.
\*Lenz, H. O. *Botanik der alten Griechen und Römer.* Gotha. (Fungi, pp. 753–66.)
1860 Berkeley, M. J. *Outlines of British fungology.* London
Pasteur, L. Mémoire sur la fermentation alcoolique. *Ann. Chimie Phys.*, sér. 3, **58**: 323–426.
1861 Anderson, T. M'Call. *On the parasitic affections of the skin.* London.
de Bary, A. *Die gegenwärtig herrschende Kartoffelkrankheit, ihre Ursache und ihre Vehütung.* Leipzig.
1861–5 Tulasne, L. R. & C. *Selecta fungorum carpologia.* 3 vols. Paris. (English transl. by W. B. Grove, edited by A. H. R. Buller, 1931. Oxford.)
1862 Streinz, W. M. *Nomenclator fungorum.* Vienna.
1863 de Bary, A. (*a*) *Über die Fruchtentwicklung der Ascomyceten. Eine pflanzenphysiologische Untersuchung.* Leipzig.
de Bary, A. (*b*) Recherches sur le développement de quelques champignons parasitaires. *Ann. Sci. nat. Paris,* sér. 4, **20**: 5–148.
Fox, W. Tilbury. *Skin diseases of parasitic origin.* London.
1864 \*Jessen, K. F. W. *Botanik der Gegenwart und Vorzeit in culturhistorischer Entwicklung.* Leipzig. (Chronica Botanica reprint, 1948.)
1864–81 de Bary, A. & Woronin, M. Beiträge zur Morphologie und Physiologie der Pilze. (ex *Abhandl. Senckenberg Naturf. Ges.*, **5, 7, 12**) **1** (de Bary only), 1864; **2**, 1866; **3**, 1870; **4**, 1881.
1865 Ørsted, A. S. Jagtagelser anstillede i löbet af vinteren, 1863–64, som have ledet til opdalgelsen af de hidtil ukjendte befruchtnigsorganer hos bladswampene. *Oversigt. K. danske Vidensk. Selsk. Forlandl. Kjobenhavn* 1865: 11–23. (English transl. *Quart. J. microscop. Sci.* N.S. **8**: 18–26 (1868).)
1865–6 de Bary, A. Neue Untersuchungen über Uredineen, insbesondere die Entwicklung der *Puccinia graminis. Monatsbr. Kon. Akad. Wiss. Berlin* 1865: 15–49; 1866: 205–15.
1866 Gregor Mendel published his work on plant hybridisation.
de Bary, A. *Morphologie und Physiologie der Pilze, Flechten, und Myxomyceten.* Leipzig. (Edn 2, 1884; English transl. see de Bary, 1887.)
Karsten, H. Zur Befruchtung der Pilze. *Bot. Unters. Lab. landwirtsch. Lehranstalt Berlin* **1**: 160–9. (English transl. *Ann. Mag. nat. Hist.*, ser. 3, **19**: 72–80 (1867).)
1866–7 Willkomm, M. *Die mikroscopische Feinde des Waldes.* Dresden.
1867 Kickx, J. (published by J. J. Kickx *fils*) *Flore cryptogamique des Flandres.* 2 vols. Gand and Paris.
*Lois de la Nomenclature Botanique adoptées par le Congres International de Botanique tenu à Paris en Août 1867.* Paris. (Edn 11 as *International Code of Botanical Nomenclature,* 1972. Utrecht.)
Schwendener, S. Ueber den Bau des Flechtenthallus. *Verh. Schweiz Naturf. Ges. Aarau* **51**: 88–9.
Tulasne, L. R. & C. Note sur les phénomènes de copulation que

présentent quelques champignons. *Ann. Sci. nat. Paris*, sér. 5, **6**: 211–20.

van Tieghem, P. Recherches pour servir à l'histoire physiologique des Mucédinées. Fermentation galliques. *Ann. Sci. nat. Paris*, sér. 5, **8**: 210–44.

1867–9 de Bary, A. Zur Kenntnis insectentötender Pilze. *Bot. Z.* **25**: 1–13 (1867); **27**: 585–93, 601–6 (1869).

1867–1915 Peck, C. *Reports of the New York State Museum*, 1867–1908.

1868 Seynes, J. de. Sur le Mycoderma vini *C. R. Acad. Sci. Paris* **67**: 105–9.

1869 Raulin, J. Études chimiques sur la végétation. *Ann. Sci. nat. Paris*, sér. 5, **11**: 93–299. (As thesis 1870; reprinted 1905, Paris.)

Schmiedeberg, O. & Koppe. *Das Muskarin*. Leipzig.

1869–75 Fuckel, L. *Symbolae mycologicae. Beiträge zur Kenntnis der rheinischen Pilze*. 4 vols. Wiesbaden.

1870 Rees, M. *Botanische Untersuchungen über die Alkolgäringspilze*. Leipzig.

1871 Cooke, M. C. *Handbook of British fungi*. 2 vols. London.

Fox, W. Tilbury. (Clinical Society of London.) *Lancet* **1**: 412.

*Pritzel, G. A. *Thesaurus literaturae botanicae*. Leipzig. (Reprint, 1950, Milan.) See also B. D. Jackson, *Guide to the literature of botany*, 1881. London.

1872 Engel. Les ferments alcooliques. Thèse. Paris. (*Fide* Lafar, 1898–1910).

1872–6 Quélet, L. *Les champignons du Jura et les Voges*. 3 vols. Montbéliard and Paris.

1872–1912 Brefeld, O. Untersuchungen aus dem Gesammtgebiete der Mykologie. Heft **1** (1872); **2** (1874); **3** (1877); **4** (1881); **5** (1883); **6** (1884); **7** (1888); **8** (1889); **9**, **10** (1891); **11**, **12** (1895); **13** (1905); **14** (1908); **15** (1912). Leipzig; Munster; Berlin.

1873 Blackley, C. H. *Experimental researches on the causes and nature of* Catarrhus aestivus (*hay-fever or hay-asthma*). London. (Facsimile 1959. London.)

Cunningham, D. D. *Microscopic examination of air*. Calcutta. (Ex *Ninth Annual Rep. of the Sanitary Commissioner with the Government of India*, 1872.)

Fitz, A. Ueber alkolische Gährung durch *Mucor mucedo*. *Ber. dtsch. chem. Ges.* **6**: 48–58.

Reinke, J. Zur Kenntniss des Rhizoms von *Corallorhiza* u. *Epipogon. Flora* **31**: 145, 161, 177, 209.

van Tieghem, P. & Le Monnier, G. Recherches sur les Mucorinées. *Ann. Sci. nat. Paris*, sér. 6, **17**: 261–399.

1873–7 Kalchbrenner, K. *Icones selectae hymenomycetum Hungariae*. Pest.

1874 Carter, H. V. *On mycetoma or the fungus disease of India*. London.

Fries, E. M. *Hymenomycetes Europaei*. Uppsala.

Fuckel, L. Endophytische Pilze, in *Zweite Deutsche Nordpolfahrt*, **2**: 90–6 (Leipzig); Fungi, in M. T. von Heuglin, *Reisen nach dem Nordpolarmeer in den Jahren 1870–1871*, **3**: 317–23. Brunswick.

Hartig, R. *Wichtige Krankheiten der Waldbäume*. Berlin.

Roberts, W. Studies on biogenesis. *Phil. Trans.* **169**: 457–77.

Sorauer, P. C. M. *Handbuch der Pflanzenkrankheiten*. 1 vol. Berlin. (Currently (Aufl. 7, 1962– ) a multi-author multi-volume work.)

1874–5 Rostafinski, J. T. *Śluzowce (Mycetozoa) monografia*. Paris.

## 1875

1875 Tulasne, L. R. Étude de la fécondation dans la classe des champignons. *C. R. Acad. Sci. Paris* **80**: 1466.

van Tieghem, P. (*a*) Sur la fécondation des Basidiomycètes. *C. R. Acad. Sci. Paris* **80**: 373–7.

van Tieghem, P. (*b*) Sur le développement du fruit des *Coprinus*, et la prétendue sexualité des Basidiomycètes. *C. R. Acad. Sci. Paris* **81**: 877–80.

1876 Boudier, E. Du parasitisme probable de quelques espèces du genre *Elaphomyces* et de la recherche de ces Tuberacées. *Bull. Soc. bot. Fr.* **23**: 115.

Brefeld, O. Die Entwicklungsgeschichte der Basidiomyceten. *Bot. Z.* **24**: 49–62.

Pasteur, L. *Études sur la bière*. Paris. (English transl. by F. Faulkner & D. C. Robb as *Studies on fermentation*, 1879. London.)

Rees, M. Ueber den Befruchtungsvorgang bei den Basidiomyceten. *Jahrb. wiss. Bot.* **10**: 179–98.

1876–7 Hansen, E. C. De danske Gjodnings-svampe (Fungi fimicoli Danici). *Vidensk. Meded. Nath. For. Copenhagen* 1876: 207–354.

1877 Cooke, M. C. *The myxomycetes of Great Britain*. London.

Frank, A. B. Über die biologischen Verhältnisse des Thallus einiger Krustflechten. (Cohn's) *Beitr. Biol. Pflanz.* **2**: 123–200.

Stahl, E. *Beiträge zur Entwickelungsgeschichte der Flechten*. Leipzig.

1878 Hartig, R. *Die Zersetzungserscheinungen des Holzes, der Nadelbäume und der Eich*. Berlin.

1878–90 Gillet, C. C. *Les champignons (Fungi, Hyménomycètes) qui croissent en France*. Paris.

1879 de Bary, A. *Die Erscheinung der Symbiose*. Strasbourg. (De la symbiose, *Brébissonia* **2**: 17–19, 38–42, 99–103 (1880).)

Schroeter, J. Entwickelung einiger Rostpilze. (Cohn's) *Beitr. Biol. Pflanz.* **3**: 69–70.

Stevenson, J. *Mycologia Scotica or the fungi of Scotland*. Edinburgh.

1879–1906 *Revue mycologique*, the first mycological journal, founded by Roumeguère.

1880 Robinson, W. *Mushroom culture: its extension and improvement*. London. [n.d.]

Schmitz, F. Ueber die Zellkerne der Thallophyten. *Verh. naturhist. Vereins preuss. Rheinl. Westfal.* **37**: 195.

1881 Thin, G. On *Trichophyton tonsurans* (the fungus of ringworm). *Proc. roy. Soc.* **33**: 234–46.

Tyndall, J. *Essays on the floating-matter of the air in relation to putrefaction and infection*. London.

1881–1900 Bresadola, G. *Fungi Tridentini novi, vel nondam delineati, descripti et iconibus illustrati*. Trento.

1882 Kamienski, F. Les organs végétatifs du *Monotropa hypopitys*. *Mém. Soc. nat. Sci. nat. Math. Cherburg* **24**: 5–40.

1882–1972 Saccardo, P. A. *Sylloge fungorum hucusque cognitorum*. 26 vols. Pavia.

1883 Hansen, E. C. Recherches sur la physiologie et le morphologie des ferments alcooliques. II. Les ascospores, chez le genre *Saccharomyces*.

C. R. Lab. Carlsberg **2**: 13-47.

Miquel, P. Des organismes vivants de l'atmosphère. Thesis. Paris.

1883-9 Patouillard, N. *Tabulae analyticae fungorum.* Paris.

1884 Société Mycologique de France founded.

Boulton, S. B. *On the antiseptic treatment of timber.* London (Inst. Civil Engineers).

*Gautier, L.-M. *Les champignons considérés dans leur rapports avec la médecine, l'hygiène publique et privée, l'agriculture et l'industrie.* Paris. (History and bibliography, pp. 175-88.)

Strasburger, E. *Das botanische Praktikum.* Jena.

1884-1960 Rabenhorst's *Kryptogamenflora von Deutschsland, Oesterreich und der Schweiz.* 11 vols. Leipzig.

1885 Boudier, E. Nouvelle classification naturelle des Discomycètes charnus, connus généralement sur le nom de Pézizés. *Bull. Soc. mycol. Fr.* **2**: 135.

Frank, A. B. Ueber die auf Wurzelsymbiose beruhende Ernährung gewissen Bäume durch unterirdische Pilze. *Ber. deutsch. bot. Ges.* **3**: 128-45.

Hartig, R. *Der ächte Hausschwamm* (Merulius lacrimans). Berlin.

*Houghton, W. Notices of fungi in Greek and Latin authors. *Ann. Mag. nat. Hist.*, ser. 5, **15**: 22-49, 153-4.

Millardet, P. M. A. Traitment du mildou et du rot. *J. Agric. pract.* **2**: 513-16. (For English transl., of this and other papers by Millardet on Bordeaux mixture, by F. J. Schneiderhan see *Phytopathological Classics* **3** (1933).)

1885-9 Richon, C. & Roze, E. *Atlas des champignons comestibles et vénéneux de la France et des pays circonvoisins.* Paris. (Chap. 1, historical review by Roze.)

1885-1908 Schroeter, J. Pilze. In F. Cohn, *Kryptogamen-Flora von Schlesien*, **3**. Breslau.

1886 Adametz, L. *Untersuchungen über die niederen Pilze der Ackerkrume.* Inaug. Dissert. Leipzig. (*Fide* Chesters, 1949.)

de Bary, A. Ueber einige Sclerotinien und Sclerotienkrankheiten. *Bot. Z.* **44**: 377, 392, 408, 432, 448, 464.

Bonnier, G. Recherches expérimentales sur la synthèse des lichens dans un milieu privé de germes. *C. R. Acad. Sci. Paris* **103**: 942-4.

1887 de Bary, A. *Comparative morphology and biology of the Fungi, Mycetozoa and Bacteria.* Oxford. (= English transl. of de Bary (1866). Edn 2, 1884, by H. E. F. Garnsey & I. B. Balfour.)

Frank, A. B. Ueber neue Mykorriza-formen. *Ber. deutsch. bot. Ges.* **5**: 395-409.

Patouillard, N. *Les Hyménomycètes d'Europe. Anatomie générale et classification des champignons supérieurs.* Paris.

Petri, R. J. Eine kleine Modification des Koch'schen Plattenverfahrens. *Zbl. Bakt.* **1**: 279-80.

Thin, G. *Pathology and treatment of ringworm.* London.

1888 Ward, H. M. A lily disease. *Ann. Bot. London* **2**: 319-82.

1889 Fayod, V. Prodrome d'une histoire naturelle des Agaricinés. *Ann. Sci. nat. Paris*, sér. 7, **9**: 181-411.

1889 Plowright, C. B. *A monograph of the British Uredineae and Ustilagineae.*

London.
1890 *Sachs, J. von. *History of botany (1530–1860).* English transl. by H. E. F. Garnsey & I. B. Balfour. Oxford. (J. R. Green, *A history of botany, 1860–1900,* 1909. Oxford.)

Zopf, W. *Die Pilze in morphologischer, physiologischer und systematischer Beziehung.* Breslau.

1891 Hansen, E. C. Recherches sur la physiologie et la morphologie des ferments alcooliques. VIII Sur la germination des spores chez les Saccharomyces. *C. R. Carlsberg Lab.* **3**:44–66.

Kobert, R. Matières toxiques dans les champignons. *Petersb. med. Wochenschr.* 1891: 51–2.

Wehmer, C. Entstehung und physiologische Bedeutung der Oxalsäure im Stoffwechsel einiger Pilze. *Bot. Z.* **49**: 233–638 (in 22 parts).

1892 Chatin, A. *La truffe.* Paris.

Cooke, M. C. *Handbook of Australian fungi.* London.

Rosen, F. Beiträge zur Kenntnis der Pflanzenzellen. (Cohn's) *Beitr. Biol. Pflanz.* **6**: 237–64.

Tavel, F. von. *Vergleichende Morphologie der Pilze.* Jena.

Wager, H. On the nuclei of the Hymenomycetes. *Ann. Bot. London* **6**: 146–8.

1892–5 Massee, G. *British fungus flora.* 4 vols. London.

1893 Wager, H. On nuclear division in hymenomycetes. *Ann. Bot. London* **7**:489.

Wehmer, C. *Beiträge zur Kenntnis einheimischer Pilze.* Hanover and Leipzig.

1894 Bommer, C. Sclérotes et cordons mycéliens. *Mém. couron. Mém. sav. étrang. Acad. roy. Sci. Let. Beau-Arts Belg.* **54**, 116 pp.

Costantin, J. & Matruchot, L. Culture d'un champignon lignicole. *C. R. Acad. Sci. Paris* **119**:752–3.

Dangeard, P. A. La reproduction sexuelle des Ascomycètes. *C. R. Acad. Sci. Paris* **118**: 1065–6.

Eriksson, J. Ueber die Specialisirung des Parasitismus bei den Getreiderostpilzen. *Ber. deutsch. bot. Ges.* **12**: 292–331.

Haeckel, E. H. P. A. *Systematische Phylogenie der Protisten und Pflanzen* **1**: 90–1. Berlin.

Laplanche, M. C. de. *Dictionnaire iconographique des champignons supérieurs (Hyménomycètes) qui croissent en Europe, Algérie & Tunisie.* Paris.

Lister, A. *A monograph of the Mycetozoa.* London. (Edn 2, 1911; edn 3, 1925, revised by G. Lister.)

1895 Cooke, M. C. *Introduction to the study of fungi.* London.

Dangeard, P. A. Mémoire sur la reproduction sexuelle des Basidiomycètes. *Le Botaniste*, sér. 4, 1895: 119–81.

Harper, R. A. Die Entwicklung des Peritheciums bei *Sphaerotheca castagnei. Ber. deutsch. bot. Ges.* **13**:475–81.

Maddox, F. *Experiments at Enfield, Dept Agric.* Tasmania.

Poirault, G. & Račiborski, M. Sur les noyaux des Urédinées. *C. R. Acad. Sci. Paris* **121**:308–10.

Schiønning, H. Nouvelle et singulière formation d'ascus dans une levure. *C. R. Carlsberg Lab.* **4**: 30–5.

1896  British Mycological Society founded.

  Klebs, G. *Die Bedingungen der Fortpflanzung bei einigen Algen und Pilzen.* Jena. (Fungi pp. 446–532.)

  Marchand, L. *Énumération methodique et raisonnée des familles et genres de la class des Mycophytes (champignons & lichens).* Paris.

  Meschinelli, L. *Fungorum fossilium omnium hucusque cognitorum iconographia xxxi tabulis exornata.* Vicenza.

  Sappin-Trouffy, P. Recherches histologiques sur la famille des Uredinées. *Le Botaniste*, sér. 5, 1896: 59–68.

1896–1931  Thaxter, R. Contributions towards a monograph of the Laboulbeniaceae I–V. *Mem. Am. Acad. Arts Sci.* **12**: 187–249 (1896); **13**: 217–649 (1908); **14**: 309–426 (1924); **15**: 427–580 (1926); **16**: 1–435 (1931). (Cramer reprint 1971.)

1897  Buchner, E. Alkoholische Gährung ohne Hefzellen. *Ber. deutsch. chem. Ges.* **30**: 117–24, 1110–13.

  Lucet, A. *De l'Aspergillus fumigatus chez animaux domestiques et dans les oeufs en incubation. Étude clinique et expérimentale.* Paris.

  Rénon, L. *Étude sur l'aspergillose chez les animaux et chez l'homme.* Paris.

1897–1904  Penzig, O. & Saccardo, P. A. Diagnoses fungorum novorum in insula Java collectorum. *Malpigia* **11**: 387–409, 491–530 (1897); **15**: 201–60 (1902). *Icones fungorum Javanicorum*, 1904. Leiden.

1898  Juel, H. O. Die Kerntheilungen in den Basidien und die Phylogenie der Basidiomyceten. *Jahrb. wiss. Bot.* **32**: 361–88.

  Morris, M. *Ringworm in the light of recent research.* London.

  Takamine, J. Diastische Substanzen aus Pilzculturen. *J. Soc. chem. Industr.* **17**: 118–20.

1898–1900  Klebs, G. Zur Physiologie der Fortpflanzung einiger Pilze. *Jahrb. wiss. Bot.* **32**: 1–70 (1898); **33**: 513–93 (1899); **35**: 80–203 (1900).

1898–1910  Lafar, F. *Technical mycology* (transl. by C. T. C. Salter of *Handbuch für technische Mykologie*, 1896–1906; edn 2, 1910–14). 3 vols. London.

1899  MacBride, T. H. *The North American slime-moulds.* New York. (Edn 2, 1922.)

## 1900

1900  Rediscovery of Mendel's Laws independently by De Vries, Correns, and von Tschermak.

  Harper, R. A. Sexual reproduction in *Pyronema confluens* and the morphology of the ascocarp. *Ann. Bot. Lond.* **14**: 321–400.

  Hektoen, L. & Perkins, C. F. Refractory subcutaneous abscesses caused by *Sporothrix schenckii*, a new pathogenic fungus. *J. exp. Med.* **5**: 77–89.

  Hoffmeister, C. Zum Nachweise des Zellkerns bei Saccharomyces. *Sitzber. deutsch. Naturw-med. Ver. (Lotos)* N.F. **20**: 250–62.

  Istvánffi, G. *Études et commentaires sur le Code de l'Éscluse.* Budapest.

  Magnus, W. Studien an der endotrophen Mycorrhiza von *Neottia nidus avis* L. *Jahrb. wiss. Bot.* **35**: 205–72.

  Maire, R. Sur la cytologie des Hyménomycètes. *C. R. Acad. Sci. Paris* **131**: 121–4; des Gasteromycètes, **131**: 1246–8.

  Ophüls, W. & Moffitt, H. C. A new pathogenic mould (formerly described as a protozoon: *Coccidioides immitis pyogenes*): preliminary report. *Philadelphia med. J.* **5**: 1471-2.

1901 Wildiers, E. Nouvelle substance indispensable au développement de la levure. *La Cellule* **18**: 313-32.

1901-2 Massee, G. & Salmon, E. S. Researches on coprophilous fungi. *Ann. Bot. London* **15**: 313-57 (1901); **16**: 57-93 (1902).

1902 Elenkin, A. A. Zur Frage der Theorie des 'Endosaprophytismus' bei Flechten. *Bull. Jard. bot. St Petersburg* **2**: 65-84.

Ferguson, Margaret C. A preliminary study of the germination of the spores of *Agaricus campestris* and other basidiomycetous fungi. *Bull. U.S.D.A. Bur. Pl. Industr.* **16**, 40 pp.

Maire, R. Recherches cytologiques et taxonomiques sur les Basidiomycètes. *Bull. Soc. mycol. Fr.* **18**, appendice: 1-209.

1903 Publication of *Annales Mycologici*, Berlin, began.

1904 Biffen, R. H. Experiments with wheat and barley hybrids illustrating Mendel's Laws of heredity. *J. roy. Agric. Soc.* **65**: 337-45.

Blackman, V. H. On the fertilization, alternation of generations, and general cytology of the Uredineae. *Ann. Bot. London* **18**: 323-73.

Blakeslee, A. F. Sexual reproduction in the Mucorineae. *Proc. Am. Acad. Arts Sci.* **40**: 205-319. (Results summarised *Science* **19**: 863-6 (1904).)

Gallaud, G. Études sur les mycorhizes endotrophes. Thèse, Paris. *Rev. gen. Bot.* **17**: 5, 66, 123, 223, 313, 423, 479 (1905).

Klebahn, H. *Die Wirtswechselnden Rostpilze*. Berlin.

Oudemans, C. A. J. A. *Catalogue raisonné des champignons des Pays-Bas*. Amsterdam.

Pallin, W. A. *A treatise on epizootic lymphangitis*. London.

1905 Butler, E. J. The bearing of Mendelism on the susceptibility of wheat to rust. *J. agric. Sci.* **1**: 361-3.

Duggar, B. M. Some principles of mushroom growing and mushroom spawn making. *Bull. U.S.D.A. Bur. Pl. Industr.* **85**, 60 pp.

Harper, R. A. Sexual reproduction and organization of the nucleus in certain mildews. *Carnegie Inst. Wash., Publ.* **37**, 104 pp.

Shirai, M. *A list of Japanese fungi hitherto known*. Tokyo.

1905-10 Boudier, É. *Icones mycologicae*. 4 vols. Paris.

1906 Centraalbureau voor Schimmelcultures founded, as Centralstelle für Pilzkulturen, at Utrecht.

Blakeslee, A. F. Zygospore germination in the Mucorineae. *Ann. mycol. Berlin* **4**: 1-28.

Brumpt, É. Les mycétomes. *Arch. Parasitol* **10**: 489-572. (Also as Thèse Fac. Méd. Paris, 1906, 94 pp.)

Guéguen, M. F. La moisissure des caves et des celliers; étude critique, morphologique et biologique sur le *Racodium cellare* Pers. *Bull. Soc. mycol. Fr.* **22**: 77-95, 146-63.

Hedgcock, G. G. Zonation in artificial cultures of *Cephalosporium* and other fungi. *Rep. Mo. bot. Gard.* **17**: 115-17.

McAlpine, D. *The rusts of Australia, their structure, nature and classification*. Melbourne.

Massee, G. *Text-book of fungi*. London.

Thom, C. Fungi in cheese ripening: Camembert and Roquefort. *Bull.*

1907 　U.S.D.A. Bur. Anim. Industr. **82**, 39 pp.
Ternetz, Charlotte. Über die Assimilation des atmosphärischen Stickstoffes durch Pilze. *Jahrb. wiss. Bot.* **44**: 353-408.
Vuillemin, P. *La bases actuelles de la systématique en mycologie.* Jena. (Ex *Lotsy Progressus Rei Botanicae* 2(1).)
Zellner, J. *Chemie der höheren Pilze. Eine Monographie.* Leipzig.

1908 　Lutz, A. & Splendore, A. Über eine an Menschen und Ratten beobachtete Mycose. Beitrag zur Kenntnis der Sporotrichosen. *Zbl. Bakt.* (Abt. I) **46**: 21-97.
Mez, C. *Der Hausschwamm und die übrigen holzzerstörenden Pilze der menschlichen Wohnungen. Ihre Erkennung, Bedeutung und Bekämpfung.* Dresden.

1908-15 　*Lindau, G. & Sydow, P. *Thesaurus litteraturae mycologicae et lichenologicae.* 5 vols. Leipzig. (Johnson reprint, n.d. New York.) (*Supplementum 1911-1930* by R. Ciferri, 4 vols., 1957-60. Pavia.)

1909 　Bernard, N. L'évolution dans la symbiose. Les orchidées et leurs champignons commensaux. *Ann. Sci. nat. Paris*, sér. 9, **9**: 1-196.
Burgeff, H. *Die Wurzelpilze der Orchideen, ihre Kultur und ihr Leben in der Pflanze.* Jena.
Clements, F. E. *The genera of fungi.* Minneapolis.
Cotton, A. D. Notes on marine pyrenomycetes. *Trans. Br. mycol. Soc.* **3**: 92-9.
Wakefield, Elsie M. Über die Bedingungen der Fruchtkörperbildung, sowie das Auftreten fertiler und steriler Stämme bei Hymenomyzeten. *Naturw. Z. Forst.-u. Landw.* **7**: 521-51.

1909-50 　Buller, A. H. R. *Researches on fungi.* **1** (1909); **2** (1922); **3** (1924); **4** (1931); **5** (1933); **6** (1934). London. **7** (1950). Toronto.

1910 　Morgan announces his gene theory.
McAlpine, D. *The smuts of Australia, their structure, life history, treatment, and classification.* Melbourne.
Sabouraud, R. *Maladies du cuir chevelu. III. Les maladies cryptogamiques. Les Teignes.* Paris.
Thom, C. Cultural studies of species of *Penicillium. Bull. U.S.D.A. Bur. Anim. Industr.* **118**, 109 pp.

1911 　Bayliss, Jessie M. Observations on *Marasmius oreades* and *Clitocybe gigantea*, as parasitic fungi causing 'fairy rings'. *J. econ. Biol.* **6**: 111-32.
Bertrand, G. & Javillier, M. Influence du manganèse sur le développement de l'*Aspergillus niger. C. R. Acad. Sci. Paris* **152**: 225-8.

1911-13 　Fink, B. The nature and classification of lichens. I. Views and arguments of botanists concerning classification. *Mycologia* **3**: 231-69 (1911); II. The lichen and its algal host. *ibid.* **5**: 97-166 (1913).

1911-15 　Minden, M. von. Chytridiineae. Anclystineae. Monoblepharidineae. Saprolegniineae. *KryptogamFl. Mark Brandenburg* **5** (2-3) (1911); (4) (1912); (5) (1915). Leipzig.

1911-32 　Harden, A. *Alcoholic fermentation.* London. (Edn 2, 1914; edn 3, 1923; edn 4, 1932.)

1912 　Beurmann, L. de & Gougerot, H. *Les sporotrichoses.* Paris.
Claussen, P. Zur Entwichlungegeshichte der Ascomyceten (*Pyronema confluens*). *Z. Bot.* **4**: 1-64.
Guilliermond, A. *Les levures.* Paris.

Falk, R. Die Merulius Fäule des Bauholzes. *Hausschwammforsch.* **6**: 1–405.
*Lister, Gulielma. The past students of the Mycetozoa and their work. *Trans. Br. mycol. Soc.* **4**: 44–61.
Vuillemin, P. *Les champignons. Essai de classification.* Paris.

1913 Blakeslee, A. F. & Gortner, R. A. On the occurrence of a toxin in the juice expressed from the bread mould, *Rhizopus nigricans* (*Mucor stolonifer*). *Biochem. Bull.* **11**: 1–2.
Lind, J. *Danish fungi as represented in the herbarium of E. Rostrup.* Copenhagen.
Stakman, E. C. A study of cereal rusts: physiological races. Thesis, Univ. Minnesota. (= *Bull. Minn. Exp. Stn* **138**, 56 pp.)

1913-22 Lagarde, J. Champignons in biospeologica. *Arch. Zool. exp. gen.* **53**: 277–307 (1913); **56**: 279–314 (1917); **60**: 593–625 (1922).

1914 *Sorauer, P. Historical survey. In P. Sorauer, *Manual of plant diseases*, pp. 41–70, 1914. (English transl. by Frances Dorrance of *Handbuch der Pflanzenkrankheiten* **1**: 37–68 (1909).)

1915 Brown, W. Studies in the physiology of parasitism. I. The action of *Botrytis cinerea*. *Ann. Bot. Lond.* **29**: 313–48.
*Buller, A. H. R. (*a*) The fungus lore of the Greeks and Romans. *Trans. Br. mycol. Soc.* **5**: 21–66.
*Buller, A. H. R. (*b*) Micheli and the discovery of reproduction in fungi. *Trans. roy. Soc. Canada*, ser. 3, **9**: 1–25.
Buller, A. H. R. (*c*) Die Erzeugung und Befreiung der Sporen bei *Coprinus sterquilinus*. *Jahrb. wiss. Bot.* **56**: 299–329.
Kneip, H. Beiträge zur Kenntnis der Hymenomyceten. III. Über der konjugierten Teilungen und die phylogenetische Bedeutung der Schnallenbildungen. *Z. Bot.* **7**: 369–98.
Tolaas, A. G. A bacterial disease of cultivated mushrooms. *Phytopathology* **5**: 51–3.

1916 Brown, H. B. The life history and poisonous properties of *Claviceps paspali*. *J. agric. Res.* **7**: 401–6.
Waksman, S. A. Do fungi live and produce mycelium in the soil? *Science* N.S. **44**: 320–2.

1917 Bensaude, Mathilde. Sur la sexualité chez les champignons Basidiomycètes. *C. R. Acad. Sci. Paris* **165**: 286–9.
Currie, J. N. The citric acid fermentation of *Aspergillus niger*. *J. biol. Chem.* **31**: 15–37.
Schantz, H. L. & Piemeisel, F. J. Fungus fairy rings in Eastern Colorado and their effect on vegetation. *J. agric. Res.* **11**: 191–245.
Stakman, E. C. & Piemeisel, F. J. Biologic forms of *Puccinia graminis* on cereals and grasses. *J. agric. Res.* **10**: 429–95.
Waksman, S. A. Is there any fungus flora of the soil? *Soil Sci.* **3**: 565–89.

1918 Bensaude, Mathilde. *Recherches sur le cycle évolutif et la sexualité chez les Basidiomycètes.* Nemours.
Buder, J. Die inversion des Phototropismus bei *Phycomyces*. *Ber. deutsch. bot. Ges.* **36**: 104–5.
Ungermann, E. Eine einfache Method zur Gewinnung von Dauerkulturen empfindlicher Bakterienarten und zur Erhaltung der Virulenz tierpathogener Keime. *Arb.a.d. Reichgesundheitsamte* **51**: 180–99.
*Whetzel, H. H. *An outline of the history of phytopathology.* Philadelphia

and London.
1919 Connstein, W. & Ludecke, K. Über Glycerin Gewinnung durch Gärung. *Ber. deutsch. chem. Ges.* **52**: 1385–91.

Kniep, H. Untersuchungen über den Antherenbrand (*Ustilago violacea* Pers.). Ein Beitrag zum sexualitätproblem. *Z. Bot.* **11**: 257–84.

Paine, S. G. Studies in bacteriosis II. A brown blotch disease of cultivated mushrooms. *Ann. appl. Biol.* **5**: 206–19.

Steinberg, R. A. A study of some factors in the chemical stimulation of growth of *Aspergillus niger*. *Am J. Bot.* **6**: 330–72.

1919–24 Oudemans, C. A. J. A. *Enumeratio systematica fungorum*. 5 vols. The Hague.

1920 Commonwealth Mycological Institute founded, as Imperial Bureau of Mycology, at Kew.

Dodge, B. O. The life history of *Ascobolus magnificus*. Origin of the ascocarp from two strains. *Mycologia* **12**: 115–34.

Kniep, H. Über morphologische und physiologische Geschlechtsdifferenzierung. (Untersuchungen an Basidiomyceten.) *Verh. phys.-med. Ges. Würzburg* **46**: 1–18.

1921 Mounce, Irene. Homothallism and the production of fruit-bodies in the genus *Coprinus*. *Trans. Br. mycol. Soc.* **7**: 198–217.

Smith, Annie Lorrain. *Lichens*. Cambridge.

1921–40 Zahlbruckner, A. *Catalogus lichenum universalis*. 10 vols. Leipzig. (Johnson reprint, 1951.)

1922 Conn, H. J. A microscopic method for demonstrating fungi and actinomycetes in soil. *Soil Sci.* **14**: 149–51.

Molliard, M. Sur une nouvelle fermentation acide produite par le *Sterigmatocystis nigra*. *C. R. Acad. Sci. Paris* **174**: 881–3.

Rea, C. *British Basidiomycetae*. Cambridge.

Stakman, E. C. & Levine, M. N. The determination of biologic forms of *Puccinia graminis* on *Triticum* spp. *Tech. Bull. Univ. Minn. agric. Exp. Stn* **8**, 10 pp.

1922–5 Knudsen, L. Non-symbiotic germination of orchid seed. *Bot. Gaz.* **73**: 1–25 (1922). Additional papers *ibid.* **77**: 212–19 (1924); **79**: 345–79 (1925).

1923 Coker, W. C. *The Saprolegniaceae, with notes on other water molds*. Chapel Hill, N.C.

Lehfeldt, W. Über die Entstehung des Paarkernmycel bei heterothallischen Basidiomyceten. *Hedwigia* **64**: 30–51.

Vandendries, R. Nouvelle recherches sur la sexualité des Basidiomycètes. *Bull. Soc. Bot. Belg.* **56**: 73–97.

1924 Brunswick, H. Untersuchungen über die Geschlechts und Kernverhältnisse bei der Hymenomyzetengattung *Coprinus*. *Bot. Abhandl.* **5**, 152 pp.

Burgeff, H. Untersuchungen über Sexualität und Parasitismus bei Mucorineen. I. *Bot. Abhandl.* **4**: 5–135.

Cadham, F. T. Asthma due to grain rusts. *J. Am. med. Assn* **83**: 27.

Funke, G. L. Über die Isolierung von Basidiosporen mit dem Mikromanipulator nach Janse und Péterfi. *Z. Bot.* **16**: 619–23.

Haehn, H. & Kintoff, W. Beitrag über den chemischen Mechanismus der Fettbildung aus Zucker. *Chem. Zelle* **12**: 115–56.

Hanna, W. F. The dry-needle method of making monosporous cultures of hymenomycetes and other fungi. *Ann. Bot. London* **38**: 791-5.
van Leeuwen, W. S. Bronchial asthma in relation to climate. *Proc. roy. Soc. Med.* (Sect. Therap. & Pharmacol.) **17**: 19-26.
*Woolman, H. M. & Humphrey, H. B. Summary of literature on bunt, or stinking smut, of wheat. *Dep. Bull. U.S.D.A.* **1210**, 44 pp.

## 1925

1925 Hanna, W. F. The problem of sex in *Coprinus lagopus*. *Ann. Bot. London* **39**: 431-57.
*Rolfe, R. T. & F. W. *The romance of the fungus world.* London.
1926 Gäumann, E. A. *Vergleichende Morphologie der Pilze.* Jena. (English transl., *Comparative morphology of the fungi*, by C. W. Dodge, 1928. New York.)
Newton, Dorothy E. The bisexuality of individual strains of *Coprinus rostrupianus*. *Ann. Bot. London* **40**: 105-28.
Thom, C. & Church, Margaret B. *The aspergilli.* Baltimore. (See also 1965.)
1927 Brierley, W. B., Jewson, S. T. & Brierley, M. The quantitative study of soil fungi. *Proc. Papers First internat. Congr. Soil Sci.* **3**: 24-48.
Craigie, J. H. (*a*) Experiments on sex in rust fungi. *Nature* **120**: 116-17.
Craigie, J. H. (*b*) Discovery of the function of pycnia of the rust fungi. *Nature* **120**: 765-7.
Gwynne-Vaughan, H. C. I. & Barnes, B. *The structure and development of the fungi.* Cambridge.
Nannizzi, A. Ricerche sull'origine saprofitica dei funghi delle tigne. *Atti Acad. Fisiocr. Sienna* **10**: 89-97.
Rayner, M. C. *Mycorrhiza.* London. (New Phytologist Reprint 15.)
Shear, C. L. & Dodge, B. O. Life histories and heterothallism of the red bread-mold fungi of the *Monilia sitophila* group. *J. agric. Res.* **34**: 1019-42.
Theiler, A. Die Diplodiosis der Rinder und Schafe in Süd-Afrika. *Deutsch. tierarztl. Wschr.* **35**: 395-9.
Waksman, S. A. *Principles of soil microbiology.* London. (Edn 2, 1931.)
1927-60 Bresadola, G. *Iconographia mycologica.* 28 vols. Milan.
1928 Dodge, B. O. Production of fertile hybrids in the ascomycete Neurospora. *J. agric. Res.* **36**: 1-14.
Eastcott, E. V. Wildier's bios. The isolation and identification of bios I. *J. physiol. Chem.* **32**: 1093-111.
Martin, H. *The scientific principles of plant protection.* London. (Edn 6, 1973.)
Moreau, F. *Les lichens.* Paris.
Rossi, G. M. Il terreno agario nella teoria e nelle realta. *L'italia Agric.* no. 4 (1928). (*Fide* Chesters, 1949.)
Stevens, F. L. Effects of ultra-violet radiation on various fungi. *Bot. Gaz.* **86**: 210-25.
1929 Fleming, A. On the antibacterial action of cultures of a *Penicillium*, with special reference to the isolation of *B. influenzae*. *Br. J. exp. Path.* **10**: 226-36.
*Garrison, F. H. *An introduction to the history of medicine.* Philadelphia

and London.

Kinoshita, K. Formation of itaconic acid and mannitol by a new filamentous fungus. *J. chem. Soc. Japan* **50**: 583–93.

Sass, J. E. The cytological basis for homothallism and heterothallism in the Agaricaceae. *Am. J. Bot.* **16**: 663–701.

Seymour, A. B. *Host index of fungi of North America.* Cambridge, Mass.

Thom, C. *The penicillia.* Baltimore. (See also 1949.)

1930 Bernton, H. S. Asthma due to a mold – *Aspergillus fumigatus. J. Am. med. Assn* **95**: 189–91.

Buller, A. H. R. The biological significance of conjugate nuclei in *Coprinus lagopus* and other hymenomycetes. *Nature* **126**: 686–9. (Also Buller (1909–50) **4**: 187–293.)

Cholodny, N. Über eine neue Methode zur Untersuchungen der Boden-mikroflora. *Arch. Mikrobiol.* **1**: 620–52.

Hopkins, J. G., Benham, Rhoda W. & Kesten, Beatrice M. Asthma due to a fungus – Alternaria. *J. Am. med. Assn* **94**: 6.

Keissler, K. Die Flechtenparasiten. *Rabenh. Krypt.-Fl.* **8**.

1931 Mycological Society of America founded.

Barger, G. *Ergot and ergotism.* London and Edinburgh.

Brodie, H. J. The oidia of *Coprinus lagopus* and their relation to insects. *Ann. Bot. London* **45**: 315–44.

Butler, E. J. & Bisby, G. R. *The fungi of India.* Calcutta. (Imp. Counc. Agric. Res. Sci. Monogr. **1**.)

*Chapman, A. C. The yeast cell: what did Leeuwenhoeck see? *J. Inst. Brewing* **37**: 433–6.

Clements, F. E. & Shear, C. L. *The genera of fungi.* New York.

Kinnear, J. Wood's glass in the diagnosis of ringworm. *Br. med. J.* **1**: 791–3.

Matthews, Velma D. *Studies on the genus Pythium.* Chapel Hill, N.C.

1931–64 Raistrick, H. *et al.* Studies in the biochemistry of micro-organisms. *Phil. Trans.* **220B**: 1–367 (the first 18 parts; subsequent parts appeared in *Biochem. J.* **25** (1931)–**93** (1964)).

1932 Brown, A. M. Diploidisation of haploid by diploid mycelium of *Puccinia helianthi* Schw. *Nature* **130**: 777.

Cobe, H. M. Asthma due to a mold. *Cladosporium fulvum J. Allergy* **3**: 389.

Corner, E. J. H. (*a*) The fruit-body of *Polystictus xanthopus*, Fr. *Ann. Bot. London* **46**: 71–111.

Corner, E. J. H. (*b*) A *Fomes* with two systems of hyphae. *Trans. Br. mycol. Soc.* **17**: 51–81.

Drayton, F. C. The sexual function of microconidia in certain discomycetes. *Mycologia* **24**: 345–8.

*Dobell, C. *Antony van Leeuwenhoek and his 'little animals'.* London. (Dover reprint, 1960.)

1933 *Braun, K. Überblick über die Geschichte der Pflanzenkrankheiten und Pflanzenschadlinge (bis 1880). In *Sorauer Handbuch der Pflanzenkrankheiten*, Aufl. 6, **1**(1): 1–79.

Craigie, J. H. Union of pycniospores and haploid hyphae in *Puccinia helianthi* Schw. *Nature* **131**: 25.

Drechsler, C. Morphological diversity among fungi capturing and destroying nematodes. *J. Wash. Acad. Sci.* **23**: 138–41. (See also *ibid.*:

200-2, 267-70, 355-7; and the many later papers from 1934, mostly in *Mycologia*.)

Tanaka, S. Studies in the black spot disease of the Japanese pears (*Pyrus serotina*). *Mem. Coll. Agric. Kyoto Imp. Univ.* **28**: 1-31.

1934 Arthur, J. C. *Manual of the rusts of the United States and Canada*. Lafayette.

DeMonbreun, W. A. The cultivation and cultural characteristics of Darling's *Histoplasma capsulatum*. *Am. J. trop. Med.* **14**: 93-125.

Drayton, F. L. The sexual mechanism of *Sclerotinia gladioli*. *Mycologia* **26**: 46-72.

Emmons, C. W. Dermatophytes. Natural grouping based on the form of the spores and accessary organs. *Arch. Derm. Syph. Chicago* **30**: 337-62.

*Guétrot, M. Le quarantenaire de la Société Mycologique de France (1884-1924). Paris (Soc. mycol. Fr.).

Lind, J. Studies on the geographical distribution of arctic circumpolar micromycetes. *Det. Kgl. Danske Vidensk. Selskab. Biol. Medd.* **11**(2): 1-152.

Schopfer, W. H. Les vitamines crystallisées B commes hormones de croissance chez un microorganisme (*Phycomyces*). *Arch. Mikrobiol.* **5**: 502-10.

1935 Bessey, E. A. *A text-book of mycology*. (Edn 2, *Morphology and taxonomy of fungi*, 1950.) Philadelphia.

Dodge, C. W. *Medical mycology*. St Louis, Mo. and London.

Herrick, H. T., Hellbach, R. & May, O. E. Apparatus for the application of submerged mold fermentations under pressure. *Industr. Engng Chem.* **27**: 681-3.

Jensen, H. L. Contributions to the microbiology of Australian soils. III. The Rossi-Cholodny method as a quantitative index of the growth of fungi in the soil. *Proc. Linn. Soc. N.S.W.* **60**: 145-54.

Winge, Ø. On haplophase and diplophase in some Saccharomycetes. *C. R. Lab. Carlsberg*, sér. Physiol., **21**: 77-112.

1935-41 Lange, J. *Flora agaricina Danica*. 5 vols. Copenhagen.

1936 *Brown, W. The physiology of host-parasite relations. *Bot. Rev.* **5**: 236-81. (See also *Ann. Rev. Phytopath.* **3**: 1-18 (1965).)

Christensen, J. J. & Kernkamp, H. C. H. Studies on the toxicity of blighted barley to swine. *Tech. Bull. Univ. Minn. agric. Exp. Stn* **11**, 28 pp.

Lindegren, C. C. A six-point map of the sex chromosome of *Neurospora crassa*. *J. Genetics* **32**: 243-56 (April). (Revised map *J. Heredity* **27**: 251-9 (July 1936).)

*Lütjeharms, W. J. Zur Geschichte der Mykologie das XVIII. Jahrhundert. *Meded. Nederl. Mycol. Vereen.* **23**: 1-262.

Steinberg, R. A. Relation of accessory growth substances to heavy metals, including molybdenum, in the nutrition of *Aspergillus niger*. *J. agric. Res.* **52**: 439-48.

Ward, G. E., Lockwood, L. B., May, O. E. & Herrick, H. T. Studies in the genus *Rhizopus*. I. The production of dextro-lactic acid. *J. Am. chem. Soc.* **58**: 1286.

Weindling, R. & Emerson, C. H. The isolation of a toxic substance from the culture filtrate of *Trichoderma*. *Phytopathology* **26**: 1068-70.

1937 *Fitzpatrick, H. M. Historical background of the Mycological Society of America. *Mycologia* **29**: 1-25.

Quintanilha, A. Contribution à l'étude génétique du phénomène de Buller. *C. R. Acad. Sci. Paris* **205**: 745–7.
Robbins, W. J. The assimilation by plants of various forms of nitrogen. *Am. J. Bot.* **24**: 243–50.
*Wehnelt, B. Mathieu Tillet. Tilletia. Die Geschichte einer Entdeckung. *Nachr. Schädlingsbekämpfung* **12**(2): 45–146.

1938 *Arber, Agnes. *Herbals. Their origin and evolution.* Edn 2. Cambridge.
Buller, A. H. R. Fusions between flexuous hyphae and pycniospores in *Puccinia graminis*. *Nature* **141**: 33.
*Bulloch, W. *The history of bacteriology*. London.
Couch, J. *The genus Septobasidium*. Chapel Hill, N.C.
Dickson, E. C. & Gifford, Myrnie A. *Coccidioides* infection (coccidioidomycosis), the primary type of infection. *Arch. int. Med.* **62**: 853–71.
*Dujarric de la Rivière, R. & Heim, R. *Les champignons toxiques*. Paris. (600 refs.)
Durham, O. C. An unusual shower of fungus spores. *J. Am. med. Assn* **111**: 24–5.
Mulder, E. G. Influence of copper on growth of microorganisms. *Ann. Ferm.* **4**: 513–33.
Smith, G. *An introduction to industrial mycology*. London. (Edn 6, 1969.)
Steinberg, R. A. The essentiality of gallium to growth and reproduction of *Aspergillus niger*. *J. agric. Res.* **57**: 569–74.

1939 Benham, Rhoda H. The cultural characters of *Pityrosporum ovale*. *J. invest. Dermat.* **2**: 187–202. See also *Proc. Soc. exp. Biol. Med.* **46**: 176–8 (1941).
Oxford, A. E., Raistrick, H. & Simonart, P. Studies in the biochemistry of micro-organisms. LX. Griseofulvin, $C_{17}H_{17}O_6Cl$, a metabolic product of *Penicillium griseo-fulvum* Dierckx. *Biochem. J.* **33**: 240–8.
Thomas, E. A. Über die Biologie von Flechtenbildnern. *Kryptog-Flora KryptogFlora Schweiz* **9**(1), 208 pp.

1940 *Index of Fungi*, Kew, began.
*Large, E. C. *The advance of the fungi*. London.
*Puttemans, A. History of phytopathology in Brazil. *J. Agric. Univ. Puerto Rico* **24**: 77–107.
Quintanilha, A. & Balle, Simonne. Étude génétique des phénomènes de nanisme chez les Hyménomycètes. *Bull. Soc. Broteriana*, sér. 2, **14**: 17–46.
Su, U. Thet & Seth, L. N. Cultivation of the straw mushroom. *Indian Farming* **1**: 332–3.

1941 Beadle, G. W. & Tatum, E. L. Genetical control of biochemical reactions in *Neurospora*. *Proc. nat. Acad. Sci. Wash.* **27**: 499–506.
*Buller, A. H. R. The diploid cell and the diploidisation process in plants and animals with special reference to the higher fungi. *Bot. Rev.* **7**: 335–431.
*Ramsbottom, J. (*a*) The expanding knowledge of mycology since Linnaeus. *Proc. Linn. Soc. Lond.* **151**: 280–367.
*Ramsbottom, J. (*b*) Dry rot in ships. *Essex Naturalist* **25**: 231–67.

1942 Dobbs, C. G. On the primary dispersal and isolation of fungal spores. *New Phytol.* **41**: 63–9.
Ingold, C. T. Aquatic hyphomycetes of decaying alder leaves. *Trans. Br.*

*mycol. Soc.* **25**: 339–417.

*Reed, H. S. *A short history of the plant sciences.* Waltham, Mass. (Chap. 18, Mycology; 19, Plant pathology.)

1943 Ainsworth, G. C. & Bisby, G. R. *A dictionary of the fungi.* Kew. (Edn 6, 1971.)

Lindegren, C. C. & Gertrude. Segregation, mutation and copulation in *Saccharomyces cerevisiae. Ann. Mo. bot. Gdn* **30**: 453–68.

Sparrow, F. K. *Aquatic phycomycetes exclusive of the Saprolegniaceae and Pythium.* Ann Arbor, Mich. (Edn 2, 1960.)

*Wehnelt, B. *Die Pflanzenpathologie der deutschen Romantik als Lehre vom kranken Leben und Bilden der Pflanzen.* Bonn.

1944 Barghoorn, E. S. & Linder, D. H. Marine fungi: their taxonomy and biology. *Farlowia* **1**: 395–467.

Conant, N. F., Martin, D. S., Smith, D. T., Baker, R. D. & Callaway, J. L. *Manual of clinical mycology.* Philadelphia; London. (Edn 3, 1971.)

Garrett, S. D. *Root disease fungi.* Waltham, Mass.

Hagelstein, R. *The Mycetozoa of North America.* New York.

1945 Beadle, G. W. & Tatum, E. L. *Neurospora.* II. Methods of producing and detecting mutations concerned with nutritional requirements. *Am. J. Bot.* **32**: 678–86.

*Horsfall, J. G. *Fungicides and their action.* Waltham, Mass.

Langeron, M. *Précis de mycologie.* Paris.

Raper, K. B. & Alexander, D. F. Preservation of molds by the lyophil process. *Mycologia* **37**: 499–525.

1946 Hyde, H. A. & Williams, D. A. A daily census of *Alternaria* spores caught from the atmosphere at Cardiff in 1942 and 1943. *Trans. Br. mycol. Soc.* **29**: 78–85.

1947 Buell, Caroline B. & Weston, W. H. Application of mineral oil conservation method to maintaining collections of fungal cultures. *Am. J. Bot.* **34**: 555–61.

Le Mense, E. H., Gorman, I., van Lanen, J. M. & Langlykke, A. F. The production of mold amylases in submerged culture. *J. Bact.* **54**: 149–59.

Meehan, F. & Murphy, H. C. Differential phytotoxicity of metabolic byproducts of *Helminthosporium victoriae. Science* **106**: 270–1.

1948 Feinberg, S. M. *Allergy in practice.* Chicago. (Allergy to fungi, pp. 216–84.)

Nobles, Mildred K. Studies in forest pathology VI. Identification of cultures of wood-rotting fungi. *Can. J. Res.* **C26**: 281–431. (See also *Can. J. Bot.* **43**: 1097–1139 (1965).)

*Ramsbottom, J. Presidential address [Mycology then and now]. *Trans. Br. mycol. Soc.* **30**: 22–39.

1949 Bullen, J. J. The yeast-like form of *Cryptococcus farciminosus* (Rivolta) (*Histoplasma farciminosum*). *J. Path. Bact.* **61**: 117–20.

*Chesters, C. G. C. Presidential address. Concerning fungi inhabiting the soil. *Trans. Br. mycol. Soc.* **32**: 197–216.

Emmons, C. W. Isolation of *Histoplasma capsulatum* from soil. *U.S. Pub. Hlth Rep.* **64**: 892–6.

Foster, J. W. *Chemical activities of fungi.* New York.

Raper, K. B. & Thom, C. *A manual of the penicillia.* Baltimore.

Whitehouse, H. L. K. (a) Heterothallism and sex in fungi. *Biol. Rev.*

**24**: 411-47.
Whitehouse, H. L. K. (b) Multiple-allelomorph heterothallism in the fungi. *New Phytol.* **48**: 212-44.

### 1950

1950    Andersson, O. Larger fungi on sandy grass heaths and sand dunes in Scandanavia. *Bot. Notiser*, suppl. vol. **2**(2): 89 pp.
Corner, E. J. H. *A monograph of Clavaria and allied genera.* Oxford.
Gregory, P. H. & Nixon, H. L. Electron micrographs of spores of some British gasteromycetes. *Trans. Br. mycol. Soc.* **33**: 359-62.
Hawker, Lilian E. *Physiology of fungi.* London.
*Kelley, A. P. *Mycotrophy in plants.* Waltham, Mass.
Petch, T. & Bisby, G. R. *The fungi of Ceylon.* Colombo. (Peradeniya Mannual **6**.)
Warcup, J. H. The soil-plate method for isolation of fungi from soil. *Nature* **166**: 117-18.

1951    *Ainsworth, G. C. Presidential address. A century of medical and veterinary mycology in Britain. *Trans. Br. mycol. Soc.* **34**: 1-16.
*Brian, P. W. Antibiotics produced by fungi. *Bot. Rev.* **17**: 357-430. (See also D. Broadbent, *PANS*, Sect. B, **14**: 120-41 (1968).)
Lilley, V. G. & Barnett, H. L. *Physiology of fungi.* New York.
Luttrell, E. S. Taxonomy of the Pyrenomycetes. *Univ. Miss. Stud.* **24**(3): 1-120.
Manier, J.-F. Recherches sur les Trichomycètes. *Ann. Sci. nat. Bot.*, sér. 11, **11**: 53-162.
*Stevenson, J. A. A résumé of the activities of the mycological collections of the United States Department of Agriculture, with a phytopathological slant, 1885-1950. *Plant Dis. Reptr*, suppl. **200**: 21-9.

1952    Hirst, J. An automatic volumetric spore trap. *Ann. appl. Biol.* **39**: 257-65.
Lodder, Johanna & Kreger-van Rij, Nellie W. J. *The yeasts. A taxonomic study.* Amsterdam. (Edn 2, J. Lodder (ed.), 1970.)
Manton, I., Clarke, B., Greenwood, A. D. & Flint, E. A. Further observations on the structure of plant cilia, by a combination of visual and electron microscopy. *J. exp. Bot.* **3**: 204-15.
Mitchell, Mary B. & H. K. A case of 'maternal' inheritance in *Neurospora crassa. Proc. nat. Acad. Sci. Wash.* **38**: 442-9.
Peterson, D. H. & Murray, H. C. Microbial oxidation of steroids at carbon 11. *J. Am. chem. Soc.* **74**: 1871-2.
Pontecorvo, G. & Roper, J. A. Genetic analysis without sexual reproduction by means of polyploidy in *Aspergillus nidulans. J. gen. Microbiol.* **6**: vii-viii.
Raper, J. R. Chemical regulation of sexual processes in the Thallophytes. *Bot. Rev.* **18**: 447-545.
Vanbreuseghem, R. Technique biologique pour l'isolement des dermatophytes du sol. *Ann. Soc. belge Méd. trop.* **32**: 173-8.
Wickerham, L. J. & Burton, K. A. Occurrence of yeast mating types in nature. *J. Bact.* **63**: 449-51.

1953    Elucidation of the structure of DNA by J. D. Watson and F. H. C. Crick.

Dimond, A. E. & Waggoner, P. E. On the nature and role of vivotoxins in plant disease. *Phytopathology* **43**: 229–35.

Ephrussi, B. Nucleo-cytoplasmic relations in micro-organisms. London.

Hughes, S. J. Conidiophores, conidia, and classification. *Can. J. Bot.* **31**: 577–659.

*Ramsbottom, J. *Mushrooms and toadstools*. London. (History, pp. 12–24.)

1954 International Society for Human and Animal Mycology founded.

*Morandi, L. & Baldacci, E. *I funghi. Vita, storia, leggende*. Milan.

Sarkisov, A. K. [Mycotoxicoses (Fungus poisons).] Moscow. [Russian.]

*Stevenson, J. A. Plants, problems, and personalities: the genesis of the Bureau of Plant Industry. *Agric. Hist.* **28**: 155–62.

*Virville, A. D. de (ed.). *Histoire de la botanique en France*. Paris. (Mycologie: 219–34; Lichenologie: 235–42; Mycologie medicale: 307–12.)

1955 Martin, G. W. Are fungi plants? *Mycologia* **47**: 779–92.

1956 Copeland, H. F. *The classification of lower organisms*. Palo Alto, Calif.

Flor, H. H. The complementary gene systems in flax and flax rust. *Adv. Genetics* **8**: 29–54.

*Horsfall, J. G. *Principles of fungicidal action*. Waltham, Mass.

Levi, J. D. Mating reaction of yeast. *Nature* **177**: 753–4.

Pontecorvo, G. The parasexual cycle in fungi. *Ann. Rev. Microbiol.* **10**: 393–400.

1956–7 Bistis, G. N. Sexuality in *Ascobolus stercorarius*. I. II. *Am. J. Bot.* **43**: 389–94; **44**: 436–43.

1957 *Fischer, G. W. & Holton, C. S. *Biology and control of the smut fungi*. New York.

Gäumann, E. A. Fusaric acid as a wilt toxin. *Phytopathology* **47**: 342–57.

*Hawker, Lilian E. *The physiology of reproduction in fungi*. Cambridge.

Henry, B. S. & O'Hearn, Elizabeth M. The production of spherules in a synthetic medium by *Coccidioides immitis*. *Proc. Symp. Coccidioidomycosis 1957*: 183–8. (U.S. Public Hlth Service Publ. 575.)

*Wasson, Valentina P. & R. G. *Mushrooms, Russia and history*. 2 vols. New York.

1957–8 Cejp, K. *Houby*. 2 vols. Prague.

1958 *Das Gupta, S. N. *History of botanical researches in India, Burma and Ceylon. Part I. Mycology and plant pathology*. Bangalore.

*Grainger, T. H. *A guide to the history of bacteriology*. New York.

Heim, R. & Wasson, R. G. *Les champignons hallucinogènes du Mexique*. Paris. (Mus. nat. Hist. natur.)

Käfer, Etta. An 8-chromosome map of *Aspergillus nidulans*. *Adv. Genetics* **9**: 105–45.

Sparrow, F. K. Interrelationships and phylogeny of the aquatic phycomycetes. *Mycologia* **50**: 797–813.

1959 Bonner, J. T. *The cellular slime molds*. Princeton, N.J. (Edn 2, 1967.)

Cutter, V. M. Jr. Studies on the isolation and growth of plant rusts in host tissue culture and on synthetic media. I. Gymnosporangium. *Mycologia* **51**: 248–95. (See also *ibid.* **52**: 726–42 (1961).)

Harley, J. L. *The biology of mycorrhizas*. London. (Edn 2, 1970.)

*Keitt, G. W. History of plant pathology. In J. G. Horsfall & A. E. Dimond (eds.) *Plant pathology* **1**: 61–97 (1959). New York.

*McCallan, S. E. A. The American Phytopathological Society – the first fifty years. In C. S. Holton *et al.*, *Plant pathology, problems and progress, 1908–1959*: 24–31.
*Mayer, K. *4500 Jahre Pflanzenschutz*. Stuttgart. (A chronology.)
*Stevenson, J. A. The beginnings of plant pathology in North America. In C. S. Holton *et al.*, *Plant pathology, problems and progress, 1908–1959*: 14–23.

1960 Gandy, D. G. 'Watery stipe' of cultivated mushrooms. *Nature* **185**: 482–3.
Plempel, M. Die zygotropische Reaktion bei Mucorinieen. I. Mitteilung. *Planta* **55**: 254–8.

1961 Dawson, Christine O. & Gentles, J. C. The perfect states of *Keratinomyces ajelloi* Vanbreuseghem, *Trichophton terrestre* Dury & Frey and *Microsporum nanum* Fuentes. *Sabouraudia* **1**: 49–57.
Gregory, P. H. *Microbiology of the atmosphere*. London. (Edn 2, 1973.)
*Johnson, T. W. & Sparrow, F. K. *Fungi in oceans and estuaries*. Weinham.
Sargeant, K., Sheridan, A., O'Kelly, J. & Carnaghan, R. B. A. Toxicity associated with certain samples of groundnuts. *Nature* **192**: 1096–7.
Scheffer, R. P. & Pringle, R. B. A selective toxin produced by *Periconia circinata*. *Nature* **191**: 912–13.
*Singer, R. *Mushrooms and truffles. Botany, cultivation and utilization*. London.
Stockdale, Phyllis M. *Nannizzia incurvata*, gen.nov., sp.nov., a perfect state of *Microsporum gypseum*. *Sabouraudia* **1**: 41–8.

1962 Bartnicki-Garcia, S. & Nickerson, W. J. Induction of yeastlike development in Mucor by carbon dioxide. *J. Bact.* **84**: 829–40.
Moore, R. T. & McAlear, J. H. Fine structure of mycota. 7. Observations on septa of ascomycetes and basidiomycetes. *Am. J. Bot.* **49**: 86–94.
Stakman, E. C., Stewart, D. M. & Loegering, W. Q. Identification of physiological races of *Puccinia graminis* var. *tritici*. *U.S.D.A. Agric. Res. Serv. E616*, 53 pp.

1963 Cunningham, G. H. *The Thelephoraceae of Australia and New Zealand*. Wellington. (N.Z.D.S.I.R. Bull. 145.)
Fincham, J. R. S. & Day, P. R. *Fungal genetics*. Oxford.
*Heim, R. & Pellier, Jeanne. La mycologie au Japon. Revue historique. *Rev. Mycol. Paris* **28**: 68–81.
Nickerson, W. J. Symposium on biochemical bases of morphogenesis in fungi. IV. Molecular basis of form in yeasts. *Bact. Rev.* **27**: 305–24.
*Ramsbottom, J. History of Scottish mycology. *Trans. Br. mycol. Soc.* **46**: 161–78.
Reijnders, A. F. M. *Les problèmes du developpement des carpophores des Agaricales et de quelques groupes voisins*. The Hague.
*Wheeler, H. & Luke, H. H. Microbial toxins in plant disease. *Ann. Rev. Microbiol.* **17**: 223–42.

1964 Olive, L. S. Spore discharge mechanism in basidiomycetes. *Science* **146**: 542–3.
*Orlob, G. B. The concepts of etiology in the history of plant pathology. *Pflanzenschutz-Nachr.* **17**(4): 185–268.
*Pringle, R. B. & Scheffer, R. P. Host specific plant toxins. *Ann. Rev. Phytopath.* **2**: 133–56.

1965 Cunningham, G. H. *Polyporaceae of New Zealand*. Wellington. (N.Z.D.S.I.R. Bull. 164.)
Esser, K. & Kuenen, R. *Genetik der Pilze*. Berlin. (English transl. by E. Steiner, *Genetics of fungi*, 1968.)
*Hawker, Lilian E. Fine structure of fungi as revealed by electron microscopy. *Biol. Rev.* **40**: 52–92.
*Hesseltine, C. W. A millenium of fungi, food and fermentation. *Mycologia* **57**: 149–97.
*Müller-Kögler, E. *Pilzkrankheiten bei Insekten*. Berlin.
Raper, K. B. & Fennell, Dorothy I. *The genus* Aspergillus. Baltimore.
*Schwarz, J. & Baum, G. L. Pioneers in the discovery of deep fungus diseases. *Mycopath. Mycol. applic.* **25**: 73–81.
*Sturtevant, A. H. *A history of genetics*. New York.

1965–73 *Ainsworth, G. C. & Sussman, A. S. (eds). *The fungi*. **1** (*The fungal cell*) (1965); **2** (*The fungal organism*) (1966); **3** (*The fungal population*) (1968); **4** (with F. K. Sparrow) (*Taxonomic review with keys*), **A** (*Ascomycetes, Fungi imperfecti*), **B** (*Other groups*) (1973). New York.

1965–75 *Raab, H. Aus der Geschichte der Mykologie. *Schweiz. Z. Pilzkde* **43**: 81–4 (1965); **44**: 149–54 (1966); **46**: 17–19, 105–10 (1968); **48**: 13–16 (1970); **49**: 153–8 (1971); **50**: 41–5 (1972); **51**: 53–9 (1973); **53**: 22–8 (1975).

1966 Burnett, J. H. & Evans, E. J. Genetical homogeneity and stability of mating-type factors in 'fairy rings' of *Marasmius oreades*. *Nature* **210**: 1368–9.
*Machlis, L. Sex hormones in fungi. In Ainsworth & Sussman **2**: 415–33 (1965–73).
*Sussman, A. S. & Halvorson, H. O. *Spores: their dormancy and germination*. New York.

1966–7 Williams, P. G., Scott, K. J. & Kuhl, J. L. Vegetative growth of *Puccinia graminis* f. sp. *tritici in vitro*. *Phytopathology* **56**: 1418–19 (1966); & Maclean, D. J. Sporulation and pathogenicity of *Puccinia graminis* f. sp. *tritici* grown on an artificial medium. *Ibid.* **57**: 326–7 (1967).

1967 Ahmadjian, V. *The lichen symbiosis*. Waltham, Mass.
Batra, L. R. Ambrosia fungi: a taxonomic revision and nutritional studies of some species. *Mycologia* **59**: 976–1017.
*Buchwald, N. F. Die Entwicklung der Pflanzenpathologie in Dänemark. *Acta Phytopathologica* **2**: 183–94.
*Hale, M. E. *The biology of lichens*. London.
Heim, R., Cailleux, R., Wasson, R. G. & Thévenard, P. *Nouvelle investigations sur les champignons hallucinogènes*. Paris. (Mus. nat. Hist. natur.)
*McCallan, S. E. A. History of fungicides. In D. C. Torgeson (editor), *Fungicides; an advanced treatise*, **1**: 1–37. New york.
*Wood, R. K. S. *Physiological plant pathology*. Oxford & Edinburgh.

1968 *Fidalgo, O. Introdução à historia da micologia brasileira. *Rickia* **3**: 1–44. (See also *Ibid.* **5**: 1–3 (1970).)
Martin, G. W. The origin and status of fungi (with a note on the fossil record). In Ainsworth & Sussman **3**: 635–48 (1965–73).
*Parris, G. K. *A chronology of plant pathology*. Starkville, Miss.
Person, C. Genetical adjustment of fungi to their environment. In Ainsworth & Sussman **2**: 395–415 (1965–73).
*Ubrizsy, G. A Magyarországi mykológiai kutatások a múltban es jelenleg. *Herba Hung.* **7**: 11–16.

Wasson, R. G. *Soma: divine mushroom of immortality.* New York. (Reprint, 1971.)

1969 *Ainsworth, G. C. History of plant pathology in Great Britain. *Ann. Rev. Phytopath.* **7**: 13–30.
Jellison, W. L. *Adiaspiromycosis* (= *Haplomycosis*). Missoula, Mont.
Kreisel, H. *Grundzüge eines natürlichen Systems der Pilze.* Lehre.
*Lowag, K. Ein Beitrag zur Geschichte der Mykologie in Österreich. *Sydowia* **22**: 311–22.
*Špaček, J. Historische Skizze der Mycologie in Mähren und Schleisien bis 1945. *Spisy přír Univ. J. E. Purkyně* **37**: 171–91.
Whittaker, R. H. New concepts of kingdoms of organisms. *Science* **163**: 150–60.

1970 Barkley, F. A. *Outline classification of organisms.* Edn 3. Providence, Mass.
*Bové, F. J. *The story of ergot.* Basel & New York.
*Fish, S. The history of plant pathology in Australia. *Ann. Rev. Phytopath.* **8**: 13–36.
*Tubaki, K. Historical survey of the studies on microfungi in Japan. *Proc. 1st. Internat. Congr. Culture Coll.*: 57–61.

1971 First International Mycological Congress, Exeter, Devon, England.

*Blumer, S. & Müller, E. Mykologie und Mykologen in der Schweiz. *Schweiz. Z. Pilzkde* **49**: 97–108.
Ellis, M. B. *Dematiaceous hyphomycetes.* Kew.
*Onions, Agnes, H. S. Preservation of fungi. In C. Booth (ed.), *Methods in microbiology,* **4**: 113–51. London and New York.
*Orlob, G. B. History of plant pathology in the Middle Ages. *Ann. Rev. Phytopath.* **9**: 7–20.
Pegler, D. N. & Young, T. W. K. Basidiospore morphology in the Agaricales. Lehre. (Beih. *Nova Hedwigia* **35**.)
*Turner, W. B. *Fungal metabolites.* London.

1972 *Conners, I. L. (ed.). *Plant pathology in Canada.* Winnipeg. (Can. Phytopath. Soc.)
Heim, R. Mushroom madness in the Kuma. *Hum. Biol. Oceania* **1**: 170–8.
*Kiraly, Z. Main trends in the development of plant pathology in Hungary. *Ann. Rev. Phytopath.* **10**: 9–20.
Lowy, B. Mushroom symbolism in the Maya codices. *Mycologia* **64**: 816–21.
*Marsh, R. W. (ed.). *Systemic fungicides.* London.
*Raychaudhuri, S. P., Verma, J. P., Nariani, T. K. & Sen, B. The history of plant pathology in India. *Ann. Rev. Phytopath.* **10**: 21–36.

1973 *Ahmadjian, V. & Hale, M. E. (eds.). *The Lichens.* New York.
*Bresinsky, A. 200 Jahre Mykologie in Bayern. *Z. Pilzkde* **39**: 15–38.
*Lazzari, G. *Storia della micologia italiana. Contributo dei botanica italiana allo sviluppo delle scienze micologiche.* Trento.
Mahgoub, El S. & Murray, I. G. *Mycetoma.* London.

1974 *Akai, S. History of plant pathology in Japan. *Ann. Rev. Phytopath.* **12**: 13–26.
*Grummann, V. *Biographisch-bibliographisches Handbuch der Lichenology.* Lehre.
Lowy, B. *Amanita muscaria* and the thunderbolt legend in Guatemala and Mexico. *Mycologia* **66**: 188–91.

翻訳に使った主な参考書

大塚高信ほか編『固有名詞英語発音辞典』三省堂、1992

岩波書店編集部『岩波西洋人名辞典』岩波書店、1956

山田常雄ほか編『岩波生物学辞典』岩波書店、1971

日本学術振興会『文部省学術用語集　農学編』日本学術振興会、1998

日本菌学会編『菌学用語集』メディカルパブリッシャー、1996

杉山純多編集　岩槻邦男・馬渡峻輔監修『バイオダイバーシティー　シリーズ 4 菌類・細菌・ウイルスの多様性と系統』裳華房、2005

寺川博典著『菌類系統分類学』養賢堂、1984

今関六也ほか編『山渓カラー名鑑　日本のきのこ』山と渓谷社、1988

今関六也・本郷次雄著『原色日本菌類図鑑』保育社、1957、『同続』1965

今関六也・本郷次雄著『原色新菌類図鑑（Ⅰ）』保育社、1987

小林義雄著『日本・中国菌類歴史と民俗学』広川書店、1983

奥田誠一ほか著『最新植物病理学』朝倉書店、2004

小林享夫ほか著『新編樹病学概論』養賢堂、1992

岩槻邦男ほか監修『植物の世界』朝日新聞社、1997

その他ご学関係辞書類

# 訳者あとがき

　周知の通り、菌学にかぎらず、我が国の自然科学はすべて19世紀後半にヨーロッパから導入されたものに沿っており、今もその延長線上にある。江戸時代に科学らしいものがあったとしても、それらは欧米の自然科学に比べてはるかに後れをとっており、研究や教育も翻案・翻訳、外国人教師などに頼らざるを得なかった。

　我が国における菌類に関する研究・教育は、その出発点から植物学、植物病理学、発酵・醸造学、医真菌学などの中で、すでに出来上がったものとして別個に導入された。ヨーロッパの研究史に見られるように、身近な問題を解決する必要に迫られて自然発生してきた自前のものではなかったのである。さらに、大学教育の場では理学、農学、医学の各学部に属し、それぞれ部分的に、しかもほとんど連携なしに伝えられてきた。まして社会一般にカビ・キノコの知識を普及する試みは近年にいたるまでほとんど見られず、ようやく第二次大戦後になって、本格的な教科書や図鑑類が陽の目を見るようになったといえるだろう。

　菌学を専門的に研究し、研究者を養成する専門機関や大学の講座等は、永い間ほとんど無きにひとしく、日本菌学会が設立されたのも、1958年のことだった。現在は欧文誌、和文誌を刊行して内外にその研究成果を発表しているが、残念ながら、依然として体系的に菌類について研究・教育する組織や機関がない状態が続いており、各地に散在する研究者個人の努力に依存している。

　自然科学に限らず、科学研究にとって研究の深化・発展を図るためには、その領域の歴史をよく理解し、研究の流れを的確に把握しておくことが必須である。現在のように科学研究の領域が細分化すればするほど、若い研究者が研究の始まった動機とその意義、失敗例や成果の波及効果などを過去の事例に学んで、自らの位置づけを誤らないようにする必要があると思われる。世界的にも菌学研究の歴史はきわめて短く、我が国では大勢の先人たちの努力にもかかわ

らず、未同定種の多さからだけでも、菌学はまだ「未科学」の状態にあるといわざるを得ない。これから研究を志す若い世代に、この領域にはまだ無数の課題と無限の可能性が残されていることを伝えたいと願って、能力不足を十分承知の上で本書の翻訳を試みた。それはまた、教育の場を意図的に回避してきた者として、今更ながら科学における歴史教育の重要性を痛感させられているためでもある。

　本書は菌学の歴史を紹介した世界で初めての書である。1976年以来、現在も版を重ねており、なお高い評価を得ている。おそらく今後類書が出ることはあっても、これほど広範に文献を渉猟し、その内容を一冊にまとめることができる科学史家は出ないだろう。初版が出てから30年以上たつが、いまだにこれを超えるものはない。

　エインズワースの著作に『医真菌学・獣医真菌学入門（*Introduction to the History of Medical and Veterinary Mycology*）』があるが、これは医真菌と動物寄生菌を対象としたものである。植物関係を主とした本書を出した後、1987年に刊行されているので、おそらく菌学史全体の充実を図るために書いたものと思われる。また、エインズワースは『菌類事典（*Dictionary of Fungi*）』の編者としても著名である。

　本書の構成は年代記的に記述するのを避け、菌学を構成するそれぞれの領域についてヨーロッパを中心に研究の流れを解説したものである。まず、1章序で菌学史全体を概観し、2章で菌類の起源とその位置づけをとりあげ、3章で菌の形態と構造、4章で培養と栄養条件、5章で性、細胞、遺伝、6章で病原性、7章で毒、幻覚、アレルギーと菌、8章で菌類の利用、9章で菌類の分布、10章で分類、11章で菌学の組織について、それぞれ各分野の歴史をひもといている。そのため、多少各章にダブりが見られるが、巻末の註、年表、参考文献、人名索引、事項索引などを使っていただくと理解しやすいだろう。

　日本では本書の内容が詳しく紹介された例も少なく、翻訳の試みもなかった。1976年に出た初版をすぐ購入して翻訳しようと思ったが、文章が難解で、ギリシャ、ラテン、イタリア、フランス、ドイツなど、諸外国語が多く、人名にも読めないものが多く、手に負えないと思ってあきらめた。晩年になって、多少時間のゆとりができて言葉にも慣れ、もう一度読み返してみると、面白い逸話や知らなかったことが多く、再度挑戦しようと思い立った次第である。

内容について、自信のない部分があったため、多くの専門家の方々に見ていただくのが望ましいと思ったが、ご迷惑をおかけするのを恐れて私一人の責任で翻訳することとした。誤訳や読み違いなどが多いことを恐れるが、ご批判を賜れば幸いである。難解な文章や外国語、人名の読みなどについては、テオプラストス『植物誌』の研究家でもある妻、小川洋子に助けてもらい、巻末にあげる参考書を使わせていただいた。ここに深く感謝する。また本書の刊行をお引き受けいただいた京都大学学術出版会とお世話いただいた國方栄二氏にお礼申し上げる。

# 人名索引

(†は生没年が不明であることを表す)

## ア 行

アーデロン Arderon, W. (1703-67) 183
アーマディヤン Ahmadjian, V 101
アールブルク Ahlburg, H. (?-1878) 225
アカリウス Acharius, E. (1757-1819) 97
アガード Agardh, C. A. (1785-1859) 276
アクイヌム Aquinum 15
アシェルゾン Ascherson, F. M. (1798-1879) 72
アダムソン Adamson, H. G. (1865-1955) 180
アダメッツ Adametz, L. (†) 247
アダンソン Adanson, M. (1729-1806) 11, 147, 269
アッベ Abbé, E. (1840-1908) 62
アミチ Amici, J. B. (1784-1860) 62, 117
アモス Amos 145
アリストテレス Aristotle (BC. 384-322) 20, 39
アルベルティーニ Albertini, J. B. (1769-1831) 271, 275, 279
アレグロ Allegro, J. 202
アンダーソン Anderson, T. M<sup>c</sup>Call (1836-1908) 179
アンデルソン Andersson, O. 247
イェンセン Jensen, H. L. 246
ジェントルズ Gentles, J. C. 181
イストヴァンフィ Istvánffi, G. (1860-1930) 46, 50
イーストコット Eastcott, E. V. 112
インゴールド Ingold, C. T. 251
ヴァイヤン Vaillant, S. (1669-1722) 50, 240, 263
ヴァッカー Wakker, J, H. (1859-1927) 301
ヴァルダイア Waldeyer, W. (1836-1921) 125
ヴァンダンドリー Vandendries, R. 131, 133
ヴィヴィアーニ Viviani, D. (1772-1840) 240
ヴィークマン Wiegmann, A. F. (1771-1853) 161
ウィザリング Withering, W. (1741-99) 79
ウィッカーハム Wickerham, L-J 137
ヴィッタディーニ Vittadini, C. (1800-65) 72, 107, 240, 246
ヴィノグラドスキー Winogradsky, S. N. (1856-1953) 301
ヴィーラント Wieland, H. (1877-1957) 194
ヴィーラント Wieland, T. 194
ウイリアムズ Williams, D. A. 213
ウイリアムズ Williams, P. G. 113
ウィルク Wilk, G. (†) 27
ヴィルコム Willkomm, H. M. (1821-95) 96
ウィルディエ Wildiers, E. 112
ヴィルデナウ, Wildenow, C. L. (1765-1812) 67
ヴィルメ Villemet, P. R. (1735-1807) 27, 36
ウィルトシャー Wiltshire, S. P. (1891-1967) 299
ウインゲ Winge, Ø. (1886-1964) 137
ウインズロウ Winslow, C. -E. A. (1877-1957) 308
ヴィント Windt, L. G. (†) 158
ウェイクフィールド Wakefield, E. M. (1886-1972) 130, 301
ウェイジャー Wager, H. (1862-1929) 125
ヴェガス Viégas, A. P. 243
ウェゴナー Waggoner, P. E. 200

ヴェステルデイク Westerdijk, J. (1883-1961) 308
ウエストン Weston Jr, W. H. 305
ヴェーマー Wehmer, C. (1858-1935) 224, 234
ヴェーラー Wöhler, F. (1800-82) 222
ヴェルニケ Wernicke, R. (1852-1902) 185
ヴェント Went, F. A. F. C. (1863-1935) 308
ヴェントゥーリ Venturi, A. (1805-64) 240
ウォーカップ Warcup, J. H. 247
ヴォーシェ Vaucher, J. P. E. (1763-1841) 120
ヴォルタ Volta 171
ヴォルフヒューゲル Wolffhügel, G. (1854-99) 106
ウォローニン Woronin, M. S. (1833-1903) 121, 301
ウォード Ward, G. E. 165
ウォード Ward, H. M. 301, 302
ウォールロス Wallroth, K. F. W. (1792-1857) 97
ウォーレス Wallace, A. R. (1823-1913) 11
ウッド Wood, R. K. S. 166, 201
ウッド Wood, R. W. (1868-1955) 182
ウーデマンス Oudemans, C. A. J. A. (1825-1906) 241
ウールマン Woolman, H. M. (1853-1932) 150
ヴイユマン Vuillemin, J. P. (1861-1932), 65, 258, 259, 274
ウンガー Unger, F. J. A. N. (1800-70) 23, 160
ウンナ Unna, P. G. (1850-1929) 180
エイダム Eidam, M. E. H. (1845-1901) 123
エインズワース Ainsworth, G. C 143
エウリピデス Euripides (B. C. 480-406) 191
エヴァーハート Everhart, B. M. (1818-1904) 295
エヴァンズ Evans, E. J. 80
イーヴリン Evelyn, J. (1620-1706) 84

エーム Heim, R. -J 203
エーレンベルク Ehrenberg, C. G. (1795-1876) 6, 20, 23, 120, 222, 290
エパルキデス Eparchides 191
エマーソン Emerson, C. H. 233
エマンズ Emmons, C. W. 181, 183, 186
エリクソン Eriksson, J. (1848-1931) 163
エリス Ellis, J. (c. 1710-76) 25, 26
エリス Ellis, J. B. (1829-1905) 295, 307
エリス Ellis. M. B. 65
エリス Ellis, W. G. P. (1863/4-1925) 302
エルショルツ Elsholtz, J. S. (1623-88) 147
エルステッド Ørsted 123
エレンキン Elenkin, A. A. (1873-1942) 100
エングラー Engler, H. G. A. (1844-1930) 290
エンゲル Engel (†) 223
オウィディウス Ovid (B. C. 43 -A. D. 17), 14
オーウエン Owen, R. (1804-92) 175
オーケン Oken, L. (1779-1851) 276
オースティン Austen, R. (?-1676) 163
オーデマン Oudeman 300
オックスフォード Oxford, A. E. 233
オードワン Audouin, V. (1797-1841) 173, 177
オフュルス Ophüls, W. (1871-1933) 185
オリ Oort, A. J. P. 131
オリーブ Olive, L. S. 206
オーブリ Aubriet, C. (1665-1742) 50
オーブリ Aubrey, J. (1626-97) 58
オールデンバーグ Oldenburg, H. (1615-77) 293

カ 行

カースル Castle, E. S. 81
カーター Carter, H. V. (1831-97) 67, 188

カートライト Cartwright, K. St G. (1891-1964) 96
カイアン Kyan, J. H. (1774-1850) 95
カイスラー Keissler, K. von (1872-1965) 190
カウアン Cowan, S. T. 257
カズナーブ Cazenave, A. (1795-1877) 178
カダム Cadham, F. T. 212
カッター Cutter, V. M. (1917-62) 113
カニャール―ラトゥール Cagniard-Latour, C. (1777-1859) 221, 222
カニンガム Cunningham, D. D. (1843-1914) 209, 244
カニンガム Cunningham, G. H. (1892-1962) 77, 245
カミエンスキー Kamienski, F. (1851-1912) 103
カメラリウス Camerarius, R. J. (1665-1721) 117
カリー Currie, J. N. 234
カルステン Karsten, G. K. W. H. (1817-1908) 123
カルステン Karsten, P. A. (1834-1917) 241
カルヒブレンナー Kalchbrenner, K. (1807-86) 241
カルメット Calmette, A. (1863-1933) 194
カンティーノ Cantino, E. C. 82
ガレノス Galen (130-200) 192
ガロー Gallaud, G. 105
ガンジー Gandy, D. G. 190
キックス Kickx, J. J. (1803-64) 241
ギーニ Ghini, L. (1500-56) 306
木下 Kinoshita, K. 236
ギャレット Garrett, S. D. 82, 247
キューネ Kühne, W. (†) 221
キューン Kühn, J. G. (1825-1910) 148, 155
キュッツィング Kützing, F. T. (1807-93) 32, 221, 222
ギエールモン Guilliermond, A. (1876-1945) 224
ギルクリスト Gilchrist, T. C. (1862-1927) 185

ギルバート Gilbert, J. H. (1817-1901) 79
キンタニラ Quintanilha, A. 81, 131, 134
クインティネウス Quintinaeus 87
グゥイン・ヴォーン Gwynne-Vaughan, H. C. I. (1879-1967) 292
グージェロ Gougerot, H. (1881-1955) 184, 188
クック Cooke, M. C. (1825-1914) 99, 242, 244, 248, 292, 295
クーチ Couch, J. 252
クニープ Kniep, H. (1881-1930) 130, 131, 133, 136
ヌードスン Knudsen, L. (1884-1958) 105
クベンヌ Quevenne, T. -A. (1806-56) 222
グラウキアス Glaucias 227
クラウセン Claussen, P. (1877-1959) 143
クラール Král, F. (1846-1911) 307
クリック Crick, F. H. C. 140
グリーン Green, J. R. (1848-1914) 224
クール Kuhl, J. L. 113
クルシウス Clusius, C. (J.-C. l' Écluse, l' Éscluse) (1526-1609) 9, 44, 50, 191, 239, 242, 260, 287
グルービィ Gruby, D. (1810-98) 175, 176
クレイギー Craigie, J. H. 135
グレディッチ Gleditsch, J. G. (1714-86) 20, 118, 208, 240, 269
グレヴィル Greville, R. K. (1794-1886) 71, 242
クレゲル―ファン・レイ Kreger-van Rij, N. W. J. 224
グレゴリ Gregory, P. H. 210
クレブス Klebs, G. A. (1857-1918) 80, 142, 301
クレプス Klebs, T. A. E. (1834-1913) 107
クレメンツ Clements, F. E. (1874-1945) 298
クロッチ Klotzsch, J. F. (1805-60)

71, 73, 119
クロムホルツ Krombholz, J. V. von (1782-1843) 71, 241, 314
クロンビー Crombie, J. M. (1831-1906) 99
ケスタン Kesten, B. M. 212
ケラーマン Kellerman, W. A. (1850-1908) 295
ケルスス Celsus, A. C. (A. D. 1 C) 177, 192, 193
ケレ Quélet, L. (1832-99) 240, 302
ゲゲン Guéguen, F. P·J. (1872-1915) 250
ゲー-リュサック Gay-Lussac 108
ゲダール Goedart, J. (1620-68) 16
ケーファー Käfer, E. 141
ゲヨン Gayon, L. U. (1845-1929) 168
ゲルトナー, J. Gaertner, J. (1732-61) 119
ゴイダニック Goidànich, G. 157
ゴイマン Gäumann, E. A. (1893-1963) 201, 283, 292
コウブ Cobe, H. M. 214
コーカー Coker, W. C. (1872-1953) 251
コスモⅢ世 Cosmo III 51
コッセル Kossel, A. (1853-1927) 140
コットン Cotton, A. D. (1879-1962) 251
コッペ Koppe, F. (†) 194
コッホ Koch, R. (1843-1910) 106, 107
コナント Conant, N. F. 189
コーナー Corner, E. J. H. 76
コープランド Copeland, H. F. 37
コベール Kobert, R. (†) 194
コルダ Corda, A. C. J. (1809-49) 62, 72, 119, 242, 290, 314
コルニュ Cornu, M. M. (1843-1901) 251
コロドニー Cholodny, N. 246
コン Conn, H. J. (1809-49) 246
コーン Cohn, F. J. (1828-98) 106, 240
コンスタイン Connstein, W. 236
コンスタンタン Costantin, J. N. (1857-1936) 96
コンフィグリアーチ Configliachi, L. (1787-1864) 175

サ 行

サイフェルト Seyffert, C. (1719-†) 20
坂本浩然 Sakamoto, K. (†) 245
サザランド Sutherland 251
サス Sass, J. E. 133
サスマン Sussman, A. S. 7, 80, 143
サッカルド Saccardo, P. A. (1845-1920) 65, 240, 243, 245, 247, 258, 284, 298, 299
サックス Sachs, F. G. J. von (1832-97) 207, 301
サックスター Thaxter, R. (1858-1932) 252
サートン Sarton, J. (1884-1956) 15
サパントルフィ Sapin-Trouffy, F. P. S. (1865-†) 127
サブロー Sabouraud, R. J. (1864-1938) 7, 179, 188
サーモン Salmon, E. S. (1871-1959) 247
サルキソフ Sarkisov, A. K. 198
サワビー Sowerby, J. (1757-1822) 8, 57, 94, 289
サンド Sand, G. 177
シア Shear, C. L. (1865-1956) 137, 298
シェイファ Schaeffer, J. C. (1718-90) 56, 69, 118, 240
シェファー Scheffer, R. P. 201, 269, 289
ジェームズⅠ世 King James I 44
シェラード Sherard, W. (1659-1728) 55, 261
シェラード Sherard, J. (1666-1737) 55
ジェラール Gérard, F. (†) 193
ジェラード Gerarde (Gerard), J. (1545-1612) 44
シェルレ Cherler, J. -H. (c. 1570-c. 1610) 48
シェンク Schenck, B. R. (?-1920) 184
ジェンナー Jenner, W. (1815-98) 179

人名索引　371

シェーンライン Schönlein, J. L. (1793-1864)　175, 176
シーカール Sicard, G. (1829-86)　120
シスルトン—ダイア Thistleton-Dyer, W. T. (1843-1928)　245
シドウ Sydow, P. (1851-1925),　9, 297, 307
ジドー Sydow, H. (1879-1946)　244
ジフォード Gifford, M. A.　186
シーモア Seymour, A. B. (1859-1933)　300
ジャヴィリエ Javillier, M. (1875-1955)　111
ジャクソン Jackson, B. D. (1846-1927)　297
シャハト Schacht, H. (1814-64)　76
シャブレ Chabrey(Chabré), D, (1607-67)　48
シャンツ Schantz, H. L.　79
シュヴァリエ Chevalier, C.-L. (1804-47)　62
シュヴァリエ Chevalier, J. L. V. (1770-1847)　62
シュヴァン Schwann, T. (1810-82)　124, 221〜223
シュヴェンデナー Schwendener, S. (1829-1919)　99
シュタール Stahl, G. E. (1660-1734)　220
シュトラインツ Streinz, W. M. (1792-1876)　298
シュトラスブルガー Strasburger, E. (1844-1912)　124, 125, 301
シュトルム Sturm, J. (1771-1865)　72, 119, 289
シュナイダーハン Schneiderhan, F. J.　168
シュバイニッツ Schweinitz, L. D. von (1780-1834),　243, 271, 276, 279, 288, 300
シュプレンドレ Splendore, A. (1871-1953)　34
シュベンクフェルト Schwenckfelt, K. (1563-1609)　196
シュミーデベルク Schmiedeberg, O. (1838-1921)　194

シュミッツ Schmitz, J. (†)　206, 207
シュミッツ Schmitz, C. J. F. (1850-95)　125, 126
シュミートベルガー Schmidberger, J.　253
シュミデル Schmidel, C. C. (1718-92)　118
シュライデン Schleiden, M. J. (1804-81)　121, 124
ジュール Juel, H. O. (1863-1931)　126
シュルテス Schulthess, H. H. (†)　167
シュレーター Schroeter, J. (1837-94)　163, 240
シュレーダー Schröder, H. G. F. (1810-85)　106
シュレヒテンダール Schlechtendahl, D. F. L. (1794-1866)　291
ジョージⅢ世 King George III　157
ショニング Schiønning, H. L. (1868-1942)　137
ショパン Chopin　177
ショファー Schopfer, W. H.　112, 143
ジョフロア Geoffroy, E. F. (1672-1731)　196
ショラー Scholer, N. P.　159
ジョンストン Johnston, M.　169
ジョンソン Johnson, T. W.　251
白井光太郎 Shirai, M. (1863-1932)　245
ジレ Gillet, C. C. (1806-96)　240
シリンク Schilling, J. J. (†)　23, 31
シン Thin, G. (?-1903)　179
シンガー Singer, R.　285
スカルパ Scarpa　171
スコット Scott, K. J.　113
スコポリ Scopoli, J. A. (1723-88)　191, 249, 269, 271, 275
スタール Stahl, C.-E. (1848-1919)　101
スタインバーグ Steinberg, R. A.　111
スティーヴンスン Stevenson, J. A.　242
スティーブンズ Stevens, F. L. (1871-1934)　143
ステイクマン Stakman, E. C.　164

ストール Stoll, A. 197
ストックデイル Stockdale, P. M. 181
スパランツァーニ(ラッツァーロ・) Spallanzani, L. (1729-99) 6, 20～22, 171, 174, 207
スパロウ Sparrow, F. K. 251, 283
スペガッツィーニ Spegazzini, C. (1858-1926) 243
スミス Smith, A. L. (1854-1937) 96, 293
スミス Smith, C. E. 186
スミス Smith, E. F. (1854-1927) 184
スミス Smith, G. (1895-1967) 114
スミス Smith, J. E. (1759-1828) 307
スミス Smith, W. G. (1837-1917) 120
スリンガー Suringar, W. F. R. (1832-98) 62
聖エリザベート St Elizabeth 177
聖パトリック St Patrick 220
セクレタン Secretan, L. (1758-1839) 241
セネビエ Senebier, J. (1742-1809) 21
セリュリエ Serrurier (†) 183
ゼルニケ Zernike, F. 77
ゾシモス Zosimos (A. D. 3 C) 220

タ 行

ダーウィン Darwin, C. (1800-82) 11, 199, 216, 242, 281, 299
ダーウィン Darwin, E. (1731-1802) 79
ダヴィド David, M. E. 168
ダヴィット David, A. (†) 50
ダガー Duggar, B. M. (1872-1956) 218
高峰譲吉 Takamine, J. (†) 236
タッカー Tucker, E. (?-1868) 167
ターネッツ Ternetz, C. 105
ターナー Turner, W. B. 114
田中 Tanaka, S. 201
ダラム Durham, O. C. 213
ダーリング Darling, S. T. (1872-1925) 186
タル Tull, J. (1674-1741) 151
タル Thal, J. (1542/3-83) 196

タルジオーニ-トツェッティ(アントニオ・) Targioni-Tozzetti, A. (1785-1856) 55
タルジオーニ-トツェッティ(オッタヴァニオ・) Targioni-Tozzetti, O. (1755-1829) 55
タルジオーニ-トツェッティ(ジョヴァンニ・) Targioni-Tozzetti, G. (1712-83) 55, 155
タルジオーニ(チプリアーノ・アントニオ・) Targioni (Tozzetti), C. A. (1672-1748) 55
タレンティウム Tarentium 83
ダンジャール Dangeard, P. -A. C. (1862-1947) 125, 126, 251
ダンピア Dampier, W. (1652-1715) 177
チェイプ Cejp, K. 283
チェイン Chain, E. B. 232
チェサルピーノ Cesalpino, A. (1519-1603) 15
チェスターズ Chesters, C. G. C. 247
チッカレリ Ciccarelli, A. (?-1580) 246, 287
チフェッリ Ciferri, R. (1895-1964) 297
チャーチ Church, M. B. (1889-1949) 308
チャールズⅡ世 Charles II 293
チュルパン Turpin, P. J. F. (1775-1840) 161, 222, 223
ツァールブルックナー Zahlbruckner, A. (1860-1938) 299
ツァリンガー Zallinger, J. B. (1731-85) 147
ツェルナー Zellner, J. (1870-1935) 114
ツォップ Zopf, F. W. (1846-1909) 113, 189, 251, 292
デ・オルタ de Orta, G. 45
デ・バイテ de Beythe, I. (?-1611) 45
デ・バティヤーニ de Batthyány, B. (1538-90) 45
デイ Day, P. R. 293
ディオスコリデス Dioscorides (fl. 50-100) 41, 83, 167, 191, 192

人名索引　373

ディクソン Dickson, E. C.　186
ディトマー Ditmar, L. P. F.(†)　71
ティレ Tillet, M. (1714-91)　151, 166
ティンダル Tyndall, J. (1820-93)　6, 21, 106, 208, 209, 233
ディレニウス Dillenius, J. J. (1684-1747)　19, 97, 240, 261, 263, 268
デヴェズ Devéze, P.　182
テオプラストス Theophrastus (B. C. c. 300)　39, 66, 146
テシエ Tessier, H. -A. (1740-1837)　153, 167
テシュマハー Teschmacher, J. E. (1790-1853)　162
テータム Tatum, E. L. (1910-75)　140
デマジエール Desmazières, J. B. H. J. (1786-1862)　71, 162, 221
デュクロー Duclaux, É. P. (1840-1904)　107, 108, 218, 224
デュジャリック Dujarric de la Rivière, R. (1885-1969)　194
デュマ父子 Dumas père and fils　177
テュラン兄弟 Tulasne, C. (1816-84) & E. L. -R. (1815-85)　29, 30, 63, 98, 121, 126, 155, 196, 206, 246, 294
デルブルック Delbruck, M.　81
天皇 Emperor of Japan　249
ド・アルベルティーニ de Albertini, J. B. (1769-1831)　300
ド・カンドル de Candolle, A. P. (1778-1841)　157, 161, 196, 257
ド・カンドル de Candolle, A.　311
ド・ジュシュー de Jussieu, A. (1686-1758)　35
ド・ジュシュー de Jussieu, A. L. (1748-1836)　35, 273, 294
ド・トゥルヌフォール de Tournefort, J. P. (1656-1708)　18, 50, 66, 84, 87, 96, 147, 149, 260, 264, 288
ド・セーヌ de Seynes, J. (1833-1912)　123, 223
ド・ソシュール de Saussure　108
ド・パヤン de Payen, A. (1795-1871)　162
ド・バリ de Bary, H. A. (1831-88)　6, 28, 30, 33, 63, 67, 76, 80, 91, 98, 121, 122, 125, 143, 160, 162, 165, 200, 206, 223, 248, 251, 281, 290, 294, 301
ド・ビュフォン de Buffon, G. -L. L. Comte (1707-88)　21, 258
ド・ブールマン de Beurmann, L. (1851-†)　184, 188
ド・ボンヌフォン de Bonnefons, N. (fl. 1650)　84
ドモンブラン DeMonbreun, W. A.　186
ド・ラプランシュ de Laplanche, M. C. (1843-1904)　300
ド・レオミュール de Réaumur, R. -A. F. (1683-1757)　27, 183
ド・ロベール de l' Obel, M. (Lobelius) (1538-1616)　5, 43, 44, 50
ドースン Dawson, C. O.　181
ドッジ Dodge, B. O. (1872-1960)　133, 137, 138
ドッジ Dodge, C. W.　181
トーデ Tode, H. J. (1733-97)　67, 240
ドドゥーンス Dodoens, R. (1517-85)　44
トーマス Thomas, E. A.　101
トム Thom, C. (1872-1956)　231, 234, 308
トラース Tolaas, A. G. (1888-1972)　190
トラウベ Traube, M. (1826-94)　224
トラグス Tragus, H.　14
トラティニック Trattinick, L. (1764-1849)　66
ドリュアンダー Dryander, J. (1748-1810)　27
トルビア Torrubia, J. (†)　27
トログ Trog, I. G. (1781-1865)　241
ドレイトン Drayton, F. L. (1892-1970)　137
ドンク Donk, M. A. (1908-72)　285
ドレクスラー Drechsler, C.　253

　　ナ　行

ナイト Knight, T. A. (1759-1838)　158, 163, 167
ナッシュ Nash, P.　4

ナポレオン Napoleon 171
ナンニッツィ Nannizzi, A. (1877-1961) 181
ニーダム Needham, J. T. (1713-81) 21
ニーブ Neebe, C. H. (†) 179
ニュランダー Nylander, W. (1822-99) 99
ニカンドロス Nicander (B.C. 2C) 14, 192
ニコライ Nicolai, O. (†) 103
ニッカーソン Nickerson, W. J. 81
ニュートン Newton, D. E. (Mrs Swales) 131, 133
ヌマ Numa, P. 145
ネッカー Necker, N. J. de (1729-93) 36, 66
ネーゲリ、カール・ 124
ネーゲリ Naegeli, K. (1817) 23, 121, 290
ネース・フォン・エーゼンベック Nees von Esenbeck, C. G. D. (1776-1858) 20, 23, 63, 68, 71, 276
ネロ Nero 193

### ハ 行

ノア Noah 94
ノウルズ Knowles, J. (1781-1841) 93
ノーブルズ Nobles, M. K. 96
ノワール Noire, H. 182
バイエリンク Beijerinck, M. W. (1851-1931) 224
ハイド Hyde, H. A. (1892-1974) 213
バウア Bauer, F. A. (1758-1840) 157
バウヒヌス Bauhinus 9
バーキンショー Birkinshaw, T. H. 114
ハーゲルシュタイン Hagelstein, R. (1870-1945) 249
パーキンズ Perkins, C. F. 184
パーキンソン Parkinson, J. (1567-1650) 44
ハクスリー Huxley, T. H. (1825-95) 183, 233, 245
バークベック Birkbeck, G. (1776-1841) 95
バーグホーン Barghoorn, E. S. 251
バークリー Barclay, A. (1852-91) 244
バークリー Berkeley, M. J. (1803-89) 2, 31, 32, 73, 91, 94, 117, 119, 148, 161, 167, 216, 242, 282, 307
バークレイ Barkley, F. A. 37
バザン Bazin, A. P. E. (1807-78) 178
バージャー Barger, G. (1878-1939) 195, 197
バジーリアス Berzelius, J. J. (1779-1848) 222
パスツール Pasteur, L. (1822-95) 6, 9, 21, 106, 107, 109, 112, 209, 222, 236, 237
ハースト Hirst, J. M. 210
パーソン Person, C. 165
バダム Badham, C. D. (1806-57) 1, 191
バッシ Bassi, A. (1773-1856) 11, 170, 252
バッタッラ Battarra, G. A. (1714-89) 56, 191
バッタッラ Battarra, A. J. A. 240
バッチ Batsch, A. J. G. C. (1761-1802) 240, 269, 271, 275
バッレ Balle, S. 81
バティスタ Batista, A. C. (1916-67) 243
パトゥイヤール Patouiilard, N. -T. (1854-1926) 76, 240, 282, 302
バトラー Butler, E. J. (1874-1943). 164, 244
バトラー Butler, G. M. 82
バトラー Butler, S. 244
ハードン Harden, A. (1865-1940) 224
バートン Burton. K. A. 137
ハナ Hanna, W. F. (1892-1972) 131, 134
バーネット Barnett, H. L. 293
バーネット Burnett, J. H. 80
バーネット 卿 Burnett, W. (1779-1861) 95
ハーバーソン Halvorson, H. O. 81
ハーパー Harper, R. A. (1862-1946) 126, 301

パパン Papin, D.(†) 106
パリン Pallin, W. A.(1873-1956) 187
ハリアー Hallier, E.(1831-1904) 33
ハルティッヒ(ロベルト・)Hartig, H. J. A. R.(1839-1901) 96, 149, 301
ハルティッヒ(テオドール・)Hartig, T.(1805-80) 95, 103, 161, 254
ハルトック Hartog, M. M.(1851-1924) 301
バルサモ-クリヴェッリ Balsamo-Crivelli, G. G.(1800-74) 173
バンクス Banks, J.(1743-1820) 157
バーンズ Barnes, B. F.(1888-1965) 292
ハンセン Hansen, E. C.(1842-1909) 137, 223, 224, 247
ハンセン Hansen, K. 213
バーントン Bernton, H. S. 212
ハンフリー Humphrey, H. B.(1873-1955) 150, 152
バンソード Bensaude, M.(1890-1969) 131
ビッフェン Biffen, R. H.(1874-1949) 163
ピカリング Pickering, R.(c.1720-55) 193
ビスティス Bistis, G. N. 144
ビスビー Bisby, G. R.(1889-1958) 244
ピーターソン Peterson, D. H. 237
ビタンクール Bitancourt, A. A. 243
ピッコ Picco, V.(†) 36
ビードル Beadle, G. W. 140
ピープス Pepys, S.(1633-1703) 58, 92
ピーマイゼル Piemeisel, F. J.(1891-1925) 79, 164
ヒューズ Hughes, S. J. 65
ビュットナー Büttner, D. S. A.(1724-68) 27
ビュリアール Bulliard, J. B. F.(dit Pierre)(1752-93) 23, 36, 57, 119, 189, 206, 240, 248, 289, 290
ヒル Hill, J.(1716-75) 21, 28
ヒルシュ Hirsch, E. F.(1886-1972) 185
ファーガソン Ferguson, M. C.(1863-1951) 220
ファースマン Furthmann, W.(†) 179
ファーマー Farmer, J. B.(1865-1944) 125
ファーロウ Farlow, W. G.(1844-1919) 301
ファインバーグ Feinberg, S. M. 212〜214
ファブリシウス Fabricius, J. C.(1745-1808) 147, 153
ファヨ Fayod, V.(1860-1900) 76, 206
ファラオ Pharaoh 146
ファラデー Faraday, M.(1791-1867) 95
ファルク Falk, R.(1873-1955) 96
ファンブレ-セーゲン Vanbreuseghem, R. 188
ファン・シュリーク van Schrieck, O. M. 4
ファン・ステルベーク van Sterbeeck, F.(1631-93) 46, 50, 216, 239, 246, 288, 289
ファン・ティーゲン van Tieghem, P. E. L.(1839-1914) 103, 107, 108, 123, 134, 294
ファン・レーウェン van Leeuwen, S. 212, 213, 231
ファン・レーウェンフク van Leeuwenhoek, A.(1632-1723) 5, 58, 221, 288
フィダルゴ Fidalgo, O. 243
フィッシャー Fischer, A.(1858-1913) 224
フィッシャー Fischer, E.(1861-1939) 301
フィッシャー Fischer, G. W. 150
フィシャー・フォン・ヴァルトハイム Fischer von Waldheim, A.(1839-1920) 301
フィッツ Fitz, A.(1842-85) 224
フィルヒョー Virchow, R.(1821-1902) 184
フィンク Fink, B.(1861-1927) 99
フィンチャム Fincham, J. R. S. 293
フェーブス Phoebus, P.(1804-80) 73
フェリー Ferry, F.(†) 295

フォーサイス Forsyth, W. (1737–1804) 167
フォード Ford, W. W. (1871–1914) 194
フォスター Foster, J. W. 114, 293
フォックス Fox, T. Colcott (1848–1906) 180, 181
フォックス Fox, W. Tilbury (1836–79) 33, 179, 180
フォンタナ Fontana, F. (1731–1805) 155, 156
フォン・シュレーバー von Schreber, J. C. D. (1739–1810) 272
フォン・ターフェル von Tavel, R. F. (1863–1941) 282, 292, 293, 301
フォン・ツボイフ von Tubeuf, K. (1862–1941) 130, 301
フォン・ドゥッシュ von Dusch, T. (1824–90) 107
フォン・ハラー von Haller, A. (1708–77) 119, 206, 241, 270, 279, 297
フォン・フンボルト von Humboldt, F. H. A. (1769–1859) 249
フォン・ヘーネル von Höhnel, F. X. R. (1852–1920) 301
フォン・ヘルモント von Helmont, J. B. (1577–1644) 20
フォン・ミュンヒハウゼン von Münchausen, O. (1716–74) 24, 25, 196
フォン・ミンデン von Minden, M. D. (1871–†) 251
フォン・モール von Mohl, H. (1805–72) 124, 290, 301
フォン・リービヒ von Liebig, J. (1803–73) 112, 221, 222
ブクスバウム Buxbaum, J. C. (1693–1730) 240
ブーダー Buder, J. (1884–1966) 207
フック Hooke, R. (1635–1703) 5, 8, 16, 49, 58, 66, 149
フッカー Hooker, J. D. (1817–1911) 73, 217, 242
フッケル Fuckel, K. W. G. L. (1821–76) 240, 245
プッチーニ Puccini, T. 54

ブーディエ Boudier, J. L. É. B. (1828–1920) 57, 103, 240, 282, 302
フランク Frank, A. B. (1839–1900) 91, 100, 101
フレセニウス Fresenius, J. B. G. W. (1808–66) 184
フレミング Fleming, A. (1881–1955) 229, 230
フレミング Flemming, W. (1843–1915) 125
フレンケル Fraenkel, E. M. 213
フレンツェル Frenzel, J. S. T. (1740–1807) 20
ブーフナー Buchner, H. (1850–1902) 8, 224
ブラー Buller, A. H. R. (1874–1944) 134, 136, 190, 206, 207, 243, 293, 301, 310
ブライアリ Brierley, W. B. (1889–1963) 246
ブライアン Brian, P. W. 233
プライス Pryce, D. M. 230
ブラウン Brown, A. M. 121, 136, 251, 290
ブラウン Brown, Robert (1773–1858) 124
ブラウン Brown, W. (1888–1975) 3, 165, 302
ブラクサル Blaxall, F. R. (1866–1930) 180
ブラック Bulloch, W. (1868–1941) 21, 222
ブラックマン Blackman, V. H. (1872–1967) 127, 128, 302
ブラックリ Blackley, C. H. (1820–1900) 210, 211
ブラッドリ Bradley, R. (1688–1732) 151
ブランプト Brumpt, É. (1877–1951) 67
プランキット Plunkett, B. E. 82
ブランシャール Blanchard, R. (1857–1919) 178
プランタン Plantin, C. (1514–89) 45
プラーントル Prantl, K. A. E. (1849–93) 290

人名索引　377

ブリオーシ Briosi, G. (1846-1919)　301
フリース Fries, E. M. (1794-1878)　23, 29, 63, 67, 71, 76, 160, 196, 241, 242, 275, 276, 290, 307, 312
フリース Fries, N. T. E.　131, 276
フリース Fries, Th. M・(1832-1913)　99, 276
プリツェル Pritzel, G. A. (1815-74)　297
プリニウス Pliny (23-79)　2, 13, 40, 41, 192, 193, 227
プリーブラム Přibram, E. (?-1940)　308
フリーマン Freeman, J.　231
プリングスハイム Pringsheim, N. (1823-94)　121, 294
プリングル Pringle, R. B.　201
ブル Bull, H. G. (c.1818-85)　303
プルキニェ Purkinje, J. E. (1787-1869)　124
ブルゲッフ Burgeff, H.　104, 143
プルタルコス Plutarch (46-120)　14
ブルックス Brooks, F. T. (1882-1952)　149, 302
ブルニャテッリ Brugnatelli, L. V. (1761-1818)　175
ブルンスヴィク Brunswik, H.　131, 133
ブレイクスリ Blakeslee, A. F. (1874-1954)　6, 128, 130
ブレサドラ Bresadola, G. (1847-1929)　240
ブレフェルト Brefeld, O. (1839-1925)　63, 107, 123, 134, 206, 207, 223, 282, 293
プレボー Prévost, I.-B. (1755-1819)　65, 122, 153, 157, 167, 251
プレンペル Plempel, M.　144
フロー Flor, H. H.　164
フロイア Floyer, J. (1649-1734)　214
ブロットナー Blottner, C. L. (1773-1802)　20
ブロディ Brodie, H. J.　131, 135
ブロニャール Brongniart, A. T. (1801-76)　30
フローリー Florey, H. W. (1898-1968)　232

フンケ Funke, G. L.　134
ヘア Hare, R.　229, 230
ヘイウッド Heywood, V. H.　257
ベイトマン Bateman, F. (1788-1821)　178
パイリッチ Peyritsch, J. J. (1835-89)　252
ヘイル Hale, M. E.　101
ベイル Bail, C. A. E. T. (1833-1922)　33
ヘイルズ Hales, S. (1677-1761)　19, 149
ペイン Paine, S. G. (1881-1937)　190
ヘクトウン Hektoen, L. (1863-1951)　184
ペグラー Pegler, D. N.　78
ヘシオドス Hesiod　16
ヘス夫人 Frau Hess　107
ヘズロップ-ハリソン Heslop-Harrison, J.　257
ベセル Bethell, J. (1804-67)　95
ベッシィ Bessey, E. A. (1877-1957)　283, 292
ペック Peck, C. H. (1833-1917)　243
ヘッケル Haeckel, E. H. P. A. (1834-1919)　37
ヘッジコック Hedgcock, G. G. (1863-1946)　143
ペッチ Petch, T. (1870-1948)　244
ベッハー Becher, J. J. (1635-82)　220
ペッファー Pfeffer, W. F. P. (1845-1920)　103, 301
ヘードヴィヒ Hedwig, J. (1730-99)　63, 68
ペトラック Petrak, F. (1886-1973)　299, 300
ペトリ Petri, R. J. (1852-1921)　107
ベナム Benham, R. H. (1894-1957)　212
ベネット Bennett, J. H. (1812-75)　180, 183
ヘニングズ Hennings, P. C. (1841-1908)　243
ペリー Perry, M.　245
ベルグ Berg, F. T. (1806-87)　177
ペルズーン Persoon, C. H. (1761-1836)

23, 36, 63, 70, 71, 206, 221, 271, 290, 312
ベルズーン Persoon, D. 271
ベルナール Bernard, N. 104, 294
ベルトラン Bertrand, G. (1867–1962) 111
ヘルバッハ Hellbach, R. 235
ベルレーゼ Berlese, A. N. (1864–1903) 252
ペンツィヒ Penzig, A. G. O. (1856–1929) 245
ヘンリーⅧ世 King Henry Ⅷ 92
ボーアン Bauhin, G. (C. Bauhinus) (1560–1624) 9, 16, 39, 46, 151, 195, 268
ボーアン Bauhin, J. (1541–1613) 5, 44, 46, 50, 151, 260, 288
ホイッタカー Whittaker, R. H. 37
ホイットフィールド Whitfield, A. (1868–1947) 182
ホイーラー Wheeler, H. 201
ホーカー Hawker, L. E. 143, 293
ポサダス Posadas, A. (1870–1902) 185
ボス Voss 2
ホースフォール Horsfall, J. G. 169
ホッグ Hogg, J. (1817–99) 179
ボック Bock, J. (H. Tragus) (1498–1554) 14, 150
ボナー Bonner, J. T. 82
ボニエ Bonnier, G. E. M. (1853–1922) 101
ボネ Bonnet, C. (1720–93) 21, 214
ホフマイスター Hoffmeister, W. (1824–77) 137, 207
ホフマン Hoffmann, H. C. H. (1819–91) 76, 120, 123
ホプキンズ Hopkins, J. G. 212
ボノルデン Bonorden, H. F. (1801–44) 63
ホラティウス Horace (BC. 65–8) 191
ポルタ Porta, G. della (1535/6–1615) 5, 15, 16, 46, 83, 117
ホールトン Holton, C. S. 150, 191
ボールトン Bolton, J. (?–1799) 23, 56, 189, 209, 249, 289
ポルフュリオス Porphyrius 15
ホルムスキョルド Holmskiold (Holmskjold), T. (1731–93) 28
ポレ Paulet, J. J. (1740–1826) 193, 240, 297
ホワイト White, C. J. (1833–1916) 180
ホワイトハウス Whitehouse, H. L. K. 137
ポワロー Poirault, G. (1858–1936) 126
ポンテコルボ Pontecorvo, G. 141
ボンマー Bommer, C. B. J. P. (1866–1938) 67

マ 行

マーシュ Marsh, R. W. 170
マーチン Martin, G. W. (1886–1971) 38, 249
マーチン Martyn, J. (1699–1768) 249
マーフィ Murphy, H. C. 201
マイエン Meyen, F. J. F. (1804–40) 126, 161, 222
マウンス Mounce, I. 131, 132
マクシミリアンⅡ世 Emperor Maximilian Ⅱ 45
マグヌス Magnus, P. W. (1844–1914) 104, 301
マシューズ Matthews, V. D. (1904–58) 251
マッカルパイン McAlpine, D. (1849–1932) 244
マックブライド MacBride, T. H. (1848–1934) 249
マッシー Massee, G. E. (1850–1917) 242, 247, 282, 292, 295, 304
マッツオリ Mazzuoli, F. M. (?–1756) 20, 41
マッティオリ Mattioli, P. A. (1500–77) 41, 306
マトリュショ Matruchot, L. (1863–1921) 96, 218
マドックス Maddox, F. (1856–1937) 155
マニエ Manier, J. F. 253
マニョル Magnol, P. (1638–1715) 260
マリ Murray, H. C. 237
マルガロ Margarot, J. 182

人名索引　379

マルシグリ Marsigli, L. F. (1658-1730) 19, 66
マルシャン Marchand, N. L. (1833-1911) 282
マルシャン Marchant, J., *fils* (c. 1650-1738) 18, 36, 61, 294
マルシャン Marchant, N., *père* (?-1678) 66, 84
マルダー Mulder, E. G. 111
マルピーギ Malpighi, M. (1628-94) 5, 17, 61
マールムステン Malmsten, P. H. (1811-83) 177
マンジャン Mangin, L. (1852-1937) 302
マンスン Manson, P. (1844-1922) 178
マントン Manton, I. 78
ミーアン Meehan, F. 201
ミケーリ Micheli, P. A. (1679-1737) 4, 6, 8, 11, 20, 50, 51, 61, 79, 85, 97, 117～119, 155, 189, 205, 206, 240, 248, 249, 268
ミケル Miquel, P. (1850-1922) 210
ミーシュナー Mieschner, J. F. (1844-95) 140
ミッチェル Mitchell, H. K. 81
ミッチェル Mitchell, M. B. 81
ミューラー Müller, J. H. H. (1855-1912) 99
ミューラー Müller, Johannes P. (1801-58) 221, 290
ミューラー Müller, O. F. (1730-84) 27, 70, 120
ミューラーーケーグラー Müller-Kögler, E. 252
ミラー Miller, P. (1691-1771) 84
ミラルデ Millardet, P. M. A. (1838-1902) 168, 301
ムーア Moore, J. E. 125
ムージョ Mougeot, J. -B. (1776-1858) 302
ムッソリーニ Mussolini 174
ムリリョ Murillo 177
メイ May, O. E. 235
メイソン Mason, E. W. (1890-1975) 65

メイティ Maty, M. (1718-76) 26
メスキネッリ Meschinelli, A. L. (1865-†) 299
メッツ Mez, C. C. (1866-1944) 96
メディクス Medicus, F. C. (1736-1808) 20
メディチ家 the Medici 51
メール Maire, R. C. J. E. (1878-1949) 125
モーツァルト Mozart 170
モフィット Moffitt, H. C. (1867-1951) 185
モリス Morris, M. (1847-1924) 180
モリソン Morison, R. (1620-83) 96
モリャール Molliard, M. (1866-†) 235
モル Moll, F. (†) 95
モレン Morren, C. J. E. (1833-86) 162
モロー Moreau, F. 100
モンターニュ Montagne, J. P. F. C. (1784-1866) 63, 119, 162, 252
モンタギュー Montagu, G. (1751-1815) 183
モンティ Monti, G. (1682-1760) 20, 22

ヤ 行

ヤング Young, T. W. K. 78
ヤンセ Janse, J. M. (1860-†) 105
ユウェナリス Juvenal (60-140) 14
ユスト Just 300
ヨンゲ Jonghe, A. de (H. Junius) (1511-75) 43, 287

ラ 行

ラ・トゥーシュ La Touche, C. J. 231
ライストリック Raistrick, H. (1890-1971) 114
ライセック Reissek, S. (1819-71) 103
ライランズ Rylands, T. G. (1818-1900) 103
ラインケ Reinke, J. (1849-1931) 100, 103
ラガルド Lagarde, J. -J. (1866-1933)

250
ラスパーユ Raspail, F. V. (1791–1878) 161
ラチボルスキー Računraciborski, M. (1863–1917) 126
ラトレル Luttrell, H.　283
ラブールベーヌ Laboulbène, A. (1825–98)　252
ラベンホルスト Rabenhorst, G. L. (1806–81)　240, 290, 307
ラムズボトム Ramsbottom, J. (1885–1974)　18, 27
ランゲ Lange, J. E. (1864–1941)　57
ランジュロン Langeron, M. C. P. (1874–1950)　293
ランチーシ Lancisi, G. M. (1654–1720) 19
リー Rea, C. (1861–1946)　304
リーヴァイ Levi, J. D.　144
リース Rees, M. F. F. (1845–1901) 123, 223, 291, 301
リクスフォード Rixford, E. (1865–1938)　185
リシャール Richard, A. (1794–1852) 63
リシャール Richard, L. C. M. (1754–1821)　63
リション Richon, C. E. (1820–93) 123, 259
リスター Lister, A. (1830–1908)　248
リスター Lister, G. (1860–1949)　61, 248
リスター Lister, J. (1827–1912)　107, 233
リスト Liszt　177
リチャードソン Richardson, A.　203
リヒテンシュタイン Lichenstein, G. R. (1745–1807)　36
リュセ Lucet, A. (1852–1916)　184
リュチェハームス Lütjeharms, W. J. 18, 27
リリー Lilly, V. G.　293
リンク Link, J. H. F. (1767–1851)　63, 70, 103
リンダー Linder, D. H. (1899–1946) 251

リンダウ Lindau, G. (1866–1923)　9, 297
リンデグレン Lindegren, C. C.　137, 138
リンデグレン Lindegren, G.　137
リント Lind, J. V. A. (1874–1939) 245
リンドレイ Lindley, J. (1799–1865) 162
リンネ Linnaeus (Linné), C. (1707–78) 11, 25, 29, 35, 96, 147, 247, 266, 268, 275, 312
ルー Roux, E. (1853–1933)　224
ルーク Luke, H. H.　201
ルージェ Rouget, A. (1818–86)　252
ルームゲール Roumeguère, C. (1828–92)　295
ルソー Rousseau, J. (1905–70)　183
ルッツ Lutz, A. (1855–1940)　34
ルデッケ Ludecke, K.　236
レ Ré, F. (1763–1817)　147, 161
レイ Ray, J. (1627–1705)　5, 16, 50, 239, 242, 246, 249, 260, 263, 268, 288
レ Reay, M.　204
レイナー Rayner, M. C. (?–1948) 103, 105
レイパー Raper, K. B.　82
レインダース Reijnders, A. F. M.　82
レヴィン Levine, M. N. (1886–1962), 164
レヴェイエ Léveillé, J, H. (1796–1870) 63, 67, 72, 119, 160, 280, 294
レース Lees, E. (1800–87)　103
レーゼリウス Loeselius, J. (1607–55) 240
レーパー Raper, J. R. (1912–1974) 143
レーフェルト Lehfeldt, W.　134
レーマー Römer　273
レクルーズ l' Écluse　9　→クルシウス
レグレイ Regley　21
レスクルーズ l' Éscluse　44　→クルシウス
レツィウス Retzius, A. J. (1742–1821) 275, 276

レディ Redi, F. (1626-97) 20
レノン Rénon, L. (†) 184
レマク Remak, R. (1815-65) 124, 175, 176
ロウイ Lowy, B. 14
ローエル Loewel 106
ローズ Lawes, J. B. (1814-1900) 79
ローズ Roze, E. (1833-1900) 123, 259
ロスタフィンスキー Rostafinski, J. T. von (1850-1928) 248, 301
ロストルップ Rostrup, F. G. E. (1831-1907) 241
ローゼン Rosen, F. (1863-1925) 125
ローゼンバッハ Rosenbach, A. J. F. (1842-1923) 180
ローチ Roach, W. A. 170
ロッシ Rossi, G. M. 246
ロッデル Lodder, J 224
ロドウェル Rodwell, J. 200
ロニツァー Lonitzer, A. (Lonicerus) (1528-86) 195
ローパ Roper, J. A. 141
ロバーツ Roberts, L. (1860-1949) 180
ロバーツ Roberts, W. (1830-99) 107, 221, 232
ロバン Robin, C. P. (1821-85) 177, 252
ロビンズ Robbins, W. J. 111
ローラン Raulin, J. (1836-96) 6, 107, 108, 167, 294
ロンドレ Rondelet, G. (1507-57) 44

ワ 行

ワインドリング Weindling, R. 233
ワインマン Weinmann, J. A. (1782-1858) 241
ワックスマン Waksman, S. A. 247
ワッソン Wasson, R. G. 14, 202, 203
ワッソン Wasson, V. P. (1901-58) 203
ワトソン Watson, W. (1715-87) 27, 28, 194
ワトソン Watson, J. D. 140

# 種名索引

## ア 行

アイラ・ケスピトーサ Aira caespitosa（ヌカススキの一種） 163
アウリスカルピウム・ヴルガーレ Auriscalpium vulgare 268
アカカゴタケ属 53
アカコウヤクタケ Corticium amorphum（Aleurodiscus amorphus） 125
アカパンカビ Neurospora 81, 140
アカパンカビの一種 Neurospora tetrasperma 133
赤星病菌の一種 Gymnosporangium juniperi-virginianae 113
アガリクス Agaricus（タコウキン科など、サルノコシカケの類） 261, 263, 267
アガリクス・カンペストリス Agaricus campestris 217, 267
アガリクス・ビスポルス Agaricus bisporus 217
アガリクム agaricum 2
アガリクム Agaricum（エブリコ） 118, 259
アクシスジカ 184
アクラシス類 Acrasiales 81
アクリア・アンビセクシュアリス Achlya ambisexualis 144
アクリア・ビセクシュアリス Achlya bisexualis 144
アクリア・プロリフェラ Achlya prolifera 33
アコリオン・シェーンライニイ Achorion schoenleinii 176, 178
アスコフォラエ Ascophorae 120
アスコボールス・ステルコラリウス Ascobolus stercorarius 144
アスコボールス・マグニフィクス Ascobolus magnificus 137
アスペルギルス・イタコニクス Aspergillus itaconicus 236
アスペルギルス・オリザエ Aspergillus oryzae 225
アスペルギルス・グラウクス Aspergillus glaucus 23, 30
アスペルギルス・テレウス Aspergillus tereus 236
アスペルギルス・ニゲル Aspergillus niger 6, 108, 234, 236
アスペルギルス・ニドゥランス Aspergillus nidulans 141, 142
アスペルギルス・フミガートゥス Aspergillus fumigatus 67, 184, 212
アスペルギルス・フラヴス Aspergillus flavus 199
アスペルギルス・フラヴス-オリザエ Aspergillus flavus-oryzae 236
アスペルギルス属 Aspergillus 53
アニマルクーラ・インフソリア animalcula infusoria 26
アヒル 199
アマ 164
アミガサタケ Morchella esculenta 2, 43, 46
アミガサタケの類 Morchella 263
アミヒラタケ Polyporus squamosus 215, 249, 283
アラゲキクラゲ Auricularia polytricha 216
アリマキ 200
アルキミケーテス Archimycetes 283
アルタナリア 212, 213
アルタナリア・キクチアナ Alternaria kikuchiana Tanaka 201
アルタナリア・ソラニ Alternaria solani 201
アルム・マクラートゥム Arum maculatum 105
アレウロディスクス・ポリゴニウス Aleurodiscus polygonius 133
アンズタケ Cantharellus cibarius 43, 48, 263
アンドンタケの一種 Clathrus cancellatus 46

種名索引　383

イグチ　25, 69
イグチ属 *Boletus*　205
イサリア *Isaria*　33
イチゴ灰色カビ病菌 *Botrytis cinerea*　166
イチヤクソウ　103
イヌ　180
イネ　201
イボタケ科　245
イモタケ *Terfezia*　2
イワノリ属 *Collema*　98
ヴァルセイ *Valsei*　30
ウシ　180, 188, 196
ウシグソヒトヨタケ *Coprinus fimetarius* (*C. cinereus*)　131
ウツボホコリ *Arcyria*　61
ウドンコ病菌 *Erysiphaceae*　113, 164
ウマ　180, 187, 198, 200
エイランタイ *Cetraria islandica*　228
エウロチウム・ヘルバリオルム *Eurotium herbariorum*　31
エクソアスクス属 *Exoascus*　126
エノキタケ *Collybia velutipes*　82, 96
エピデルモフィトン *Epidermophyton*　181
エフェベ属 *Ephebe*　98
エブリコ *Fomes officinalis*　2, 41, 117, 227
エンプーサ・ムサエ *Empusa musae*　33
エンモンシア属 *Emmonsia*　186
エメリケラ・ニドゥランス *Emericella nidulans*　142
エリシフェ・キコラケアルム *Erysiphe cichoracearum*　122
エリシフェイ *Erysiphei*　30
エルベラ　267
エンドカルポン *Endocarpon*　101
エンドティア・パラシティカ *Endothia parasitica*　201
エンドミケス・ヴェルナリス *Endomyces vernalis*　236
エンドミケス・デキピエンス *Endomyces decipiens*　76
エンドミケス目 *Endomycetales*　254
エントモフトラ属 *Enthomophthora*　252
エンバク　163, 201

オイディウム・アルビカンス *Oidium* (*Candida*) *albicans*　177
オイディウム・トゥッケリ *Oidium tuckeri*　167
オオカラスノエンドウ　200
オーク　93, 103, 217
オーク類　214
オオシロアリタケ *Termitomyces* 属　254
オオムギ　152, 198
オクトスポラ *Octospora*　68
オシダ属 *Dryopteris filix-mas*　117
オツネンタケモドキ *Polyporellus brumalis*　82
オリーブ　192

カ　行

カイガラタケ　263
カイガラムシ　252
カイコ　175
カオス・ウスティラゴ *haos ustilago*　25
カオス・フンゴルム *haos fungorum*　25
核菌綱　279
核菌類　251
カラカサタケ *Lepiota procera*　46
カラシ　192
カラマツ　94
カレックス属 *Carex*　53
カワラタケ *Coriolus versicolor*　215
カンジダ・アルビカンス *Candida albicans*　81
カンジダ・ウティリス *Candida utilis* (= *Torulopsis utilis*)　225
乾腐菌 *Serpula lacrimans*　96
キウロコタケ *Stereum hirsutum* (*Thelephora sericea*)　206
キクイムシ科 *Scolytidae*　254
キクイムシ類　253
キクラゲ *Hirneola auricula-judae*　43, 227
キコブタケ *Phellinus igniarius*　117
キッタリア・ダーウィニイ *Cyttaria darwinii*　216
キトロミケス *Citromyces*　234
キノコバエ *Mycetophilidae*　16
キバフンタケ *Stropharia stercoraria* (*S.*

semiglobata) 125
ギムノスポランギウム・クラヴァリイフォルメ Gymnosporangium clavariiforme 127
キャベツ 192
菌核病菌 Sclerotinia sclerotiorum 165
菌じん類 282
菌じん綱 279
クサントリア Xanthoria 101
クシロストローマ・ギガンテウム Xylostroma giganteum 94
クモノスカビ Rhizopus nigricans 129
クモノスカビ Rhizopus stolonifer 130
クモノスカビ属 225
クラヴァリア・ソボリフェラ Clavaria sobolifera 28
クラヴァリア Clavaria 28, 266, 267
クラヴィケプス・プルプレア Claviceps purpurea 196
クラドスポリウム・ヘルバルム Cladosporium herbarum 213
クラドスポリウム Cladosporium 212
クラトルス 267
クラビケプス・パスパリ Claviceps paspali 198
クリ 103
グリオクラディウム・ウィレンス Gliocladium virens 233
クリプトコックス・ネオフォルマンス Cryptococcus neoformans 188
クレッソン 192
クレマチス 192
クロサイワイタケ Xylariei 30
黒サビ病菌 Pucinia graminis 163
クロハツ Russula nigricans 189
クロボキン 136
クロボキン類 Ustilagineae 34, 282
クロホ病菌 Ustilago violacea 136
クロロスプレニウム・アエルギナスケンス Chlorosplenium aeruginascens 215
ケカビ Mucor 25, 35, 61, 87, 120, 128
ケカビ Mucor mucedo 33
ケコガサタケ Galera tenera 206
ゲッケイジュ 86
ゲッケイジュ属 85
ケトミウム・エラトゥム Caetomium elatum 211
ケファロスポリウム属 Cephalosporium 234
ケラウニウム ceraunium 2
ケラトストメラ・フィンブリアータ Ceratostomella fimbriata 201
コアカエガマホタケ Typhula erythropus 134
クサントリア Xanthoria 101
コウマクノウキン Allomyces 82
コウモリ 187 250
コウヤクタケ属の一種 Corticium caesium 70
コウヤクタケ属の一種 Corticium varian 130
コウヤクタケの一種 Aleurodiscus polygonius 133
コエロミケーテス coelomycetes 65
コガサタケ属 Conocybe 203
コガネコウヤクタケの近縁 Corticium serum (Hypodontia sambuci) 134
コキララタケ Coprinus radiatus 120
コケ植物 105
コッキディオイデス・インミティス Coccidioides immitis 35, 185, 186
コナカブトゴケ Lobaria pulmonaria 227
コナラ属 40, 85
コニオテキウム Coniothecium 33
コニオフォーラ・プテアナ Coniophora puteana 94
コプリヌス・エフェメルス f. ビスポールス Coprinus ephemerus f. bisporus 133
コムギ Triticum vulgare 163
コムギ黒サビ病菌 Puccinia graminis 156, 158, 212
コムギ黒サビ病菌 Puccinia graminis f. sp. tritici 113, 164
コラロイデス Coralloides (ホウキタケの類) 261, 264
コリビア・フシペス Collybia fusipes 189
コルティナリウス・エモデンシス Cortinarius emodensis 217
コレトトリクム・フスクム Colletotrichum fuscum 201
昆虫寄生菌 253

## サ 行

細胞性粘菌 81
サカネラン *Neottia nidus-avis* 104
ササクレヒトヨタケ *Coprinus comatus* 70, 118, 133
サッカロミケス・ケレヴィシアエ *Saccharomyces cerevisiae* 60, 81, 137, 222
サッカロミケス *Saccaromyces* 33, 222, 282
サッカロミコデス・ルドウィギイ *Saccharomycodes ludwigii* 137
サツマイモ 201
砂糖菌 *Zuckerpilz* 222
サナギタケ *Cordyceps militaris* 28
サビキン類 *Uredinales* 126, 136, 282
サビ病菌 *Uredinales* 113
ザラエノヒトヨタケ *Coprinus lagopus*（sensu Buller＝*C. radiatus*） 134
ザラエノヒトヨタケ *Coprinus radiatus* 134, 135
サルノコシカケ 4, 92
サルノコシカケ属 *Polyporus* 53
シイタケ *Lentinus edodes* 83, 216
シジギテス・メガロカルプス *Syzygites megalocarpus* 6, 120, 121
シゾサッカロミケス・オクトスポルス *Schizosaccharomyces octosporus* 137
シチメンチョウ 199
シネンシストウチュウカソウ *Cordyceps sinensis* 27, 227
シバフタケ *Marasmius oreades* 3, 79
小嚢菌類 281, 282
シビレタケ属 *Psilocybe* 203
シビレタケの一種 *Psilocybe cubensis* 204
シフォノミケーテス *Siphonomycetes*（藻菌類） 282
ジベレラ・ゼアエ *Gibberella zeae* 198
シマスズメノヒエ 198
ジャガイモ 165, 169
ジャガイモ疫病菌 165
シャクジョウソウ *Monotropa hypopitys* 103
シュスランの一種 *Goodyera procer* 103

小房子嚢菌綱 *Loculoascomycetes* 283
ジョチュウギク 192
シロアリ 253, 254
シロサビキン属 *Albugo* 65, 122
シロソウメンタケ科 *Clavariaceae* 76
シロソウメンタケの類 *Clavaria fragilis* 266
シロタマゴテングタケ 194
ジンガサタケ *Annellaria separata*（*Panaeolus separata*） 133
真正担子菌綱 282
スイライカビ属 137
スイルス *suillus* 2
スエヒロタケ *Schizophyllum commune* 130, 132, 133, 310
スクレロチウム・クラヴス *Sclerotium clavus* 196
スクレロティニア・グラディオリ *Sclerotinia gladioli* 137
スタキボトリス・アルテルナンス *Stachybotrys alternans* 198
スタフィロコックス *Staphylococcus* 229, 230
スッポンタケ *Phallus impudicus* 43, 227
ストレプトミケス・グリセウス *Streptomyces griseus* 233
ストレプトミケス属 *Streptomyces* 188
スピロギラ *Spirogyra* 120
スファケリア・セゲトゥム *Sphacelia segetum* 196
スフェリア・プルプレア *Sphaeria purpurea* 196
スフェリエイ *Sphaeriei* 30
スフェロテカ・カスタグネイ *Sphaerotheca castagnei* 126
スポロディニア・グランディス *Sporodinia grandis*（*Syzigites megalocarpus*） 130
スポロトリクム属 *Sporotrichum* 32, 184
スポロトリックス・スケンキイ *Sporothrix schenckii* 34, 184, 250
スリコギタケ 70
セイボリー 193
セカーレ・ルクシュリアンス *Secale luxurianns* 195
接合菌綱 *Coniomycetes* 279
セルプラ・ラクリマンス *Serpula lacri-

mans　94
セント・ジョージのキノコ　Tricholoma georgii　48
ソルダリア・フィミコーラ　Sordaria fimicola　143

タ　行

ダイズ　225
多孔菌　226
タコウキン　263
タコウキン科　245
タフリナ　Taphrina　34, 282
卵菌類　Oomycetes　283
タマゴタケ　Amanita caesarea　2, 48
タマゴテングタケ　Amanita phalloides　193, 194
タマチョレイタケ　Polyporus tuberaster　67, 215, 217
タマハジキタケ　Sphaerobolus　54
担子菌類　282
地衣類　282
チャコブタケ　Daldinia concentrica　227
チャダイゴケ属　Cyathus　16
チャワンタケ　Pezizei　30
チャワンタケ属　Peziza　126, 263, 268
ツエタケ　189
ツチカブリ　Lactarius pipertatus　189
ツチグリ　261
ツチダンゴ　Elaphomyces granulatus　227
ツチダンゴ属　Elaphomyces　103
ツツジ科植物　102, 105
ツボカビ類　Chytridiomycetes　282, 283
ツメゴケ属の一種　Peltigera canina　227
ツユカビ属　Peronospora　122
ツリガネタケ　Fomes fomentarius　215, 226
ディプロデイア・ゼアエ　Diplodia zeae　198
ティレティア属　Tilletia　155
テカミケーテス　Thecamycetes（子嚢菌類）　282
テリオミケーテス　Teliomycetes（Teliosporae）　283
デルマトカルピ　Dermatocarpi　275
テングタケ　194

テングノメシガイの類　Geoglossum　264
デンドロキウム・トキシクム　Dendrochium toxicum　198
トウチュウカソウ属　Cordyceps　27, 266
トウベラ　Tubera　2, 259, 261
トウモロコシ　198
ドクツルタケ　194
ドクムギ　152
トネリコ属　85
トマト　201　214
トランズスケリア・アネモネス　Tranzschelia anemones　263
トリコフィトン・コンケントリクム　Trichophyton concentricum　178
トリコフィトン・トンスランス　Trichophyton tonsurans　179
トリコフィトン属　Trichophyton　179, 181
トリコミケーテス　Trichomycetes　253
トリティクム・レペンス　Triticum repens　163
トリュフ　2, 39, 102, 217, 246, 263, 287
トルロプシス属　Torulopsis　33
トルラ属　Torula　179
ドロホコリ属　Lycogala　248

ナ　行

ナガエノホコリタケ　261
ナガエノヤグラタケ　Nyctalis parasitica　189
ナシ　193
ナデシコ科　Caryophyllaceae　136
ナヨタケ属　Hypholoma（Psathyrella）　134
ナラタケ　Armillaria mellea　76
ナラ類　102
ナンヨウブナ　Nothofagus　216
ニオイコナヒトヨタケ　Coprinus narcoticus　132
ニホンナシ　Pyrus serotina　201
ニューロスポラ（アカパンカビ）属　Neurospora　137
ニューロスポラ・クラッサ　Neurospora crassa　139
ニューロスポラ・テトラスペルマ　Neuros-

pora tetrasperma  137
ニレ  249
ニワトリ  180
ニンジン  165
ヌメリイグチ属 Suillus  118
ネクトリア  30
ネコ  180
ネコブカビ類 Plasmodiophoromycetes  283
粘菌類  282
ノストック Nostocaceae  98

### ハ 行

バウヒニア Bauhinia 属  47
白癬症  180
ハタケチャダイゴケ  16
ハダニ  167
バッカクキン Claviceps purpurea  228
ハツカダイコン  192
バフンヒトヨタケ Coprinus stercorarius  132
腹菌類  275, 282
パラコッキディオイデス・ブラシリエンシス Paracoccidioides brasiliensis  34
ハラタケ Agaricus  4, 25, 69
ハラタケ Agaricus campestris  48, 125
ハラタケ属の一種 Agaricus prunulus  73
ハラタケ属の一種 Agaricus aurantius Persoon  120
ハラタケ目  82, 261, 271, 279, 285
バラのサビ病菌 Phragmidium mucronatum  149, 157
パリス・クァドリフォリア Paris quadrifolia  105
ハリタケとイボタケの類  261
盤菌綱  279
半担子菌綱  282
ピーナッツ  199
ヒカゲウラベニタケ Clitopilus prunulus  3
ヒストプラスマ・カプスラトゥム Histoplasma capsulatum  34, 186, 187, 250
ヒストプラスマ・ファルキミノスム Histoplasma farciminosum (Cryptococcus farciminosus)  34, 187

ヒストプラスマ属 Histoplasma  187
ヒダナシタケ目  77
ヒツジ  198
ビッスス属 Byssus  208, 267
ピティロスポルム・オバーレ Pityrosporum ovale  113
ヒドヌム・コラロイデス Hydnum coralloides  275
ヒドヌム Hydnum  261, 267, 268
ピトミケス・カルタルム Pithomyces chartarum  199
ヒトヨタケ Coprinus  55, 69, 71, 215
ヒトヨタケ属の一種 Coprinus fimetarius  81
ヒトヨタケ属の一種 Coprinus petasiformis  73
ピプトポルス・ベツリヌス Piptoporus betulinus  215
ヒメツチグリ属 Geaster  54
ヒメノテキウム目 Hymenothecium  70
ビャクシン  94
ヒラタケ Pleurotus ostreatus  46
ピリクラリア・オリザエ Piricularia oryzae  201
ピロネマ・コンフルエンス Pyronema confluens  122, 126, 143
ファキディエイ Phacidiei  30
ファルス  267
フィコミケス・ニテンス Phycomyces nitens  130, 207
フィコミケス・ブラケスレアヌス Phycomyces blakesleeanus  112, 143
不完全菌綱  279
不完全糸状菌綱  29
プキニア Puccinia 属  54
プキニア・グラミニス Puccinia graminis  12
プキニア・ヘリアンティ Puccinia helianthi  136
プキニア・ラモーサ Puccinia ramosa  61
ブクリョウ Poria cocos  216
フクロタケ Volvariella volvacea  216
フザリウム・グラミネアルム Fusarium graminearum  198
フザリウム・スポロトリキオイデス Fusarium sporotrichioides  198

プセウドモーナス・トラアシ *Pseudomonas tolaasi* 190
ブタ 198
ブドウ 192
ブドウウドンコ病菌 *Uncinula necator* 167
ブドウのべと病(プラスモパラ・ヴィティコーラ *Plasmopara viticola*) 168
ブナ 103
フハイカビ科 Pythiacea 142, 143, 251
フラグミディウム・ヴィオラケウム *Phragmidium violaceum* 127
ブラストクラディエラ *Blastocladiella* 属 82
ブラストミケス・デルマティティディス *Blastomyces dermatitidis* 34
フラミンゴ 175
フランストリュフ *Tuber melanospermum* 217
フーリゴ・セプティカ *Fuligo septica* 61
フルヴィア・フルヴァ *Fulvia fulva* 214
プレウロトゥス・トゥベル－レグヌム *Pleurotus tuber-regnum* 217
プロトミケス *Protomyces* 160, 282
フンギ Fungi(ハラタケ) 259
フングス Fungus(ハラタケとイグチの類) 118, 261
フンゴイデス Fungoides 261
ペジカ pezica 2
ペジザ *Peziza* 263, 267
ベッチ(マメ科の牧草) 199
ペニシリウム *Penicillium* 属 9, 32, 33, 61
ペニシリウム・カセイコーラ *Penicillium caseicola* 226
ペニシリウム・カメンベルテイ *Penicillium camemberti* 226
ペニシリウム・グラウクム *Penicillium glaucum* 211 232
ペニシリウム・グリセオフルヴム *Penicillium griseofulvum* 233
ペニシリウム・クリソゲヌム *Penicillium chrysogenum* 235
ペニシリウム・ノタートゥム *Penicillium notatum* 231
ペニシリウム・パトゥルム *Penicillium patulum* 233
ペニシリウム・プルプロゲヌム・var. ルブリ－スクレロティウム *Penicillium purpurogenum* var. *rubri-sclerotium* 235
ペニシリウム・ルブルム *Penicillium rubrum* 231
ペニシリウム・ロケフォルティ *Penicillium roqueforti* 226
ベニタケ属 *Russula* 4, 205
ベニテングタケ *Amanita muscaria* 14, 194, 202, 215
ヘミトリキア・インペリアリス *Hemitrichia imperialis* 249
ペリコニア・キルキナータ *Periconia circinata* 201
ヘリコバシディウム・モンパ *Helicobasidium mompa* 201
ヘルヴェロイデイ Helvellodei(盤菌類) 275
ペルトゥサリア属 *Pertusaria* 68
ヘルミントスポリウム・ヴィクトリアエ *Helminthosporium victoriae* 201
ヘンルーダ 192
ポア・コンプレッサ *Poa compressa*(スズメノカタビラ) 163
ボヴィスタ *Bovista* 属 72, 261, 263
ホウキタケ *Ramaria botrytis* 46
ホウキタケ類 264
ボーヴェリア・バッシアナ *Beauveria bassiana* 173
ホコリタケ *Bovista* 43, 48, 226, 263
ホコリタケ *Lycoperdon* 25 153
ホコリタケの一種 *Lycoperdon bovista* 2
ボトリティス・インフェスタンス *Botrytis infestans* 162
ボトリティス・キネラ *Botrytis cinera* 233
ボトリティス・バッシアナ *Botrytia bassiana* 173
ボトリティス *Botrytis* 属 53, 61, 88, 165
ポニー 180
ポリポルス・ヒブリドゥス *Polyporus hybridus* 94
ポリポルス・ミリッタエ *Polyporus mylittae* 216
ポルトラカ・オレラケア *Portulaca olera-*

*cea* 65
ボレートゥス boletus 2
ボレートゥス *Boletus* 属 261, 267

### マ 行

マグソヒトヨタケ *Coprinus sterquilinus* 132
マグノリア *Magnolia* 260
マツオウジ *Lentinus lepideus* 249
マッシュルーム *Agaricus campestris* 26, 190
マドゥレラ・ミケトミ *Madurella mycetomi* 67, 188
マメザヤタケ *Xylaria polymorpha* 18, 263
マメザヤタケの一種 *Xylaria hypoxylon* 68
マメホコリ *Lycogala* 属 61
マヨラナ 193
マンネンタケ *Ganoderma lucidum* 202
マンネンタケ属の一種 *Ganoderma applanatum* 215
ミクロスフェラ・アルニ *Microsphaera alni* 214
ミクロスポルム・アウドゥイニイ *Microsporum audouinii* 177, 178, 181, 182
ミクロスポロン・メンタグロフィテス *Microsporon (Trichophyton) mentagrophytes* 177
ミコデルマ・ケレヴィシアエ *Mycoderma cervisiae* 221
ミコデルマ属 *Mycoderma* 221
ミコフィコフィテス *Mycophycophytes*（地衣類） 282
ミコフィテス *Mycophytes*（菌類） 282
ミコミコフィテス *Mycomycophytes*（普通の菌類） 282
ミズカビ属 *Saprolegnia* 32, 78, 80, 183
ミズカビ科 *Saprolegniaceae* 251
ミズカビ目 *Saprolegniales* 121
ミズタマカビ属 *Pilobolus* 27, 157, 205, 207
ミッシー misy 2
麦角菌 *Claviceps purpurea* 195
ムギ黒サビ病菌 *Puccinia graminis* 136
ムキラゴ *Mucilago* 61
ムコル・フシゲル *Mucor fusiger* 121
ムコル *Mucor* 32, 267
ムコル・ムケド *Mucor mucedo* 130, 224
ムコル・ラケモースス *Mucor racemosus* 224
ムコル・ロウクシイ *Mucor rouxii* 225
ムスクス *Muscus* 261
ムラサキホコリ *Stemonitis* 61
メギ 157
メシダ属 *Athyrium filix-femina* 117
メラノスポラ・デストルエンス *Melanospora destruens* 143
メルリウス（シワタケ）属 *Merulius* 263
メロン 87
モエギタケ属 *Stropharia* 203
藻菌類フィコミケーテス *Phycomycetes* 281
モチノキ属 85, 86
モモの縮葉病菌 *Taphrina deformans* 167
モリノカレバタケ属 *Collybia* 134
モロコシ *Sorghum vulgare var. subglabrescens* 201
モンパキン属 *Septobasidium* 252

### ヤ 行

ヤグラタケ *Nyctalis asterophora* 189
ヤニホコリ属 *Mucilago* 248
ヤニマツ（リギダマツ） 95
ヤブイチゲ 263
ヤマイグチ *Boletus scaber* 48
ヤマドリタケ *Boletus edulis* 2

### ラ 行

ライムギ 152, 158, 163, 196
ラコデイウム・ケラーレ *Racodium cellare* 249
ラボウルヴェニエアエ *Laboulvenieae* 137, 282
ラボウルベニア *Laboulbenia* 252
ラボウルベニア・ロウゲティイ *Laboulbenia rougetii* 252
ラムラリア *Ramularia* 160
ラン科植物 103, 105, 117

リケノイデス属 *Lichenoides* 68
リコペルドン *Lycoperdon*(ホコリタケの類) 261, 267
リゾープス・アリズス *Rhizopus arhizus* 237
リゾープス・オリザエ *Rhizopus oryzae* 236
リゾープス・ストロニフェル *Rhizopus stolonifer* 21, 33, 61, 121, 207
リゾープス *Rhizopus* 22
リゾクトニア属 *Rhizoctonia* 105
リチスマ・サリキヌム *Rhytisma salicinum* (*Xyloma salicinum*) 206
リノクラディエラ・ケラリス *Rhinocladiella cellaris* 249
リノスポリディウム・セーベリ *Rhinosporidium seeberi* 188
緑藻 Chrorococcaceae 98
レティクラリア *Reticularia* 61
レバノンスギ 94
ローチ(コイ科の淡水魚) 183
ロバ 187

## ワ 行

ワタカビ属 *Achlya* 32, 144
ワタヒトヨタケ *Coprinus rostrupianus*(*C. flocculosus*) 133

## 欧 文

*Auricularia pulverulenta* 94
*Beauveria bassiana* 107
*Blastomyces dermatitidis* 34
*Corticium. serum* 130
*Ceratiomyxa fruticulosa* 61
*Clathroidastrum* 61
*Clathroides* 61
Coniomycetes(接合菌類など) 278
duboisii Vanbreuseghem 187
**female agarick** 117
Gastromycetes(腹菌類) 278
*Histoplasma. farciminosum* 34
*Histoplasma capsulatum* 34
*Hydnum auriscalpium* 268
Le Byssus(足糸) 269

Les Champignons 269
*Lycoperdon bovista* 48
*Paracoccidioides brasiliensis* 34
*Phragmidium mucronatum* 58
*Polyporus nidulans* 215
*Polyporus rangiferinus* 249
Poria(*Boletus hybridus*) 94
*Sporothrix schenckii* 34
*Stereum hirsutum* 96
*Ustilago tritici* 153

# 事項索引

## ア 行

アエロコニスコープ aeroconiscope 209
亜鉛 94, 111
アクチノマイセス症 188
アクラシン acrasin 82
アスカス ascus 68
アスキ Asci 子嚢 68
アステカ族 203
アスペルギルス症 68, 184
『新しい植物類(Nova plantarum genera)』 4, 20, 51, 53, 68, 85, 240, 248
アディアスピロ真菌症 186
穴蔵菌 249
アナストモーシス 123
アーブスキュール arbuscule(樹枝状体) 105
アフラトキシン 199
アフラトキシン中毒 199
アミル法 225
アメリカ・タイプ・カルチャー・コレクション(A.T.C.C.) 308
アメリカ合衆国 9
『アメリカ合衆国薬局方(Pharmacopeia of the United States of America)』 228
『アメリカ農業省紀要(U.S.D.A. Bulletin)』 226
『アリミヌム周辺のキノコの研究(Fungorum agri Ariminensis historia)』 56
『アリムルギアまたは飢饉の深刻さを軽減すること。貧民を救済するための提案』 155
アルカロイド 197
アルコール飲料 220
アルコール製造法 225
アルコール発酵 8, 220
『アルコール発酵におけるアンモニアの吸収および揮発酸の生成について』 108
アルタナリン酸 201
α-アマニチン 194
α-ピコリン酸 201
α系統(+) 131
『アレクシパルマカ(Alexipharmaca 解毒法)』 14
アレトゥーサ号 94
アレルギー患者 213
アレルギー反応 211
アレルギー源 212
アロペキア・アレアータ alopecia areata 179
アンギオカルピ(被実) Angiocarpi 274
アンタミド 194
アンフォテリシンB 188
硫黄 167
異核共存体, ヘテロカリオン 141
維管束 312
異形配偶子 129
『イギリス菌類ハンドブック(Handbook of British fungi)』 242
『イギリス植物体系要覧(Synopsis methodica stirpium Britannicarum)』 249
『イギリスの菌類(British Fungi)』 307
『イギリスの菌類(English Fungi)』 94
『イギリスの菌類・キノコの彩色図鑑(Coloured figures of English fungi or mushrooms)』 57
『イギリスの菌類相(British fungus flora)』 242
『イギリスのフロラ(English Flora)』 307
異型接合核 141
石キノコ stone fungus 217
石切り場 218
石植物 36
異種寄生 157, 160
医真菌学 7, 10, 176, 180, 189
位相差顕微鏡 77
イタコン酸 235

『イタリアの隠花植物相(Flora Italica cryptogama)』 241
一核菌糸 134
一菌糸型 76
『一覧(Synopsis)』 263
遺伝子解析 140
遺伝子組み換え 141
遺伝子コード 7
遺伝子座 139, 165
遺伝子マーカー 141
イネいもち病菌 201
稲ワラ 218
イノシトール 112
イポメアマロン 201
異名 283, 311
色収差 62
隠花植物(Cryptogamia) 268
『隠花植物学(Cryptogamic botany)』 91
『隠花植物相(Kryptogamenflora)』 240
インク 215
『インドの菌類(The fungi of India)』 244
インドール誘導体 203
ヴィクトリア 201
ヴィクトリン 201
ヴィッレ・コメリン・ショルテン植物病理学研究所 308
ヴィティウム・テラ vitium terrae 13
ウイルス 162, 190
『植木の病害に関する理論・実践小論(Saggio teorico-pratico sulle malattie delle piante)』 147
ヴェシクル vesicles 105
ウェリントン号 94
ウォーターバス 106
ウォータリ・ストライプ watery stripe 190
ウシの麻痺 198
ウッドの光 181
ウドンコ病 149, 154
ウフィツイ美術館 52
ウプサラ大学 275
ウリッジ 95
ウレド uredo 157
『英国菌学概論(Outline of British fungology)』 2
英国菌学会(British Mycological Society) 304
『英国担子菌類(British Basidiomycetae)』 304
『英国皮膚病学会誌(British Journal of Dermatology)』 180
『英国薬局方(British Pharmacopoeia Codex)』 228
栄養摂取法 37
栄養要求性 141
英連邦菌学研究所 244
液体炭酸ガス 222
液体窒素 310
液内培養 235
『エクイス(Equisse)』 119
壊疽型 196
エムデン-マイヤーホフ-パルナス Emden-Meyerhof-Parnas(EMP)回路 114
『エーランドとゴトランドへの旅(Öländska och Gothländska Resa)』 267
塩化亜鉛 95
塩化水銀溶液 95
『園芸家必携(Gardener's Chronicle)』 84, 148
エンザイム enzyme 221
エンチーム Enzym 221
エントナー-ドゥドロフ Entner-Douderoff(ED)回路 114
オイディウム(分裂子) oidium 134
オイルバス 106
『王立科学協会紀要(Memoires de l'Academie Royale des Sciences)』 294
『王立協会誌(Transactions of the Royal Sciety)』 183
王立獣医・農科大学 8
『王立ロンドン医科大学薬局方(Pharmacopoeia of the Royal College of Physicians of London)』 228
横裂担子器 126
『オックスフォード英語辞典』 2
オートクレーヴ 106
踊り病 dancing epidemic 196

オラファタ　217
オランダ菌類培養株センター(Dutch Centraalbureau voor Schimmelcultures)　308
オレイン酸　113
オンロウ　217

　　　　カ　行

カイアニゼーション法　95
塊茎類　259
カイコ硬化病　172, 252
『カイコの病気、カイコ硬化病(Del mal del segno, calcinaccio o moscardino)』　173
外生 ectotrophic 菌根　102
海生菌類　251
外生トリコフィトン症 ectothrix trichophytosis　177
疥癬　233
潰瘍　199
『海洋と入江の菌類(Fungi in oceans and estuaries)』　251
『概論(Traité)』　240
カオス Caos　25
科学協会(Académie des Sciences)　294
『科学の豊かさと喜びを伝える自然の魔法(Natural magic where in are set forth all the riches and delights of the natural sciences)』　83
化学療法　231
核　124, 125
核外遺伝　81
学会報　295
核菌類　30, 68
核原形質(ヌクレオプラスム)　124
『学術振興協会誌(Société Philomathique)』　222
隔壁　61, 144
傘型キノコ　207
かすがい連結 clamp-connection　120, 130, 131
型 formae speciales　283, 285, 313
褐色斑点病 brown blotch　190
褐色腐朽　96
カッター　11

カビ　226, 231
『カビ・キノコ類の系統(Das System der Pilze und Schwämme)』　276
カビアレルギー　213
カピラメンティス capillamentis　13
花粉　117, 119
花粉症　211
芽胞形成　137
カマンベール　226
雷　14
カムチャダル　202
カメラ・オブスクラ　15
『可溶性発酵素(The soluble ferments)』　224
ガリウム　111
カリオガミー(核融合)　137
仮根(リゾイド Rhizoid)　21
カルキティウム carcithium　66
カールスバーグ研究所　9, 224
『カルニオラ[中央ヨーロッパ南部]の植物誌(Flora carniolica)』　269
カルポゴニア　123
枯草熱　211
『枯草熱または枯草喘息の原因とその特性に関する実証的研究(Experimental researches on the cause and nature of Catathus aestivus(hay-fever or hay asthma))』　211
カロライン号　94
革砥　215
柑橘類　233, 234
肝機能障害　199
環境要因説　146
感受性　172
癌腫病　163
岩生植物　18
感染症　146
完全世代　142, 312
感染力　172
肝臓　188
肝臓癌　199
乾燥菌体　110
乾燥酵母　222
寒天　107
乾腐 dry rot　92
顔面湿疹　198, 200

『ギーセン周辺に自生する植物目録(Catalogus plantarum sponte circa Gissam nascentium)』 261
偽菌核 217
気孔 156
希釈平板法 246
希釈法 107, 224
擬似有性的生活環 parasexual cycle 141
『希少草木博物館(Museo di piante rare)』 50
『希少植物誌(Rariorum plantarum historia)』 44〜46, 239, 287
『寄生の生理学に関する研究(Studies on the physiology of parasitism)』 166
『北アメリカの菌類(North American Fungi)』 307
『既知菌類の集成(Sylloge fungorum hucusque cognitorum)』 298
拮抗作用 antagonism 232
気中藻 Luftalgen 120
キノコ 7, 85, 216, 275
キノコ石 203
『キノコ概論(Traité des champignons)』 193
キノコ狂い 204
『キノコ栽培(Mushroomgrowing)』 220
キノコ栽培法 84
キノコ信仰 202
キノコ中毒 194
『キノコとロシア、その歴史(Mushrooms, Russia and history)』 203
『キノコの観察(Conspectus fungorum)』 276
『キノコの研究(Historia Muscorum)』 97
キノコのタネ 18
『キノコのフロラ(Flora agaricina)』 57
キノコ(muscherons)の輪 40
キノコ類 53, 191
キャプタン 169
キュー王立植物園 299
『キュー索引(Index Kewensis)』 299
キューの国立菌学研究所 307
球面収差 62

旧約聖書 92, 145, 146
狂犬病 227
共生 91
胸腺核酸(thymus nucleic acid) 140
共軛核 126
共軛核分裂 131
共軛有糸分裂 mitoses conjugées 126
キリスト教 202
ギリヤーク 202
菌石 67
菌界 37
菌核 67, 196, 216
菌学 4, 10, 291, 301
『菌学・地衣学文献事典(Thesaurus litteraturae mycologicae et lichenologicae)』 297, 298, 300
『菌学概論(A text-book of mycology)』 292
『菌学概論(Précis de mycologie)』 293
『菌学概論(Symbolae mycologicae)』 240
『菌学雑誌(Journal of Mycology)』 295
『菌学雑誌(Revue Mycologique)』 295
菌学全般にわたる研究(Untersuchungen aus dem gesamtgebiete der Mykologie)』 63
『菌学体系(Systema mycologicum)』 29, 67, 160, 227, 290
『菌学年報(Annales Mycologici)』 295
『菌学要録(Abstracts of Mycology)』 298
菌学会 295, 302
菌株保存 307
菌寄生菌 190
菌検査室 fungus pit 95
金鉱山 185, 250
菌根 92, 103
菌根共生 103
菌根菌 103
菌糸型 34
菌糸束 55, 82
菌糸体 67, 123, 128
菌糸分析法 76
菌糸融合 123
菌腫 67
菌鞘 103

事項索引　395

菌じん類　6, 73, 117, 125, 130, 268
『菌の扱い方(Methodus fungorum)』269
『菌の発生論(Dissertio de generation fungorum)』19
『菌譜』245
菌嚢　254
菌輪　80
菌類　5, 35, 53, 233, 261, 266
『菌類(Die Pilze)』292
『菌類、地衣類、粘菌類の形態学および生理学(Morphologie und Physiologie der Pilze, Flechten und Myxomyceten)』290
『菌類概説(Traité des champignons)』297
菌類化石　299
『菌類既知種図鑑(Icones fungorum hucusque cognitorum)』290
『菌類形態学および生理学に寄せて(Beiträge zur Morphologie und Physiologie der Pilze)』63
『菌類系統一覧(Enumeratio systematica fungorum)』300
『菌類系統学文献目録(Bibliography of Systematic Mycology)』299
『菌類劇場(Theatrum fungorum)』46, 50, 216, 239, 259, 288
『菌類索引(Elenchus fungorum)』279
『菌類索引(Index of Fungi)』299
『菌類誌(Histoire des champignons)』240
『菌類指針(Index of fungi)』284
『菌類集成(Sylloge Fungorum)』65, 284
『菌類図鑑(Icones fungorum)』119
『菌類図譜(Icones mycologicae)』57
菌類相　290
『菌類体系(System mycologicum)』279
『菌類体系の分析(Epicrisis systematis mycologia)』279
『菌類体系要覧(Synopsis methodica fungorum)』273, 290
『菌類の化学的活性(Chemical activities of fungi)』293
『菌類の観察(Observationes mycologicae)』273
『菌類の研究(Histoire des champignons)』290
『菌類の構造と成長(The structure and development of the fungi)』292
『菌類の実のつき方選集(Selecta fungorum carpologia)』30, 63, 108
『菌類の属(The genera of fungi)』298
『菌類比較形態学(Vergleichende Morphologie der Pilze)』292
菌類病　148
菌類分類体系　281
菌類民俗学　203
菌類命名法　290
『菌類を網、目、属および科の体系に配置する試み(Tentamen dispositionis methodicae fungorum in classes, ordines, genera et familias)』273
グアノ　187
クイーン・シャルロッテ号　93
空中生物学　210
空中浮遊物体　212
クエン酸　9, 234
草バエ vegetable fly　27
屈光性　207
クマ族　204
クラール-プリーブラム培養株　308
グリセオフルビン　10, 182, 233
グリセロール　236
グリトキシン　233
グルコン酸　235
『クルシウス全書(Clusius Codex)』45
『グレヴィレア(Grevillea)』295
クレオソート Kreosot　95
クレオソート法　95
黒い光線　143
黒カビ　236
黒サビ病　157
黒トリュフ　41, 217
黒穂　154
『クロボキン類(Ustilagineen)』307
黒穂病　156
黒穂病菌　245
クロマチン　125
クロラニール　169

形質転換　34, 81
形状的分類　258
形成菌糸(generative hypha)　76
ケイ素　111
形態学的分類　259
形態的特徴　284
「形態的ヘテロタリズム」(haplo‐deoecism)　138
系統学　257
系統特異性　235
系統発生　258
『系統不詳の植物に関する研究(Plantae seu stirpium historia)』　44
系統保存技術　235
形容句　269
痙攣型　196
ケカビ型　34
血液寒天培地　34
げっ歯類　186
ケベック菌学アマチュアサークル(Le Cercle des Mycologiques Amateurs de Quebec)　305
幻覚性キノコ　203
幻覚性菌じん類　203
顕花植物　117
減感作療法　231
原形質(プロトプラスム)　124
『健康と病気の自然誌(Histoire naturelle de la santé et la maladie)』　161
『健康の源(Ortus sanitatis)』　40
減数分裂(マイオーシス meiosis)　125
原生生物　37
原生生物界 Protista　37
原生動物　185
『現代分類学におけるハラタケ目(Agaricales in modern taxonomy)』　285
顕微鏡　5, 62, 280
ケンブリッジ・ルール　313
網 class(Fungus)　35
後期(アナフェーズ)　125
抗血清剤　194
口腔カンジダ症　177
抗細菌性　231
麹　225
麹カビ　6
麹菌　225

好ケラチン性　188
鉱質油　310
合成培地　91
抗生物質　9, 170
酵素　221
膠着菌糸 binding hypha　76
坑道　185
孔道　253
高等菌類　117
抗毒素　194
交配型　131
鉱物界　35
酵母　8, 137, 220
『公報(Official Transactions)』　180
酵母核酸 yeast nucleic acid　140
酵母型　34
酵母細胞　32, 61
光増感症　199
5界説　37
国際菌学会　306
国際植物学会　306
『国際植物命名規約(International Rules [since 1952, code] of Botanical Nomenclature)』　311
国際生物学連合 I. U. B. S.　306
国立菌学研究所　309
国立菌類収蔵庫　307
国立タイプ・カルチャー・コレクション(N. C. T. C.)　309
固形培地　107
コショウ　26
個体発生　258
固着地衣類　91
骨格菌糸 skeletal hypha　76
コッキディオイデス真菌症　185
ゴニディア gonidia　97
コペンハーゲン　9
コマラスミン　201
コムギ・オオムギあかかび病　198
コムギ黒サビ病菌　11
コムギなまぐさ黒穂病　150, 167
コムギのイヤーコックル Tylenchus (Anguillulina) tritici　148
『コムギのなまぐさ黒穂病と裸黒穂病の直接原因に関する考察……(Memoires sur la cause immédiate de la carie ou

charbon des blés……)』 153
『コムギの穂に関する穀粒の黒化と腐敗の原因およびその防除法に関する学術論文(Dissertation sur la cause qui corrupt et noircit les grains de blés dans le épis)』 151
『コムギの病原体に関する小論(A short accout of the cause of the disease of corn)』 157
コリントス 14
コールタール 95
コレトチン 201
コレラ 174
コンソルテイウム consortium 100
コンタミネーション 106, 229
昆虫 161
昆虫寄生菌 170, 252
昆虫寄生性 28
『昆虫の菌類病(Pilzkrankheiten bei Insekten)』 252
根粒 246

　　　サ 行

サイアミン 112, 143
細菌 162, 230
『細菌学体系(System of bacteriology)』 230
細菌学部 301
細菌病 190
採集品目録 239
サイテース cytase 166
サイトクローム 115
『栽培植物と飼育動物の変異(The variation of plants and animals under domestication)』 199
栽培マッシュルーム 217
細胞質(サイトプラズム) 124
細胞説 7, 124
細胞内皮組織 186
『細密画(Micrographia)』 16, 49, 58, 66, 149
砂丘 247
酢酸銅(緑青) 168
酢酸発酵 220
『作物の病害、その原因と防除(Die Krankheiten der Kulturgewächse, ihre Ursachen und Verhütung)』 148
酒 225
さしこみ玉 227
『雑学(Kruydtboeck)』 43, 259
サビ柄子器 136
サビ柄子殻 136
サビ菌 11, 126
『サビキン類(Uredineen)』 307
サビ病 154〜156
サビ病菌 245
サビ病抵抗性 164
サビ胞子 127, 158
サビ胞子堆 126, 136
『サブローディア(Sabouraudia)』 189
サーモンディジーズ 175, 183
サルフヒドリル 81
酸化ニッケル 182
『産業菌学入門(Introduction to industrial mycology)』 114
三菌糸型 76
『サンゴ藻の博物学的試論(Essay towards a natural history of Corallines)』 25
サンタクロス教会 51
ジアスターゼ 221
シイタケ栽培 218
紫外線照射 143
『識者の雑誌(Le Journal des Sçavans)』 293
子器柄 podetium 97
自己消化 225
『仕事と日々』 16
子実層 70, 275
子実体 66, 123, 205, 218, 226, 269, 274, 278
子実体形成 123, 132
糸状菌 Fadenpilze 114, 120
『糸状菌の植物学的研究(Botanische Untersuchungen über Schimmelpilze)』 123
システィディア cystidium 55, 69, 72, 119, 120
『自然科学年報(Annales des sciences naturelle)』 294
『自然植物群(Die natürlichen Pflanzenfa-

milien)』290
自然哲学　160, 276
『自然哲学入門(Lehrbuch der Naturphilosophie)』276
『自然の体系(Systema naturae)』25, 267, 268
自然発生説　18, 20, 161
自然分類法　258
実用的分類法　258
自動計量胞子採集器(ハーストの罠 Hirst trap)　210
ジネブ　169
子嚢　54, 68, 206
子嚢殻(被子器) perithecium　97
子嚢菌　6, 30, 137, 144, 206, 223
子嚢子座　196
子嚢果　196
子嚢盤　143
子嚢盤(裸子器) apothecium　97
子嚢胞子　28, 68, 206
子嚢胞子形成　223
ジベレリン　200
シマスズメノヒエふらふら病 paspalum-stagger　198
ジャガイモ疫病　7, 161
射出　206
斜面培地　310
シャンピニョン champignon　3
種　267
獣医真菌学　7, 180
『19世紀』99
集光装置　62
蓚酸　234
雌雄性　29, 117, 119, 142
重複寄生菌　189
縦裂担子器　126
収斂進化　77, 285
種菌　85
宿主・寄生者相互作用　163, 283
宿主細胞 Pilzwirthzellen　104
宿主特異性　163
樹枝状体—嚢状体菌根(VA菌根)　105
樹上性菌　260
種小名　284, 312
酒石酸　110
酒石酸アンモニウム　237

出芽　61, 222
出芽細胞　221
『種の起源』281
シュバム Schwamm　2
『樹木の主要病害(Wichtige Krankheiten der Waldbäume)』149
『ジュラ山脈とヴォージュのキノコ(Les champignons du Jura et les Voges)』240
シュロイヘ Schläuche 胞果　68
純寄生菌　91
純粋培養　106, 235
純粋培養技術　91
純粋培養種菌　218
純粋培養法　107
純腐生菌　91
消化　220
消化細胞 Verdauungszellen　104
瘴気　212
小球体 spherules　185
条件寄生菌　91, 166
子葉鞘　155
硝酸アンモニウム　110
小生体(sporidia 胞子)　29
小生子　127, 136
商船　93
焼酎　225
焼灼法　226
小分生子　137, 186
醤油　225
小粒体　67
食塩　94
『食卓歓談集(Symposiacs)』14
植物界　35, 267
『植物界に帰属すべき菌類(Fungus regno vegetabile vindicans)』27
『植物解剖学(Anatome plantarum)』17, 61
『植物科学年報(Jahrbuch für wissenschaftliche Botanik)』294
『植物学(Historia plantarum)』288
『植物学(Philosophia botanica)』35, 147
『植物学劇場図録(Pinax theatrici botanici)』39, 48
『植物格言集(Phytognomonica)』15

『植物学原理(Élémens de botanique)』 50, 288
『植物学原論(Théorie élémentaire de la botanique)』 258
『植物学新報(Neues Magazin für die Botanik)』 273
『植物学入門(Institutiones rei herbariae)』 261
『植物学年報(Annalen der Botanik)』 273
『植物学年報(Annals of Botany)』 294
『植物学の基礎、植物の識別方法について(Élément de botanique, ou méthode pour connaîtres les plantes)』 260
『植物学の新要素(Nouveaux élémens de botanique)』 63
『植物学文献事典(Thesaurus literaturae botanicae edn2)』 297
『植物学文献目録(Bibliotheca botanica)』 297
『植物学への手引き(Institutiones rei herbariae)』 52
『植物学報(Botanical Gazette)』 294
『植物学報(Botanishe Zeitung)』 294
『植物学要録(Botanical Abstracts)』 297
『植物劇場(Theatri botanici)』 195
『植物劇場(Theatrum botanicum)』 44
『植物検疫制度』 244
『植物細胞(Die Pflanzelle)』 207
『植物誌(Historia plantarum)』 39, 66, 259
『植物指針(Phytognomonica)』 46
『植物センター報告(Botanisches Centralblatte)』 308
『植物哲学(Philosophia botanica)』 266
植物毒素 phytotoxin 200
『植物について(De plantis libri xvi)』 15
『植物の科(Familles des plantes)』 269
『植物の属(Genera plantarum)』 35
『植物の体系(Systema vegetabilum)』 268
『植物の種(Species plantarum)』 35, 267, 268, 312
『植物の発疹(Die Exantheme Pflanzen)』 160
『植物の発生について(On Phytogenesis)』 124
『植物の病気(De morbis plantarum)』 147
『植物の病気(Plant disease)』 149
『植物の病気に関する観察(Observations sur les maladies des plantes)』 147
『植物の実と種子(De fructibus et seminibus plantarum)』 119
植物病害防除 168
植物病原菌 7, 149, 162, 244
『植物病態生理学(Physiological plant pathology)』 166
植物病理学 10, 146, 245, 301
『植物病理学雑誌(Zeitschrift für Pflanzenkrankheiten)』 162
『植物病理学の古典(Phytopathological Classics)』 157
『植物命名規約(Lois de la nomenclature botanique)』 311
『植物要覧(Synopsis plantarum)』 273
『植物類を分類表にまとめた先駆的植物研究概説(Prodromus historiae generalis plantarum in quo familiae plantarum per tabulis disponuntur)』 260
食用キノコ 216, 260
食用酵母 225
ショ糖 110
シラクモ tonsurans 178, 179
シラクモ学校 181
シラミ 60
ジラム 169
白トリュフ 41
人為的分類法 258
真核生物 37
進化論 7, 258, 281
真菌症 34, 67, 170, 183
シンケラ sincera 13
『紳士の雑誌(Gentleman's Magazine)』 26
真正酵母型 34
浸滴虫類 36
浸滴動物 24
浸透性殺菌剤 170
『神農本草経』 216

シンビオーシス symbiosis　91
シンメル Schimmel　3
針葉樹　102
『森林の微小な敵(Die mikroskopishen Feinde des Waldes)』　96
人類・動物国際菌学会(I.S.H.A.M.)　189
水浸対物レンズ　62
水生菌　251
水滴　206
『スウェーデンの植物(Flora suecia)』　267
『スウェーデンのスクレロミケス(Scleromyceti sueciae)』　307
数量分類学　11
スクレロチウム sclerotium　67
『スコットランドの隠花植物相(Scottish cryptogamic flora)』　71
『スコットランドの菌類(Mycologia Scotica)』　242
ステロイド　237
ストラスブール大学　291
ストレプトマイシン　233
ストロポリクム症　170
『図版事典(Dictionnaire iconographique)』　300
『図譜(Pinax)』　16
スフォンギス　2
スポラ spora　63
スポランジオール sporangioles　105
スポリデスミン　199
スポロトリクム症　250
『スポロトリクム症(Le sporotrichoses)』　184, 188
スポロトリコーシス　34
『図録(Icones)』　240
『図録(Pinax)』　259, 260
聖アントニウス　196
精液　119
生活環　28
生気論　279
精子　126
精子器　126
生態型　313
生体内毒素 vivotoxin　200, 201
静置法　210

『聖なるキノコと十字架(The Sacred Mushroom and the Cross)』　202, 203
正の屈地性　207
『生物学要録(Biological Abstracts)』　298
生物的分化型　164
性ホルモン　143, 144
生理障害　146
生理的系統　164, 313
生理的ヘテロタリズム(haploid compatibility)　138
『世界の植物誌(Histoire universelle des plantes)』　48
『世界の植物誌(Historia plantarum universalis)』　44, 288
『世界の地衣類目録(Catalogus lichenum universalis)』　299
石灰硫黄合剤　167
接合枝 zygophores　129
接合子柄　143
石膏ブロック法　223
接合胞子 zygospore　121, 128
接種実験　177
絶対寄生菌　166
セファロスポリン　234
セーメン semen　63
ゼラチン　107
セルローズ　96
線 line　62
前期(プロフェーズ)　125
『全書』　45
染色体　125, 139
染色体クロモゾーム　125
染色体数　125
染色体地図　142
全身性真菌症　183
喘息　212, 214, 231
『喘息論(Treatise on Asthma)』　214
蘚苔類　53, 68
先端成長　81
セント・メアリ病院　229
前配偶子嚢 progametes　129
ゾイドベーベランド島　212
相似形 analogy　279
造果器　123
走化性　143

事項索引　401

藻菌類　137, 251
走査型電子顕微鏡　77
造精器　122, 144
造卵器　122, 144
送風機　93
造嚢器　122
阻害物質　81
側枝 paraphysis　70
属名　260, 312
組織培養菌糸　218
ソビエト連邦　12
ソーマ　14, 202

　　　タ　行

大英自然史博物館　248
『大英帝国の粘菌(The myxomycetes of Great Britain)』　248
大気汚染　255
『大気の微生物学(Microbiology of the atmosphere)』　211
ダイクロン　169
対峙培養　134
代謝経路　114
代謝産物　114
体内寄生菌　175
対物レンズ　62
タイプ標本　299, 312〜314
大分生子　186
対立遺伝子　133
対立遺伝子対　139
タカジアスターゼ　236
多形性　30, 312
タカホウ　216
托　269
多孔菌　76
立枯れ病　200
タネ　17, 63, 85
タムシ tinea　177, 179
タール　94
担子器 basidium　72, 73, 125, 280
担子柄　125
担子胞子　69, 73, 132, 206
単細胞藻類　97
単細胞培養　224
単細胞培養法　107

担子菌　247
担子菌類　30, 206
単相　134
単相世代　126, 137
炭素循環収支　114
タンニン　235
タンの花　16, 61
タンブリッジ・ウエア　215
単胞子感染　136
単胞子培養　130
単胞子培養株　131
チアゾール　112
地衣学　96
地衣化現象　101
地域的流行　187
地衣共生菌類 mycobionts　100
地衣共生藻類 phycobionts　100
地衣酸　101, 113
地衣類 Lichen　35, 53, 96, 190, 228, 254, 261, 267, 269
地衣類分類学　299
地下茎 sobole　28
地下性菌　246, 260
『地下性植物(Plantae subterraneae)』　249
地上性キノコ　260
チーズ　226
ヂチオカーバメイト系殺菌剤　169
窒素源　111
血止め　227
チマーゼ　8, 221, 224
着生植物　91
虫害(pest)　146
中間型生物　36
中間型生物界 Regnum mesumale　36
中期(メタフェーズ)　125
中枢神経系　188
中性 neutral　129
虫生菌　252
直接検鏡法　246
チラム　169
地理的系統　133
ツァイス社　62
ディアポルシン　201
ティアラ　14
抵抗性　163

抵抗性遺伝子　164
帝室菌学局　Imperial Mycological Bureau　244
ティンダリゼーション　106
テーカ　theca　68, 71
デオキシリボ核酸　DNA　140
テオナナカトル(神の肉)　203
適者生存　11
『テサウルス(Thesaurus)』　9
鉄　94, 111
『哲学会報(Philosophycal Transaction)または学士院報告』　288, 293
テッティゴメトラ　Tettigometra　28
『手引き(Handbuch)』　63
デルフト工科大学(Technische Hogeschool)　308
『デンマークの植物相(Icones florae Danicae)』　70
『デンマークの食用キノコと田園の楽しみ(Beata ruris otis fungis Danicis impensa)』　241
ドイツ　9
『ドイツ、オーストリア、スイスの隠花植物相(Kryptogamenflora von Deutschsland, Oestrreich und der Schweiz)』　240
『ドイツ、オーストリア、スイスの隠花植物相(Kryptogamen‐Flora von Deutschsland, Oesterreich und der Schweiz)』　290
『ドイツ植物学会報(Berichte der deutschen botanischen Gesellschaft)』　294
『ドイツの植物誌(Deutschlands Flora)』　72, 119
『ドイツの有毒隠花植物(Deutschlands kryptogamische Giftgewächse)』　73
銅　111
糖化　225
透過型電子顕微鏡　77
同核共存体、ホモカリオン　141
洞窟　249, 250
凍結乾燥法　310
銅剤　167
頭状体　cephalodium　97
『動植物体に関する小論(Opusculi di fisica animale e vegetabile)』　21
『動植物の成長に関する顕微鏡的研究(Mikroscopische Untersuchungen über die Wachstum der Thiere und Pflanzen)』　124
冬虫夏草　27
糖尿病患者　188
銅版画　49
動物界　35
動物的植物　36
頭部白癬　178
トゥベラ　tubera　13
毒キノコ　41, 191, 192
毒素　199, 200
とぐろ状菌糸塊　106
トケラウ病　178
床　Couches　87
土壌　246
土壌菌　247
土壌侵入菌　247
土壌生息菌　186, 246, 247
土壌生息性放線菌　233
『土壌微生物学原論(Principles of soil microbiology)』　247
土壌平板法　247
トードスツール　toad stool　3
突然発生(ヘテロゲネシス)　20
突然発生説　146
突然変異体　140, 141
共利共生　103
トリカルボン酸回路(TCAサイクル、クエン酸回路、クレブスサイクル)　114
『トリデントの菌類(Fungi Tridentini)』　240
ドリポア　dolipore(たる型孔)　78
トリュフ　13～15
『トリュフ概論(Monographia tuberacearum)』　72
トリュフ産業　218
トレボウクシア　Trebouxia　101

ナ　行

内生　endotrophic菌根　102
内生植物　154
内生トリコフィトン症　endoethrix

事項索引　403

trichophytosis　177
内生胞子　223
内部寄生植物　154
内部腐生性 endosaprophytism　100
ナシ黒斑病　201
夏胞子　127, 156〜158
夏胞子堆　156
ナバム　169
なまぐさ黒穂病　151
軟腐病　200
『ニーダム、ビュフォン両氏の発生説に関する顕微鏡観察による試論(Saggio di osservazione microscopiche concernenti il systema della generazione dei Signori de Needham e Buffon)』　21
二形性　34, 81
二極性ヘテロタリズム　133
二菌糸型　76
肉汁ゼラチン培地　179
二次核　125
二次代謝産物　114
二次ホモタリズム　132
二重仮説　99
ニスタチン　188
日光の周期性　143
日本産菌類　245
日本微生物株保存連盟　310
二名法　267, 312
ニューヨーク植物園　295
乳酸　235
『尿素および尿酸の発酵について』　108
ヌクレイン nuclein　140
『ネイチャー』　12, 136
根状菌糸束　82
ねじれ因子　233
熱蒸気　106
熱帯医学　178
熱帯真菌症　188
粘菌 Myxomycetes　248
粘菌類　61
『粘菌の書(Monograph of the Mycetozoa)』　248
『年報(Jahrbuch)』　300
ノースカロライナ大学　11

ハ 行

肺　188
灰色かび病　233
『バイエルン、パラチナータ、レーゲンスバーグ周辺に生えるキノコの図鑑(Fungorum qui in Bavaria et Palatinata circa Ratisbonam nascuntur icons)』　56
配偶子結合　117
配偶体世代　125
倍数(ディプロイド)　125
倍数核　132
培地注入法　107
肺病　227
ハイファ hypha　67
培養菌株　308
培養実験　20
培養装置　33
培養種菌　218
培養ろ液　185
ハーヴァード株　129
白色腐朽　96
白癬　175, 179, 183
白癬菌　10
白癬症　176, 177
『博物誌(Histoire naturelle)』　21
『博物誌(Naturalis historia)』　13
『馬耕農業(The horse-hoing husbandry)』　151
パスツール研究所　310
裸黒穂病　153
ハチ　60
発育因子　112
麦角　195, 228
麦角中毒　195
発酵　220
発酵研究所　310
『発酵工学原理(Zymotechnica fundamentalis)』　220
発酵工業　221
発酵食品　9
発泡　220
パツリン　233
パドバ大学　21

羽型 flimmer tinsel　78
バーネット法　95
馬糞　84
腹菌類　73, 125
パラコッキディオイドマイコーシス　34
パラシスト paracyst　122
パラフィセス(側枝) paraphyses　68
ハリ　207
パリ科学アカデミー　8
パリ周辺に見られる植物の解題』　50
『パリの植物(Botanicon Parisiense)』　240, 263
『ハリファックス周辺に生えるキノコの研究(An history of funguses growing about Halifax)』　56
パリライン　62
パルジャナ　14
ハルテイッヒネット　103
バレーフィーバー　186
半寄生者　157
盤菌類　30, 68, 137, 206
半数体　137
ハンセン病　178
パン種　220
パントテン酸　112
パンノニア　239
パンノニア州　45
ビーグル号　216
禾穀類　156, 164, 213
『禾穀類サビ病の胞子の観察(Osservazioni spora la ruggine del grano)』　156
『禾穀類病概論(Traité des maladies des grains)』　153
ビール酵母　112, 222
ビール醸造　220
ビオス　112
ビオチン　112, 143
皮下感染　184
ビーグル号　11
微細構造　78
飛散胞子　209
微小菌類　5, 58, 63, 245, 246
微小動物　24
ヒストプラズマ感受性　187
ヒストプラズマ症　185, 186, 250
ヒストプラズミン　187

ヒストプラスモーシス　34
微生物学　301
『微生物の生化学的研究(Studies in the biochemistry of micro-organisms)』　114
微生物培養系統　235
ヒダ　207, 271
『羊飼いの指南書(Il pastore bene istruito)』　171
ピティリアシス pityliasis　179
皮膚糸状菌(医真菌)　10, 179, 181
皮膚感染　179
皮膚感染症　179
皮膚白癬症　178
皮膚病　167
『ヒマラヤ紀行(Himalayan Journals)』　217
病害(disease)　146
病原菌　6, 188
『病原菌による皮膚病(Skin disease of parasitic origin)』　33
病原性　146
病原性遺伝子　165
『病原体の形態に関する顕微鏡観察(Observatione microscopicae ad morphologiam pathologicam)』　176
病原毒素 pathotoxin　200
標本　306
標本館　306
標本集　306
表面培養　235
日和見感染菌　188
ピリキュリン　201
ピリキュリン結合蛋白　201
ピリドキシン　112
ピリミジン　112
微量要素　110
『ビール酵母について(De faece cerevisiae)』　33
ピルツ Pilz　2
ピルビン酸　114
品種(栽培種)　164
ファリン　194
『ファルス・ハドリアヌス(Phallus hadrianus)』　287
ファロイジン　194

ファン・ティーゲン・セル　107
ファンガシーズ funguses または fungusses　2
ファンガス fungus　2
ファンゴロジー fungology　2
ファンジャイ fungi　2
フィレンツェ　4, 51
『フィレンツェ王立公園の植物目録 (Catalogus plantarum horti caesarei Florentini)』　55
『風刺詩集』　14
フェアリーリング（菌輪）　79
フエゴ島　216
フェルバム　169
フォーレイ foray　303
フォルペット　169
不完全菌　65, 141, 206, 254
不完全世代　142, 312
複相　125, 134
複相化　134
複相世代　126, 137
嚢状体　105
フザリウム中毒症　198
フザリン酸　201
プシロシビン　203
プシロシン　203
腐生菌 saprobe, saprophyte　91, 185, 188
『普通に見られる菌類の図鑑 (Icones fungorum hucusque cognitorum)』　63
ブドウのウドンコ病　167
不稔系統　130
負の屈地性　207
腐敗　220
冬胞子　127, 156, 157, 263
冬播きコムギ　151
ブラー現象　134
『フライベルクの植物相 (Flora Fribergensis)』　249
ブラウン運動　154
ブラストマイコーシス　34
プラスモガミー（細胞質融合）　137
『フランス菌学会季刊会報 (Bulletin Trimestriel de la Société Mycologique de France)』　303
フランス菌学会 (Société Mycologique de France)　302
『フランスに生えるキノコ（菌じん類）(Les champignons (Fungi Hyménomycétes) qui croissant en France)』　240
『フランスの園芸家 (Le jardinière françois)』　84
『フランスのキノコ研究 (Histoire des champignons de la France)』　57
フランス文芸協会 (Académie Française de la Littérature)　294
『ブリタニアの植物研究方法論 (Synopsis methodica stirpium Britannicarum)』　239
プリンス・リージェント号　94
ブルーチーズ　226
不連続滅菌法　106
プロテイン・リダクターゼ　81
プロトコルム　103
プロトペクチナーゼ　166
分生子 conidia　29, 65, 124
分生子柄　206
分生子嚢　65
分化　257, 283
粉芽 soredium　97
分解　220
文献目録　297
フンゴ fungo　2
糞生菌　223, 247
分節型胞子　185
分類　257
分類学　257, 266
分類学者　257, 298, 312
分類群 taxa（単数は taxon）　257, 312
分類法　147, 257
分裂子（スペルマティア）　123
米国菌学会　305
米国植物病理学会　305
柄子蜜　136
柄胞子　136
$\beta$ 系統 (−)　131
『ヘドヴィギア (Hedwigia)』　294
ヘキソースリン酸 hexose monophosphate (HMP)　114
ペクチナーゼ　166
ヘテロタリズム（性的異質接合性）　6

『ペトラックによる拾遺集』 299
ペトリ皿 107, 229
ペニシリン 12, 229
ペニシリン生産性 232
ベノミール 170
ヘパトキシン 199
ペプシン 221
ペプチド系毒素 194
ヘマトキシリン染色法 125
ペラグラ（ニコチン酸欠乏症） 174
ペリゴールトリュフ 217
ペリディオール 16
『ペルソニア(Personia)』 273
変形菌 82
『変身譜(Metamorphosis)』 14
『変態と昆虫の博物学(Metamorphosis et historia naturalis insectorum)』 16
鞭毛 78
ホイットフィールド軟膏 182
胞果 utricle 119
胞子 29, 54, 117, 128, 205, 269, 278, 280
胞子柄 70
胞子懸濁液 107
胞子体世代 125
胞子群 258
胞子形成 73, 142, 143, 154
胞子形成性酵母 223
胞子採集器 211
胞子の嵐 213
胞子の色 271, 279
胞子懸濁液 218
胞子のへそ 206
胞子発芽 80, 154, 167, 220
胞子嚢 21, 63, 130
胞子嚢柄 27, 207
胞子嚢胞子 130
胞子紋 218
紡錘糸付着点(centromere) 139
紡錘体 126
火口 215, 226
ボーボリ公園 51, 85
『北米・中米に分布する菌類一覧(Synopsis fungorum in America boreali media digentium)』 288
『北米産菌類の宿主索引(Host index of fungi of North America)』 300

捕食生菌 252
ボストン菌学クラブ(Boston Mycological Club) 305
保存 310
没食子酸 235
ホップ 150
帆布通風筒 93
ホモタリズム（性的同質接合性） 128
ホモビウム homobium 100
ポリガラクチュロナーゼ 166
ポリナリア pollinaria 119
ポリプ 24
ポリメチルガラクチュロナーゼ 166
ボルドー液 168
ボレタリア 216
『本草(Herball)』 44
本草学者 39, 192
本草書 40, 287
『本草大全(The grete herball)』 40
ポンペイ 4

　　　　マ 行

マイカンギア mycangia 254
マイコトキシン中毒 198
マイコロジー Mycology 1
マイセリウム 67
マクロシスト macrocyst 122
マッシュルーム 3, 84
マッシュルーム栽培 84
マドゥラ脚 Madura foot 67, 188
マニトバ大学 244
マヤ族 203
『マルク・ブランデンブルクの隠花植物相(Kryptogamenflora der Mark Brandenburg)』 251
マルティニーク 28
マンガン 111
マンネブ 169
マンハイム 20
ミクロスポローシス 177
ミクロマニピュレータ 134
ミクロン 62
ミケトゾア Mycetozoa 248
ミコリーザ mycorrhiza 92, 101
『ミコロギア(Mycologia)』 11, 295, 298,

事項索引　407

305
味噌　225
ミネラル要求性　108
ミューケース Μύκης　1
ミュケリウム mycelium　67
ミュティレネ　14
明礬　94
麦ワラ　213
虫こぶ　67
ムスカリジン　194
ムスカリン Muskarin　194
ムスロン mousseron　3
無性世代　127
無性的半数化　141
鞭型 whiplash　78
命名法　311
メキシコインデイアン　203
メギ属植物　158
メギ法　157
免疫学　8
綿栓　107
メンデル性因子　133
メンデルの法則　7
毛状のもの(flocci)　29
『木材の分解(Zersetzungserscheinungen des Holzes)』　96
木材腐朽　92
木材腐朽菌　218
木造軍艦　92
『目録(Catalogue)』　241
モタリズム　130
モモウドンコ病　167
モロコシ病　201

　　ヤ　行

萢　118, 119
『薬学年報(Annalen der Pharmacie)』　222
『野菜の病理学』　148
有機殺菌剤　169
融合　125
有糸分裂(マイトーシス mitosis)　125, 131, 142
有性生殖　123
有性世代　127

優先権　312
遊走子　65, 122, 142, 251
遊走子嚢　142
有毒キノコ　260
油浸対物レンズ　62
ユーピオン Eupion　95
ヨウ化カリ　170, 185, 188
養蚕業　172
葉状体(地衣体)thallus　97
葉状植物門 Thallophyta　37
陽性反応　213
溶血性毒素　194
養分欠乏症　162, 170
ヨモギ　192
『ヨーロッパの菌じん類(Hymenomycetes Europaei)』　279
『ヨーロッパの菌じん類(Les Hyménomycetés d'Europe)』　76
『ヨーロッパの菌類(Mycologia Europaea)』　273
『ヨーロッパの菌類乾燥標本(Fungi europaei exsiccati)』　307
ヨーマン　163
4界説　37
四極性ヘテロタリズム　133

　　ラ　行

ライデン大学　273
ライムギパン　195
ラテン語　9, 289, 312
卵細胞　123
ランの菌根　103
リーケーン Lichen　267
『リグ・ヴェーダ』　14, 202
リグニン　96
リスター予防医学研究所　224
リセルギン酸ジメチルアミン(LSD)　203
リセルグ酸誘導体　197
リソチーム　230
リトル・ジョス　163
リノスポリディウム症　187
リボ核酸, RNA　140
硫化鉱　94
流行性リンパ管炎　187

硫酸銅　94, 167, 168
粒状体　67
緑顆体 gonidium　29
リン酸　172
輪状帯　143
『臨床菌学(Manual of clinical mycology)』　189
リンネ協会　273
累積子実体 sorocarps　82
『ルシタニア地方のキノコの観察(Conspectus fungorum in Lusitiae)』　301
レイクス標本館　273
霊芝　202
裂芽 isidium　97
錬金術師　220
ロイヤル・ウイリアム号　93
ローランの培地　109
ロクフォール　226
ロザムステッド農業試験場　210, 246
ロッシ・コロドニー法　247
ロビガリア　145
ロビグス　145
ロマン派哲学　276
『ロンドン園芸協会誌(Journal of the Horticultural Society of London)』　161
ロンドン王立協会　288
ロンドン王立協会(Royal Society of London, 英国学士院)　293
『ロンドン索引(Index Londonensis)』　300

　　ワ　行

ワイン　222
ワイン酵母　222
ワイン貯蔵室　214

　　欧　文

『Almurgia』　157
『Annales des Sciences naturelles』　108
centrum(中心)　278
『Del mal del segno』　174
filamenteux(繊維状)　67
Fruchtkörper　66

heteromerous(異質)　97
homoiomerous(同質)　97
『Kreuterbuch』　195
membraneux(膜状)　67
Musco－fungus　96
nissus reproductivus　277
pelotons　105
Pilzwurzeln　101
pulpeux(果肉状)　67
radii(周辺のもの)　278
『Śluzowce monografia』　248
Shwammegewächs　66
tuberculeux(塊茎状)　67
『Vegetable Staticks』　149
zygotactic　129

著者略歴　G. C. エインズワース

　1905年イギリス、バーミンガム生まれ。1930年ノッチンガム大学卒、植物学、薬学専攻。研究奨励賞を受賞して植物病理学に興味を抱く。1930-1931、ロザムステッド農事試験場、1931-1939、チェストナット試験場でウイルスの研究に従事。1937年、ロンドン大学で ph D を取得。後にキュー王立植物園の菌学研究所長となる。1998年没。菌学者、植物病理学者、科学史家として世界的に著名。

　本書のほか、The Plant Diseases of Great Britain, Introduction to the History of Medical and Veterinary Mycology, Dictionary of Fungi など著書多数。

訳者略歴　小川　眞（おがわ　まこと）

　1937年京都生まれ。京都大学農学部卒、農学博士、林業試験場土壌微生物研究室長等。1991年森林総合研究所退職。環境総合テクノス生物環境研究所長を経て、現在大阪工業大学環境工学科客員教授、「白砂青松再生の会」「日本バイオ炭普及会」会長等。日本菌学会名誉会員。「日本林学会賞」「ユフロ学術賞」「第8回日経地球環境技術賞」「日本菌学会教育文化賞」「愛・地球賞」（愛知万博）などを受賞。

　著書に『マツタケの生物学』『菌を通して森を見る』『キノコの自然誌』『作物と土をつなぐ共生微生物』『炭と菌根でよみがえる松』『森とカビ・キノコ—樹木の枯死と土壌の変化』、訳書に『不思議な生き物カビ・キノコ—菌学入門』『チョコレートを滅ぼしたカビ・キノコの話—植物病理学入門』等。

---

キノコ・カビの研究史——人が菌類を知るまで　　© Makoto Ogawa 2010

2010年10月20日　初版第一刷発行

著　者　　G. C. エインズワース
訳　者　　小川　眞
発行人　　檜山爲次郎
発行所　　京都大学学術出版会
　　　　　京都市左京区吉田近衛町69
　　　　　京都大学吉田南構内（〒606-8315）
　　　　　電　話（075）761-6182
　　　　　FAX（075）761-6190
　　　　　URL　http://www.kyoto-up.or.jp
　　　　　振　替　01000-8-64677

ISBN978-4-87698-935-5
Printed in Japan

印刷・製本　㈱亜細亜印刷
定価はカバーに表示してあります